結び合う命の力
水と珪素と氣

コロイダル領域論

理学博士
中島敏樹

推薦の言葉

珪素と水の存在意義・価値を粛々と記述した名著

　中島氏らは、水分子の水素結合を根拠としたクラスターではなく、生体系の水ともいわれる結合群化した珪素に纏い付いた水のコロイダルに注目している。

　また、彼等は珪素（SiO_4）の水を司って成す3つの生命根源力を、
1）表面陰電荷力
2）常磁性
3）恒常性
という言葉を用いて表現している。

　今回、彼らは新分析手法；パルス分光器アクアアナライザで検証しつつ、微乾燥顕微鏡やナノサイト分析器（含、ゼータ電位）を活用・分析して、コロイダル溶液内の構造物の実態を明確化した。中島氏らの「（溶液が）集い合う存在の意義」が、脳裏をかすめたその時からすでに20年の長き年月を経て、遂にその秘密が徐々に解き明かされつつある！　彼らの主張する溶液コロイダル領域論の新理論（"ミセルコロイダル"の存在こそ、物理学会が問う「水の二様態論」の有り姿そのものである）をもって、「水の真意」が見極められたことになる。

　彼らのプロジェクトには、今後も見逃せない程の興味と大きな期待が寄せられる。ぜひとも彼らの書籍『結び合ういのちの力 水と珪素と氣 コロイダル領域論』を一度、熟読・読破していただき、その感触（珪素に対する深い知識と情熱）を堪能していただきたい！

　その点で本書は、珪素と水の存在意義・価値を粛々と記述した名著として小生からも推薦させていただく。

愛知医科大学大学院医学研究科（戦略的先制統合医療・健康強化推進学）
愛知医科大学病院　先制・統合医療包括センター（AMPIMEC）
福沢嘉孝

発刊に寄せて

珪素と水の存在価値と
そのありがさたに気づかされる

　生体の水保有率は年齢により異なるが、身体のほぼ60〜70％は水で構成されていて生命を維持している。水なくして我々人間は生活できない。

　本書は、その水を生かした水溶性珪素（SiO_4）の生命力に関連する基礎研究の成果を、約350ページにまとめた学術的に貴重な書といえよう。

　本書の内容を大きく分類すると、はじめに「珪素と水」との関わり、ついで「氣と水」との関係が述べられている。この全く新しい考え方を導入している点に、本書の科学的・社会的価値と特徴がうかがえる。

　珪素は微量ミネラルで生命維持に必須なものであり、地球生命体誕生以来、水と共に不可欠な物質であった。その理由に、珪素は水を介して3つの生命力を備えていたからだという。その1つが「表面陰電荷力」であり、水と共に生命エネルギーの発祥源だったこと。2つ目は、「常磁性」の特徴を有し、不思議な場のエネルギーである氣と感応すること。3つ目は生命体の最小ユニットであるコロイダルの核となり、無機物の取りまとめ役を担っていることなどを明らかにし、生体系の水ともいわれる珪素に注目している点で、読み応えのある書として評価できよう。

　さらに、珪素は自然界では酸素とのみ結合してミネラルを構成し、海水中の珪素はオルト珪酸、温泉水中ではメタ珪酸として存在しており、珪素の水との親和性が非常に高い根拠を明示した点も、本書の特徴といえよう。

　書全体を通し、専門的かつ非常に難しい点もあるが、それだけ深遠なる画期的な書に違いない。ぜひ、一読してその内容に接し視野を広め、改めて珪素と水の存在価値とそのありがさたに気づかれることを心から願い、本書を推奨したいと思う。

大阪大学名誉教授・医学博士

大山良徳

発刊に寄せて

生命誕生や生命維持の秘密にも迫る、数少ない名著

　地球は約44億7000万年前に誕生し、約100種類の元素も同時に生み出しました。そして約38億年前に有機物が誕生して生命の発生に繋がったと考えられています。1922年にソ連のオパーリン博士が、「生命の起源は無機物から有機物が蓄積され有機物の反応によって生命が誕生した」という化学進化論を提唱されました。

　また、生化学分野では1968年に米国のライナスポーリング博士が、人体に普通に存在する物質の体内濃度を変動させて健康の保持と疾病を治療するという「分子矯正医学」を提唱され、その際に「すべての病態、すべての病弊、すべての病気を追求するとミネラル欠乏に辿り着く」とミネラルの重要性を述べておられます。

　その後、1975年にアメリカ上院議員文書「第264号」(マクガバンレポート)で「タンパク質や糖質、脂質、ビタミンよりも私たちの健康はより直接的にミネラルによって支配されている。ミネラルがないと我々は苦しみ病気になり確実に命を縮める。人体の健康は直接的にミネラルによって左右され、……ミネラルの世界的渇望が病気の原因である」と発表されて米国の保健医療業界に激震が走りました。

　また、パントテン酸の発見者のウイリアム博士は、「あなたの体はあなたが食べたもの飲んだもの以外からは何1つ作られていません。これは学問的に真実だ」と述べられ、食べ物で心身の健康が得られると食の重要性を説いています。その中でも特に"ミネラルなくして生命なし"といえるほど重要なミネラルは、相互相反作用や働く条件など研究課題は盛り沢山です。生物の活動では酵素が触媒の働きをしますが、この本を拝読し珪素が酵素を作る触媒や38億年前に無機物から有機物を触媒して生命体を生み出した可能性も示唆されます。

　その他ではコラーゲン増強、骨や軟骨の形成、動脈硬化予防、ムコ多糖類や創傷治癒、胎児の成長、抗がん力増強など多彩な働きも示唆され、生命誕生や生命維持の秘密にも迫る、数少ない聖書に値する名著だと推薦させていただきます。

医学博士・歯学博士・薬学博士
堀　泰典

発刊に寄せて

実証データを細かくわけて解析し
まとめた貴重な資料本

　最近、珪素を題材に書かれる本を目にするようになりました。珪素の効能や効果についての内容が多いように見受けます。

　今回、中島氏が主体で出版される本の内容は、実証データを細かくわけて解析しまとめられているので、大変貴重な資料本として読んでいただきたいです。

　澤本は50数年前に抗火石と出会い、7年間お世話になった婦人服地卸売問屋を退職し、抗火石と共に歩むと決心しました。中島氏との出会いは15年前、お互いに求める道が同じであることが判明し、意気投合して一緒に珪素コロイダル理論の解明に邁進しています。

　抗火石は地下マグマの高熱で焼かれ、外気温で急激に冷却されてできた軽石ですが、問いかけると応えてくれるのです。抗火石を利用し、改質した水を造るのですが、すべての水が性格を有していて色々な物からエネルギーの転写を受けます。この現象を微乾燥写真で、中島氏はアクアアナライザーで、また他からのご協力でゼータ電位、ナノサイト等で検証・実証してきました。

　珪素は宇宙の電磁波を上手にキャッチし、生命体に影響を与えてくれます。珪素コロイダル単層粒子では活性度が弱く多重層粒子に仕上げることが重要です。意念の力の代替として抗火石セラミックス2〜3種使い、タップマスターにてシューマン周波数領域の僅かな周波数の変化と印加時間にて生命体に合うように改質します。「人工の氣」はこのような現象が常時見られるところから得ました。天からの左旋回のエネルギー、地からの右旋回のエネルギーの合致点でゼロ場を造る事により明確に結果が得られます。

　平和とは、禾本科（稲科）の物を口にすれば、皆平等との事、珪酸物質の代表は稲であり、7枚の珪素皮に玄米は包まれて太陽の7色の光エネルギーを受けて振動しています。珪素は陰性なので、十分に熱を与え陽性化します。また、時間を長く保つことで陽性化へと変化します。

　「薬」とは草木を楽しむと書くように、草木は土中の珪酸を吸って育っていますので、珪素Siは薬としての働きも十分備えていると考えられます。水に含まれる珪素Si成分が人類、動物にとって最も重要な要素と考えられます。

　『結び合ういのちの力 水と珪素と氣 コロイダル領域論』を熟読いただき、知識を高め知恵を養い、一歩一歩前進実行する一助となれば幸いです。

抗火石・萬木千草（よろぎちぐさ）の研究家
株式会社澤本商事代表取締役会長

澤本三十四

目次

003 | 推薦の言葉
004 | 発刊に寄せて

結論 〜まえがきにかえて〜

013 | ■ "いのちの力"とは、結び合う力の水の触媒能
014 | ■ "いのちの力"を探し求めて
016 | ■ 現象から帰納した結びの哲科学"いのちの力"
016 | ■ 地球生命体の誕生は、珪素（Si：シリコン）が元締め
017 | ■ 水と珪素と氣の生命"コロイダル"結びの電荷作用

序章　「結び合う命の力」を見つめて
"分科"の量子科学から個性溢れる"菱和"の哲科学へ

020 | Ⅰ 結び合う力の水は菱和する コロイダル小集団の寄り集い
023 | Ⅱ 水の科学と向き合う生命の哲科学
025 | Ⅲ 生命の自力本願「可逆分化現象」の真偽
026 | Ⅳ 宇宙普遍に存在する「氣」は擬似科学にあらず
028 | Ⅴ 水と珪素は素晴らしい触媒、宇宙第三の力"中和的な力"
030 | Ⅵ モノゴトの根底を見抜く哲科学思考の大事さ
032 | Ⅶ コロイダル小集団を司る珪素の生命作用

第一章　新しい一千年紀
人類の大儀
「水の惑星"地球"生命場の永続」

038 | Ⅰ "ガイア"（大地の女神）の水資源随想
039 | Ⅱ 生命誕生の三条件？「液状態の水」「水溶性珪素」「熱源」
040 | Ⅲ あと50億年、地球と共に生きるために
042 | Ⅳ 無尽の"氣"と有限の"物質循環"が成す奇跡の棲家"水の地球"
045 | Ⅴ 地球を活かす"知力の術"と"利他の心"
046 | Ⅵ 地球生命場に活かす"水の神秘力"
046 | 生命哲科学の原点「千島学説」に学ぶ

第二章　水とミネラル "いのち"のハーモニックス

054 | Ⅰ 地球の水は46億歳？
057 | Ⅱ 水と温泉の生命力はどうやって生まれるのか
063 | Ⅲ 地球の血液"水"は鉱石（ミネラル）で熟成、"命"を成す
066 | Ⅳ 結合群化した水の不思議な力を成す抗火石技術の事例紹介
066 | 1.水溶性珪素"抗化石"の魅力
068 | 2.水の改質2つの道"触媒能"と"酵素能"
069 | 3.抗化石技術を成す4つのエレメント
070 | 4.場の自然包容力を倍増する再生型の排水処理技術
073 | 5.コンクリート構造物の寿命倍増効果
074 | 6.水成エネルギー応用で化石燃料の延命効果

第三章　水の生命基礎科学

- 078　Ⅰ 水には生命体に欠かせぬ特異性がある
- 079　Ⅱ 水の二大生命特性"双極子特性"と"水素結合特性"
- 083　Ⅲ 水は万物の媒体であり触媒である
- 084　Ⅳ 水の凄い溶解力とは
- 086　Ⅴ 水の三態（気体・液体・固体）と温度依存性について
- 087　Ⅵ 水の構造「水の集団はスカスカの隙間だらけ」
- 088　Ⅶ 水の集団"クラスター"とは何者なのか
- 090　Ⅷ 水の構造化"生体系の水"入門
- 090　　1.水の階層構造とは
- 092　　2.生体系の水の実相
- 096　Ⅸ 水の密度と融解・沸騰現象
- 097　Ⅹ 水の界面現象と表面張力
- 099　Ⅺ 水の水素イオン濃度pHと酸化と還元、ORPとは
- 102　Ⅻ 水の電気伝導率とは
- 106　XIII 誘電率と水素結合の関連性について
- 108　XIV 水のトピックス二題
- 108　　コラム3-1：現代物理学の不思議の1つ「液体の二様態論」
- 109　　コラム3-2：6員環の水は、本当に身体にいい水なのか

第四章　珪素の生命基礎科学

- 112　Ⅰ 珪素で結ばれ合うこの世の不思議な現象
- 113　Ⅱ 水溶性珪素の働き様を希求
- 116　Ⅲ なぜ今、水溶性珪素なのか
- 118　Ⅳ 水溶性珪素、無機珪素、有機珪素の差異について
- 123　Ⅴ 珪素（シリコン）、シリカ、シリケート四面体、そしてシリコーンとは
- 126　Ⅵ 構造をもった鉱物「ミネラル」の三大特性
- 127　Ⅶ 珪素の力「粘土食」とは
- 128　　1.パトリック・フラナガン博士のマイクロクラスターサプリメント
- 130　　2.ガストン・ネサーン開発の免疫機能強化剤「714-X」製剤の検証
- 132　　3.アメリカ航空宇宙局NASAの宇宙飛行士の骨粗鬆症対策の検証
- 133　　4.欧米でもてはやされる粘土食「モンモリナイト」の検証
- 136　Ⅷ 珪素の生命力「表面陰電荷力」と「常磁性」
- 136　　1.シリケート四面体（SiO_4：鉱石の基本骨格）の結晶構造とゼロ場
- 138　　2.珪素四面体（SiO_4：鉱石の基本骨格）の表面陰電荷力
- 139　　3.水の溶解力とコロイド表面陰電荷の関連性
- 140　　4.生命体作用になぜ"常磁性"が必要なのか
- 145　Ⅸ 水と珪素の集団リズム力の素はかすかな微弱磁性エネルギー

第五章 生体系の水 "コロイダル" の生命基礎科学

- 148 　I 「コロイダル領域論」の神髄
- 149 　II いのちの水 "コロイダル" の科学的根拠
- 152 　III 溶液の実態 "コロイダル"
- 153 　IV コロイド（Colloid）とは？コロイダル（Colloidal）とは？
- 155 　V 水溶液 "コロイダル" の基礎科学
- 155 　　1.水の界面特性の概念と重要性
- 155 　　2.水の界面科学、その初歩知識
- 157 　　3.コロイド粒子の状態変化と種々の物性値との関連について
- 160 　　4.水の界面特性が溶液の神秘性／妙味を演出している
- 162 　　5.珪酸コロイド粒子の電気科学特性のまとめ
- 163 　VI 水溶性珪素 "コロイド" は "いのち" の基軸である
- 163 　　1.水中で生命体らしき運動するものの根源体は水溶性珪素
- 166 　　2."生命コロイダル論" は生命科学の進化の潮流
- 168 　VII 水の集団特性 "構造" と "性格"
- 168 　　1.純水クラスター論から、実用の水のコロイダル領域論へ
- 169 　　2.コロイダル領域論と水素結合の速度過程論の比較
- 171 　　3.水の構造化 "結び合う結合群化したコロイダル" への道のり
- 172 　　4.湯川秀樹博士『素領域論』に学ぶ "コロイダル現象" の実相

第六章 結び合う命の水 "コロイダル"
抗火石技術と水溶性珪素とのコラボレーション

- 176 　I 珪素は生命維持の基点で働くもの
- 177 　コラム6-1：水に溶けないものを水溶性にする珪素の働き
- 177 　コラム6-2：珪素は細胞の結び役『ムコ多糖類』の架橋剤
- 178 　コラム6-3：珪素はエラスチンの架橋剤、コラーゲンとヒアルロン酸を束ねる
- 179 　II 生命の万能薬 "水溶性珪素" の一事例
- 180 　III 不思議な万能役・薬、水溶性珪素との初対面
- 182 　IV 水溶性珪素の開発・実用の経緯
- 183 　V 溶液内の水溶性珪素の基本化学式は$SiO_4・4n(H_2O)$
- 186 　VI 表面陰電荷力を発揮する水溶性珪素コロイド粒子とその改質
- 190 　VII 水溶性珪素添加コラボのエマルション切削油（クーラント）の改質
- 198 　VIII 水溶性珪素のヒーリング効果「氣の感応・収受量を支える珪素の働き」
- 199 　IX 松果体、胸腺、そしてミトコンドリアに珪素が多い訳とは
- 199 　　1.松果体とその働きについて
- 200 　　2.胸腺とその働きについて
- 201 　　3.ミトコンドリアとその働きについて
- 203 　X 抗火石技術と水溶性珪素のコラボで成す「人工の氣」
- 203 　　1.改質水溶性珪素のナノサイト分析データの検証・解析
- 205 　　2.改質水溶性珪素の微乾燥顕微鏡観察データの検証・解析
- 206 　　3.改質水溶性珪素のアクアアナライザ波形図の検証・解析
- 208 　　4.改質水溶性珪素は物心の良き仲介者

第七章　結び合う命の水 "コロイダル"の新しい評価法

- 212　I 新しい水の評価方法が必須
- 213　II パルス分光器アクアアナライザ（AQA）が物語っている真実とは
- 213　　1.電磁波スペクトルの基礎的な知識
- 216　　2.AQAの計測周波数域は水溶液の第2の誘電緩和域
- 218　　3.AQAの動作原理
- 222　　4.AQA波形の原則的な解析基準
- 224　III 微乾燥顕微鏡の沈積模様が物語っている真実とは
- 224　　1.微乾燥顕微鏡の取り扱い概要とその推移
- 225　　2.微乾燥顕微鏡沈積模様の原則的な見方・読み方
- 226　　3.治験の統計的判定で気付いた原則的な解析・読み方
- 227　　4.微乾燥顕微鏡沈積模様の科学的な基礎知識
- 229　IV コロイダルのゼータ電位、粒度分布、固液状態検出原理は電気泳動
- 231　V コロイダルの構造化、破壊化、そしてバランス化を見極める
- 231　　1.コロイダル構成の4つの背景要因を探る
- 232　　2.コロイダル形成に関わる水の解離特性について
- 236　　3.コロイダル形成に影響する構造形成イオンと構造破壊イオン
- 237　　4.適宜な小集団構成の"恒常性"に働く水溶性珪素
- 241　　5.微細気泡ナノバブルの溶液活性作用について
- 242　　6.ミネラル不活性化を成す放射線の見えないエネルギー凝集作用
- 246　コラム7-1：コロイド粒子の凝集性、分散性、分布性、そして解離に寄与する作用要因

第八章　不思議な治験事例に学ぶ "コロイダル領域論"

- 248　I アクアポリン通り抜けの"いい水"に学ぶ
- 248　　1.アクアポリンとは
- 250　　2.なぜ、東京都の水道水はアクアポリンを通り抜けないのか
- 250　　3.なぜ、玖珠町地下水の原水、ろ過水、濃縮ろ過水は同じ結果なのか
- 252　　4.パワースポット「分杭峠」のゼロ磁場の水
- 254　　5.ルルドの泉のデータの比較検証
- 255　II 電離水「アルカリイオン水」とは、どんな水なのか
- 258　III 病気にならない白湯健康法
- 260　IV 低エネルギー原子転換の場に水は必須
- 260　　1.あり得ん話の稀有な結果
- 261　　2.驚嘆する2つの治験「焼成牛骨粉」と「風化貝化石」の水溶液
- 264　　3.2つの治験結果の秘めた真意
- 265　　4.低エネルギー原子転換の常在性
- 266　V 不思議ないのち水"温泉"の事例紹介
- 266　　1.西山温泉慶雲館（Na・Ca硫酸塩・塩化物泉低張性アルカリ性）
- 268　　2.三朝温泉（単純弱放射線温泉低張性弱アルカリ温泉）
- 270　　3.玉造温泉（Na・Ca硫酸塩・塩化物泉低張性）と各温泉のAQA波形図
- 272　　4.湯の里温泉（CO_2Na・Mg・塩化物・炭酸水素塩冷鉱泉）とまきばの湯
- 274　　5.尖石温泉（Na-硫酸塩・塩化物泉中性低張性高温泉）
- 275　　6.志楽の湯（Na-塩化物強塩泉、中性高張性温泉）
- 275　　7.登別温泉第一滝本館

279	Ⅵ 目的別の機能水つくりのあれこれ	319	5.スピリチュアル健康効果の極意『絶対服従』?

- 279　1.渡辺方式電極盤の応用事例
- 282　2.澤本抗火石水の応用事例
- 282　3.澤本三十四氏の匠の感応性能が透かし見えている
- 285　4.岩盤浴の効果を汗で見る

第九章　結び合う命の力「スピリチュアル健康能」

- 288　Ⅰ スピリチュアリティな治験・体験事例の紹介
- 288　1.ただぼんやりと呼吸するだけで血液がサラサラした筆者の実体験
- 289　2.共同研究者澤本三十四"匠"の意念エネルギー(1)
- 291　3.共同研究者澤本三十四"匠"の意念エネルギー(2)
- 295　4.超能力者、気功師、そして音響のエネルギーの治験データの紹介
- 298　Ⅱ 氣を抱く常磁性物質と生体エネルギー「ローレンツの力」
- 300　Ⅲ 地球の鼓動"シューマン周波数"と生命体のゆらぎ
- 300　1.リュック・モンタニエ博士の研究成果「水によるDNA情報の記憶」
- 302　2.振動共鳴の原理を応用した医療診断機器「メタトロン・ネオ」
- 304　3."人工の氣"を演出する律動療法機器「タップマスター」
- 310　Ⅳ 氣と意念、そしてシューマン波の連係動作「ヒーリング」
- 315　Ⅴ 結び合う力「スピリチュアリティ」、その健康能と効果
- 315　1.スピリチュアル事例を見つめて
- 315　2.ヨーギが語る根源エネルギー「ブリル(Vril)」
- 316　3.筆者のスピリチュアル体験談
- 317　4.スピリチュアル健康能は普遍

むすび

- 322　■"結び合う命の力"に誘われて
- 327　■人とモノ、結び合う出会いの縁への謝意

- 330　用語解説
- 350　参考文献

結論 〜まえがきにかえて〜

　本書は、"いのちの核"となる水と珪素と氣の「結び合う命の力の水」の話をまとめたものだ。「脳は訳ありて90％が水でできているという」。水の命"水素結合"の発見者、ライナスポーリング博士が、全身麻酔の働き様の原理として唱えた、脳の中の水「水和性微細クリスタル説……水性相理論」をほうふつとさせる結び合う命の力の水「コロイダル」。そんな「生体系の水」の実相の見究めである。「物理学70の不思議」の1つに列せられている「水は化学的性質の異なる二種類の溶液状態が存在、密度以外にも性質を決める物理量がある」への「正回答：誘電率」そのものでもある。中島・澤本の新思考と新分析手法で解き明かした「生命誕生の核となり得た水」の実践と理論の物語だ。

　結び合う"いのちの力"の具体像、治験から帰納した哲科学の三要諦とは、次のようになる。
＊生命場とは、水と珪素のコロイダル表面陰電荷力が働く自己組織化の場
＊結び合う命の力の水とは、珪素に司られる結合群化した自己触媒の水
＊命の力とは、物質と精神を統合・中庸・菱和する結び合う力の水の触媒能

　いずれもが、生命科学そのものの真髄である。科学、それともフィクション（虚構世界）？一見、見紛う如き我には大言壮語とおぼしき結論である……。しかし、"現象"という"実在"の神様から学び・考え帰納した、一市井の徒の研究瑞相の体験随筆、ノンフィクション（実話記録）だ。
　「存在するものすべてが本来持っている全体性の根柢」にフォーカス（注視）した水（Water）という"存在"の「モノ」「コト」「仕組み」の"謎解き"。独自の研究思考と分析手法で幾多の治験を積み重ねた経験則の集大成である。量子力学の父シュレーディンガー博士が洞察した至言「量が質を生み育む」に導かれ、ようやく辿り着くことができた生命場の水の実相『コロイダル領域論』。あたかも媒体自身が触媒として自己組織化し、新たな触媒となり増殖を繰り返し質の転換を成し遂げ、高機能を付随した生命体となるように……。順応 ⇒ フィードバック ⇒ 環境適応を自らに課し成し遂げた獲得遺伝の賜物だ。
　人類をはじめ、あらゆる生命体は「それ自体が電荷を持ったコロイダル」として"いのち"を紡いでいる。生理活性を司る生命の源泉"脳幹作用"こそ、生命体の己の存在「いのちの力」の根源であり、かつ必然的な無意識の命の洞察"生命の勘どころ"ではないだろうか。

　生命体の電荷力発揮に最も優れた水とは、「水と珪素が成す、密度"1"を越え、亜臨界水並みの解離・浸透・溶解力を併せ持つ水」だといえる。そのような特性を具備した「特異点の水」は自然界に数多幾多で存在している。緻密で秩序維持の調律リズム（ハーモニックス）を奏で、いかなる物とも馴染み溶解混合し合える万能の媒体である。なんと38億年も前に、この地球上で生命体を誕生させた「結合群化した水」そのものである。生命を生み育む「生体系の水」のことです。冒頭に掲げた生命誕生・存続の根幹に関わる三作用とは、水と珪素と氣の治験事実から帰納した"コロイダル領域論"の要諦（ようたい）だ。

　まずは、液−液相界面の存在の発見。現代科学の常識を根本から覆す事実である。現代科学の定義「溶液とは、溶質（溶け込んでいるもの）と溶媒（溶かし込んでいるもの）が元素またはイオンの状態で

混じり合った均一の状態である」という科学の前提が成り立たない事象である。物理学70の不思議といわれる溶液二様態論、すなわちコロイダル状態の解き明かしだ。

　単純な結合水ではなく、珪素に纏い付いた結合群化した生体系の水の有り姿である。水の命の"水素結合"を制御し、既存の水科学ではあり得ない常温常圧で亜臨界水特性を発揮する水の実証であり発見である。「ミステリアスな水の神秘性はコロイダルに在り」との素朴なカラクリの解き明かしに他ならない。

　また、サトルエネルギーや超常現象サイエネルギーとの共鳴・共振のカラクリを見極めるための水媒介の澤本式模擬治験『人工の氣』の実証であり、その働きようの解き明かしである。『氣』のカラクリの解き明かしが垣間見えてきた。

　さらに、音波の媒介・媒体役である空気との共振・共鳴"疎密波"の"見える化"であり、水媒介の治験実証である。"音波は電磁波である"という自然科学の想定外な事象の気付き発見である。珪素（珪酸の基本骨格SiO_4）と水の常磁性媒体が成す共通語"振動"の共振・共鳴のミラクル電磁気作用そのものである。

　加えて、水の存在が低エネルギー原子転換に必須であることも、風化貝化石や焼成牛骨粉の簡易な水溶解治験でわかってきた。水こそ、陰陽対峙の界面"ゼロ場"に働く最高の触媒能を有した中庸の媒体といえる。特に珪素の存在を得て触媒能は１万倍をゆうに超えることが科学されている。すべては振動、脈動、ゆらぎを介しての結び合う水の力の働き様である。水は素晴らしい媒体であるが、その働き様を敢えて"触媒能"と断定する科学者は、なぜか稀である。

　これらの新たな事象は、特に、原理原則が電解質理論で組み立てられている現代の医学・生理学界においても、相容れられない非常識な結果であろう。だが、この非常識論を生命体の数々の不思議現象に当てはめて解析・考察をしてみると、なぜかすっきりとシンプルな作用原理の説き明かしが適う。古今東西を問わず、実践の場で普段に行われている水と水溶性珪素が成す「結び合う力の水」"コロイダル"の働き様へのフォーカス（注視）である。

　識者の方々がいかに判断するかは定かではないが、実証治験の現象から解き明かし帰納した結果である。筆者は医学・生理学の門外漢だが、『結び合う力の水の触媒能、すなわち"いのちの力"』の発見事実として、自然の摂理"ダイナミズム"が成す"全体力"の素晴らしさを紡ぐことができた。「寄り集いて和し、群れて輪す」、集団になることの意義を希求して取り組んだ"実用の水"の有り姿に学んだ。現代科学が定義する「均一な量子調和の理想の水」よりも、固・液・気混交の"ミセルコロイダル"の個性溢れる「菱和型の実用の水」の働き様を追い求めた治験結果である。新しい千年紀の悲願"結び合う力の水"、すなわち、湧きいずる"いのちの力"の治験瑞相だ。

"いのちの力"とは、結び合う力の水の触媒能

　目指すゴール標識『いのちの力』、すなわち結び合う力の水の触媒能が、深淵な谷間を挟んだ丘の上に見えてきた。幾多の不透明な行程を踏み締めながら「現象こそ真実」、その一路を紆余曲折で歩んできた。たくさんの協力、思わぬ出会いのお陰様の数々に叱咤激励され、八合目とおぼしき見晴らし峠にようやく辿り着いた。

　"いのちの水"とは、科学が標榜する原子やイオンの電解質もどき均一で単純な素材の水ではない。豊かな"個性"を発揮し得る寄り集いの群・団、すなわち、構造化され結合群化された結び合う力の

水 "コロイダル" の働き様である。この事実と科学的根拠、並びに先達の見事な知見との差異と整合性を明確に示すことが、本書を著す使命であり、目的そのものなのだ。

＊　＊　＊

　いきなり、前準備もなく専門用語の数珠つなぎ描写で、大変恐縮です。読み辛く難解との第一印象を、どなたも持たれたのではないでしょうか？　最も気遣うべき第一印象が、頭書から台無しです。著書自身のアポトーシス（自殺行為）そのものでしょう。

　ですが、もう少しご辛抱願い、巻末の用語解説を参考に、いのちの謎解きを読み進めていただければたいへんありがたく、また、そう願うばかりです。

　まずは、治験の根幹を成す原理の話から始めたい。

　生命エネルギー発揮の小集団 "結び合う力の水" のミラクル機能を決定付ける新たな誘電分極・誘電緩和域の発見。電子レンジ応用の周波数帯域10ギガヘルツ（GHz）に比べ、4桁も低い低周波数メガヘルツ（MHz）域、すなわち千キロヘルツ（kHz）域の集団隈の存在を論じたものだ。現代科学が同定する溶液の電解質均一論ではあり得ない普段の実用の水の特異点の有り姿なのです。この周波数域は、世界の科学者の誰もが先入観というより、むしろ意識的に「あり得ない」として、研究対象範囲から除外した特異な周波数域である……。「水はコロイダル」と見做さぬ限り発見できない、溶液のミラクル発生の源泉「第二の誘電緩和域」なのだ。

　ありがいことに筆者の定性性の治験データに加え、最先端分析科学の技術がなし遂げた溶液の微小粒子のゼータ電位とその粒度分布、並びに固・液・気混交状態の実体さえも観察できるようになってきた。つい最近、最も欲していた「水の第二の誘電緩和域」ともいうべき筆者仮説の根拠となる『誘電率』が実測され、神秘な水の科学的な原理が連なり合って来た。やはり「現象こそ神様」、天地和合の稲光にも似た至福を全身で受け止めた瞬間だった。

　歩んできた裾野一帯が眼下に一望でき、爽やかな涼風が心地よく心を癒してくれる。目指すゴール標識『いのちの力』の医学・生理学の基礎技術開発を目指して踏み出す頼もしい気付け薬であり、エネルギー源である。自力では越せぬ谷間を眺め、拙くてもいい、折角治験し得た夢の架け橋 "生命の基本設計原案" の記憶が消えないうちに、『旬』を書き留めておくことにする。

"いのちの力" を探し求めて

「いのちの水の源泉力とは、電解質反応ではなくコロイダルの結び合う力 "電荷力" と微弱交番磁気振動 "氣" の収受にあった」……。集団になることの意義を希求して20年、取り組んだ水と珪素と氣の結び合う命の力の要旨だ。

生命とは、媒体「水」の集団特性「群知能」の賜物
すべての存在は、群れる動作の結果として生じたもの
寄り集い契り合う集合体とは、単純な個々の総和に非ず
周囲環境すべてと一体の合目的型に徹し、唯一無二の新たな働きを成す
2個の水素と一個の酸素が結び合い、神秘な液体「H_2O」となるように
偉大な量子力学の生みの親エルヴィン・シュレーディンガー博士は、著書「生命とは何か」で「量が質を大きく左右する」と著している
無秩序から秩序が生まれ、秩序に秩序を重ね命の基を生しているという

「いのちは水」……。誰もが心に宿す自然との一体感 "結び合う力" である

生命体……。すべてがDNAに刻み、遥か悠久の時を紡いできている
媒体の王様"液状の水"なくして、宇宙現世に「生命体」はあり得ない
古代ギリシャの哲学者ターレスは「万物の基礎は水である」と称えた
中国五千年の歴史基盤"老荘思想"は「上善は水の如し」と畏敬を祓い、宇宙自然の「真髄」を水に託して人のあるべき姿を達観し諭している
古今東西、人々は「水」を神の化身"いのち水"と崇め、生命の精霊儀式に欠かせぬ「聖水」として天地を結び、祓い清めている

水分子［H_2O］は、理論のための科学用仮想形態
自然は、そのような存在不可能な架空の話に耳を貸さぬ
誰もが使う実用の水の実(まこと)の"有り姿"が、我が治験である
水分子自身は無力であると自覚し、常時、群れて行動している。蒸発する時でさえ一分子に非ず"21量体"が最も多いとの研究もある
霧のたった一粒にさえ、1兆個もの水分子が寄り集う姿が実態である
幾千万幾億個が寄り集い、途方もない液—液相集団で群知能を発揮している
宇宙の必然に倣い「階層構造」を成し、動的秩序・調律リズムを奏でている
ナノ・マイクロレベル群・団が成す"結び合う力の水"の有り姿である。自然の摂理「寄り集いの特異点」が"いのちの根源"となり得た
水分子［H_2O］単独では、「いのちの水」は断じてなし得ぬ
水の命は、珪素の「秩序力」、「電荷力」、そして「氣の感応力」である
「表面陰電荷力」、「調律リズム力」、「常磁性体」の働きともいえる
物理作用、化学作用であり、さらに未知なる物理定数の振動作用である
すべてが作用し合う「結びの縁」がもたらしたダイナミズムな「生物学作用」に他ならない
生命が本来持っている結び合う全体性の根源力である
自然が成し得た「いのち」は、科学なる"百科事典"のみでは埒が明かぬ
「現象」から帰納する"ゆらぎ"の哲学思考の介添えが欠かせない
医学者千島喜久男が実証・提言した「生命の八大原理」が如実に語っている
先哲の哲科学（philosophy—Science）に委ね学ばねばならぬ
"根柢"を見究める求道思考法と我が心の芯に留めている

医学・生物学のバイブル
千島学説の「八大原理」

❶ **赤血球分化説**：
赤血球はすべての細胞の母体

❷ **血液の可逆的分化説**：
体細胞から血液に逆戻り

❸ **バクテリアやウイルスの自然発生説**：
有機物から自然に発生

❹ **細胞新生説**：
AFD現象により自然に発生

❺ **腸造血説**：
骨髄造血は異常時の現象に過ぎない

❻ **遺伝学の変革**（遺伝と血液・生殖細胞・環境）：
獲得遺伝の肯定

❼ **進化論の盲点**：
進化の主要因は共生（相互扶助）、自然との調和

❽ **生命弁証法**：
生命現象は波動と螺旋現象、気・血・動の調和

生物学専攻の岐阜大学教授
千島喜久男医学博士（1899〜1978）

生きた生物顕微鏡観察事象の
生命事実から帰納した革新的な生物学理論
赤血球の可逆的分化、初期化などを実証した
千島学説全集を遺している。

「集団は個性の集合ではない」

「心理は限界領域の中に宿る」

AFD現象

Aggregation：集合 **F**usion：融合
Differentiation：分化発展

「寄り合って、溶け合い、
そして、そこから分化発展していく」
モノと波動の融合で
新たなリズム"命"が生り出る
これが生命体の基本的な
変化のプロセスだと千島はいう

出典：『血液と健康の知恵—新血液理論と健康、治病への応用 医学革命の書』千島喜久男 著／地湧社

図表まえがき—1：千島学説八大原理

現象から帰納した結びの哲科学"いのちの力"

"いのちの力"と、自負するに足る根源を成すのは誰？　いのちの力は"結び合う水の力"にある
宇宙の森羅万象、秩序を重ねて成し得た複合秩序体そのものだ
万物生成の自己触媒能を活かした、『自己組織化』の源泉の場である
いのちの水"媒体"を秩序化しているのは誰？　水自身が成す結びの力"水素結合"と誰もがいう真実だろうか？
「否」である
水分子の水素結合より遥かに強く結び合う珪素との「特異点」がある
珪素（ミネラルの骨格SiO_4）と水が成す電気二重層の電荷凝集体である
無秩序な水を制御するのは、珪素の表面陰電荷"引力"である
生命体の核となり自己触媒作用の場を整え「自己組織化」を成し遂げる
水を纏った珪素が成すコロイダルの神秘な"結びの作用"そのもの
結合群化された「水」が、生化学の唯一の「いのちの種」である
遡ること35億年とも38億年ともいわれる「生命誌」の始まりだ
"いのち"とは、自然の秩序則がなし得た結び「自己組織化」の極み
自然の必然、水と構造を持った鉱石（SiO_4）が普遍の氣の場で出会い、動的相互作用を繰り重ね、獲得した生命創造の根源的な動作原理である
──『結び合う力』の哲科学思考が成す"生命自然発生"の物語である。

地球生命体の誕生は、珪素（Si：シリコン）が元締め

"生命"を宿す会合体"生体"の礎が、必然的に海の特異点に現れた
水と珪素の寄り集う会合体「コロイダル」の出現である
宇宙のダイナミズムが成した有機化合物アミノ酸とも結び合う
生命誕生三条件「液状の水」「水溶性珪素」「熱源」が揃った媒体の場である
生体は新たな調律リズム、自前秩序の「生命力」でゆらぎ始める
「生体」自らの律動「生命」が成し得た「生命体誕生」の瞬間である
水は珪素の結びの秩序"電荷力"で「命そのもの」に生り得たのである

生命体の誕生　水と珪素、そして氣の働き

図表まえがきー2：生命誕生の経緯の実相

人類史が語る生命体の自然発生説を思い浮かべれば、「それ、みな珪素を根幹に、炭素化合物をまとった生命体」。SF劇場の話ではなく、「地球生命体」根源の実相である
珪素は酸素と出会い（SiO_4）、電子エネルギー準位の等方向性を結んでいる
珪素が取り仕切る水の秩序集団"コロイダル"が「いのちの種」なのだ
珪素は運命共同体の酸素と共に水と結び合い"常磁性"を醸し出す
宇宙普遍の"氣"（エーテル、フリーエネルギー）と鋭敏に感応し揺らぎ合う
生命エネルギー「電荷」の誘導起電力を司っている

ノーベル医学・生理学受賞のリュック・モンタニエ博士は究め・吼えた。地球大気の鼓動「シューマン周波数7.8ヘルツ」は、命の鼓動だ！
「遺伝子DNAの電磁気交信にシューマン周波数が必須である」
親水性有機物と結び合い、自己組織化した集団調律リズムである
秩序体自らが醸し出す調律リズムこそ個体の"魂"であり、『生命』そのものの結びの脈動エネルギーである
自らが成し得た自己触媒の場で、新たなゆすり合いで寄り集い
自己組織化が完成される"ゆったりリズム"の生命体誕生である
地球生命体こそ、水と珪素と氣を根幹とした生命体そのもの

―炭素主体の生体「親水性有機物」に覆われた生命体の自然発生説であった。

水と珪素と氣の生命"コロイダル"結びの電荷作用

「いのちの源泉は、水と珪素と氣の相互作用が成す動的コロイダルの結び合う力"表面陰電荷力"に収斂される」……。というシンプルな原理に辿り着いた。「均一な量子調和よりも、小集団がなす個性豊かな菱和を求めて」は、現代科学の溶液理論の定義に対峙する中島・澤本の"溶液の実相"を謳ったものである。シンプルなキーフレーズ「水を纏った珪素」の働き様そのものなのだ。コロイド、その表面陰電荷力と粒度分布の関連が、物理および化学反応に強力な影響を与える表面エネルギーを発生させる。その事実に思いを致さねばならない。

　溶液内の個性の発揮こそ、溶液の液-液相界面の存在であり、神秘力"結びの力"発露の根源である。水溶性珪素コロイドの実践と理論の結びの場で、生命エネルギーの新たな事例根拠を示すことができた。生命科学並びに医療関係をはじめとした幅広い各分野の先哲／先達の洞察力に満ちた知見に助けられながら、辿り付いた治験結果に他ならない。特に千島学説のAFD現象「寄り合って、溶け合い、そして、そこから分化発展していく」は、著者の「寄り集いて和し、群れて輪す」モノの顕在化と根源を同じくした結び合う動作原理である。

　また、筆者の事象研究とかぶり合う2つの世界的な生命電荷論がある。中島・澤本のコロイダル領域論の神髄"電荷の働き"とは、確かなシンクロニシティ（意味深い偶然の一致・同調）であり、心強く確信を一段と深めたものだ。

　1つは欧米でよく知られる医療のトップジャーナリストであるリン・マクタガードの著書『フィールド響き合う生命・意識・宇宙』（河出書房新社）である。

「何十年もの間、世界中の様々な専門分野の一流の科学者たちが、優れた設定の実験を行っており、現代の生物学や物理学の常識に反する結果を出してきた。こうした研究をまとめてみれば、―中略―私たちの究極の姿は、化学反応ではなく、エネルギーを持つ電荷だというのだ。人間をはじめとするあらゆる生き物は、他のあらゆる存在と結びついた、エネルギーフィールドの中のエネルギー集合体である。脈打つこのエネルギーフィールドこそ、徹頭徹尾私たちの身体と意識、そして私たちの存在の中心的な動力源なのだ」と、端的に生命の根源実体を簡易にまとめ、言い切っている。

さらに、もう一点、米国エール大学のハロルド・サクストン・バー博士は著書『生命場の科学』（株式会社日本教文社）で「成分が場を決定し、逆に場が成分の動向を決定する。生命動電場の活動により、生命体に全体性、組織性、及び継続性が生じる。宇宙とは一種の電場である」と述べている。宇宙秩序"結び合う力"を図る根幹となる自然の摂理「物理則」に他ならないと、著者は受け止めている。

　両者とも"電荷"が成す"全体秩序の優位性の必須"であり、ピラミッドパワーの解析や地上最後の楽園「フンザ」の水"氷河乳"の研究で著名な米国の自然科学者パトリック・フラナガン博士の細胞コロイド説、「大事なことは、人体の細胞もそれぞれ一定の機能を果たすよう定められているコロイドからなっている」が思い出される。これら素晴らしい知見の数々と同じ根柢を見究める筆者の治験の現象事実から帰納した「結び合う力のいのち水」の語らいである……。この事実こそ、『脳は訳ありて90％が水でできている』……生命場水の凝集事象が語りかけている、生命が成し得た必然的な自然の摂理・道理の所以である。

　結合群化した水の科学の具体的な新事実「水の水素結合を制御し、"いのち水"すなわち生体系の水を司っているのは珪素」を、科学的根拠を持って明らかにすることができた。生命科学誌の最も大事な基点を成す生命誕生の根源解明に、新たな1ページを加えている。中島・澤本の溶液構造の実相、すなわち「いのちの力」を指し示すコロイダルの決定的な根拠となる「水の第二の誘電緩和」の治験結果が強く後押ししてくれている。

「結び合う力のいのち水」、その正体を体現している"コロイダル領域論"を究める試みは、まだスタート地点についたばかりです。本書が、既存科学が標榜する「電解質溶液論」一辺倒の基本姿勢の見直しのきっかけになったならば、著者として望外の喜びであります。

2019年1月
水の実相"コロイダル領域論"を記す

中島敏樹

序章

「結び合う命の力」を見つめて
〝分科〟の量子科学から個性溢れる〝菱和(りょうわ)〟の哲科学へ

結び合う力の水は
菱和するコロイダル小集団の寄り集い

　絶妙な響きを成す言葉「菱和（りょうわ）」。広辞苑には見当たらない。ある方からのメールの中に見つけた言葉で、「調和」のつもりが「菱和」と打ち間違えたとのこと。個性豊かな水を表現するために、筆者が一番欲していた言葉である。怪我の功名、なんともラッキーな哲科学的な造語との出会いであった。

　宇宙とは「秩序ある統一体」と定義されている。天空に煌く無数の星々は、銀河、銀河群・団の一員として、光速を超える超猛スピードで整然と秩序体系を成して膨張し続けているという。アインシュタインの相対性の原理で眺めれば、"動的な平衡" そのものの様相であろう。個が活かされ、全体という場を尊び合う宇宙のあり姿こそ、結び合う力の輪 "菱和" そのものではないだろうか。

　科学が定義する脱個性の均一な溶液の完全和合を「調和」と呼ぶなら、構造化され結び合う結合群化された水 "コロイダル" の個性を活かし認め合う和合は、宇宙の秩序に倣い「菱和」と呼ぶのが、最適ではないだろうか。筆者らのコロイダル領域論の研究そのものを、端的に代弁してくれる。

　『水溶液とは、溶かす溶媒の "水" と、溶け込む物 "溶質" が、原子や分子、イオン（電離している原子や分子）、あるいはコロイド（0.001mm以下の水中の微小浮遊物）の状態で寄り集い、複雑、かつ動的に結び合っている "コロイダル" の混合体である』といえる。単純化、微細化だけが、"もの" や "ものごと" の根柢に辿り着く道とは限らない。

　今、我々が知りたいのは、『水が健康の素』とする根拠、すなわち『結び合う力＝いのちの力』そのものである。決して、水分子H₂Oの性質の見極めではない。水の秘めた力＝仕組み、それが水の集団の力であり、性格なのだ。

　純水H₂Oオンリーの理論科学に拘泥する（こだわり続ける）従来科学の概念、思考体系だけでは "いのちの水" の本質（根柢）に辿りつくことはできない。独自の哲科学的御旗を掲げ歩み続けているが、水の化学・物理学の基本の大事さは、しっかりと左脳に受け止めていることはいうまでもない。

　実用の水は、決して、科学の理論化に都合のよい量子・分子レベルの均一な完全調和ではなく、複雑多様な生命体構築に最も都合のよい「菱和」のため、コロイダル小集団の体を成している。筆者が語り尽くしたかった "いのちの水" の集団のあり姿そのものを「菱和」という一言が、物語ってくれる。

　「水？　水は水だよ」──。科学者が困った時にうそぶくもっともらしい "逃げ口上" であり、大概それが "ごもっとも" と許されてきた。科学の定義「溶液均一論」が絶大な拠りどころとなっているのである。

　だが、最先端分析科学技術の進歩のお陰で、そのような無責任な発言はもはや通用しない時代になってきた。なぜなら、筆者の実践科学である『水はコロイダル』が、最先端分析機器により次々と数字的根拠が明らかにされ、認知せざるを得ない学術的背景が整いつつあるからだ。水は、見事なまでに付随する主（ぬし）に従順だが、人並み以上の豊かな個性 "性格" を持っている。水の二大生命特性「水素結合」と「双極子特性」が、"珪素" と "氣" を得て成し遂げる「集団秩序力」で自らを自己制御し、生命維持を図っている。これこそが、菱和する水の様々な神秘性を生み出す「群知能発揮の源泉」である。

　水の性格を明らかにするには、水の階層構造

群・団を成す"コロイダル"を見つめない限り、その全体的本質に迫ることはできない。純水のみを"水"の前提とする既存の常識科学では、この"コロイダル"概念を取り込む余地も姿勢も見受けられない。定量・法則化の理論成果のみに拘泥する唯物的な科学思考の姿勢が災いしているのではないだろうか。

不可分の一体である水と珪素の結び付きを、水は水として、珪素は珪素として分離・孤立させ、夫々の単独機能を見究め、単純な加減乗除の算式を元に論理構成を試みる……。既存科学を踏襲する大方の科学のもっともらしい常套手法である。科学という作業は物事を細かく分けて見ていくために、大観的な見方「全体力」が抜け落ち、結果として自らの不都合部分の排除が強く出てしまうのだ。

水の"コロイダル"概念は、複雑多様なゆえに、理論科学に最も嫌われるのである。従来科学が意識的に『敬遠』する水の最も大事な特異性だ。何をかいわん、この特異性こそが生命の根源なのだ。コロイダルそのものが、自然の"氣"と一体化する大事な共振媒体であることを忘れてはならない。

筆者は溶液のコロイダル特性を見究めたい一心で、研究当初から『寄り集いて和し、群れて輪す』を私是とし、その"見える化"と"わかる化"に取り組んでいる。パルス分光器アクアアナライザ(以下、AQAと記す)の誘電分極・誘電緩和の"見える化"である。もう一点、顕微鏡のスライドガラスの上で微乾燥した水滴の沈積模様の軌跡を観察している。沈積模様は水のイオン解離平衡とコロイドの電気泳動現象を物語る大事な軌跡そのものを標している。この2つの手段を擁して溶液の内実を探究する、見えざる電気(電荷)現象を"見える化"することで、溶液の本質、すなわち、水の"神秘力"に迫り、引いては"いのちの力"そのものを分析・還元し考察するものである。

もちろん、物性値として表面張力や電気伝導率はもとより、コロイダルの固液状態とその粒度分布をしっかりと観察している。確かな理論体系を図るために、シュテルンの電気二重層のゼータ電位とその粒度分布、さらに固液混交状

水の新しい分析法
分光器アクアアナライザと微乾燥顕微鏡観察

従来技術との研究思想の違い
世界初、唯一の水の神秘な潜在力を
その集団の振動機能を介して判読する分析手法。
水集団の動的な力、電磁気力の視覚化だ。

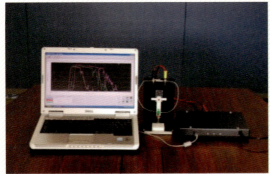

溶液の"性格(振動波動特性)"を見る

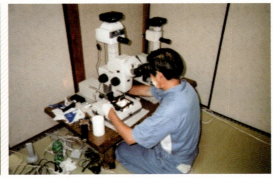

溶液のコロイドとイオンとの電気泳動を見る

図表序－1：AQA波形の分析と微乾燥顕微鏡観察

況や誘電率なども定量的な数値根拠として、整合性の確認を心掛けている。

特に筆者が突き止め理論体系化した原点には、AQAの動作原理があった。溶液の液−液相こと"コロイダル"の特性である。すなわち、複雑多様な界面特性を活かした"コロイダル"の「第二の誘電緩和」の探究である。溶液集団内の水素結合の速度過程論と、それを取り巻く周囲環境との相互作用の具体的な検証の必要性であり、同時に共鳴・共振の減衰要素を重視した印加パルスの電気的減衰などコロイダル溶液の誘電緩和現象への影響を考慮したものである。

「物質の誘電緩和を調べることで、物質内の構造の仕方や分子・集団レベルの運動性に関する知見を得ることができる」とされる物性値「誘電率」の存在は、上記原理を踏まえた溶液動作のさらなる検証・追求の新たな手段であり、溶液の働き様のさらなる検証の可能性を示唆してくれる。

だが、AQAが指し示すスペクトル波形の複雑さは、誘電率を越える溶液構造とその外部環境の影響のすべてを取り込んだ統合結果としての顕在化である。なぜなら、AQAのスペクトル解析は、単純な誘電緩和現象のみの波形でもなく、共振共鳴現象のみの波形でもなく、電気抵抗のみの波形でもない。ましてや単純な純水でもなく無機物・有機物の混在による粘性、表面張力などの物性値の影響、集団構成の仕方や寄り集い状況など千差万別だ。さらに外部微弱磁気エネルギー変動の影響も大いに加味され、計測対象の要素は多種多様となっている。それらすべての事象が、水分子同士の水素結合のあり方に影響を及ぼしている……。溶液の波動性と粒子性の混在する特殊領域なのだ。

AQAは、統合医療、混合医療などと叫ばれつつある医学・医療分野において、生体液の本質、すなわち「生体系の水」を見究める上で、大いに貢献できる究極の生命溶液論『結び合う命の力』を語る代物である。この溶液現象こそ、まえがきで記したハロルド・サクストン・バー博士の全体性を尊ぶ究極の生命論「生命動電場の電荷の活動により、生命体に全体性、組織性、及び継続性が生じる」とした結論と合致する『いのちの力』そのものなのだ。

水の科学と向き合う生命の哲科学

「21世紀は水の時代」「21世紀は生命科学の時代だ」と叫ばれて久しい。

だが、「生命とは」と問われて誰もが納得できる科学的、すなわち論理的認識によって言い伝えられている理論体系は、未完成である。そもそも生命とは細分化、専門化された科学分科の工程を経て成される分析・還元などの定量・法則性の判定基準で、すべてが言い尽くされる対象なのだろうか。現時点の科学の粋を集め、誰が答えても"否"であろう。

生命科学者の中村桂子氏は、生命は科学の方法で得られる知識のみでは生命現象の解明やまるのままの生き物を言い表すことは困難として、基本を科学におきながら生物の構造や機能を知るだけでなく、生きものすべての歴史と関係を知り生命の歴史物語を読み取る「生命誌」という生命現象の新たな読み解きとも言える一つの解析・表現手法を編み出している。

また、物理学の立場から生命科学を総括的に捉えた意味深な論評がある。宇宙物理学者ローレンス・クラウスは著書『宇宙が始まる前には何があったのか』(文藝春秋)で、宇宙における生命の性質・性格とその起源についても著している。

「地球の歴史が始まった時に、どんな物理的プロセスが起れば、最初の自己複製する生物分子が生まれ、代謝が可能になったのだろうか？ 1970年代の物理学がそうだったように、ここ10年ほどの間に分子生物学が驚異的な発展を遂げた。例えば、現実に起こりうる条件のもとで、今日のDNAワールドの先駆だろうと長く考えられていたRNAを作る、天然の有機経路が存在することが明らかになったこともその1つだ。ごく最近まで、そんな直接的な経路はありえず、何か中間的なものが重要な役割を演じたのだろうと思われていたのである。

具体的なプロセスは未解明だが、生命が無生物から自然に生じたことを疑う生化学者や分子生物学者は、もはやほとんどいなくなっている。しかし、こうした議論が進められているあいだにも、誰もが暗黙のうちに心の中で考えていたのは、次のような問いだった。地球上で生まれた最初の生命が持つことになった化学的特性は、唯一の可能性だったのだろうか？ それとも、同じぐらい有用な化学的特性もありえたのだろうか？」

両著者とも生命誕生に立ち会う決定的な何か「科学的表現可能なもの」の存在が不可欠であると、行間の奥深く「無言」の"もどかしさ"を滲ませている。

「この世の物質的な理はすべて振動で表されるべき」としたノーベル物理学賞受賞の朝永振一郎博士の言葉が脳裏に浮かぶ。生命とは物理学の第一法則（エネルギー保存の法則：$E=mc^2$）の如く「エネルギーで等価熱換算される代物」でないことは確かである。物理学と化学のみでは解き明かせないことは、人類皆の周知の事実である。

生命体の主成分は水である。我々人間も例外ではなく、生体は70％程度、生体を司る脳は90％が水で構成されている。水は最も素晴らしい振動伝達の媒体である。宇宙摂理の第一原理とも謂える『宇宙の恒常性』、すなわち森羅万象のバランス力"動的平衡"を維持する『振動』そのものをベースにしているといえる。生命体は"己"自身の生体固有振動の動きで常時ゆすりゆすられている。生命体にとって"静"は「死」であり、"動"は「生きる」の顕われである。

よって、地球生命体の自然発生説を断言した宇宙物理学者ローレンス・クラウスが問う「生

序章 「結び合う命の力」を見つめて

命体の誕生に立ち会う決定的な何か」とは、筆者は宇宙普遍の「氣」が成す"場の触媒作用"と受け止めている。すなわち、化学、物理学などの現代科学を超越した自然の摂理"場の触媒能"に他ならないと考えている。この実体こそ宇宙普遍の微弱磁気振動「氣」の働き様であるとして、鋭敏に感応する珪素（SiO_4）の常磁性の生命力関与を強く示唆したものである。

　だが、"触媒能"という動作の働き様（作用機序）さえ、物理学は未だ特定しておらず、現代四大エネルギー矛盾の1つとして酵素能と共に数えられている。残念ながら触媒能の作用機序を示す宇宙普遍の「氣」に関する物理学の定理・公理は、今なお、未定のままである。「氣」とは由り処のない未科学であり、いのちの科学的説明が困難なのはいうまでもない。

「いのち」を哲科学として、構成要素夫々の個性が活かされ合った「菱和的解釈」こそ、確かな現実的表現方法といえるのではないだろうか。すなわち、生命の唯一無二、最善の触媒である水溶液の結び合う「動的平衡」を知り尽くすことが、生命の哲科学の原点を見究める確かな第一歩と考えられる。

生命の自力本願
「可逆分化現象」の真偽

　2014年1月30日、おとそ気分も冷めやらぬ中、日本の若きリケジョ、小保方晴子氏が衝撃的な生命現象の具体事例の1つを記者会見で語ったことを記憶に留める方も多いことだろう。「STAP現象」（刺激惹起性多能性獲得細胞）という、人類誰もが切望する医療最先端の再生医療技術の夢物語のはずであった。ノーベル賞受賞の山中伸弥京都大学教授のiPS人工多能性幹細胞にも優るとも劣らぬ性能発揮を具備し、かつ簡易な技術として世界が驚き注視した。残念ながら、評論家・メディアを巻き込んだ科学ムラの葛藤劇に飲み込まれ、無惨にも偽証事件として葬り去られたことも記憶に新しく、痛々しいマイナス事実の禍根だけが残された。

　さて、半世紀も前にこの日本という地に、「STAP現象」そのものといえる生命の具体的実証に帰納した生命現象の神髄を記したバイブル『千島学説全集』が遺されている。だが、上記科学ムラのワイドショウ化を演出した科学者、メディア、そして学識経験者と呼ばれるコメンテーターの方々からは、残念ながら千島学説の存在、研究内容に関して一言も見聞きすることはなかった。

　『千島学説全集』の著者とは、日本が世界に誇る20世紀最大の生命科学者といっても過言ではなく、ノーベル賞候補にもなった元岐阜大学教授 千島喜久男博士（1899〜1978）である。千島博士は、「科学は事実が第一義で説明は第二義」であるとの学びの道の求道信念に基づき、生きている生命体の生治験で細胞の元を成す赤血球の本質、そして躍動する生命と氣のつながりを模索／体系化した知る人ぞ知る生物学者で、著書『血液と健康の知恵―新血液理論と健康、治病への応用 医学革命の書』（地湧社）には、そのエッセンスがよくまとめられている。

　千島博士は、科学では成しえない生命現象を哲学と補完し合い、生命の神髄「可逆的分化」をわかりやすく、哲科学（philosophy—Science）として解析／考察している。桁違いな生命の実証体系である八大原理（図表：まえがき－1参照）を発見、体系化して論じている。中でも赤血球分化説、血球の可逆的分化説、細胞新生説、腸造血説など、今なお、既存技術に固執する医学を統べる白い巨塔には拒否反応が強くタブー視され、一般国民には"公"に伝えられる術もなく縁遠い存在となっている。千島博士没後、忰山紀一氏や稲田芳弘氏らが千島学説研究会を創設、今なお、鋭意研究会活動が続けられている。統合医療が見直される中、今「千島学説」の存在感は燦然と輝きを増してきている。近未来の医学・生理学のルネッサンスの幕開けを招来するものと期待が膨らむ。

　"生きる"生き抜く力が"いのち"なんだ……。生命体の凄さとは「何としてでも生き続ける力、自らの可逆分化さえ厭わぬ、なりふり構わず身の廻りに在るものすべてを擁しての生命の生き抜く姿勢」であり、「自身の筋肉を血液に戻してまでも生き延びる可逆分化の生命力」と筆者は受け止めている。地上すべての生命体は、脳幹が成す生理的欲求の指令によって「生命維持力」をして、いとも簡単に当たり前に低エネルギー原子転換さえも日常茶飯事の如く成し遂げ、生命維持を図っている。これが、本当の命を賭けた生命体の"いのちの本質"ではないだろうか……。生命体の自助力"生命エネルギーの成せる業"である。生命体が自らの「集合体律動」ができなくなり静止した時、生命体に「死」が訪れる。生命エネルギーとは、先にも述べた如く宇宙普遍の微弱磁気振動エネルギー「氣」の関与を抜きにして語ることはできない。卓越した稀代の知見に学び、いっそう「確信」を深めることができた。

宇宙普遍に存在する「氣」は擬似科学にあらず

　筆者が前著に比べ一段とコロイダル論を深化させ、『確信』をより確かなモノとしたのが"氣"の存在であり"意念"の働き様の治験体験である。"氣のエネルギー"とは、宇宙創造の根本要素として、ギリシャ時代にイーサー、東洋ではアーカーシャ（サンスクリット語）とも呼ばれていた。霊的な生命エネルギーの存在に、人々は"神"の存在を重ね、畏敬の念を抱いていたのではないだろうか。志向の角度はそれぞれだがプラーナ、エーテル、タキオンなどの"氣らしき媒体"の名称だろうか、多くを見聞きする。現代科学も然り。"ゼロポイント・フィールド"、"超微細渦磁場"、"量子の海"等の関連諸説が賑わっている。

　だが、現代の科学文明社会は「科学万能」を絶対価値とする最中にある。そのような社会風潮で「氣」の問題に入ると、とたんに非科学的なイメージが湧き、どこかうさん臭いオカルティックな世界に連れ込まれたように感じる方が多いのではないだろうか。大還暦（120歳）の折り返し点60歳を過ぎるまで、科学一辺倒を金科玉条の如く標榜していた筆者自身がそうであったように……。

　できることなら、意識的に鈍感力を効かし、心を広く鷹揚に構えて読み進めていただきたい。きっと、小著を読み終えるころには、「カルト（宗教的な崇拝）とはまったくのお門違い。単純なオカルト（神秘的なこと）でもなかった」と……。自然科学の深遠な"香り"を感じていただけることだろう。

　"氣"は人類誌の最大の関心事である。巫女の世界、シャーマンに引率される部族国家、統治者による神の加護や宣誓の儀式、そして神学、哲学、宗教、思想など、その根源を成す"氣"の存在は、はかり知れないものを感じさせる。未だ正体は未解明物質として「科学のロマン」とも呼ばれている。その様な科学のロマンは確かに存在する。物理量として、法則化・定量化されている根源を成す光のエネルギー法則のプランク定数より、さらに始祖根源に遡らねばならぬ"氣"は未だ物理学でもお手あげの状態である。静止エネルギーには非ず、動的平衡状態を問うた未科学の物理則だと筆者は推測している。

$E = H\nu$ ……（光子のエネルギー＝プランク定数×光の振動数）

　この世（物質世界）の理をすべて説明できるという4つの力（重力、電磁気力、核の強い力、核の自然崩壊する弱い力）の大統一されたビッグバン以前の始祖のエネルギーが特定できなければ、物理学だ、化学だ、数学だというても、今一「絶対的物理則」の冠を得ることが叶わないのではないだろうか。

　誰もが使う"触媒"や"酵素"も、作用の結果は特定されるが、作用の仕方（作用機序）に関する物理学の定義は未だ特定されていない。現象は存在するが人の知恵が及ばず、明快な解説が叶わないだけの話である。他にも自然現象で、法則性や数式では埒が明かない事象が数多くある。突然変異的で複雑な『閾値』も集団と集団の成せる特異点現象そのものである。経験工学的に特定され、法則化されているものも多くあるが、科学できない部分は哲学でカバーされるべきではないだろうか。

　"氣"には、人々を幸せにする力があると、"水"はいう。筆者のシンプルな意念と水の相互作用の治験が、驚くべき事実を明かしてくれた。場のエネルギーの"氣"と生命体放射の意念エネルギー合体の"氣"との相互作用のからくりがわかってきた。「情報通信手段電波の"変調技

術"と同様の作用機序が成されている」と多くの"氣"の研究家達は論じている。また、医学・生理学ノーベル賞を受賞したフランスの医学者リュック・モンタニエ博士は、「遺伝子DNA同士の電磁気エネルギーの情報交信には、地球大気の鼓動シューマン周波数が必須である」との新たな研究論文を発表し、注目されている。

　筆者らの治験結果において、人の意念も場の氣も、原点は交番磁気エネルギーが関与していることがわかってきた。ある超能力者のエネルギー実験で、0～30mG（ミリガウス）という地磁気の10分の1以下）の微弱な磁気が「トリフィールドメーター」（磁気メーター）で実測された。これこそが、"氣"の物理・化学的究明の、確かな第一歩ではないだろうか。なぜなら、「場のエネルギーは宇宙普遍に存在する超高速微細振動を成す超微小な渦磁気（仮称）であり、生体発信エネルギーは細胞波であれ、脳波であれバイオフォトンは生命体個々に属するシューマン波周波数レベルの超低周波数の信号波である」といえる。

「生命体の氣の正体とは、場の氣（搬送波）と生命体の意念（意識想念）の情報信号波との相互作用による重畳波の一種と見做せる。すなわち、人の意念のエネルギーは、人の意思情報波（信号波）が場の磁性エネルギー（搬送波）を抱き込んで（通信世界の言葉では変調という）目的地に伝播される極長波の生体意念波である。その形態は"螺旋状円偏波"の長波長電磁波の一種ともいわれている。それは個性的な波長と波形のゆらぎ現象でもあり、場のエネルギーが重畳された電磁波である……と著者は類推している。ほのかなサトルエネルギー、念力サイエネルギー、気功エネルギー、意念エネルギー、そして音響療法エネルギーを水という鏡に映して、その神秘的世界、すなわち宇宙科学解明の最後のロマンといわれる「氣」の性質の一端を可視化して覗き見ることができたのではないかと考えている。

　また、欧米の摩訶不思議な伝統医療「ホメオパシー療法」（天文学的倍率とした物質痕跡のない同種療法）も水の脈動変化で捉えることができた。さらに、時流の脚光を浴びているパワースポット"ゼロ場"とも呼ばれる場の癒し効果に低線量放射線が関わっているとのことだが、「氣」が介在していることもゼロ磁場器具による水分析の治験でわかってきた。

　極めつけは、「タップマスター」という律動健康療法器と澤本抗火石技術を駆使した共同研究者澤本三十四氏の『人工の氣』なるものの治験結果である。この事実こそ、驚くべき氣の科学的解明の扉をこじ開けてくれる糸口にほかならない。

　詳細は本論に譲りたいと思う。乞うご期待！

序章「結び合う命の力」を見つめて

水と珪素は素晴らしい触媒、宇宙第三の力"中和的な力"

　宇宙は、東洋の哲学的な思考で語られる「陰」と「陽」で釣り合っていたはずなのに、対称性が崩れ揺らぎ合い、うなり合いが始まり、ある「閾値」の限界を超えた時点で新たな物質が生まれたとのことである。反物質の量より若干物質の量が勝り、物質が顕在化したとの最先端科学のストーリーである。

　安定を第一義とする宇宙の「恒常性」と対峙し、新たな平衡を成して顕在化が叶った実体である。この宇宙は、すべてが「振動」の組み合わせで構成されている。生命エネルギーも例外ではない。「いのちの力」とは、すべては宇宙普遍に存在する「氣」、磁性エネルギーに帰結している。生命エネルギー、イコール電気（電荷）エネルギーと謂われる所以である。

　さて、ものごとを主観的に客観的に、かつ階層的にバランスを整え統合することの大切さを、天皇祭祀を司る伯家神道の秘儀継承者である七沢賢治氏が著書『言霊設計学』（ヒカルランド）で語っている。簡易に理路整然とあらゆる角度からの詳述、統合的に合意を見出す思考、表現術をわかり易く解説している。白か黒かという二項対立ではなく、寄り集うことの中和的な力の意義を説いたものだ。以下は、七沢氏の生命論の一端の引用。

　「物質世界の基礎となる4つの力（重力、電磁気力、核の強い力、核の弱い力）だけでは宇宙も生命も成立しません。そこには結合エネルギーが必要であり、神道ではそれを"結び"といいます。人間で考えると、個々の細胞が有機的に結ばれることで一個の生命となり、記憶と感情が結びついたりすることで、その人特有の精神が形成されているということです。そのような"結びの力"がないと生命現象は成り立たないのです」

　神道の秘儀「祓い」、「結び」から解き明かした結合エネルギー、すなわち「場の触媒力」の必要性を論じたものと受け止めている。化学では「場の触媒」生命では「生体内触媒の酵素能」、仏教では「空」、釈迦は「縁起」、神道では「結び」、そして、人は「絆」と詠んでいる。目には映らない「氣」の存在の関与ではないだろうか。

　また、20世紀初頭、旧ソヴィエト連邦共和国の神秘家グルジェフが唱えた宇宙第三の力"中和的な力"を念頭に描いたのが図表：序－2。東洋の思想"陰"と"陽"の存在に加え中和的な力の場が想定されている。陰と陽の境界域"相転換"の場なのかも知れない。

　哲学と科学を結び付ける「場の結びの力」、その正体こそ、いのちの媒体「水と珪素と氣がなすコロイダルの触媒力」ではないだろうか。筆者が治験で到達し得た「水の生命場」の物質の結びの役を果たす「親水性架橋剤：コロイダル」の実体科学からの類推だ。水は珪素の力を得て、宇宙で最も素晴らしい「結び合ういのちの媒体」と成り得る。そして、その媒体の記憶力が振動という水の"見える化"された伝言である。すなわち、パルス分光器AQAのスペクトル波形と微乾燥顕微鏡写真に映し出されている水溶液の沈積模様の電気泳動軌跡が物語っている。さらに、コロイダルの特質分析器であるナノサイト分析器の数字的データ、並びに3D画像データがしっかりと裏打ちしてくれている。「水と珪素が成す生命場＝いのちの力」こそ、まさに、ギリシャ神話が語りかける宇宙創造の物語「すべてのものがなりいずるカオスの場」である。ワクワクするような水と珪素と氣の生命のやりとり"結び"の一部始終を、水溶液の非晶質の液晶もどき階層構造群・団"コロイダ

ル"に託し、共通の哲科学という場で模索してみたい。

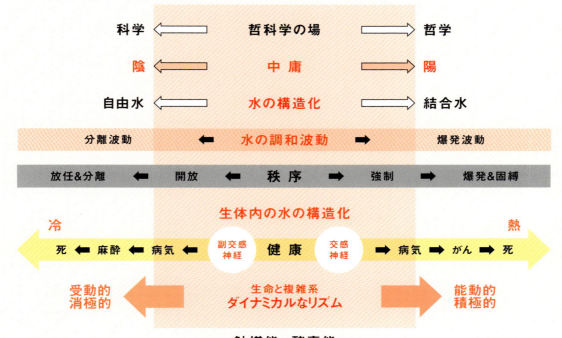

図表序－2：中和的な第三の力の模式図

モノゴトの根底を見抜く哲科学思考の大事さ

　モノゴトの"根柢"を見極めることとは、そのものの「存在意義」を語ることであり、哲科学的思考は欠かせない。さらに、「氣」という未確認物質との深い関わりを著すなら、なおさら必要不可欠である。大げさだが、現代物理学のエネルギーの原点（$E=H\nu$）の比例定数であるプランク定数（H）を超える始祖ともいえる"素量"の物理学定理の存在を仮定しての話しである。

　前著を出版するに当たり、ある著名な"氣"の研究家の方から「物理学の素養不足の感が免れない貴殿が、安易に、読者を惑わすような著述をしてはならない。トンデモ本は社会的に許されない」との手厳しく素晴らしい"金言"を頂戴したことが今もしっかりと脳裏に焼き付いている。物理学者でもない一研究家が、空想を駆使して、容易く触れてはならないことは肝に銘じている。

　だが、この仮定抜きに本書の信憑性はあり得ない。読者諸賢のトンデモ本の疑念を晴らすためにも避けて通れないのが「モノゴトの根柢」の真否の見究めに他ならない。大上段に構えた「プランク定数を超える始祖」の仮定は、古代人がイーサーに託した見事なまでの洞察力、並びに現代文明を謳歌する"氣"を語るすべての者は、語らずとも当然のこととして「大前提」としている。夫々呼び名は異なるが皆同一の「ある存在」「創造主」を指している。大正・昭和の言論界の大御所、中村天風師（1876～1968）も"Vril"（英語）を擁し、宇宙創造の根源としている。……ハップルの法則が語る原始重力波であろう。

　もう一点、筆者は幾多の治験事象の結果に基づき、哲科学思考の類推を重ねている。決して、形而上学的な想像ではなく、水のエネルギー治験結果が語りかけてくれた科学的根拠を基に、ストーリーの体系化を図ったものである。

　さて、本書は実証・実験結果に根付いた"いのちの水"の実用の哲科学書である。それは、"集団"と"脈動"いう概念で見極める水の働き様である。物を溶かす溶媒力と情報記憶伝達という不思議な水の魔力の謎解きでもある。

　現代科学を牽引する量子論の微視的（ミクロ）な観察手法では捉え切れない本質が潜んでいる。素粒子、原子、イオン、分子の加減乗除の寄せ集め論では割り切れない複合組織化の不可思議な神秘現象が多くある。科学が立証できない突然変異の数々である。我々の「いのち」こそ神秘事象の最たるモノである。

　ならば、巨視的（マクロ）な集団の潜在力を介して解き明かすことができないだろうか。人類は無策ではなく、哲学という素晴らしい思考法で現象を相似象や定性手法で説いている。最近は、統合あるいは複合との言葉で哲学と科学の夫々の特性を活かした菱和的な哲科学に誘導され、様々な分野の種々の神秘現象が、多くの人々の納得を得て多次元的な理論体系化が進化している。

　寄り集っている集団の本質"群知能"、例えば、命の"根柢"をどう捉えればよいのか。「根柢」とは、何を指すのか。心に響く実に人間味豊かな凄い「根柢」の教義との出会いのエピソードを前著で著した。
「人は何を学び、何をしなければならないのか」。安岡正篤著『立命の書「陰隲録」を読む』（致知出版社）からの下記一文を抜粋し、教義として掲げたものだ。
「究極的にどうすればよいか。科学だ、技術だ、繁栄だというても、さらには政治や経済、あるいは学問だというても、長い目で見ると、

実に頼りないものである、はかないものである。それはその中に存在する大事な根柢を忘れておるからである。根柢を把握しない技術や学問は人間を不幸にするだけである、それに翻弄されて、いわゆる運命に弄ばれて終わるだけである。しかし少しく冷静に観察すれば、その奥にもっともっと大事な、厳粛な理法というものが、道というものがあるはずである。この理法を学び、道を行じなければ、我々は何物をも頼むことはできない」

　自らの治験姿勢「実践すなわち理論」を正し、解析・考察の客観性を育む"求道の神髄"と感銘し、心に深く受け止めている。それは、筆者の治験道、並びに本書の牽引役であり、かつ厳正な査読の目として、終始、自問自答を促し続けてくれている。実に頼もしく、ありがたい指南書との出会いであった。

「"根柢"とは、"真"の哲学的源泉」と自らに言い聞かせたものです。自ずとモノゴトの枝葉より幹、幹より根へと目が向き、見えない地下の根っこと土との関わりさえも次から次へと脳裏に思い描かれる。初めて、生命の奥義という木の有り姿の健全な全体像が把握できるようになってきた。まさしく、それは自然の摂理「物心一如」を原点とした「物質循環の要」を捉えている。諸行無常を根柢にした哲科学思考法の必然的な賜物であった。

コロイダル小集団を司る珪素の生命作用

　もしかしたら地球外生命体には、「珪素生命体」の存在の可能性は十分あり得るだろうと話す、珪素の特性を知り尽くした科学者の方の弁もある。恐らく、珪素が生命と生体の働きの中心にあることを見究めての話ではないだろうか。だが、地球生命体は「炭素生命体」であることを誰一人として疑う者はいない。生命体を構成する「生体」は、見た目には炭素主体の有機物で構成されているからである……。

　ところで、なぜか生命体の大事な構成要素のもう一方の旗頭「生命」は「何であるか」を問う人は極々少数派である。しかも、生体の70％を構成するのは無機物の水であることを承知している人は大多数であるが、残念なことに水は生体の一番の構成物質であると一等最初に意識の俎上にする人は、これまた稀である。そのような状況は百も承知で、筆者は、生体のみならず生命の根柢を語る上で、「珪素の存在は水と不可分の一体である」との治験結果に基づき、極々自然体で"珪素"は"水"の腹心の友であると位置付けている。

　珪素は多くの無機物のまとめ役「王様」であり、微塵の迷いもなく、『珪素は水と共にありて、地球生命体誕生の立役者だ』と断じたものである。水は水、珪素は珪素ではなく、水と珪素は不可分の一体の"いのちの元"である。そんな珪素も常に酸素と結び合い珪酸（二酸化珪素：SiO_2）の基本骨格を持って地上物質のおよそ75％を占め、地殻・大陸として泰然として存在している。これほど多く身近に存在する、しかも"氣"と鋭敏に感応する常磁性を有する物質が、生命体の誕生に直接関わらぬ道理などあり得ないことである。

　ここで、生命／健康に関わる珪素の概要に若干触れておく。

　1939年、アドルフ・ブテナント氏は珪素を含むシリカ（SiO_2）なくして生命が存在できないことを証し、ノーベル化学賞に輝いた。また、ジョン・バーナルはコロイド状の粘土がアミノ酸等の凝集・接合剤となって、簡単な有機分子が濃縮して巨大分子と成り複雑な有機物ができると推測し、生命誕生の間接的関与の一端を唱えた。もう一歩踏み込んだ生命誕生の直接関与説が、筆者が唱える水と珪素の「生命の核」作りそのものの話である。生命の自然発生説が俄然優位とされる中今、ジョン・バーナルの論文「生命誕生の粘土説：粘土の界面でアミノ酸重合反応が起きる」の再評価が、大いに期待されている。

　さて、我が日本国では、なぜか珪素の重要性が認識されず、近年になって17番目の必須微量ミネラルとして認められた。ちなみにドイツでは、珪素は重要必須ミネラルとして4番目に承認されているそうだ。

　だが、近年続々と珪素の重要性、応用事例の素晴らしさが様々な分野で評価され始めている。日本珪素医科学学会、並びに日本珪素医療研究会が、長年に亘る水溶性珪素の地道な実証・実績を重ね、多くの参考治癒症例を発表している。

　また、これまで二流三流と見做されていた食材、食物繊維に含まれる各種ポリフェノールの科学的効能が次々と明かされ、生体の健康・医療に適していると評され市場を賑わしている。食物繊維の水溶性化ばかりが唱えられているが、本来なら食物の根毛が溶出する根酸で土を溶かして食物繊維の核・架橋剤（つなぎ役）として取り込んだ水溶性珪素の働きに注目すべきではないだろうか。水溶性珪素は、まさに『生命体の結びの力』そのものである。

それらの摩訶不思議現象の根源として、すべての事象が動的なコロイダルの表面陰電荷力に収斂されるというシンプルな原理がわかってきた。そうはいっても説明過程を抜きにしての一足飛びの結論話では、面食らい「なぜ？」だけが残り腑に落ちないことだろう。ここで、どなたにも納得いただける根拠事例を紹介したい。

遡ること十数年前、富山県小矢部市の精神医療施設M病院に、共同研究者の澤本氏は自らが考案した造水器を納入設置。110床もある大きな病院で、毎日平均2名の水中毒患者が発生し大変な治療監視体制をやむなくされていた。だが、造水器設置後2週間足らずで水中毒患者の発生が「ゼロ」となり、十数年が経過する今も、水中毒発症の患者は一人も発生していないとのことである。

水中毒とは、過剰の水分摂取により生じる低ナトリウム血症を基盤とした病態。腎臓の持つ最大の利尿速度は16mL/minであり、水分摂取がこれを超えて細胞の膨化をきたした状態のことだ。水中毒発症は、多くの精神障害（統合失調症など）に合併するといわれている。

治療には、生命を守るため、否応なしの人権無視とも見受けられる24時間監視の治療体制が組み込まれることもあり、そのような難治療を要する患者発症がいとも簡単に、かつ短期間で解消したことに関係者一同、「何がどうしてどうなったのか？」と首を傾げるばかりとのことだった。造水器で改質される抗火石水の浸透圧調整作用の向上とミネラル補給による細胞の活性化との推定結論がなされたそうだ。

澤本抗火石造水器の改質水とは、伊豆天城産出の鉱石、並びにそれで作った数種類のセラミックスを組み合わせ容器内に内臓、其処に現地の水道水を通しただけの水。0.4ppm程度の珪酸、0.2ppm程度のマグネシウムが溶け出し、水溶性珪素が活発に活動、触媒能の豊かな飲料水に改質されているのが特徴だ。

この話を聞いた時、ノーベル化学賞と平和賞を受賞したライナス・ポーリング博士の麻酔、精神医学における水の秩序論が、筆者の脳裏に浮かんだ。新潟大学の中田力教授は著書『脳の中の水分子』（紀伊国屋書店）で、ポーリング博士の全身麻酔の原理に関する「水性相理論」について、次のように述べている。

「ポーリングは、キセノン麻酔から出発して、脂肪溶解度説という定説とは比べものにならないほど論理的で、説得力のある結論に達した。キセノンを含むすべての全身麻酔効果がある薬品が水のクラスター形成を安定化し、小さな結晶水和物を作り出すことを見つけたのである。ポーリング自身は『水和性微細クリスタル説』と呼び、私たちポーリングのあとを継ぐものが『水性相理論』と呼ぶ理論である。ポーリングは、水分子と水分子とがお互いにくっつきやすい状態を作ることが、全身麻酔の分子機序であることを発見したのである」

全身麻酔は、脳内の水が結合水並みのゆったりした動きの水素結合をした秩序水になるほど「不感覚」となり麻酔が効くという。精神を病む人は逆に、脳内の水が自由水並みの水素結合の速い動きをしているといわれている……。だとすれば、コロイダルを作る抗火石水は、脂肪に溶け易く脳に入り易い水なので脳内神経細胞の鈍感度を増し、精神安定状態に向かわせているはずである。

最近の治験で判明し、ぜひ追加しておきたいことがある。コロイダル水は非常に熱伝達能に優れた水であり、情報処理器官には付き物である不要な発生熱の速やかな除去が適うのである。結果として、水を飲み続けるという精神混乱の不測の事態を未然に防ぐことが叶い、水中毒患者の発症が「0」になったと考えられる。ポーリング博士の水の麻酔論「水性相理論」に支えられ、実践から帰納した筆者の推測論を述べたものだ。

稀有なことに、低周波域0.5～5MHzで誘電

緩和現象が発生、誘電率が低下するとした筆者の仮説根拠となる「誘電率」が澤本抗火石水の実験で実測された。水の一般的誘電率が80前後であるが、澤本抗火石水は13〜20（25℃）の数字が実測されたと聞き驚いた。明らかにマイナス80℃でなければ凍らないという結合水と同等と見られる、ゆったりとした水素結合をしている水に他ならない。これこそが、ポーリング博士の水和性微細クリスタルこと、筆者らが唱えるコロイダル小集団が構成する結合群化した水そのものなのだ。

すべては、ライナス・ポーリングが発見した水の水素結合の状態変化により、生命体の心身の健康が左右されていることの証に他ならない。さらに、集団の秩序リズムと電荷力が水分子個々の水素結合の強弱、速度を制御している事実も見えてきた。水の水素結合の状態変化が物性値"誘電率"の変化を大きく左右するという、新たな物性値同士の横のつながりがわかってきた。お陰様で、飛躍的に解析力を深化させることができた。生命体の健康状態を把握する大事な指標として、水素結合の一層の重要性を再認識したものだ。

M病院には、今もなお、全国各地から重い精神疾患を患った患者さんが駆けつけ、多くの方が寛解（かんかい）し、ご自宅に戻られていると人伝にて耳に挟んでいる……。「脳は"90％"が水でできている」ということを忘れてはならない。

一足飛びの話でしたが、事例結果に接し、納得いただけただろうか？

またとない凄い実践とデータとの出会いに恵まれ、飛躍的に中島・澤本の『溶液のコロイダル領域論』の確証を高めることができた。

また、医療関係をはじめとして幅広い各分野の先哲／先達の素晴らしい知見に助けられ、水溶性珪素コロイドの実践と理論の結びの場で、筆者らは生命エネルギーの１つの新たな原理原則の視点を示すこともできた。

水と珪素、氣の相互作用が成す生命エネルギーの実体とは、「電解質というより、むしろコロイダルの電荷力で成り立ちしている」との結論を導くことができた。それら一連のストーリーは、物理現象と化学現象の律動する中和帯、すなわち、古代ギリシャ神話が語るモノが生りいずるカオスの場でなされる「生命の自己組織化」につながる話である。

だが、それは、生命科学にまったくの門外漢である筆者の稚拙な初期論理構成といわざるを得ない。今後は、夫々の分野の専門科学者諸氏により健全な具体的実用の詳細が解明され、ゆるぎない医学・生理学、並びに健康予防医学の体系化に貢献できるものと、大いに期待を膨らませている。

前著『水と珪素の集団リズム力』（Eco・クリエイティブ）を著して6年近い歳月が過ぎた。新たな治験や、ゼータ電位と粒度分布、ナノサイト分析器のコロイダル状態と粒度分布という定量的根拠データが揃ってきた。さらに、上記の如く著者仮説の水の第二の誘電緩和域の根拠となる再現性ある誘電率も実測された。何よりも水の水素結合の幅広い生命科学への寄与を語ることができるようになった。社会的信頼に耐え得る定量的根拠の揃い踏みであり、技術と論理の格段の深堀が叶った。

実証・事実などを多用し、内容の充実を図り新たな飛躍的現実を綴ることができた。哲科学的な模索とはいえ、物理学・化学の専門用語を多用、かつ、論文調の語りなど、理工技術系の難解な部分も多々見受けられる。文系の方にもスムーズに読み進めていただけるよう、舌足らずな文章表現をカバーするための概念図と用語解説を多く挿入し、できるだけ難解感の緩和に配慮したつもりである。

水と珪素、氣という素晴らしいコロイダル媒体を介して"いのちの力"を追い求めての求道治験の模索だった。"コロイダルの小集団"という一条の光に導かれ、ようやく生命誕生の原理解明の基点という治験の出口に辿り着いた。出

口といえども、これからが生命基礎研究の本ゴールへ向けての出発点。つまり、スタートラインに付いたばかりなのだ。

「観察という事実」を第一義として、今この時点でしか、しかも一市井の実用の水の研究家である筆者でしか書き得ない実践と理論のありのままを記した。既存科学の常識範疇の逸脱をもかまわず、現象から帰納した「実用の水」の"実体"であった。「結び合ういのちの水の力」の物語こそ、分科の科学から個性溢れる菱和の哲科学への新しい一千年紀のパラダイムシフトなのだ。

　日々の身近な生活を思い浮かべ、お読みいただければ幸甚である。

第一章 新しい一千年紀

人類の大儀「水の惑星"地球"生命場の永続」

"ガイア"（大地の女神）の水資源随想

> "水はいのち"——。これほど艶めく奥の深い一言があるだろうか。いのちという語りつくせぬ哲学に、水という最も身近でありながら最もつかみどころのない科学が融合・菱和し結び合っている。何が、どうして、どのように相互作用しているのだろうか。人類永遠の"いのちの水"の哲科学である。人類の生き残りを掛けた新しい千年紀の試練がすでに始まっている。喫緊の試練「地球生命場の永続」を掛けた人と水の新たな挑戦について、深淵な宇宙則の視野で見渡してみたい。

地球は一個の全体として活き活きと脈動、自らは一日一回転、自転しながら太陽の惑星軌道を、1秒間に30Kmという超猛スピード（大気圏脱出のロケットは11Km/s）で365日間掛けて太陽の周りを公転している。生命体惑星"ガイア"という響きがとても似合いで耳障りがない。大気圏、水圏、地圏、生物圏は、生きている地球一家の欠くことのできない大事な必須の仲間達である。

そんなガイアに最も相応しい言葉を冠した人がいる。もう半世紀も前の話だ。欧米では「地球は青いヴェールを纏った花嫁のようだった」、日本では「地球は青かった」と、1961年、人類初の宇宙飛行士としてボストーク1号で宇宙飛行したガガーリン大佐の地上帰還後の第一声をメディアは誇らしく嬉々として報じた。水の惑星を象徴しての、そんな翻訳が振るっている。ガイアの美しくも力強い一家意識を響かせている。人類が初めて経験する感動的瞬間に出遭えたことを、誰もが一様に我のごとく感動し、拍手喝采したものだった。

地球表面は70％が水で覆われている。水は97.5％が塩水として海洋に存在し、淡水は残りのわずか2.5％に過ぎない。そんな淡水も、69％が氷の塊として南極、北極、あるいは大陸のツンドラ地帯にある。しかも、30％が地下水となっている。残りのわずか1％足らずが河川湖沼、大気、そして我々生命体に存在するという。水の絶対量は、変わらないが利用できる水は限られている。

ガイアのいのちが成す浄化・再生・熟成のリサイクルシステムに守られながら、水は無二の親友"珪素"と共に地中、地表、大気へと旅し循環している。我々の体に宿った水も、また、日々入れ替わっている。循環する水にとって、主は、一時の働き場に過ぎない。縁遇っての場で自らの最善を尽くしている。

水は、地球誕生以前に広大な宇宙空間の場で酸素と水素が出会い誕生したものである。ガイアの誕生当初から大事ないのちの素"血液"で在り続けていたのである。シアノバクテリアを生み、恐竜に宿り、微生物も植物も動物も皆が同じ水を繰り返し再利用して"いのち"を紡いできている。ガイアで、再生賦活した水の年齢は、ただ今、御歳46億歳超である。大海原や湖沼、河川を宿とし、地上に液状態として顕在化し再稼動を始めたのは40数億年も前の話である。その事実こそ、すべての生命体の共有財産と謂われる所以なのだ。

生命誕生の三条件？
「液状態の水」「水溶性珪素」「熱源」

2015年、土星の衛星エンケラドスに生命が存在する可能性が高まったとのミラクルニュースが、地球を駆け巡った。エンケラドスは直径500km程度で表面温度は平均マイナス200℃、厚い氷に覆われている。中心コアに岩石の核があり、海底には熱水噴出孔が存在、地表の分厚い殻"氷"を貫通し水蒸気が間欠泉の如く、所々で噴出している。

"水はいのち"
腹心の友、珪素が見つかる

2015年に土星の衛星「エンケラドス」に生命が存在する可能性が高まったとの調査結果が発表された。直径500km程度で、表面温度は平均−200℃で厚い氷に覆われている。中心に岩石の核があり、海底熱水噴出孔という水蒸気が間欠泉のように噴き出している。2015年東京大学などの研究発表でエネルギー源となるナノシリカ（ミネラルの骨格）が確認された。これにより生命が存在する可能性がグッと高まった。つい最近、木星の衛星「エウロパ」でも水の噴出が確認されている。

生命体存在の根源三要素とは、
「液状の水」「水溶性珪素」「熱源」であろう

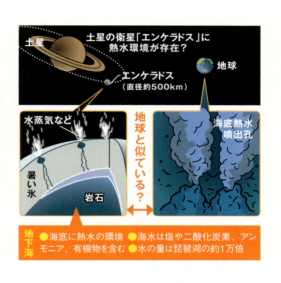

図表1-1：土星の衛星「エンケラドス」に熱水環境が存在

宇宙に生命が存在する最も大事な三要素と見做されてきたのは、「水」と「有機物」と「熱エネルギー」である。2007年、エンケラドスの地下の海には塩や二酸化炭素、アンモニア、有機物などの存在が、すでに確認されていた。2015年、東京大学や海洋開発研究機構などの国際研究チームは、カッシーニ探査機が検出したエンケラドスの噴出水に、岩石と熱水が反応してできる鉱物の微粒子『ナノシリカ』を発見できたという。ナノシリカ（超微小水溶性珪素）ができるためには、94℃以上の熱水環境が必要とのこと。生命誕生三要素の残りの1つ"熱源"の確認ができたと誇らしく発表した。地球では、海底熱水鉱床は生命誕生の場の最も有力な候補の1つとされている。研究チームは「地球外生命の発見に向けた大きな前進」と捉えている。

だが、本書が解き明かす注目すべきナノシリカの本来の生命機能が、なぜか全く語られていない。ナノシリカの存在があくまでも熱源存在の根拠としてのみ取り扱われているに過ぎない。残念な気がしてならない。もう一歩具体的に踏み込んで、生命の三条件を設定すべきではないだろうか。

なぜなら、水、並びに有機物は原始地球誕生以前から広く宇宙空間物質に多く含まれ、どこにでも存在している物質であることが、科学者の手により隕石等の分析で既知の知見事実となっている。ならば、次の生命誕生行程として大事なのは"液体状の水"であり、"命の核"に欠かせない"水溶性の珪素"の存在、さらに生命活動に必要な"振動源の熱エネルギー"と考えられる。筆者は、これを新たな生命体存在の三条件と考えている。

あと50億年、
地球と共に生きるために

　すべての生命体は"水がいのち"であり、その限りある大事なものをいかにすれば、残された地球の推定残り寿命50億年、共に生き紡ぐことができるだろうか。いのちの水の浄化、再生、そして熟成の賦活能力に掛かっている。もはや頼みの地球自然の自浄包容力のみでは叶わぬ喫緊の課題として、共に生きてゆく人類に、容赦なく災害の牙を剥きだし自覚を促し続けている。

　地球の環境包容力破壊の唯一の元凶は、モノ頼りに陥っている人類に他ならない。蓄える術を見出した唯一の種"人類"は、「足るを知る」素晴らしい命の道を歩み続ける生物圏から独り離脱し、身勝手な欲望の虜となって人間圏を構えている。蓄える術が進化するほどに、人間の覇権的地球支配が強化された。今なお、勢力拡大の一途をひた走っている。だが、ヒト種の覇権的支配に反比例して、大事な棲み処である地球に、人類生存を脅かす環境包容力の限界が不気味に差し迫ってきている。連日の如く報じられる地球規模の異常気象や大災害、天に唾した人類への因果応報である。人災そのものだとして多くの人は、自戒を込め、内心、そう心に断じているのではないだろうか。

　一人ひとりが、生物圏を見習って"足るを知る"基本姿勢を貫くことができれば、持続可能な地球社会は現実化するはずである。ですが、ヒトは地球という生命場の一共生員として生かされていることを知りつつもアスタマーニア、ケ・セラ・セラ（明日は明日の風が吹く、まぁ何とかなるさ！）と、のんきに素知らぬ振りして通り過ぎようとしている。大災害や戦争さえも一時の災いとして時間経過とともに風化されてゆく社会風潮、人情の機微といえば、それもまたやむ得ない人の性であり、様であろう。

　だがしかし、みんなで渡る怖くない赤信号、いつの日か、突如としてデッドカードが突きつけられる日も、そう遠い先の話ではないだろう。ヒトは自然界を人間圏のみの都合に合せて搾取、使いっぱなし、汚しっぱなしに甘んじ、物質欲と利便性に掻き立てられ、「消費は美徳」を旗印に、唯物的な成長優先の道を突き進んでいる。ヒト種の爆発的な増加と消費文化の行き過ぎが、自然破壊に一層の拍車を掛け、ガイア自らが擁している再生包容力『環境容量×ヒトの智慧』を大きく逸脱している。人間圏がある限り、"無尽蔵"や"無限"が当てはまる物は最早、この地球のどこにも見当たらない。

　ガイアが悲鳴を上げている。中でも今、『水』が最も危ない。世界遺産に登録された白神山地のブナ林のブナの木1本で、8tもの水が保水できるという。大事な"淡水貯水庫"が各地で破壊されている。土は疲弊し団粒構造が破壊、保水力がなくなり砂漠化が進んでいる。また、発展途上国における大規模な森林伐採や使い捨て焼畑農業が後を絶たず、砂漠化へと突き進んでいる。

　他人事ではない。身近な話だが、欧米人に"ガーデニング"とまで言わしめた日本の伝統的水田さえ、ビジネス優先の国際分業化（グローバル化の成せる業）の波にあおられ、その基盤さえ危うくなってきている。この水田こそ、「水」の再生と貯蔵の最適の場でもあったはず。筆者には、幼少の頃の家族総出の田植えや稲刈りの昔懐かしい田園風景が思い出される。そんな水瓶であった水田とて、すでに例外の域を免れない状況が差し迫っている。農耕民族といわれる日本の里山文化を発展させてきた、祖先の智慧と汗水の結晶ともいえる水瓶の田園風景もあちこちで荒れ放題、急速に人の棲息環境、場作りの基盤が失われている実体が現

実だ。

　あと100年や200年で人間、ヒト種が絶滅するなんて、多くの人は思ってもいない。地球が46億年ともいうとてつもない時間を掛けて作り上げた、大事な資源を、子々孫々に配分する配慮がなければならない。物質獲得競争が激しくなるほどに"自分さえ良ければ"、"今さえ良ければ"との風潮がいっそう強くなっている。激化が激化を呼び込み自らにエスカレートするのは、いつの時代においても優先される人間の本能（欲望）である。それもまた、やむを得ない人情の機微であろう。だがしかし、歯止めなき過度の競争激化の結果として、弱肉強食もどき格差社会の広がりを見せている現実はいかんともし難い。

　今なら、まだ間に合う。なぜなら、「人災」が唯一の原因だから。生理的欲望の甘えに負け、理性の実行が伴わないだけである。ヒトは、この地球上に棲まわせていただいている存在だ。なのに、物言わぬ「掟」ともいうべき"自然の摂理"と"宇宙の道理"という義務の遵守を、どこかに置き忘れてきたようだ。生物圏が身をもって示す範（はん）"足るを知る"さえ、"お人と良し"と受け止め軽視している。

　それは、「わかっているけど止められない」人間の無責任な性との闘いである。人類は自由、平等、博愛を合言葉に民主主義を標榜しながらも、それを支えるエネルギーこと"経済発展"は避けて通れない為政者の王道のようでもある。人情の機微の板ばさみに悩まされる現在、国連の推計では、73億人を超え2050年には94億人に達し、2100年には112億人とピークになるとの推定である。現在の世界的規模の過剰な消費文化を続けることはまったく"NO"であることは誰の目にも疑う余地はまったく残されていない。万年紀とまでは言わぬが、せめて次の千年紀まで持ちこたえる努力をしたいものだ。

第一章　新しい一千年紀

無尽の"氣"と有限の"物質循環"が成す
奇跡の棲家"水の地球"

　混沌とする中今の世相を風刺した形容語として「カオス」という言葉を目にしたり、耳にすることが多くなってきている。言葉の響きから曖昧さ、そして大混乱や無秩序な無法統治を想起する言葉として受け止められがちである。

　だが、哲学の世界でカオスは、「ギリシャ神話で宇宙開闢の時、真っ先に生じた『原初の巨大な空隙』のことで、あらゆる生り出ずるものの素と生成へのエネルギーを内に秘めた生成の場」のことと謳われている。

　古の人々が自然に同化した感性の洞察力、その神秘的世界観に感服である。科学者なら誰もが「カオスを科学する」ことを、一度は心に描く哲科学の最終地点ではないだろうか。それは、中今の最先端超科学と古来人々の心の奥に潜む神秘的世界観との融合を成す最終ゴールを予言した見事な洞察であり、今風の哲学と科学の統合濃縮版とも受け止められる。科学文明の深化が成す量子場効果の必然的な所業として受け止める向きが多いのではないだろうか。

　また、すべての存在を超越した大宇宙の成り立ちの扉を開く根源原理への哲学と科学の統合的収斂とも見受けられる。それは、従来型思考体系の「科学だ、哲学だ、宗教だ」と、夫々が主張する「我が、我が」の唯我独尊思考の自我自尊の文明ではない。言葉では表せぬ「気になる媒体"氣"」を仲立ちとして有機的に結び合う「中和的思考」の「結び合いの文明」ではないだろうか。共に生きるための思惟深き超自然文明の予感がする……。

　仏国を活動基点にしたマクロビオティックの創始者、桜沢如一（1893〜1966）はその世界的な名著『無双原理・易―「マクロビオティック」の原点』（サンマーク出版）の中で、「この宇宙には陽がなければ陰がなく、陰がなければ陽がないように、陰も陽も所詮は同一の大極を離れて成立することがない以上、陰陽ともに大極の別名に過ぎないということだ」と、共に存在し合えることの極意を述べている。図表1－5〜7の陰陽分類の標準等を参考にしてほしい。「排除の論理」ではなく、共に生きるべく相乗作用の飛躍を目指した良き選択肢のアウフヘーベン（高次元統合）でありたいものである。

　数千年の時を経て、その真実を読み解く科学的根拠が次々と明かされつつある。現代物理学の発展の基盤を成した聖賢ニュートン（1642〜1727）やアインシュタイン（1879〜1955）を超え、さらには「生命とは何か」を問いかけた量子物理学者シュレーディンガ（1887〜1961）を足がかりに、革命的とされる最先端量子物理学の芯化の華"超大統一理論"（物質が成す現象の理はすべて重力、電磁気力、原子核の中の強い力、原子核の自然崩壊の弱い力の4つの力で説明でき、ビッグバン以前はこれらが統一された1つの力であったとする物理学の究極理論）に神秘的世界観を統合し、新しい概念の哲科学文明の花を咲かそうと、多くの思想家、宗教家、哲学者、神学者、そして科学者が排他的な科学オンリーの枠を超えて励んでいる。

　我は一人で存在しているのだろうか。「否」である。森羅万象すべては、「空」なる場に「縁」を得て連帯し結び合ってネットワークを成している。宇宙普遍の媒体"氣"が常磁性物質"珪酸コロイド粒子"（SiO_4）に誘われ、生命の媒体"水"と融和・惹起し生命体が誕生した。生命体は自らの調律リズムを成しながら有機的につながり、相互扶助で支え合い"いのち"している。

　どこまでも碧い水の地球、我も仲間の一員で

ある。そんな筆者の思いの概念を、仏の曼荼羅絵図に見習い描いてみた。「自分の存在と物質の還流模式図」（図表1－2）である。自らの立ち位置を見失わず、場との関わりを階層的に捉えた物心一如のイメージで作成したもの。単純過ぎる「自分の存在と物質の還流模式図」だが、若干言葉を付記する。

"水の地球の包容力"は有限である。人間の過度な物質欲がなさしめる、人類はじめ全生命体が抱える現代地球の「最も不都合な真実」である。有限である地球物質環境の実情を汲み取っていただきたい。もはや、この地球上で無限なるものとは、氣のエネルギー、宇宙フォトンエネルギー、太陽エネルギー、そして人の智慧だけであろう。それらの潜在エネルギーは公平、無私、無償、そして無尽に地球誌が続く限り無条件に何人にも平等に降り注がれる。

だが、生命を生み育む地上の循環型物質共有の場には、生物圏と人間圏の相互扶助及び物質収支の有限バランスが、絶対必要条件として横たわっている。さらに、生命場をなす水も土も大気も有限であり、有効利用可能な質的鮮度までが問われる繊細な代物である。実用の水の生命場こそ、ヒトの智慧の発揮しどころである。

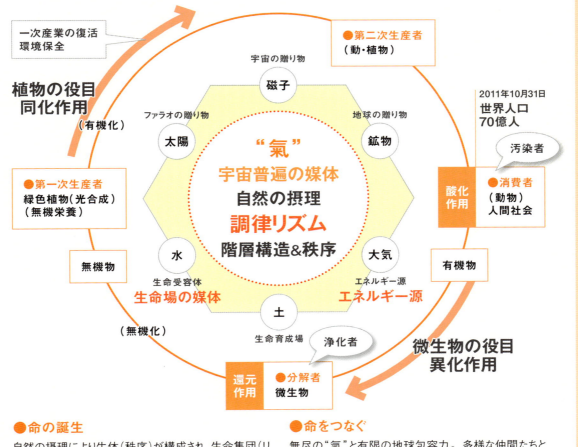

図表1－2：自分の存在と物質の還流模式図

1975年、世界の賢人会議『ローマクラブ』が結論付けた地球上の最大棲息可能な世界人口45億人を遥かに超え、今現在、ゆうに73億人超となっている。今世紀末には100億人越えの可能性が示唆されている。"人の智慧"なくして共棲の生命場維持は、早晩立ち行かなくなることは誰の目にも明らかである。

　なぜなら、生命持続可能な限界域は、植物の同化作用で作られる栄養源と酸素の補給であり、かつ二酸化炭素の消費である。もう1つ、微生物の異化作用（有機物を水と炭酸ガスと無機物に分解）でなされる植物の栄養源の素材適切化（リサイクル）である。ノーベル医学・生理学賞を受賞した大隅良典博士が明らかにした細胞内のリサイクル作用オートファジーの働きそのものである。

　地球も1つの細胞といえる。生命維持のために欠かせぬ作用である。不要、機能低下した蛋白質のアミノ酸化作用と同じリサイクル作用である。微生物なくして地球生命場は維持できない。それらの出来具合が、我々人間の生息可能な許容の限度を担っている。水は地球の生命包容力を担う、最も重要な物質なのである。物質循環の厳然とした自然界の摂理であり、"いのちの水"の道理そのものを犯してはならない。

　自然の生命維持能力は有限であり、かつ、それを成し支える生物圏は、今や人間圏の圧倒的な力で迫害され、なす術もなく崩壊の一途を辿っている。残念ながら、この地球上には人間が必要とする生命維持の生理的欲求を遥かに超えた物質欲が覆いつくしている。"もっと、もっと"と、"我も我も"と、先陣を競い合い搾取型生活に奔走している。生命体地球は、人間の唯物主義モアー教（mor & mor）の厚い雲に覆われ、窒息状態の一歩手前に差し掛かっている。

　いのちの大地さえ例外ではない。100年から150年で漸く1cm程度の生命場を成す土の層が作られるという。その水と岩石アロフェンが成す大事な生命育成場を、我々人間は、何ら躊躇することもなくアスファルトやコンクリートで覆い尽くそうとしている。また、利便性を追求するために生産される石油化学工業の副作用、マイクロプラスチック（海洋に残留蓄積された微小プラスチック破片）の食料源汚染、並びに時には人為的な所業で成される水銀やカドミウムなどの水質汚染が生命育成場を蝕んでいる。

　あろうことか大気さえも危機状態におとしめている。近年は人為的地球温暖化の影響力が顕著となり、「異常気象」という程度をはるかに凌ぐ「極端気象」とまで言わしめる気象異変が頻発している。地球の自浄能力を超え、海水温度が上昇し過ぎるエルニーニョ現象とラニーニャ現象が、あり得ぬはずなのに同時併行的に異常発現している。超スーパー台風を幾個となく発生させても、海水温度が元に戻らないという、あたかも地球自然の断末魔が始まっているように見受けられる。世界各地、異口同音に被災地の人々は皆「これほど長い人生の中で、初めて遭遇する経験」と、驚きを隠せず嘆き悲しむ姿が、無残な被災地の映像と共に毎日の如く大ニュースとして世界を駆け巡っている。

　砂漠化、大干ばつ、大豪雨、土砂流出等すべてが激甚災害の規模を呈し、直接的人災を遥かに超えた植物、微生物の生息環境の無念の声なき声が聞こえてくる。これこそが大問題であり、極端気象の悪循環を一段と加速させている。加えて、化石燃料の過剰消費が鉱物油PM2.5の土壌汚染を招き、日本をも含む地球広範囲な地域において食料汚染を招来している。さらに原子力エネルギーの管理不十分が招来するセシウム同位体等の放射線エネルギー凝集作用によるミネラル不活性化の健康被害がジワリと生命場を汚染し始めている。

　どれもこれも過剰な人間の物資欲と利便性追及の代償として、その尻拭いを植物と微生物の犠牲で執り成しているのが最大の原因だ。天に唾するようなもので、ヒト自らに火の粉を浴びせている。これが、中今の人類が直面している「最も不都合な地球環境汚染の真実」である。

地球を活かす "知力の術" と "利他の心"

　だが幸いにも、人間圏には素晴らしい智慧が働くことも然りである。物質循環の要を担ってなされる植物の同化作用も微生物の異化作用をも格段に向上させる "知力の術" と相互扶助を成す "利他の心" を持ち合わせている。この「知力の術」と「利他の心」が成すヒトの智慧と心が働けば、自然との一体で成す地球の環境再生包容力を格段に進化向上させることが叶う。言葉より行動が求められている。それは、一人ひとりに課せられた責務であり、逃れることのできない百億人世紀への喫緊の急務である。

　地球自然の生命存続は、人間の考えと行動次第であることが誰の目にも明白である。考える苦労や煩わしさより、感性の即戦的な行動があるのみ。悲観することはない。一人ひとりが決断し実行する勇気を粛々と成せばいい。ただそれだけの話である。その智慧は、決して植物や微生物への情動ではない。人間自らが、我が命を維持するために成さねばならぬ所業である。それは、幾何級数的な人口増加に対処する、地球の唯一究極の処方箋である。決して破壊的、戦争的な風景ではなく、自然と一体で成す平和的な解決策である。

　2011年3月11日（金）の東日本大震災と福島原発事故を契機に国民の自然回帰への志向が高まり、地球のあるべき方向に向けて国を、世界を動かしつつある。禍転じて福と成すことが肝要である。この機を見逃し腰折れさせてはならない。なぜなら奇跡の棲家 "地球自然の賦活" なくして人類の存続は有り得ない。これをまとめて表現できる簡単な関数（関係式）がある。

ヒトの数×ヒトの欲望　<　地球自然力×ヒトの術・智慧

　この関係式が成立するような答えが見つかれば、残された50億年の地球寿命と共に人類の永続が可能となるだろう。節度ある欲望と無限の「正しさ」なる想像力の活用である。1つは、情の塊である生身の自己制御法である。理屈は簡単だが、実行は自分の甘えと無責任さとの戦いであり、そう容易くはない。

　もう1つは、共生仲間の共感を得る方法である。地球の自然力の主役は副作用を伴わない "植物" の同化作用であり、"微生物" の異化作用である。"植物" も "微生物" も、地球環境保全の立役者である。彼らが成す生物圏の再生包容能そのものが、人間圏を活かす鍵である。この事実の認識と彼らへの「感謝」こそ、人類が果たすべき最善の策ではないだろうか……。人類の大義 "地球生命場の永続"、その具体的行動そのものとは、「いのちを生み育み進化させる」ことに尽きる。すなわち、水と珪素と氣の大義『結び合う命の力』そのものの実践を、直に自然と一体で通じ合うことではないだろうか。

地球生命場に活かす"水の神秘力"

水に関する話は専門的なものから癒しや環境にまつわるものまで千差万別、古今東西を問わず実に沢山の知見がある。そこには「地球生命場の永続」を図る水の大事な使命とも目される3つの未科学が潜在している。

1つは、命の受け皿となり得るコロイダルの実相（物理学70の不思議とされる溶液二様態論）。2つ目は、生命エネルギーを支える水と珪素と氣との常磁性協働作用。そして、3つ目は科学の元締め「物理学」の有り得ないはずの低エネルギー原子転換をも司る水の場の触媒能である。いずれも、水「H_2O」のみを対象とした既存の科学では推し測れぬ"水の神秘力"そのものである。

ブラックボックスともいえる"水の神秘"を正しく知り、地球生命場の永続に活かすことこそ、人類の最も大事な自然観であり、叡智ではないだろうか……。まさしく、このこと自体が本書を世に問うことの価値観そのものなのだ。

本項では、筆者らのコロイダル領域論の原理と最も縁の深い千島学説に学び、生命哲科学の芳しき香りを嗅いでみます。なお、3つの未科学「コロイダルの実相」、「常磁性協働作用」、そして「低エネルギー原子転換の触媒能」については、後段の章において、その詳細を著したい。

生命哲科学の原点「千島学説」に学ぶ

忠実な生命現象の解剖観察から帰納した『千島学説』である。集大成の8大原理はひときわ人目を引くと、まえがきでも触れた。異彩を放つ稀有な生命の根源論であり、もう少し概要並びに筆者の思うところを記しておく。

千島学説が成す生命実証の8大原理、中でも血液のAFD現象『Aggregation寄り合い、Fusion溶け合い、Differentiation分化発展する』と、心身一如の生命弁証法『生命エネルギーの氣・血・動の調和』の2つの原理論は、まさしく筆者の水の治験結果「氣を抱いた集団力」をほうふつとさせる。生命弁証法で説く千島学説は単純な唯物的解明手法の還元論の道ではなく、人類誌の現時点において哲学でしか語り尽せない心身一如の哲科学の話である。その両理論の根底にあるものとは、振動・脈動・ゆらぎ動作の相互作用が成す寄り集い（結び合うユニット）に他ならない。神秘現象"グループダイナミズム"である。

千島学説は、膨大な実験・観察データに裏付けられた圧巻の学説である。詳細な説明は至難の業であり叶わぬ。だが、荒野のジャーナリスト稲田芳弘氏は、不朽の力作『ガン呪縛を解く』（Eco・クリエイティブ）で、8大原理を簡潔にわかり易く次のように要約し、紹介している。要点のみを抜粋しよう。

千島学説が追い求める哲科学の真髄！
生きた動的生命現象に潜む摂理
哲学と科学を結び付ける千島学説

● **事象こそ"眞"の姿：**
自然現象がすべての結果である
→自然と一体になることで見えてくる不可視の存在

● **AFD現象の意義：**
寄り集い、融合し合い、分化・発展する
→新たなものの想像＝生命誕生の複合的な相互作用原理

● **氣・血・動の調和：**
宇宙普遍の電気的エネルギー（氣）の存在
→生命エネルギー誕生＝誘導電磁気力の交番型螺旋動作

図表1-3：千島学説の哲科学

1. 赤血球分化説
   赤血球はすべての細胞の母体である。
   がん細胞、炎症部の諸細胞、傷の治癒なども
   すべて赤血球から生じる。
2. 血球の可逆的分化説
   断食その他の異常時には、体組織の細胞から
   血球に逆戻りする。
3. バクテリアやウイルスの自然発生説
   細菌やウイルスは、既存の親の分裂がなくて
   も自然に有機物から発生する。
4. 細胞新生説
   細胞の増殖は分裂によってではなく、AFD現
   象によって自然に発生する。
   無核の赤血球が有核の白血球となり細胞へと
   分化発展する。
5. 腸造血説
   赤血球は骨髄ではなく腸で作られる。骨髄造
   血は異常時の現象に過ぎない。
6. 遺伝学の変革（遺伝と血液・生殖細胞・環境）
   生殖細胞は血球からできる。だから環境の重
   視が必要（獲得性遺伝の肯定）。
7. 進化論の盲点
   進化の主要因は共生（相互扶助）であり、自
   然との調和。
8. 生命弁証法
   生命現象は波動と螺旋運動であり不断に変化
   してやまない。

以上の8大原理のうち、1〜7は千島が観察事実に基づいて発表したものであり、8はその事実から帰納した千島ならではの「哲科学」である。つまり自然や生命の現象を素直に眺めてみるときに、そこに科学を統合する全く新しい哲科学の体系が現れ出るというわけだ。

「―中略―このように『千島学説』は『8大原理』からなる『生命・医学の革命的な学説』であり、その1〜7までは観察事実に基づいて発表したものだ。しかし、それだけでは『科学＝部分的学問』に過ぎないため、千島はそれらを統合するかたちで8の『生命弁証法＝哲科学』を打ち出した……」と、稲田氏はわかり易く解説を加えている。

医学・生物学に関してまったくの門外漢である筆者には、千島学説の奥深い学理的理解を究める素養には程遠いが、なぜか、不思議と違和感は覚えず、納得感さえ芽生えた。自然といのちの道理が整合性を確かめ合い理路整然としたためられている。身に迫る凄さの圧巻と重く受け止めた。

人体の生命線である脳は90％、血液は83％もが水で構成されている。血液の血球自体がコロイダルの様相である。脳はしっかりと水の中に浮かんでいる。当然だが、生命と水は不可分の一体であり切り離して考えることはできない。身内のような親しみ感を覚える。

ここで、少し寄り道したい。千島学説に接した筆者の思うところを述べてみる。

千島学説で最も気になるのが"腸造血説"である。「赤血球は、常態時は骨髄ではなく腸で作られる。骨髄造血は異常時の現象に過ぎない」との説は、洋の東西を問わず現代医学が標榜する"骨髄造血説"とは、大きく相容れないものである。しかも、赤血球があらゆる細胞に変容しうる"未熟な幹細胞"であり、AFD現象で凝集、核を持つ白血球を介して細胞になるという……。生命体の血液は、生命体を成している「生体」と「生命」とを結び付けている"いのち"そのものであり、無審査で軽く見過ごすわけにはいかない。素人ながらにも、少し詳しく検証し、感ずるところを述べてみよう。

腸の絨毛細胞小腸トランスポーターで栄養の授受が成され、新たな赤血球形成の第一歩とされる腸造血説には、自然の生命作用の合理性さえ見て取れる。自然の摂理、道理に適ったこれ程の論理を無視することのできる実証根拠を現代医学は持ち合わせているのだろうか。標準的な体格の人で赤血球はおよそ20兆個、体細胞数の3分の1を占めている。医学書によれば、赤血球は毎日2000億個ずつ作られているとい

第一章　新しい一千年紀

う。赤血球が長骨、胸骨、骨盤等の骨髄のみで作られるという現代医学の定説は妥当性を証しているのだろうか。現役引退一歩手前の老細胞が、核もミトコンドリアも破壊させて原核細胞もどき血球細胞に生まれ変わるのだという。本当に赤血球はアポトーシス（細胞の自殺行為）一歩手前の細胞なのだろうか。赤血球は医学的に120日間も寿命を有すると謂われ、皮膚細胞の寿命28日間の4倍強にも匹敵する。しかも、体内のどの部分の細胞がスムーズに如何なる経路を経て骨髄に移動が叶うのだろうか。千島博士がいう「赤血球は生まれたての細胞」の方が、違和感なく自然の道理と受け止められる……。門外漢には、初歩的疑問が幾重にも思い浮かび、既存医学の不自然さは今一払拭できない。

　残念ながら医学解説書には、造血はすべて骨髄で成されるとある。一部千島学説の流れを汲む医学者は、専門的根拠を述べ腸造血説の正当性を訴えているが、多勢に無勢のようである。生治験を基に自然の合理性を粛々と踏まえた千島学説が、何ゆえ医学の主流になりえないか。科学者の情動が動いているとするならば、人類益にそぐわない話である。人類の貴重な術の大きな損失であり、釈然としない疑念が残る。多少感情的にいい過ぎたとすれば恐縮だ。

　もう一言付け加えたい。さらに疑念を抱かせる新鮮なビッグニュースに出会った。ラッキーなことに、丁度この項の原稿をしたためている時に、大隅良典理学博士がノーベル医学・生理学賞を受賞したとテレビがしきりに報じており、興味深く画面に釘付けにされた。「オートファジーの働き方発見」……。我々人間はじめ真核生物に共通する細胞内の新陳代謝であり、生命維持の大事な基幹作用の1つオートファジーの研究が評価されたとのことである。細胞が、自分自身の細胞内の不要・不具合となった蛋白質やミトコンドリア（細胞内の微小生物で酸素を利用し代謝エネルギー変換に関与している）を分解して、再利用（リサイクル）可能な必要最小限の大きさのアミノ酸等のユニット素材化するという生命維持の最も大事で効率的な新陳代謝の仕組みである。

　テレビの解説を聞きながら、筆者の脳内では「もしかしたら、細胞が赤血球に変容するような可能性が窺えるのではないだろうか」と、聞き耳を立てたものだが、的外れだった。細胞の自殺アポトーシスでもなければ、細胞の赤血球への可逆分化でもなく、専ら細胞自らの生命維持の新陳代謝とのことだった。だが、合理的エコロジーな生命維持活動には拍手喝采、感服する。

　さて、これほどの細胞内の重要な研究でありながら、不思議なことにオートファジー現象と隣り合わせにあるようにも想像されるはずの細胞の赤血球分化の気配が、どうしてまったく感じられないのだろうか。だとすれば、赤血球分化は骨髄のいかなる細胞が分化しているのだろうか。まさか千島学説が唱える異常時の骨髄造血説、すなわち骨髄内の黄色を帯びた脂質の血液化の話ではないだろうか？　残念ながら筆者の知識では、造血説の真偽のほどは皆目見当がつかない。

　骨髄が作られるはずの長骨の少ない方とて人並み以上に立派な活躍をしている方もおられる。当然ながら脊柱や骨盤で血液が作られるとされているが、医学界はこの現実をどのように理解し、細胞の赤血球分化説との整合性をどう説明しているのだろうか？　ぜひ見解を教えていただきたいものだ。

　素人ながらに、非常時の骨髄造血、普段の腸造血説の論理が現実的であるような気がしてならない。千島学説の現象事実を直視した"ものの本質"の見究め方に、改めて学びの道の正しさを実感したものだ。

　回り道が長くなり恐縮、話を元に戻したい。
　細胞新生説の原点がAFD現象とある。ものの寄り集いが一等最初であるとの指摘は、筆者の私是「寄り集いて和し、群れて輪す」とした溶

液コロイダル論の原理としっかりとシンクロニシティするものであり、言い知れぬ共感と確信を覚えたものだ。細胞分裂説を唱えるオパーリン博士らの「生命体誕生は最初の生命誕生一回こっきり」に対して、千島博士は条件さえ揃えば、遺伝子情報なくして何時でもどこでも生命体は誕生すると唱えている。この事象の可能性そのものが"生体系の水"を構成する筆者のコロイダル論の原点なのだ。

さらに千島博士は、生命現象は波動と螺旋運動だという。遺伝子DNAは螺旋運動をしている。血液（83％もの水で構成されるコロイダルの一種）も血管内を整然とした層流で流れているとは考え難い。血管の形状から判断すれば、回転を伴いながらの螺旋渦流が至極自然ではないだろうか。コロイダル集団の自転動作が螺旋運動を誘発し安定的秩序を図り移動していると考える方が自然の流れに適っている。また、人の「氣」の流れも螺旋状とする科学者は多い。千島学説の統合論は心強い一押しである。

もう少し、生命の核となり得る結び合う力の水"コロイダル"の実相について記しておく。なお、詳細は章を改めて著する。

生理食塩水も水溶性珪素もコロイダル

▲水溶性珪素溶液
1.8％の珪素のはずだが、なぜか薄い模様の粒子状しか見えない

▼生理食塩液＋水溶性珪素3％

◀テルモ生理食塩液
0.9％のNaClの電解質のはずだが、なぜか多くの集合体が見える

図表1-4：生理食塩水等の位相差顕微鏡写真（提供：甲斐さおり氏）

まず、筆者には、位相差顕微鏡観察、物性値ゼータ電位計測のコロイダルデータ、そして、独自の新しい微乾燥顕微鏡観察、分光器アクアアナライザの分析手法でみたコロイダル状態の水の性格について、次のような事柄がわかってきた。

・図表1-4はコロイダル現象の根拠の1つである。100％電解質といわれる生理食塩水さえ、普通の水よりも集団構成力が強くコロイダル状であることが、位相差顕微鏡や、ゼータ電位・粒度分布計測器の観測で確認されている。
・水は集団形成で力のベクトルが揃い電磁気力が発揮できるようになる。その顕在的な力とは"振動""リズム""ゆすり"といわれる生体の電荷エネルギーの"波の動き"であり生命エネルギーの発祥の素地とも目される。
・水は種々の波と同調し合い共鳴、新たな"ゆらぎ"を生む。そのゆらぎとは「水の記憶」の証しである。すばやいゆらぎは「触媒作用」を、やさしいゆらぎは「秩序」を整える。生命のダイナミックなエネルギーとも目される。

- 珪素が司る水は、微細粒子が均一で電荷に優れ触媒能に秀でている。生命体を育てる良い水は、珪素の微細粒子に纏い付き小集団模様を演出している。その結合群化した水"コロイダル"こそ、生命体の"いのちの健康"そのものである。すなわち、結び合ういのちの水の有り姿である。

千島学説と併せ眺めれば、「寄り集いて和し、群れて輪す」というフレーズに、コロイダル状の水のすべての動作が依拠し凝集されている。「集合」、「脈動」、「触媒能」、「誘導起電力」、すべてがいのちする電荷エネルギーの動作の根源を成している。それが「いのち」の誕生であり、「いのち」本来の動作である。

生命体とは、生体が生命というエネルギー、すなわち自らのリズム動作で成す自力動作の"脈動"であると筆者は位置付けた。コロイダルの本質とは、まさに千島学説の細胞新生説と腸造血説の原理そのものだといえる。

エネルギーの伝搬、凝集の場に、珪素に司られた結び合うコロイダル水という"触媒能"豊かな媒体が存在している。水と珪素が成すコロイダルの媒体力が成す神秘さ、得体の知れない凄さをひしひしと感じている。まさに、水は、地殻の力"珪素"を呼び込み、生命体の結び合う力の礎を成しているといえる。

地球生命の動作原理に関する凄い水の生命場を成すコロイダル作用の概要を述べた。これら生命の動作原理が活かされる限り、地球生命体の持続は叶うであろう。新しい一千年紀の人類の大儀「水の惑星地球生命場の永続」こそ、地球の残された寿命50億年を共に添い遂げる人類究極の秘伝ではないだろうか。

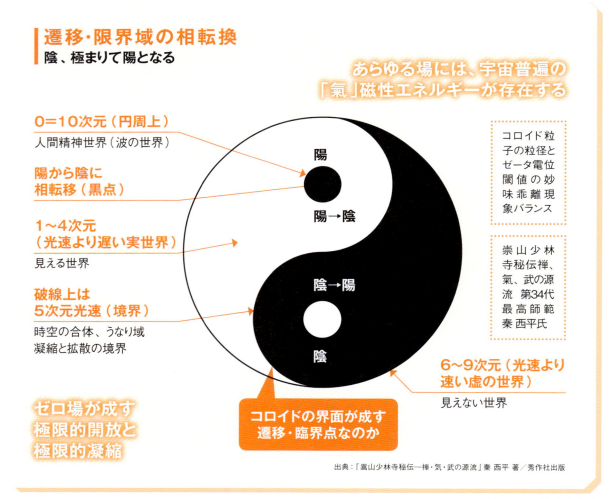

図表1-5：陰陽の相転換図

分光学的分類による元素の陰陽分類

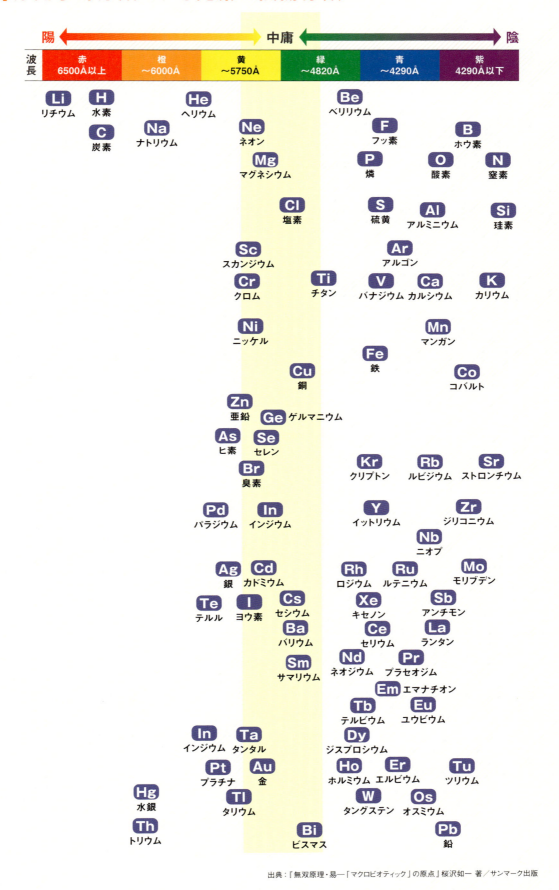

出典：『無双原理・易―「マクロビオティック」の原点』桜沢如一 著／サンマーク出版

図表1-6：元素の陰陽分類

陰陽分類の標準

象徴	力	エネルギー	原子	元素	色	季節	日
薄・細・長 拡散分散 **陰** ▼ マイナス 支那の陰陽 ☯ ユダヤの星 ✡ キリスト教の十字架 ✝ プラス ▲ **陽** 凝集圧縮 厚・丸・太・短	柔体（気体） 遠心力 軽い 上昇 下降 重い 求心力 硬体（固体）	寒い 磁気 電気 化学的 物理的 引力 熱い	電子 中性子 陽子	Si O、N P、S K Na H C	短波 紫外線 紫 藍 青 緑 電波 黄色 橙 褐色 赤 長波 赤外線	冬 秋 春 夏	深夜 ⇩ 夜明け たそがれ ⇩ 深夜 夜明け ⇩ まひる まひる ⇩ たそがれ

八掛	☰	☱	☲	☳	☴	☵	☶	☷
掛名	乾ケン	兌ダ	離リ	震シン	巽ソン	坎カン	艮ゴン	坤コン

桜沢氏は、上記易経の八卦を用いて絶対陰陽の二項択一を迫るのではなく、自然事象「天・沢・火・雷・風・水・山・地」を用いて「陰の中に陽あり、陽の中に陰あり」として、その陰陽の度合い組み合わせの事象毎に説くことの重要性を述べている。当然だが、閾値的要素の「陰極り陽となり、陽極り陰となる」を両極の「太陽」と「太陰」を対峙させ説諭している。

出典：『無双原理・易―「マクロビオティック」の原点』桜沢如一 著／サンマーク出版より一部改変

図表1-7：陰陽分類の標準

第二章

水とミネラル〝いのち〟のハーモニックス

地球の水は
46億歳？

　水の分子はH₂Oで表されることはよく知られている。このH₂Oで表される純水はどこで採水しても全く同じものだが、自然界にはどこを探してもこのような純水を採水できるところは一箇所とて存在しない。可能性の高い大海原や湖面、河川から蒸発する水とて、残念ながら純水とは程遠い代物である。普通に水といえばH₂Oに色々なものが溶け込んでいる個性豊かな実在の水のことをいう。つまり、水は溶けるものやその量によって性質・性格がガラリと変わってしまう。この溶解力こそ、水本来の最も大事な特技であり特性だ。

　第一章で述べた土星の衛星エンケラドス同様に、我がガイアには地殻の熱エネルギーで多くのナノシリカ（超微細な粒状二酸化珪素SiO₂）が海水中に溶け込み、熟成し非晶質（アモルファス）状のオルト珪酸（H₄SiO₄：シリカSiO₂に水分子が2個結合したもの）の姿で存在している。これが、"いのち"を成す水の腹心の友"珪素"の実体像。ちなみに温泉水に溶け込んでいる珪素は、メタ珪酸（H₂SiO₃：シリカSiO₂に水分子が1個結合したもの）と呼称される水溶性の非解離物質だ。もう1つ付け加えておきたいことがある。実用の水は寸暇を惜しみ地球大気の鼓動シューマン周波数で"氣"とダンシングしている。水は珪素と共にあり、常磁性体。生命体は実用の水を介して"氣"というフリーエネルギーと共鳴し合い"いのちの脈動"を支えているのだ。

　水を科学的に眺めれば、水分子同士が水素結合で結び合い縦横無尽にネットワークを張り巡らしている。水溶性珪素は、水分子同士の水素結合以上に強く水分子と結び合い、水和（水が纏い付いた状態）し、コロイダル状（液体、固体、気体の混交状態の集団塊）で寄り集い結び合い群れている。

　臨死体験を重ね、俗にあの世飛行士とも呼ばれる彗星捜索家の木内鶴彦氏が作る"太古の水"にさえ、筆者の分析では珪素が見事なほどに存在していた。治験前に木内氏本人から電話で「太古の水は時間を掛けて蒸発させた水である」との説明を頂戴した。低温蒸発ほど水は含有物を多く含んで蒸発することは、別途治験でも確認できている……。これが本誌で語る実用の水、すなわち水とミネラル（構造体を構成した鉱石）の相互作用の実体なのだ。

　この実用の水の潜在力とは、水の性格というか、例えば、人夫々の"味"のようなもの。この全容が醸し出すオーラこそ水の不思議な力、すなわち、"神秘力"だ。命を成す水とミネラルの素敵なハーモニックス（調和振動の相互作用）について見てみよう。

第二章 水とミネラル "いのち" のハーモニックス

今、私達が手に触れ喉を潤している「水」は、何時、どこで、どのようにして生まれたのだろうか？　もしかして、地球外で生まれたのだろうか？　はたまた、どうして太陽系の惑星の中で地球だけに広大な海があるのだろうか？　なぜ、液体として存在できるのだろうか……。皆さん、不思議に思ったことがありませんか。そんな地球の水のルーツ（起源）や存在の不思議について探ってみよう。

水は条件さえ整えば簡単に作れる。例えば、有機物は微生物等で分解されると、すべて水（H_2O）と炭酸ガス（CO_2）に分解される。さらに興味深い事例がある。理想のクリーンエネルギーともいわれる"水素燃料"がある。発電用に自動車用にと様々な動力源の分野に応用されている。使用燃料がすべて水になるというゼロエミッション（廃棄物を出さない地球環境負荷ゼロのこと）エネルギーである……。水素（H_2）を酸素（O_2）で燃やす（酸化する）と、水（H_2O）と68kcalの発生熱エネルギーを得ることができる。この発生熱エネルギーを動力源として、例えば車を走らせたりしているのだ。

$$H_2 + 1/2 \cdot O_2 = H_2O + 285.8kj \;(68kcal)$$

ところで、有機物にしても燃焼用の水素や酸素にしても、元を質せば、水から作られている。では、万物の素ともいわれる地球の水のルーツとは何か？

現宇宙は137億2千万年前のビッグバンという一瞬の超巨大爆発で誕生した。物質、エネルギー、時間、空間が発現したとの科学のストーリである。物質の存在形態の第1階層と呼ばれるアップークオークやダウンクオークなどの6つのクオークや電子やニュートリノのような6つのレプトンの誕生である。第2階層として、その素粒子が寄り集い合って陽子や中性子と呼ばれる原子核を構成する物質が誕生した。さらにビッグバンから数十万年の時を経て、原子核に電子が引き付けられ原子（アトム）が生まれた。

物質の段層構造

第1階層
6つのクオーク、6つのレプトン

第2階層
陽子、中性子、原子核

第3階層
原子、分子、有機化合物

第4階層
個体、液体、気体、プラズマ、コロイド、金属、セラミックス、半導体、有機物質、プラスチック、核酸、蛋白質、酵素

第5階層
宇宙、地球、生物、人類、社会、機械

出典：『物質は生きている―現代の物質観』好村、岡野、星野 編／共立出版

図表2-1：物質の存在形態の階層構造

物質の存在形態の第3階層の誕生である。陽子1個に電子1個が引きつけられて水素原子が誕生した。宇宙はすっかり晴れ渡り、光が自由に透過できるようになったとのことである。

その水素原子が太陽などの輝く星（恒星）を作っている。また超巨大な恒星では水素やヘリウムの核融合により、より重い酸素、炭素、鉄などの元素が作られている。宇宙物理学の研究者は、現在、宇宙に顕在化している原子の量は4％に過ぎず、未解明ダークエネルギーは73％、未解明ダークマターは23％であるとの研究成果を発表している。原子の中で一番多いのはもちろん原子番号1の水素であり、次いで原子番号2のヘリウム、3番目に多いのが原子番号8の酸素となっている。ちなみに地球で一番多い元素は酸素、次いで珪素、水素と続いて

いる。

さて、太陽よりもはるかに大きい超巨大恒星の超新星爆発で、水素より重い酸素などが宇宙に放り出され、水素原子（H）と酸素原子（O）が宇宙空間で必然的に出会いH_2Oなる不思議な物質「水」が作られた。水は岩石と結び付いて塵や微惑星となり宇宙空間をさまよったり、彗星の核の一部の氷を形成したりしている。

地球は、宇宙空間にさまよう微惑星、星間物質（星屑やガス体）の集合で、太陽（恒星）系の惑星の1つとして46億年前に原始地球として誕生した。その寄り集い凝集し合った微惑星、星間物質に既に水が存在していたのである。地球の水は先輩宇宙で生まれ、地球にやって来たものである。隕石には5％程度の水が含まれており、アメリカ航空宇宙局NASAの報告では、年間2〜3tの水が、現在も降り注いでいるとのことである。

生命が誕生したといわれる38億年前には、すでに現状に近い水量の大海原ができあがっていたとのことである。地球の水は宇宙からやって来たモノで、唯今推定年齢は46億歳を遥かに越えているといえる。

他の太陽系惑星の水との違いについて若干振れておこう。

なぜ、地球にだけ大海原や河川・湖沼に液体の水があるのだろうか？ 水は大気圧下では0℃で凍り固体となり、100℃で気化して水蒸気となる特殊な物理特性を有している。すなわち地球より太陽に近い惑星では、水はすべて水蒸気となり、また、地球よりも外側の惑星表面は氷結しているので、液体としての水は存在していない。

では、同じような宇宙空間の条件下にある月に水が存在しないのはなぜだろう。月の表面は、昼間はプラス110℃、夜間はマイナス180℃である。しかも、月は地球より質量が小さいので重力が地球の6分の1である。気化した水蒸気を月の大気圏内に留め置くだけの引力が不足しており、水は月の大気圏外、すなわち宇宙空間に逃げてしまったからである。地球は、水分子を引力圏内に留め置くことのできる大きさであり、かつ太陽との距離が作る表面温度が水にやさしく適宜で、液体状態の水の存在を可能ならしめているのである。ちなみに地球に一番多い筈の水素が3番目となっているのは、水素ガスは軽くて地球の引力で大気圏内に留めおくことができないからである。宇宙自然の偶然なのか、あるいは宇宙の物理則に叶った必然なのか、地球表面の3分の2が液体の水で覆われている。そんな"水"だが、大部分は46億年前の"宇宙"からの"授かり物"だったのだ。

水と温泉の生命力は
どうやって生まれるのか

　2016年夏の話である。「七夕祭にちなんで、いのちを見つめる勉強会をしたい。水や温泉の生命力はどうやって生まれるのか？　勉強会で話してもらいたい」と、グループダイナミックス研究所の柳平彬所長からの申し出があった。身近で最も大事なテーマである。実業家であり文化人でもある柳平彬氏の人生哲学だろうか、生命科学への情熱であり学ぶことが多く、いつも感心させられる。

「日本人が失った、言気を取り戻す場を創る」彼の心根である。未来の企業人育成や生涯研修センターを主宰する傍ら、川崎市矢向の地で地中深く閉じ込められた化石海水を掘り当て、縄文天然温泉 "志楽の湯" を開設している。また、長野県八ヶ岳山麓の縄文遺跡で有名な蓼科には、ミツバチが群れ戯れる憩いの場でもある日本では珍しい泉質シリカ・サルフェートの尖石の湯のオーナーでもある。尖石の湯に隣接して健康道場を併設し、医学博士石原結實氏らとダイエット道場「ジュース断食in蓼科」を主宰している。

　"効率より何より都会に古里を" と、根っからのナチュラリスト（自然信奉者）である。彼は、熱く語る。「古いということの豊かさを求めて、伝統的な和の精神のルーツ『縄文』に共感を覚える。縄文人は大きな集落を作ることなく狩猟採集、陸稲作で生活していた。それを可能にしたのはダイナミックな生命力、互いに争うことをしない穏やかさ、繊細でいて常に大局を観じる心である」……。今や地球規模で寡占化（かせん）するグローバル企業の弊害に早くから警鐘を鳴らし、分社化の尊さを説諭している実業家であり文化人でもある。

　少し遡るが、そんな彼から2010年桜の花の咲く頃、「お前さんの分析は、何となく面白い。ルルドの泉を採ってくるから見てくれないか」と話を持ちかけられた。まさか、あの有名な "いのち水" が手に入るとは願っても叶ってもないことである。ありがたいことに、彼自身が多忙な日々を遣り繰り、フランスに出掛け直接現地でサンプルを採水。日本に持ち帰って来られた。

　それは、筆者が語る "水はいのち" に最も相応しい世界的な好事例のサンプルの1つ。早速に、水と温泉の生命力の生まれる様を、理論ではなく実例でその実態を紹介したい。理論解明は次項に譲る。

　筆者の分析手法の詳細も語りかけておらず、読者の皆様には戸惑いを生じるかもしれないが、まずは奇跡的な水のミラクルが存在する事実のみを納得していただければありがたい。できれば、後段の分析手法を読み終えた後、再度読み返していただければ、なお、ありがたい。

　ルルドの泉は、水と珪素と祈りの不思議なコラボレーション。人智を超えたミラクルな薬理的効果が難病患者の心を捉えてはなさない「奇跡の水」である。ルルドの泉の奇跡を初めて耳にする方のために、若干の背景を著しておこう。

　そもそも、霊泉ルルドの泉の由来とは？1858年のことである。南仏ピレネー山麓の小さなルルド村の少女ベルナデッタ・スビルーに聖母マリアが出現、洞窟内に湧き出た霊泉である。現在、洞窟には聖堂もマリア像も附設され、世界の各地から毎年500万人とも600万人ともいわれる信者や難病に苦しむ患者さんが「奇跡の水」を求めて訪れている。ミラクルな治癒を願い、祈りを捧げに訪れる人が後を絶たないとのこと。キリスト教の聖地の1つで、今風 "パワースポット" と呼ぶにふさわしいところである。人びとの願いを叶えるその治癒結果は、療養統計の事実が物語る通りである。多数の世界

的著名な医学者も認めるところだが、作用機序は？と問われると、首を傾げるばかりとか。スイスの精神科医ユング博士が唱える「祈りの集合的無意識」が成す業なのだろうか。

摩訶不思議な余談を少々。「ルルドの洞窟でマリア様に出会った少女ベルナデッタ・スビルーは長じてカトリックの修道女シスターとなり、ヌヴェールの修道院へ赴き、そこで35歳の短い生涯を終えました。その後遺体は当時の美しいままの姿で安置されている」と、世界的な理論物理学者保江邦夫氏は著書『予定調和から連鎖調和へ』（風雲舎）で、2013年春のルルドの旅の思い出を語っている。すでに1世紀半もの歳月が経過しているのに、なんという奇跡だろうか。自分が、この目でしっかりと見届けない限り信じ切れない話である。

そんな保江氏自身も、その旅の時には「肝臓がん」であると宣告されていたという。さらに、彼は10年も前の52歳の時にも「大腸がん」で最後の命綱としてルルドの泉でマリア様にいのちの救いを求め、全身全霊で祈ったという。二度にも亘る自身の命が救われたルルドの泉の奇跡的体験談は、迫真に満ちており読む者をして現場に居合わせたかのごとく、疑似体験に引き込んでくれる。

筆者は、数年前、ある方の卒寿のお祝いの宴席で、幸運なことに保江氏と隣り合わせの席で言葉を交し合う機会に恵まれた。「ある方への絶対服従」という意外な言葉が彼の口から発せられ、心の奥深く突き刺さった。同時に、もう十数年も前に拝読した彼の共著書『脳と心の量子論』（講談社）が思い出された。脳の中のマクロな水分子達のシンクロナイズのシンフォニーの話である。筆者の研究の指南書ともなった量子物理学者達の新しい脳と心の「量子場脳理論」である。「コロイダル領域論」との深遠な縁を覚える不思議な出会いだった。

さて、余談が少々長くなったが、驚きのルルドの泉の治験結果に移ろう。

多くのフランスの人たちは「これは神のなせる業であり、水のなせる業ではない」と思い込んでいるとのこと。いかなる水にいかようなエネルギーが印加され、なぜ、時間と共に熟成が進み一番安定な元の姿に戻るのか……。2012年5月17日付けの霊泉「ルルドの泉」の分析結果の筆者の報告書から抜粋する。

スライドガラス上にルルドの泉をスポイドで一滴滴下し、弱火でスライドガラスを加熱、水滴を微乾燥すると溶質のうっすらとした沈積模様が現れてくる。サンプルの沈積粒子が湿気を吸収しない内に素早くスライドガラスを実体顕微鏡（数倍から数十倍の拡大顕微鏡観察）に載せ観察を始める。

覗き込んだ瞬間、唖然とした。今までに経験したことのない小紋の網目模様（写真2－1）が画面いっぱいに広がり、まさしく情報ネットワークの様相をうかがわせている。全蒸発残留物量が東京銀座の水道水と大差ないレベルなのに、沈積模様が多く、分散・分布状態が素晴らしく、その活力には驚きである。スライドガラスを光学顕微鏡（100倍から1000倍の拡大顕微鏡観察）に移し観察した。小集団模様がつな

写真2－1：ルルドの泉実体顕微鏡写真

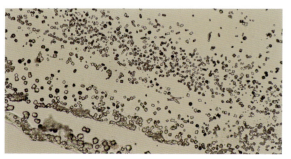

写真2－2：ルルドの泉　倍率400倍

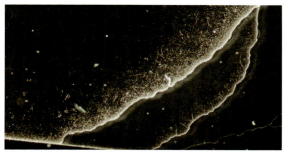
写真2−3：5日後のルルドの泉実体顕微鏡写真

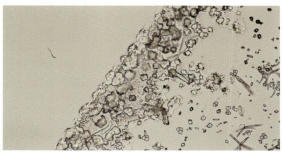
写真2−4：5日後のルルドの泉　倍率400倍

写真2−5：ルルドの泉A氏印加　実体顕微鏡

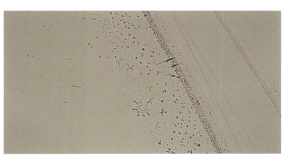
写真2−6：ルルドの泉A氏印加　倍率400倍

がり合い寄り集っている（写真2−2）。

それから5日後、サンプル瓶の残りのルルドの泉を再び顕微鏡で観察した。実体顕微鏡を覗きこんだ瞬間、初期状態とはまったく異なる模様に驚きを隠せない（写真2−3）。サンプルを取り違えたかも？　一瞬錯覚を覚えた。小紋の連携模様が消え、均一的な小集団の微粒子状模様が、最外殻帯線部に集中している。中央帯にあった小紋状のネットワーク模様がまったく見当らない。これまでに経験している珪酸塩コロイド粒子の紋様ばかりであった。過密集になることなく分散・分布性の優れた様相であり、コロイド粒子の大きさが均一で適宜な表面陰電荷力を有している証の紋様である。最外殻帯線近くの400倍拡大顕微鏡写真（2−4）ではネットワーク状から均一的小集団構築紋様が大きさを増し、粗目の状態に変化している様子が窺える。集団リズムが変わりコロイド粒子の再構成がなされたものと見受けられる。

サンプル受領後2ヶ月ほど経ったある日、超能力者として名が知れている心理カウンセラーA師と出会った。超能力エネルギーとは何ぞや？　ひょっとすると水という鏡に写して何かが見えるかもしれない。鞄の中にそっとサンプル瓶"ルルドの泉"を忍び込ませて、A師の自宅を訪れた。長年の夢をかなえたい一心での無理なお願いに、A師は快くルルドの泉に意念を印加してくれた。

A師は一切サンプルに触れることなく眼前30cmのところに置いた状態で、意念を1分間弱印加してくれた。さらに、A師が作製したセラミックスを、数十秒程度ルルドの泉に浸漬しA師の意念を同様に印加した。結果は次の通りである。なお、図表2−2には物性値の分析結果を掲げておく。

乾燥地点にまで微粒子状模様が存在している。コロイド粒子が分子レベルにまで微細化した証である。光学顕微鏡で観察した最外殻帯線は細線層状になっている（写真2−6）。コロイド粒子が微細化され、分布状態が均一的に伸展した結果であり、ミセル状態（コロイド粒子の集合体）のコロイド小集団が細分化されて細線状となり、かつ、多くの微小コロイド粒子が水と共に最終乾燥地点まで移動し、沈積したものである。この状態は、これまでの治験で化学反応に適した触媒能に秀でた溶液状態であること

がわかっている。

さらに、A師は、数十秒間程度自家製のセラミックスを別途ルルドの泉に浸漬し、再び意念を印加したものが写真2-7である。帯線の外側にはコブ状模様が出現している。コロイド粒子の小集団がある大きさになると表面陰電荷力が非常に強く発揮された状態となり、沈積した微粒子が乾燥方向とは逆方向に電荷力の反発で弾き出されている。写真2-8を見てほしい。超微小粒子がベースとなって存在し、それらが寄り集い小集団を構成したミセルコロイド粒子が点在している。開封直後の模様に戻る傾向を見せている。この状態が生命体に最も適した状態なのだ。化学反応の触媒能ではなく生命活動の酵素能として力を発揮する状態である。生命体は単純な電解質の化学反応ではなく、ミセルコロイド粒子の電荷の働きである……。

まえがきで述べた医療ジャーナリストのリン・マクタガードが辿り付いた究極の結論、「私たちの究極の姿は、化学反応ではなく、エネルギーを持つ電荷だというのだ」、そのものズバリのエビデンス（根拠）である。さらに詳

写真2-7：ルルドの泉A氏＋セラミック実体顕微鏡

写真2-8：ルルドの泉A氏＋セラミック倍率400倍

ルルドの泉＆想念のAQA分析

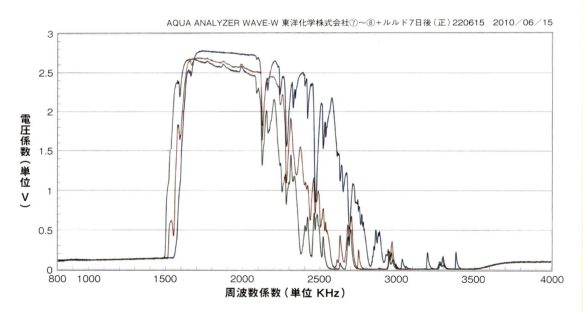

❶赤色線…開封1週間後のルルドの泉……270μS／cm
❷緑色線…同上ルルドの泉に想念印加水…210μS／cm
❸青色線…セラミック処理後に想念印加水…390μS／cm
※開封直後のルルドの泉の電気伝導度……260μS／cm

TDS（総蒸発残留物量）≒電気伝導度としているエネルギー印加の仕方で電荷の状態が変化する

図表2-2：ルルドの泉のアクアアナライザ分析波形図

しい物性値の分析データを見てみる。

まず、アクアアナライザの波形（図表2-2）。開封1週間後の波形に較べて、A師の意念印加した波形は全体が低周波域に遷移し、波高も全体的に低くなっている。これは溶液内の溶質が分子状態となり適宜なコロイダル形成が叶わず電荷力発揮が不十分な状態であることの表れである。当然ながら自由水並みの状態に近く、水の電離状態も小さく電気伝導率は270⇒210と大きく低下している。イオンのマスキングで浮遊物化し電子が通り難い溶液となっている。

次いで、セラミックスを数十秒程度浸漬した後A師の意念を印加したデータを見てみる。アクアアナライザの波形は全体が高周波数域に遷移し、最大波高も非常に高くなり、高周波数域の波形の存在感が格段に増している。マスキングが解け溶質が活性、コロイドが周囲の水の水素結合を制御し水と溶質が適宜な集団を構成している。コロイダルとしての集団全体が均一化し表面陰電荷が発揮された状態の証である。当然ながら、水の解離度が増し電荷（電子）が通り易くなっているため電気伝導率は270⇒390ms/cmとなっている。非常に電子が通り易い状態、すなわち、水の解離が増したことの数値的な証である。

コロイド粒子が適宜な大きさで表面陰電荷力を発揮する時、水の解離度は増し、かつ電荷が陽イオン物質に捕捉される可能性も低下し、電気が通り易くなるのである。すなわち、コロイダルで水の水素結合の動きが抑制され、誘電率が低下したことの証でもある。生命体には最適な状態といえる。この感性を身に付けているのが心理カウンセラーA師の不思議な力である。彼は、生命体に必要な酵素能振動と、化学反応に必要な触媒能振動を区分けしながら、目的別に使い分けしている。素晴らしい"超能力者"に出会えて水の深い神秘力の素顔さえも覗き見ることができ、一段と研究も深化し大変幸運だった。

生命体存続の三条件とは「液体状の水の存在」、「水溶性珪素の存在」そして「熱源」だと、第一章2項で土星の衛星エンケラドスの地表噴出水に絡む生命存在の可能性の事例の中で述べた。併せて第一章7項で生命体の核となる生体系の水"コロイダル"が成す生体の核を取り囲む親水性物質が寄り集い液滴（コアセルベート）ができる自己組織化の過程、並びに可逆分化を伴い複雑多機能化への生命進化の概要を描いた。

「水には本来、薬理作用がある」と、多くの人々は、本能的にそう思っている。医者が見離した難病患者が完治するなど、世界に広く「奇跡の

検体名	PH	ORP	密度	電気伝導度
ルルドの泉4月14日	7.85 at20.0℃	200	0.9968 at22.5℃	260μs/cm20.6℃
ルルドの泉4月21日	7.95 at21.0℃	173	0.9972 at25.6℃	270μs/cm22.7℃
A氏エネルギー印加ルルドの泉（セラミック不使用）6月8日	7.80 at25.0℃	121	0.9976 at25.9℃	210μs/cm25.5℃
A氏エネルギー印加ルルドの泉（セラミック不使用）6月10日	7.80 at25.0℃	133	0.9974 at26.2℃	210μs/cm26.0℃
A氏エネルギー印加ルルドの泉（セラミック浸漬）6月8日	7.75 at25.0℃	110	0.9977 at25.9℃	390μs/cm25.3℃
A氏エネルギー印加ルルドの泉（セラミック浸漬）6月10日	7.65 at24.0℃	126	0.9976 at26.3℃	380μs/cm26.0℃

図表2-3：ルルドの泉の物性値分析表（2010年、東洋化学株式会社計測）

第二章 水とミネラル "いのち"のハーモニクス

水」と、崇められているものが多く存在する。ドイツの、地底300mから湧き出る「ノルデナウの水」。メキシコの活火山に囲まれた地底から湧き出る「トラコテの水」。世界に広く、その名が知れているものも多くある。

そして、本項では念願だった南フランスのピレネー山脈の麓の洞窟に湧き出る霊泉「ルルドの泉」を直接採水し、各種分析を行うことが叶った。多くの科学者が、その摩訶不思議な"水"に魅せられ、何とか科学的に解き明かしたいと模索しているが、未だ、どれも自画自賛のようで決定的な定説には至っていないようである。

筆者の実験データの答えは、霊泉「ルルドの泉」とは、常磁性物質であるミネラル（鉱石）に支えられた素地の素晴らしさと多くの人々の真摯な祈りのリズム、この2つの作用のお陰であることを物語っている。自然と人の心とが相俟って成された振動エネルギーの神がかりな"傑作"と呼ぶにふさわしいものである。もちろんアクアアナライザも電気伝導率も事象変化に整合し追随した値となっている。心理カウンセラーA師の意念は強く微細コロイド集団をさらに微細化、均一化して"素材化"（触媒材）としている。しかし、A師が同時に用いるセラミックスを数十秒間浸漬すると、一気に小集団模様を編成。驚くことに電気伝導率は想定外に上昇、すばらしい秩序性と活性化の両立を成し遂げている。セラミックスによる水集団の微細化と人の意念による小集団模様化の貴重な合作といえる。これが、命の力を発揮するという本書のキーワード"コロイダル"の成せる業なのである。

「水と温泉の生命力はどうやって生まれるのか？」。まずは貴重なサンプル"ルルドの泉"で、水と珪素と氣が成すミラクルの有り姿を紹介した。次に、いのちを成す地球自然の姿"温泉"の仕組みを見ていこう。

地球の血液"水"は鉱石（ミネラル）で熟成、"命"を成す

宇宙は氣のエネルギーで"いのち"している。当然ながら地球もその一員であり、存分に氣のエネルギーの恩恵を享受している。地球には、未だ他に類を見ない奇跡的な生命体が無限近く棲息している。なぜ、地球は生命を棲息し続けることができるのだろうか。地球には生命育成場としての"土"があり、生命受容体としての"水"が存在している。生命育成場の媒体「水」を、人は「地球の血液」と崇め、自然の命としている。

だが、地球の血液"水"とは、自然界に存在する生命体を成す水のことであり、科学するための単純な水分子H_2Oでもなければ純水でもない。自然界に存在する水は地圏や大気圏と接しながら、鉱石（ミネラル）や酸素を抱き、常時熟成を重ねている。もう少し詳しくいえば、本来水分子は水素結合でつながっているが、鉱石（ミネラル：珪素の基本骨格SiO_4）と出会うとさらに強く結合した小集団を構成する。緻密で秩序性に優れた水、すなわち、熟成して"いのちの核"となる。地球の血液"結び合ういのちの水"とは、地球の自然が成す水（水圏）と珪素（地圏）と酸素（大気圏）の素晴らしい相互作用の産物である。それが、本書の記す「結合群化された水＝生体系の水」そのものなのだ。筆者は、それを"コロイダル"と称している。

拙偏著書『水の本質の発見と私たちの未来』（文芸社）の中で共著者の川田薫理学博士は、自然の岩石が成す3つの生命相互作用（生理活性の免疫作用、界面活性の溶解作用、分離除去のデトックス作用）の発見とその経緯をわかり易く語ってくれた。紙面の都合上、筆者が内容を要約、簡略化して記す。図表2－4（地球岩石の分布構造図と其の作用形態）を参照しつつ読み進めてほしい。

地球の表面は図のように『地殻上部＝大陸』、『地殻下部＝海底層』、『マントル上部』の三層に大別できる。岩石というのは様々な鉱物の集合体であり、各層の代表的な岩石からミネラルを抽出し、どのような性質をもっているか調べてみた。花崗岩から抽出した水溶液は、あらゆる生物の生命維持に欠かせない命を元気にする

珪素は"鉱石"ミネラルの中核体
生命体の育成・賦活作用

* **ミネラルとは構造をもった鉱物**であり、その構造の基本骨格はシリケート正四面体で、頂点の共有の仕方によってどんなミネラルになるかが決定される。
* シリケート正四面体がまとう元素は、**触媒**として働く能力が単体の元素に較べて**1万〜10万倍**も高い。
* ミネラルが生命体誕生に欠かせない理由はその**構造と触媒能力**にある。

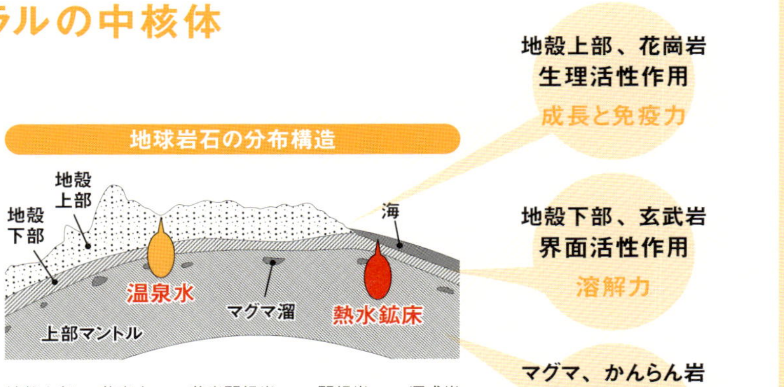

地球岩石の分布構造

地殻上部：花崗山、花崗閃緑岩、閃緑岩 ←深成岩
（流紋岩）、（石英安山岩）、（安山岩）←噴出岩
地殻下部：はんれい岩（玄武岩） マントル上部：かんらん岩
岩石：火成岩、堆積岩、変成岩

- 地殻上部、花崗岩 生理活性作用 **成長と免疫力**
- 地殻下部、玄武岩 界面活性作用 **溶解力**
- マグマ、かんらん岩 水質浄化作用 **分解除去力 デトックス**

図表2-4：地球岩石の分布構造図とその作用形態（提供：川田薫博士）

働き、すなわち『生理活性作用』があることがわかった。また、海底層を構成している岩石、玄武岩から抽出した水溶液は、水と油を上手に混ぜる、ある種の溶解力『界面活性作用』があることもわかった。さらに、マントル上部を構成している代表的な岩石、かんらん岩から抽出した水溶液は、水とその他の物質を分離させるデトックス力『水の浄化作用』があることがわかった。これら3つの際立った生命の基本作用が地殻にあることを世界で初めて発見した」と述べている。

さらに、川田氏は「化学分析の結果、花崗岩抽出液はアルミニウム、鉄、マグネシウムが他の岩石と共にかなり多く、玄武岩はそれ以外にリン、ナトリウム、銅が多い、かんらん岩はマグネシウム、カリウム、ニッケル、珪素、鉛、クロム等が多いという結果だったが、これらの元素分析のみでは溶液の性質を説明し切ることはできない」とも語っている。「溶液の性質の違いは鉱物というミネラルの性質の違いを反映したものであり、ミネラルの超微粒子が水という溶媒の中に分散したものであるとの結論を見出しました。すなわち、岩石を構成するミネラルの構造がそれぞれ違うからである」と述べて、自然が成す見事な相互作用の発見を語っておられた。

写真2－9：水の階層構造の姿
20～30nmの水の2次粒子とその構成員の1次粒子の電子顕微鏡写真である

川田氏は、さらに面白い話があると語り続けた。2次粒子の電子顕微鏡写真（2－9）を見てほしい。「花崗岩から抽出したミネラルは『生理活性』という性質があることから、触媒の働きを表しているといえる。触媒ならばその大きさは1nm～5nm（ナノメートルと読み、10億分の1mの大きさ）であることがわかる。これは、どんな物質でもドンドン小さくして5nm位になると急に触媒としての性質が現れてくるから。またシリケートの4面体（SiO_4）が纏う元素は、触媒として働く能力が単体の元素に比べて1万から10万倍も高いことも知られている。溶液中のミネラルもミネラルを溶かし込んでいる水も、どちらも最小単位が2nmという極小さな粒子であること、さらにこれらの1次粒子が寄り集い20nmの2次粒子を作り、2次粒子が群れ合い、100nmの3次粒子を合体して階層構造を成している」と、世界初の水溶液の階層構造を電子顕微鏡写真で撮り、論文発表している。川田氏は水の階層構造を成しその秩序性を創っている鉱物の働きについても次のような驚きの発見も発表されている。

「写真2－10は純水、2－11は純水に鉱物5ppm添加、2－12は純水に鉱物を700ppm添加したものです。純水だけでは水の階層構造がモヤモヤと綿花のようにぼやけた状態ですが、構造をした鉱物（ミネラルという）が添加されると、その添加量に応じて水の階層構造がシャッキリと明確化しているのがわかる。見比べてください。写真2－10の綿花のような群れ合いのものが純水の3次粒子で100～200nmの大きさです。また写真2－11はミネラルを5ppm添加で粒子界面が明確となり、径が100nmで深さ方向では200nmの大きさとなっている。そして写真2－12の大きな粒子径は100nmで、その奥に小さく見えるのが粒径20nmのものです」

上記のごとく浄化・再生の自助作用を成す様々なミネラルも水も生命体も基本となる構造

 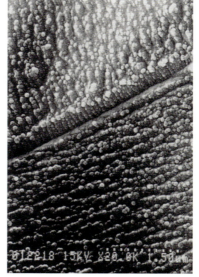 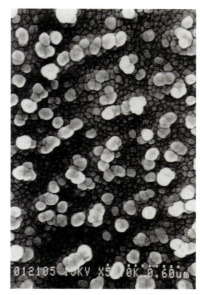

写真2−10：純水　　写真2−11：ミネラル5ppm添加　　写真2−12：ミネラル700ppm添加

は、宇宙のボトムアップシナリオでなされた階層構造と同じである。群れ合い集合して大きな物質コロイダルを形成している。それらは、千島喜久男博士が執着した「いのちのAFD現象」が成すバクテリアやウイルスの自然発生説であり、細胞新生説と符合した動作原理の根幹ではないでだろうか。

　湯治場で古くから人々に愛されている温泉も、はたまた、生命体の誕生の場の1つともいわれている海底の熱水鉱床からの噴出熱水も、まさに水そのものであり、たまたま温度が高かったり、含有物質が多かったりしているだけだ。図表2−4：地球岩石の分布構造図とその作用形態に温泉と熱水噴出孔の位置を示しておいた。地中における水が周囲の岩石と馴染み合い、溶質を溶解させている。周囲の岩石事情により様々な鉱石（ミネラル）を含み、いのちの元となる水、すなわち結合群化した水となっている。なお、この鉱石を抱いた水は、表面陰電荷力に優れ、かつ"氣"と感応する常磁性を有しており、生体エネルギー発祥の電磁気的働きを成し、命の誕生を図っているのだ。

第二章　水とミネラル "いのち" のハーモニックス

結合群化した水の不思議な力を成す抗火石技術の事例紹介

生命体地球の"健康寿命"とは大気圏、水圏、地圏、生物圏、そして人間圏なる一個の全体のすべての健康寿命のことである。その主役が、水と珪素と氣の成すコロイダルの働き様であることもわかってきた。

さらに、切実な人間の健康寿命に関する事例として、序章で精神医療施設M病院の水中毒患者の治癒と発生予防効果の見事な結合群化した水の事例を記した。なんと、水の薬用的な働き様は、ライナス・ポーリング博士の麻酔原理と一致した働き様であることも語ることができた。

ここでは、水の特異性発揮の根源"水素結合"を司る水溶性珪素と、その応用の地球健康寿命、すなわち循環型自然包容力の賦活（ふかつ）事例のいくつかを取り上げ、水（コロイダル状態）の働き様を解析・考察してみる。

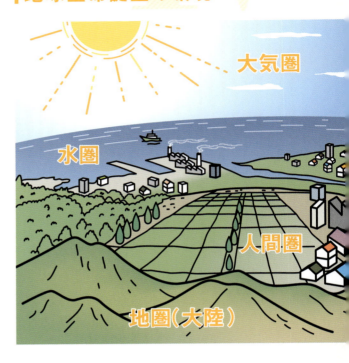

地球生命誕生の環境

1.水溶性珪素"抗火石"の魅力

地球包容力の賦活・再生に欠かせぬ不思議な流紋岩の一種で軽石様態の岩石"抗火石"を擁して、それ一筋に40数年の実践を重ね、様々な目的別水を作っている人がいる。筆者のコロイダル領域論の共同研究者である、株式会社澤本商事の澤本三十四会長である。澤本氏は、「今の自分があるのは、抗火石との衝撃的な出会いの"ひらめき"の一言に尽きる」と断じている。

それまでの生業をすべて捨て、伊豆天城山産出の抗火石を限定して、それ一筋で歩む人生の道を選択したと、笑みを浮かべて語る。劇的な人生の転換を"閃き"の一言で決断するほどの感性というか"抗火石"との触感で対話できるほどの非凡な能力の持ち主である。それ以後、

澤本氏は寝食を忘れ抗火石技術の応用・開発に明け暮れ、全身全霊で打ち込んだと振り返る。

現在も事業の最前線に立ち農業土壌改良剤の開発、難排水処理技術の開発、加工食品用改質水の技術開発をはじめとして、食材・木材の人工的自然乾燥技術開発、人間が作り上げた最強の構造物コンクリートの改質技術開発、そして機械加工用切削油（クーラント工作液）の改質技術の開発、さらにはエネルギー分野でのエマルション燃料油の改質技術の開発など様々な分野にまで応用範囲を広げ、夫々の品質向上と耐用寿命延伸の実用化を図っている。カスタマーファースト（お客様第一）の目線に徹し、信頼される確かな根拠データを様々な角度から取り揃えて、幅広く実践の事業活動を展開している。まさにオンリーワンの珪素技術の集約化を成し遂げている。新たな一千年紀の自然力活用

宇宙の根元媒体
地球電磁波の鼓動
シューマン波
7.8Hz

生物圏

地球の水は97％が海に、凍結氷が2％、そして我々が使える水は1％。しかも、そのうちの98％は産業用に、生活用にはわずか2％（全体の0.02％）とのこと。また、地表の物質は酸素50％、珪素26％、アルミ7.6％、…炭素0.08％である。

図表2－5：生命体地球一家

程で急冷作業が最もシビアーな感性の手作業工程であり、匠の身体に覚えこまれ、代々修行で体得される家宝の秘伝である。澤本氏は、これを利用して急冷RCボールというセラミックスを開発している。これにナノ銀をコーティングした物質・エネルギーの強力な開放作用、滅菌作用は、各種物質、水処理の分解助成に働き効果を発揮しているが、特に素晴らしいのは、セシウム同位体等の放射線エネルギー凝集の解消に役立っていることである。

抗火石は、組成的に輝石やかんらん岩と同類だが、この急冷作用が幸いして、他に類を見ない地球包容力の再生能を潜在している。すなわち、地球の再生自助力を成す岩石の三大作用（生理活性作用、溶解作用、浄化作用）を兼ね備えている。その根幹を成す水溶性珪素が、水のいのちといわれる"秩序"と"電荷力"と"常磁性"を水にしっかりと附加している。何人と

の未来型技術そのものである。そんな抗火石技術を覘いてみる。

ノーベル文学賞に輝いた作家川端康成の代表作『伊豆の踊り子』で、その名が広く全国に知れ渡っている伊豆の天城山近郊で採掘される抗火石とは、マグマが海水に触れることなく爆発したダイヤモンドを越える硬質性の軽石である。このマグマの爆発は、宇宙ビッグバンと同様、急激な潜在エネルギーの放出力で物質を一気に改質するという離れ業をやってのける急冷作用の最たる現象に他ならない。微小・微細化で潜在エネルギーを発揮し易い構造体構成を成し遂げるのである。急冷作用とは、物質の相の再編効果を生み出す大事な作業工程である。よく知られている事例に、古から伝わる神事としての刀鍛冶作業がある。鉄から硬い鋼を作る工

抗火石と水の相互作用
マクロな現象の検証結果

- 水溶性珪素
  表面陰電荷作用・親水性作用
- 育成光線放射
  （生命の励起…合成力）
- 低線量放射線ホルミシス作用
  （拘束力暖和）
- 水とマグネシウムとアルミナで
  活性水素発生

原石の溶物質と
セラミックス放射エネルギーの
組み合わせ効果

図表2－6：抗化石原石とそのセラミックス各種

謂えども、生命体の作用は、すべて、ここからが始まりなのだ。まずは、いかなる機能を発揮するのか、その概要を治験事例で見ていきたい。

2. 水の改質2つの道
"触媒能"と"酵素能"

　我々は、目的別水つくりを2つの作用に大別して取り組んでいる。1つは素材を用いて新しいものを作り上げる合成作用（陽性）である。どちらかといえば秩序、規則性に重点が置かれる"生命活性化"に携わる酵素能的な同化作用の働き様である。もう1つはベースとなる原料の素材つくりである。ものの初期化であり可逆分化現象の異化作用である。どちらかと言えば開放、分解性（陰性）に重点が置いてなされる"物質賦活化"に携わる触媒能発揮の媒体つくりである。化学反応の促進、あるいは遅延に働く触媒効果の発揮である。

　水はこれら2つの作用の"具体的実行役"、すなわち素晴らしい化学反応と物理反応を成す媒体そのものである。生体系の水とは、階層構造した結合群化の"コロイダル"に重きを置いた秩序ある恒常性（バランス力：中庸）を追い求めている水である。また、対峙する物質賦活用の水は、温度330℃程度、圧力200気圧程度で得られる亜臨界水の特性を有した水である。つまり、コロイダルとして全体秩序性を成しながら、かつ幅広い親水作用を演出するエマルション的な活性化機能を有した全知能的な二刀流の水を追いかけている。

　少し寄り道したい。序章で若干触れた「誘電率」の話を少々。

　2016年5月11日、共同研究者の澤本氏からの重大ニュースがあった。別途共同研究先で抗火石水の誘電率（水の極性による外部電界への追従性）が25℃で13〜20との異常なデータが計測されたという。驚くなかれ、この誘電率こそ、筆者が2007年論文発表したパルス分光器のアクアアナライザ分析器（AQA）が指し示す新たな第二の誘電分極・誘電緩和域である800〜4000kHz周波数域の存在仮説を実証する根拠数字に他ならない。しかも、抗火石水がコロイダル機能を十分に発揮し、かつ亜臨界水もどき機能をも有していると見做すことができる大事な根拠（エビデンス）でもある。生命の最大機能を生み出す水の水素結合の制御が、無機物のまとめ役"珪素"によって自然界では当たり前になされており、また人為的にも可能であることが実証されたのだ。

　話を元に戻そう。上記画期的な水の動作原理を念頭に読み進めてほしい。

　もう十数年も前の話である。抗火石材料を用いた水を、筆者の新しい2つの分析手法で分析した。その結果に驚かされたと同時に、我々の技術開発の原理原則の確かさを幾重にも確信することができた。抗火石技術を応用した水のいのちをコントロールする4つの生命賦活作用の演出の"見える化"が叶ったのである。当然ながら、その様相の解析"わかる化"という理論武装の基準を明確化することもできた。

　まず1つ目は、水のより強固な階層構造を形成するための結び合うつなぎ役としての働きである。原石から溶出する水溶性珪素がなす表面陰電荷力の働きである。生命エネルギー発祥の根源そのものである

　2つ目は、抗火石の素焼きセラミックスの働きで成す生命的振動波（調律リズム）を付加した適宜な小集団コロイダルの構成である。生命体の生理活性、ひいては成長と免疫力の向上に働く。

　3つ目は、抗火石の陶器セラミックスのコロイドの分解、開放と凝集のバランス維持の恒常性作用である。すべての存在は、そのものの目的に見合った最適の集団構成の状態が求められる。例えば、人体でもpH（水素イオン濃度）の値が7.3〜7.4を基準としてそれ以下ならば基

準値になるよう上げるように働き、それ以上ならば基準値になるよう下げるように働く様相を恒常性の働きと呼んでいる。同じことが生命体にとって最も安定してリズミカルに働くことができるコロイダルのミセル（集合）状態がある。最も効果的なコロイダルの大きさと表面陰電荷力の発揮状態、すなわち表面陰電荷のエネルギー進化のピーク状態の維持を図っているのである。

　そして4つ目は低線量放射線ホルミシス作用と同様の作用を目的とした強い開放、分解力作用である。凝集し過ぎた物は、かなりの分解エネルギーを必要とする。マグネシウムの働き、低線量放射線ホルミシス作用の働きである。この作用はパワースポットで感じられる開放感、爽やかさなどの働きと同じ方向性にあるといえる。

　これら4つの作用は、まずは秩序と活性を奏でることが可能となる素材の素質つくりである。次いで、コロイドの微細化、微小化の表面積拡大（粒子が10分の一に微細化されれば、粒子表面積の総和は10倍になる）によるエネルギー進化の土台つくりである。さらに、生命作用を目的とした小集団模様の多い酵素能発揮の水作りであり、あるいは、化学反応作用を目的とした均一化が行き届いた分散・分布力の効いた触媒能発揮の水つくりである。

　目的別に応じて、かつ実用に供される原水毎に応じて、その都度事前分析を行い、抗火石の量、各種セラミックスの組み合わせ量を特定し、かつ適宜な装置循環回数を選定し、最終的には機能水の熟成時間を把握し必要最小限度の装置容量を特定して実践に供しているのである。

3.抗火石技術を成す 4つのエレメント

　上記説明の抗火石技術の4つの作用を成す水の微乾燥顕微鏡観察の沈積模様をお見せしよう。我々の解析は次の通りである。読者の皆さ

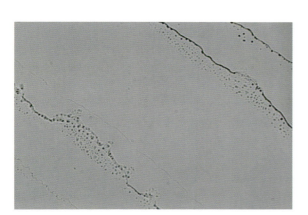
写真2-13：精製水×400倍

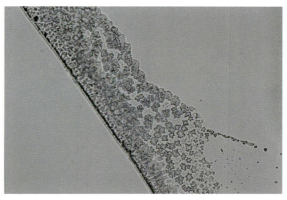
写真2-14：精製水に生抗火石浸漬×400倍

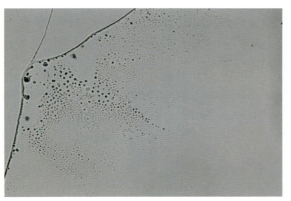
写真2-15：原液に素焼き円浸漬×400倍

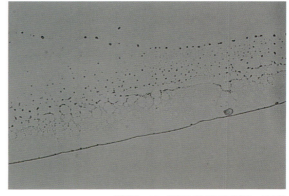
写真2-16：原液に陶器GO浸漬×400倍

んも、自分なりの感受性で判断を重ねていただきたい。なお、微乾燥顕微鏡観察の読み方については、章を改め詳述する。まずはファッションを眺めるごとき感性で見比べてみてほしい。

A) 抗火石原石を精製水（写真2-13）に20分間浸漬した水（写真2-14以後テスト原液という）は微量の溶質珪酸塩（SiO_2：0.4ppm、MgO：0.23ppm）を含有することとなり、エネルギー（振動）のつなぎ役（記憶力）を果たしている。模様は明確な集団模様化の統制力下にあり、均一的分布を成し過密性もなく機能発揮の素質を十分備えた水の様相といえる。両方とも秩序ある模様化を促進し安定した水の階層構造化状態を醸し出している。

B) 抗火石素焼きセラミックスをテスト原液に10分間浸漬したものは、有機質的模様に一部変身しており適宜な小集団構成に分散化し溶質の拘束性を解除している。生体にやさしい酵素能発揮の水の様相（写真2-15）を呈している。

C) また、抗火石陶器のセラミックス（GOボール）をテスト原液に10分間浸漬したものは、模様が規則的な同心円的分散（写真2-16）をしており、さらに、粒子が小さく分布され個性が発揮される状態と見受けられる。より溶質物の機能が発揮される触媒能発揮の状態と推察される。

D) 急冷のセラミックス（RCボール）をテスト原液に10分間浸漬したものは、分散分布が強力に発揮された様相（写真2-17）を呈している。かなり統制力が解除され溶質のより繊細な機能が発揮される状態ではなかろうか。溶液があまりにも細分化されたような状態でその場で沈積乾燥されたものと推測される。すべてのものがある部分に集合される統制力が軽減され、亜臨界水もどき単分子的活動が発揮される状態と推測される。この水の応用が加水燃料装置の差別化技術であり、また、構造用コンクリートの混練り用の特異水である。

4. 場の自然包容力を倍増する再生型の排水処理技術

水は46億年前から浄化、再生されつつ、無限回近く繰り返し利用されてきた地球生命体すべての共有物である。水は繰返し使われるからこそ、見た目の綺麗さ基準の浄化止まりでなく、熟成を基準とした再生までしなければならない。水の浄化、再生作用は、地球自身の自然生態系においてバランスよく行われていた。植物・微生物の活動によって有機物の異化作用（酸化・分解）と同化作用（還元・合成）が並行し、いささか神秘的ではあるが、それが当たり前のことであるが如く浄化・再生作用が実現され循環型自然体系が確保されてきた。再生のための時間的余裕が許され、再生を成す場の自然が確保されていたからである。

しかし、"消費は美徳"をモットーに、ここわずか1世紀（100年）足らずの間に取り返しのつかない位、人類は己の物欲競争に明け暮れ、自然力を搾取し、破壊してしまった。"何とかせないかん" 皆そう思い、様々な処理技術が開発され施工されている。だが、どれも残念ながら水の浄化に止まっている。すなわち見掛けの綺麗さのみで、生命体が欲する再生には程遠い状態である。

再生とは何ぞや？ 広辞苑によれば、"浄化"

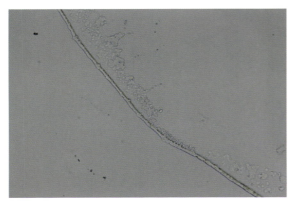

写真2-17：原水に急冷粒子抗火石RCを10分間浸漬×200倍

とは清浄・清潔にすることとある。また、"再生"とは生まれかわり、もう一度使えるようにすることとある。すなわち、見た目の透明感"見かけ"をきれいにするだけに止まるのが浄化の正体なのだ。さらに、性格まで整え、元の涵養された状態にまで戻すことが再生の本質である。再生とは、生命体にとって"健康にいい水"のことである。

なんと言っても、副作用なく処理できるのは、今のところ生物処理方法だけなのではないだろうか。微生物の特徴を知って効率的な方法を考えるのが得策である。我々は、これまでの経験から、時間と場所の制約を意識しつつ、必要最小限の5つの条件を設定している。これが、水再生の原点である。

① 微生物の棲息環境を整える⇒呼吸しているさらさらの水（階層構造型の水）
② 微生物が摂取し易いエネルギーを与える⇒溶存酸素がいっぱいの水
③ 微生物の餌となる処理物を水溶性化する⇒鉱石ミネラルを持ち合わせた水
④ 微生物同士の酸化・還元作用が交互に行われ、有機物分解作用が促進できるよう撹拌・循環をする。⇒常に動いている水
⑤ 微生物が分解し難い油脂類、重金属は無害化する。
　⇒油脂類のO／W型化、重金属の酸化、脱塩素促進できる水
　⇒階層構造型で、かつ、物質酸化の余分の酸素を持っている水

注1) 異化作用：有機物を分解し水と炭酸ガス、そして無機物に分解すること
2) 同化作用：植物が炭酸ガスと水と太陽の光で有機物を生産すること
3) 活性汚泥処理：微生物の働きで異化作用による廃水処理方法である
4) O／W型：油の粒子が水の粒子で包み込まれている状態をいう

抗火石は天然の非晶質（アモルファス）であるアロフェンと同じ様相をしている水溶性珪素が水に溶出する。珪素の四面体構造の骨格（珪素四面体：SiO_4）を成し、最も表面陰電荷を発揮し易い非晶質型の構造体を成している。これを駆使した澤本抗火石技術の、水の浄化・再生の基本作用を覗いてみよう。

① 1次産業の場を自然再生の場と捉え、微生物の住みよい場所つくりを徹底すること。すなわち脱化学の推進であり、土壌微生物育成のため地球自然が成す鉱物に見習い、水溶性珪素を多用する。果樹園や野菜畑の土壌の団粒構造化により微生物環境を整える。図表2－9を参照願いたい。
② 生菓子、寿司の食品製造工場の澤本抗火石散水ろ床施設である（図表2－10）。加工用水の改質で工場内殺菌の軽減、有機物の水溶性化、油脂類の分解無害化が促進され、排水原水槽にはコケが生えている。抗火石充填槽にて再生され放水路にはアオミ草と水虫が生息、完全な水の再生ができている。生物バランスが良く、改装後の発生余剰汚泥は皆無である。
③ 大規模養豚場の飲料水と豚舎噴霧で養豚の環

抗火石は非結晶の水溶性珪素

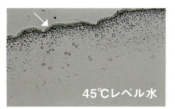

45℃レベルの加工は、最外殻辺縁部のミセルコロイド粒子が微細化され、全体の表面陰電荷力を増し、溶質を乾燥方向とは反対方向に押し戻している状態が覗える。

酵素は47.7℃から破壊され、57℃で完全に死活する

触媒脳、酵素脳とは
マイナスエントロピーの作用
場のエネルギーを抱いたリズム作用

図表2－7：抗火石は非晶質水溶性珪素

一万頭の大型養豚場の水処理＆排水処理
飲み水、豚舎噴霧水の抗火石処理併用

微生物と物質循環の関係

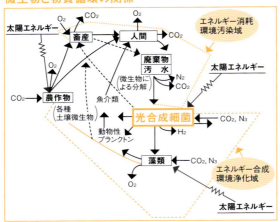

汚水等の廃棄物は一般細菌等の微生物によって分解され、さらに、光合成細菌にて分解処理される。最終的には光合成同化作用を行う藻類にて完結されるのがベストだと述べている。ここまで処理するのが水の再生である。我々は養豚排水処理で実証することができた。
（提供：小林達治博士）

ラグーンでは糸状珪藻類のメロシラが発生、表面層にはきれいな緑色も見られる。バイオファンで酸化池をさらに自然化し、最終の放水路ではセリ、アオミソウ、アメンボウ、デロッコなど、自然生態系が蘇っている。

図表2−8：養豚場排水処理

一次産業
水と空気と生命の再生場

空気と水と土がよみがえり、癒しの場が広がります

健康と環境保全の第一歩は水から
- 水再生で有機物異化作用の微生物活性化
- 土が活性化し保水性向上、植物繁殖活性
- 生命棲息場が広がり、空気清浄再生
- 豊かな循環社会の基盤が拡大充実される

無農薬有機栽培で量販店に個別売り場設置
年収300万円→3,000万円

果樹園（梨）
売価＝市場価格×2
毎年予約販売で売り切れ

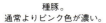

種豚。
通常よりピンク色が濃い。

生後1ヶ月程度の肥育豚。
驚きの様子が無い。

出産率、生存率ほぼパーフェクト
母豚数300頭で年間出荷頭数7000頭
売価＝市場価格×1.2

図表2−9：農業、果樹、畜産事例

水の再生（排水処理）

澤本排水処理の特徴

高分子有機物の分解に対し、可溶性珪酸塩は触媒として働く。タンニン酸、カフェイン、アルギン酸、多糖類等の縮合・重合の高分子物質の鎖を切る力が大きく低分子化と成し、水溶性有機物とする。

出典：『ケイ酸植物と石灰植物―作物の個性をさぐる』高橋英一 著／農山漁村文化協会

全体装置

平成3年改造以来、余剰汚泥引き抜き皆無
処理量10m³／日→50m³／日

アオミソウと水虫類

原水調整槽

図表2−10：水再生の排水処理方法の事例

境改善(図表2-8)。豚肉はアルファリノレン酸が増し獣臭はなく、健康に良いと市場価値が増している。また排水処理もし易く、放水路にはアオミ草が生え、水生生物が多様に存在し、河川に放流される時には水の再生がしっかりとなされている。

5.コンクリート構造物の寿命倍増効果
（石川ミルコン株式会社の事例紹介）

既存のU字溝の表面はアバタ状であるが、コンクリートの水を水道水から抗火石造水器を用いて製造された製品の状態は、見た目にも、触感でもすべすべと肌触りが気持ちいい。それだけ緻密な状態になっている証といえる。

1m³のコンクリート（約2,400kg）は通常350～400kgのセメントを使用するが、現在は300kgとしている。水は軽減すれば強度は出るが、経済性を考慮し、セメントを軽減し、強度30ニュートン必要な製品で、最低でも33ニュートンの強度を発揮させている。しかも、フライアッシュは通常50kg程度の混入であるが、100kg混入している。テストでは150～160kgの混入でも強度は十分確保できることを確認している。

なお、コンクリート寿命は不溶性の珪酸カルシウム被膜を形成、緻密さと非腐食性で、酸崩壊・防水性でコンクリート寿命が倍延長される。

鉄筋コンクリート構造物の鉄筋の錆が抑制され、鉄錆の膨張がまったく発生せず、コンクリートのヒビ割れが発生しないからである。ア

構造体の寿命が延びる

石川ミルコン視察風景：平成18年11月13日（案内人：澤本社長）

新製品

旧製品

製造工場風景
鋼製の型枠がはずされ、製品が産出される瞬間の光景である。

新製造技術の製品
表面の触感は滑らかで、光沢が良く、かつ、表面での空所穴はまったく見当たない。食品工場内での雑菌繁殖の場が大幅に改善されていると推測される。

旧来製造技術の製品
表面に多少のざらつき触感があり、かつ、所々に点々と空所穴が見えている。

図表2-11：コンクリート製品とその製造風景

メリカのピラミッドパワーの解析で有名な自然科学者パトリック・フラナガン博士も独自の水溶性珪素を用いた自作水で作製したコンクリート強度は通常の1.5倍に改善したと語っている。

6.水成エネルギー応用で化石燃料の延命効果

上項の石川ミルコン株式会社では抗火石造水器の水をボイラー水の給水改善、ボイラー加水燃料システム導入、並びに抗火石技術をボイラーブロワ給気の改善に応用し、省エネルギー対策を行っている。光熱費の極端な改善がなされ、年間1200万円のエネルギー経費が600万円程度に激減したという。1～2年で石川県内でも優良会社にランク付けられる程に変身したとのことである。全国各地からの視察者も多く、画期的な改革に称賛の声が多く寄せられている。

話が少し横道にズレるが、油と水のエマルション技術は、機械加工用の水性切削油（クーラント工作液）に応用され素晴らしい効果を上げている。旋盤の切削刃の消耗が数十分の一と劇的に軽減され、かつ、製品の精度が一桁向上しているとの素晴らしい結果が得られているとのことである。

なぜ、澤本抗火石水は疎水性の油と上手に混ざり合うことができるのだろうか。一般的な話として超臨界水、亜臨界水は誘電率が低く、極性が低い有機化合物を溶解するといわれている。誘電率とは溶媒の極性を表す尺度で、値が大きいほど高極性となり、イオン性の物質を良く溶かす。通常の水の誘電率は80程度と大きいため、誘電率の低い炭化水素は溶解しない。だが、超臨界水の誘電率は2～10程度で誘電率の低い有機物（ヘキサン、ベンゼンなど）を溶解することができる。さて、澤本抗化石水の誘電率が13～20（25℃）と亜臨界水に近い値となり、普通の水に比べて、油類とエマルションの形成を容易に可能ならしめているのである。

水溶性珪素に水素結合を制御された水（コロイダル領域論の水）は様々な分野で、特徴的な効果を発揮し、夫々の寿命をいとも容易く延伸していることが実践されている。水圏、地圏、大気圏が作用し合って生物圏を創出している、

燃料の寿命が延びる
石川ミルコンの省エネの話（水性ガス化燃焼装置）

- ボイラー水の給水改善
- ボイラー加水燃料システム導入
- ボイラーブロワ給気改善

光熱費の極端な改善ができた。
年間1200万円のエネルギー経費が600万円程度に激減した。

クラスター水とナノ水との混合比で様々な"触媒水"が得られる。
開発技術が進化し続けている。

図表2－12：水性ガス化燃焼装置と省エネ効果

至極当たり前の現象である。難しい話でもなければオカルティックな話でもない。自然のありのまま、成すがままを素直に見習った結果に過ぎない話である……。この事実をいいたいがために、単一の材料"抗火石"で成す各分野での実践技術の事例を紹介したものだ。

　やはり、珪素は無機物のまとめ役であり、土の王様であることを実感していただけただろうか？　さらに詳しく"いのちの水""結び合ういのちの力"の不思議さを、次章で物理・化学の面から基礎的なことについてアプローチしてみよう。

第三章 水の生命基礎科学

水には生命体に欠かせぬ特異性がある

　"いのちは水""水はいのち" 誰彼に教わることもなく、すべての生命体は遺伝子にしっかりと記憶し"いのち"を紡いでいる。なぜなら、それが"いのちする"ことの絶対条件だからである……。水には"いのち"を担う大事な2つの役目が附加されている。1つは存在の証の顕在化「生体構成物質の構築」の要、もう1つは存在の動きの証の原動力「生命の脈動発祥」の要である。この大事な2つの役を果たす具体的な特性が、水分子の"双極子特性or極性"とネットワーク構築機能の"水素結合特性"である。水の最も大事な生命体誕生の特異性である。だが、これだけでは生命体の真の誕生はおぼつかない。もう一段強力な生命体誕生を担う『結び合う力』が必須である。唯一、結び合う腹心の友が"珪素"（化学的表現は珪酸：SiO_4）である。一心同体でこの地球に生命体を誕生させたことは、既に前章で縷々述べたところです。

　さて、水の著名な研究家である元北海道大学教授の上平恒氏は、逢坂昭氏との共著書『生体系の水』（講談社サイエンティフィック）で、水の特異性に関する客観的な科学の現状認識に加え、研究指標のあるべき姿を語りかけている。「水の重要性に関する認識は古くからあったが、生物にとって水がどのような役割を果たしているかに関しては、あいまいなままであった。19世紀後半から20世紀のはじめにかけて、コロイド化学の成果に基づいて、生物学者たちは、生きている細胞は半透膜に囲まれた希薄な溶液であると考えた。したがって、水の主な役割は生体内化学反応を行うための溶媒であるという点にある。

　―中略―1950年代までは、生体系の水に関する認識は、細胞内の水は希薄、電解質水溶液と同じであるという段階に止まっていた。しかし物理学や物理化学の進歩により、水そのものが単純な液体でないことが明らかになり、さらに生理学や生物学の発展によって、上記の膜理論では説明ができない現象が多く見出され水の特異性が生物にとって本質的なものであるという認識が生じた。

　―中略―水に関する非常に多くの理論が発表されているが、いわゆる水の特異性を完全に説明できる理論はまだない」と著している。

　"コロイダル"という一点を思い描き、上平氏らの知見をワクワクどきどきしながら拝読した。おそらく、コロイダル現象が最終到達地点で浮かび上がってくるだろうとの期待感を抱きつつ、読み進めたものだった。

　特異性の基を成す"双極子特性"と"水素結合"はもとより、水の性格である溶媒本質の原点を物語るコロイダルの電荷溶液論の必要性をひしひしと感じたものだ。"水"本来の特異性をはるかに凌ぐ、水と珪素のスーパー特異性"結び合う力"のなせる業に焦点を当て、そこから見えてくる構造化、コロイダル様、電荷力、並びにそれらの基礎を成している水の生命基礎科学の概要を、順を追って見ていきたい。

水の二大生命特性
"双極子特性"と"水素結合特性"

なぜ、水を集団として眺めるのか？ 水の単分子や数十個程度のクラスター（塊）では分子個々の動きが不規則、無秩序で水本来の統合的生命エネルギー作用を語ることはできない。集団のリズム秩序力と電気的エネルギーの結集、すなわち力の方向性（ベクトル）を整えて初めて水本来の魅惑的な総合力が発揮されるのである。結び合う結合群化した水"コロイダル"の特異性が成すグループダイナミズムの具体的な力と、その作用の科学的な分類を表3-1に取り纏めておいた。それらの物理化学的な真の底力を支えているのが"双極子特性"と"水素結合"であることを脳裏の片隅において、読み進めてほしい。

水は酸素1個と水素2個が結合したものである。中・高校生時代に培ったお馴染みの化学式「H_2O」で示される水分子のことだ。その構成の仕方がふるっていて、ディズニーランドのメインキャラクター、ミッキーマウスにそっくりの様相なのである。

図表3-2は水分子の水素結合と双極子の電気的二大生命特性をわかり易く平面的に図式化したもの。ミッキーマウスの顔に当たる部分が酸素で、大きな2つの耳に当たる部分が水素の位置である。酸素原子には2組の非共有電子（対になれず誰かと対になりたいと模索する不安定な電子）があり、その静電気的な反発のためにH－O－Hの結合角、すなわち顔（酸素）の中心部から見上げた耳（水素）と耳（水素）の角度は正四面体の109.28度に較べて、僅かに歪み104.5度となっている。ちなみに古代エジプトのピラミッドの頂点の角度は105度である。不思議な符合（シンクロニシティ）である。

水の集団の科学
自然の摂理「集団の理法」の根底を成す大事な新科学の領域

水の分子では語れない機能
- 水の電気的ネルギー
- 水の触媒作用
- 水の溶解力（水の力）
- 水の界面特性
- 秩序維持耐力（破壊抵抗力）

シリカの力
電気的ネルギー
&
リズム力
↓
秩序と活性

科学の理論「水の中、イオン化列の大きいものほど電離し溶解しやすい」
イオン化列の大きなものから順。カリウム（K）→カルシウム（Ca）→ナトリウム（Na）→マグネシウム（Mg）→アルミニウム（Al）→亜鉛（Zn）→鉄（Fe）→ニッケル（Ni）→錫（Sn）→鉛（Pb）→水素（H_2）→銅（Ag）→白金（Pt）→金（Au）→の順である。シリコーン（Si）は安定していてイオンにならない。

図表3-1：水の集団科学

「水は命」その電気的二大特性

結合力比較
化学結合100として水素結合は10程度
ファンデル・ワールス力は1〜2程度

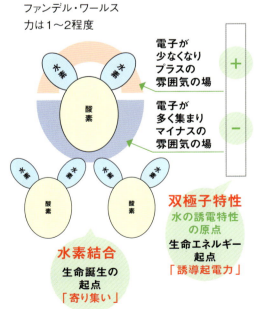

図表3-2：水分子の水素結合と双極子特性の二大生命特性

さて、この構成の仕方が水の最大の特異性「水素結合」を創出している。極性"電気双極子"なる電気特性を生む基なのだ。この不思議な形態が、命を創る最も大事な水の魅惑性を演じているである。もしも水分子のH－O－Hの結合角が180度ならば、地球の生命体誕生は夢物語に終わっていたことだろう。

もう一点、酸素原子は水素原子よりも電子を引き付ける力（電気陰性度）が強く、酸素側に電子が頻繁に顕われマイナス雰囲気を漂わせている。逆に水素側の電子が過疎となりプラスの雰囲気を帯びている。同一分子内で、棒磁石N－Sと同一様相の電気的なプラスとマイナスが対で対峙する構図となっている。水分子は、水素側が正（＋）、酸素側が負（－）で対となり双極子特性を構成しているのである。一名"極性"を持つ分子とも呼ばれている……。そこで、水分子同士は互いに酸素側のマイナス雰囲気部分に隣の水分子のプラス雰囲気となった水素側を引き付けることになる。また、水素側のプラス雰囲気部は他の水分子の酸素側のマイナス雰囲気部に引き寄せられることになる。これが、水分子同士の"水素結合"と呼ばれる構造体の形成である。

水素結合力は、水分子の酸素と水素の化学結合力に比べ10分の1から20分の1程度の結合力に過ぎないが、水分子同士のネットワーク結合を全域に張り巡らし集団力を維持している。また、水分子の酸素と水素の結合距離は0.96Å（オングストロームと呼び、1mmの1千万分の1の長さ）で水素結合の距離は、少し間延びしたおよそ1.77Åといわれている。水分子同士の最近接距離は約2.8Åであろう。

水素が酸素と酸素の間を結ぶことで結合が途切れずに、結果として大きな化合物として振舞うため融点や沸点が分子量から予測される値よりかなり大きな値をとると説明できる。水は液体の中では、水素結合の解除エネルギーを要するため特異的に比熱容量が大きく、気化熱、融解熱も異常に高い。水は、温めにくく冷めにくい液体で、かつ蒸発し難く凍り難いのである。もし、水の水素結合がさらに集団的に強くなった場合にはどうなるのだろうか……。さらに暖めにくく冷め難く、凍り難く蒸発し難い水に変身することは想像に難くない。すなわち、0℃でも凍らず、100℃でも沸騰しない水ができるということである……。この水こそ、本誌が解き明かそうとしている生体系の"結び合う力の水"なのだ。後段で詳しく科学的解説をします。上記の如く水素結合の存在そのものが、水の特異性を演出している大元だ。

少し寄り道になるが、大事な話なのでここでしておきたい。

序章で富山県にあるM病院の水中毒発症の患者発生の根治にこぎつけた原理は「ライナス・ポーリング博士の水性相理論」だと述べた。彼こそが、水の水素結合の存在を発見し科学した

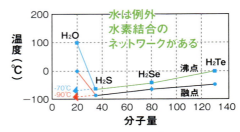

なぜ、水の融点0℃で沸点は100℃なのか

同族列の水素化物の融点と沸点

水は水素と酸素の結合物（H_2O）で分子量は18、酸素と同族の硫黄と結合した硫化水素（H_2S）は34、セレンと結合したセレン化水素（H_2Se）81、テルルと結合したテルル化水素（H_2Te）は129であり、周期表から類推すれば沸点は－70℃以下、融点は－90℃以下となりそうである。実際は100℃であり、0℃である。水は分子という水素結合で集団が大きくなり、テルル化水素の分子量を超える分子量の大きな化合物として振る舞うからである。

図表3－4：水の沸点、融点の特異性

水の集団力を最初に科学化したのは
ライナス・ポーリング博士

彼は水のもっとも大事な"いのち"を成す機能「水素結合」の発見者であり、炭素や珪素が成す特殊結合「正四面体構造」のSP³混成軌道の発見者だ。「脳の中の水が精神や想念に深く関与している」と洞察した。すなわち、哲科学の基点を成す「水の生命科学」の先駆者でもある。
「脳の中の水が、秩序とリズムを成す」として、偉大な麻酔論を成したとのこと。
また、博士は、水に深く関与しているのが構造を持った鉱物(ミネラル)の大事な働きだとして「すべての病気を追求すると、すべてがミネラルの欠乏に辿り着く。ミネラルは、単体では有効な働きができない。人体の健康維持には、調和の取れた多種類のミネラル摂取が重要である」とも説いている。ライナス・ポーリング博士こそ、「水」の本当の凄さを集団力で捉えた先駆者だ。哲学と科学の融合を果した"生命誌"に名を遺す偉大な科学者である。

図表3-3：水の集団力を最初に科学化したのはR・ポーリング博士

歴史的人物だ（図表3-3）。「ライナス・ポーリング博士は水の最も大事な性質"水素結合"の根拠となる概念を明らかにし、かつ炭素や珪素の特異な正四面体構造をなさしめるSP³混成軌道の発見者でもあります。まさに生命体という一個の全体を語る原理の基点そのものです。中でも『心の原点』が、脳の水分子が示すなんらかの現象であることを、はっきりと示してくれたことである」と……。ファンクショナルMRIの世界的権威といわれる脳科学者中田力博士は、その著書『脳のなかの水分子』（紀伊国屋書店）で、ライナス・ポーリング博士の詳細を紹介している。中田氏は、脳内の水の秩序性と麻酔の関連性を示唆した先駆的な科学者と絶賛し、「自分が今あるのは、ライナス・ポーリング博士の麻酔論との出会いである」と、告白している。

筆者は「水の本質"神秘性"は分子力に非ず、集団力である」として、研究に取り組んでいる。ライナス・ポーリング博士こそ、水の本当の凄さを科学的に集団力で捉えた先駆者にほかならない。哲学と科学の融合を果した"生命誌"に名を遺す偉大な科学者なのだ。

話を本筋に戻そう。"双極子特性"と"水素結合"は、水の二大生命機能（エネルギー）そのものであることはわかったが、では、どのような働き様でそれらが力を発揮しているかをもう少し詳しく見ていきたい。

ライナス・ポーリング博士が説いた「脳の中の水が精神や想念に深く関与している」と洞察した哲科学の基点を、量子物理学の立場でわかり易く具体的科学論として著した著書がある。理論物理学者保江邦夫氏と冶部眞理氏の共著『脳と心の量子論』（講談社）である。脳の中の水の凝集場を説いた理論物理学者梅沢博臣・高橋康博士の『量子場脳理論』をわかり易く私見を交え考察・解説している。筆者なりに下記の如く要旨をまとめてみた。

「水分子ミッキー達の華麗なシンクロナイズドスイミングが醸し出す集団の場の秩序ある動きが、量子電磁場の秩序を誘導し、脳のいのち、即ち記憶や意識などの脳機能を生み出す根源ではないだろうか。

多くの量子物理学者が唱える生命とは、『水分子の量子凝集場のシンクロナイズ』である。細胞中の水分子ミッキー場のかなり広い範囲で、電気双極子を持ったミッキーの頭たちが揃った秩序ある運動をしさえすれば、量子電磁場の中にも、同じように秩序ある整然とした波動が生まれてくる。生命というのは、細胞中のミクロな世界の水のミッキー場がダイナミカルな秩序を維持し続ける限り保たれる。細胞が生

きている間は、全体として大きな電気双極子となり、細胞が死んでからは、秩序を失って、電気的性質を示さなくなるのである。

また、大きな電気双極子の影響で、その近くのミッキー場（水分子の凝集場）の小さな電気双極子は向きが揃い、同一の動きをする。生命のない普通の物質も生命のある物質も、どちらも膨大な数の原子や分子の集団であるという点ではまったく同じであるのに、生命のある物質ではその集団が整然と秩序正しく運動し、ミッキー場のシンクロナイズドスイミングにより調和のとれた秩序が維持されているのである」

水は電解質的な原子、分子、イオン状態の均一なものではなく、電荷を持った集団として行動している代物だ。これが水の電気エネルギー発祥の根柢である。ただし、このような調律的な秩序は水（H_2O）のみでは作り出せず、構造を持った鉱石"ミネラル"の力を借りなければならない……。筆者の治験結果と上記理論物理学者の生命論とは全体と個々の脈動誘引の受容体か能動体かは、意見を異にしている……。秩序誘引の要は結び合うコロイダルの表面陰電荷の働きであり、さらに水分子自らの"双極子特性"と"水素結合"とミネラルの表面陰電荷力がなすコロイダルには、新たな集団リズムが発生し、それをフィードバックしてさらに集団秩序と活性を整え、いのちをしていると考えられる。

まえがきで述べたリン・マクタガードの「私たちの究極の姿は、化学反応ではなく、エネルギーを持つ電荷だというのだ」であり、かつハロルド・サクストンバーが唱える「成分が場を決定し、逆に場が成分の動向を決定する。生命動電場の活動により、生命体に全体性、組織性、及び継続性が生じる。宇宙とは一種の電場である」とも、筆者の持論はしっかりとシェアーしているといえる。

顕微鏡観察の魅力「健康な血液とミネラル欠乏の血液」イメージ図

正常な血液

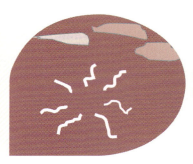
ミネラル不足の血液

●乾燥血液分析テストの顕微鏡観察
欧米で1920年代以来、1滴の乾燥血液を見るだけで栄養素、機能不全身体システム、毒素や人体の腸内などに関する血液中の異常を明らかすることができると、血液中の潜在瑕疵を研究している。 左模写図は正常な血液。外側の液状部分はビタミン、ミネラル類。1滴の血の中に700個もの赤血球が互いに反発し合い存在している。また、右模写図はミネラル不足、ミネラル同化不良の血液である。中央のスポーク状がその現れ、右上の色の薄い部は低ミネラルやPH不均衡などの現れである。
インドヨーガ哲学者であり医学博士でもある中村天風師は、血液は喜怒哀楽の感情で大きく変化し、怒ると黒褐色で渋く、悲しむと茶褐色で苦く、恐怖の念で丹青色で酸っぱくなるという。

ミネラル不足は溶液の「結びの力"絆"」を衰退させている

出典：PSI Resource Trust

図表3-5：ミネラル不足の血液

水は万物の媒体であり触媒である

　水と珪素は素晴らしい触媒、宇宙第三の力"中和的な力"と序章で謳った。"結び合う力"がないと生命現象は成り立たない。すなわち「場の触媒力」の必要性を論じた。化学では「場の触媒」、生命では「生体内触媒の酵素能」と呼ばれている。だが、この"触媒"とは何様なのか。"まさか"と思うだろうが物理化学現象創出の中枢を成す根幹作用でありながら、その大事な働き様の仕方が、学問として特定されていないのだ。本書の主題である「集団のリズム力」と、最も関連深いと見做される触媒と酵素の働き。これらの物理化学の定義をもう一度確認し、その課題を探ってみたい。

　触媒とは、化学反応の前後で、そのもの自体は変化しないが、反応物質の化学反応速度を大きく左右する物質のことを謂う。その働き様が触媒作用である。また、酵素（エンザイム）は生物の細胞内で作られるタンパク質性の触媒の総称である。エンザイムがなければ、生物は生命の維持ができないとされている。その作用は蛋白エネルギー作用が10％、残りの90％は生命エネルギー作用であるとのこと……。理化学辞典等で解説されている。

　しかし、結果の反応に関する解説のみの記載で、肝心の、その働き方の仕様（作用機序）については一言も触れられていない。さらに、触媒を成すモノ自らのエネルギーの変化なくして、いかように相手の作用を助成したのだろうか。物理学の第一法則「エネルギー保存の法則」の範疇を逸脱する不可解な"謎"の事象が平然と述べられている。このことをして、触媒は現代科学の四大エネルギー矛盾の1つといわれているのである。

　筆者は、水の分析を重ねる中で、触媒作用とは水の活性化に伴う「フリーエネルギー（氣）が関与する場の振動作用である」との考えを強くしている。同様に生体内触媒との別名を持つ酵素も、水の存在で機能を発揮するものである。その生命エネルギー作用はやはり「フリーエネルギーが関与する共鳴振動作用である」とのことが、治験結果の消去法的検索でわかってきた。場との化学反応というよりは、場との振動共鳴反応という動的エネルギーの物理現象と見受けられる。水は、先の第2章のコンクリート構造物の事例でも明らかな如く、素晴らしい触媒剤である。何よりも、後段の章で述べる『低エネルギー原子転換の場には水が必須である』との筆者の治験結果が、すべてを物語る証である。

水の凄い溶解力とは

"水"には、いのちを生み・育む大事な力が備わっている。腹心の友"珪素"と一体で結び合う集団力を発揮し、その役目を十分に果たしている。ミネラルと織り成すマクロな水溶液の具体的な6つの力をわかり易く取りまとめ図表3-6に掲げておいた。水分子単独では成し得ない水のミラクルパワーである。シュレジンガー博士がいう「エントロピーの低い免疫力ある水」である。

さて、溶媒として物を溶かし込む溶解力は、何時でもどこでも目にすることのできる水の最も得意な特性である。身近な水の溶解力の好事例がある。自然界に存在する水で、何も溶け込んでいない水、つまり"純水"は存在しないと先の章で述べたものだ。

生命体にとって、なぜ水の溶解力が最も大事なのだろうか……。この地球上に棲息するいかなる生命体も水で構成され、生き抜くための生命諸作用もすべて水を媒介として行われている。生体構成に関わる水と珪素の作用は、第2章で詳述した。ここでは、生命諸作用に働く溶解力の関わりについて触れたい。

生命に関わる物質は一般的に、"水溶性○○"と、水溶性を冠して呼ばれている。生命体が利用するには、まず細胞に吸引・吸収される大きさであり、かつ媒介橋渡し役である水と混ざり合うことが必須条件である。

生命体が容易に体内に取り込むには、体内関所の腸管の繊毛から吸収される大きさでなければならない。大きさ0.5～1μm以下となる必要があるとの研究報告もある。

水分子と同等レベルで抱合的に混ざり合うには、水の1次粒子の大きさである2nm以下であろう。また、少なくとも水と支障なく混ざり合い水集団と同等の安定した棲み分けを成すには、水の2次粒子並みの大きさ20nm以下程度のものではないだろうか。養分として生体内に取り込まれる高分子は腸管の関所（小腸トランスポーター）を通過できる大きさの低分子に分解されている。図表3-7を参照願いたい。

さて、水はあらゆる物を、多かれ少なかれ溶かし込むことが可能な万能の溶媒である。既存の化学理論では、もっぱら電解作用、すなわち電気的化学反応のイオン化列による溶解といわれている……。だとして、水の溶解力は純水が一番だと考える説も有力視されている……。だ

マクロな水溶液の具体的な力
ミネラルと織り成す構造体の水の6つの底力

1. **秩序構築力**
   階層構造の集合体

2. **情報伝達力**
   H_2O は電気双極子で量子電磁場形成

3. **溶媒力**
   物を溶かし込み、物に入り込む凄い溶媒

4. **蓄熱力**
   秩序水ほど「熱し難く冷め難い」

5. **記憶力**
   物質、物体、ゆらぎ振動で秩序・情報維持

6. **触媒・酵素力**
   コロイド電荷安定剤、共鳴媒体で触媒・酵素力を整え、媒介し反応促進又は抑制

● 整列された秩序あるものほどエントロピーは低い　● モノはすべて必要最小限の基底安定状態で存在したいと振舞う　● 水の初期化のマイナスエントロピーは珪酸塩ミネラル　● 地上の一次生産者"植物"のマイナスエントロピーは太陽光線

図表3-6：マクロな水溶液の具体的な力

栄養の分解・吸収

栄養	分解後	消化酵素、および吸収経路
炭水化物	ブドウ糖	だ液・すい液・小腸の壁の消化酵素 小腸の絨毛の毛細血管で吸収
蛋白質	アミノ酸	胃液・すい液・小腸の壁の消化酵素 小腸の絨毛の毛細血管で吸収
脂肪	脂肪酸 グリセリン	すい液・(胆汁) 小腸の絨毛のリンパ管で吸収

図表3-7：栄養の分解と体内吸収経路表

が、イオン化状態のみを溶解力と捉えるだけでは、実用の水の溶解性の科学的解明はおぼつかない。すなわち、モノは化学作用以前に物理作用の支配を受けていることを忘れてはならない。物理的な水分子と同等の存在レベルとして水集団に抱合されるのも、1つの溶解現象とすべきである。水溶性現象、あるいは水和現象など現実に実用の場では何ら違和感を覚えることもなく当たり前の溶解事象として捉えられている。

さらに、場の触媒能として働く振動現象が水の溶解力をいっそう増している。すなわち、あらゆる物質は珪素の存在で、微細化するほど触媒力を増し、2nm以下の大きさになればその触媒能は1万倍から10万倍にもなることが科学されている。このことが水と一体となって溶解力を増している大事な要因なのである。場の振動、界面作用も溶解に一役買っている。浸透作用、量子ふるい効果、ナノバブル効果もそれなりに溶解力に影響を及ぼしているのは事実である。

当然ながら、電解質の溶解である飽和現象をはるかに超えた過飽和現象が実践の場で日常茶飯事の如く見受けられる。一事例だが、水溶性珪素は理論的に140〜150ppmが飽和溶解力と化学されているが、驚くなかれ9000ppmをはるかに超える水溶性珪素がすでに存在している。自然界でも目を見張る事例がある。世界最大の漁場といわれるベーリング海では、珪素濃度が300ppmと観測されたデータさえ発表されている。

また、元京都大学の高橋英一名誉教授は、その著書『ケイ酸植物と石灰植物』(農山漁村文化協会)で「高分子有機物の分解に対し、可溶性珪酸塩は触媒として働く。タンニン酸、アルギン酸、多糖類等の縮合・重合の高分子物質の鎖を切る力が大きい」と述べている。さらに、第2章では珪酸による排水処理の凄い事例を紹介した。珪酸による有機物の水溶性化で嫌気性微生物による処理工程の必要性がなくなり、一気に好気生微生物の排水処理が可能となる。分解促進、臭気改善、後生動物処理で水の再生が効果的に成される事実を述べた。

もう一件、筆者らの治験で明らかとなってきたのが、水の水素結合の強さを制御し、これまで疎水性といわれてきた油脂系のモノまで溶かし込むエマルション現象が可能となってきたことである。すなわち、互いの誘電率が同じレベルになれば混ざり合えるという亜臨界水機能の発露が実践の場で実用化されているのである。結び合う力の水コロイダルの特異な働き様である。驚くことに、脂肪に溶け易い水ほど脳のグリア細胞内に入り易いとライナス・ポーリングは説いている。これこそが、序章で紹介した鋭敏すぎる脳の鈍感力の作用機序そのものである。水の力"溶解力"は、単純なイオン化列という電気化学反応のみでは埒が明かない。実用の水の場では、物理的振動溶解作用(場の触媒作用)が大きく関わっていることを見逃してはならない。

水の三態（気体・液体・固体）と温度依存性について

　水の特異性について第2項でも触れたが、常温・常圧の状態で容易に三態（固体の氷、液状の水、気体状の蒸気）の相が存在できるのは水だけである。水素結合の成せる業である。氷を溶かす時の融解熱も、水が気化する時の蒸発潜熱も水の水素結合の抵抗に打ち勝って分子と分子を離脱させるエネルギーが必要となるからである。水素結合はその温度依存性（温度により状態が時々刻々と変化する性質）が顕著に現れ、様々な物性に影響を及ぼしている。

　水の三相（気体・液体・固体）の相互平衡図（図表3-8）の様子を見てみよう。水はその臨界点以上の温度（374℃）と圧力（218気圧）では、液体と気体の区別がなくなる。このような状態の水を超臨界水という。臨界点よりやや手前位置の高温、高圧の水（液体）を亜臨界水という。人々は夫々の特異性を上手に生活に取り込み、重宝している。

　水は水素結合で会合しているために、他の溶媒に比べて沸点や融点が異常に高く、常温常圧下では電解質や極性物質をよく溶かすが、有機物などの無極性物質はほとんど溶かさない。しかしながら、温度や圧力を高めていくと、水の密度、導電率、誘電率、熱容量、物質の溶解度、イオン積などの諸物性は大きく変化する。特に、超臨界状態では温度や圧力により水素結合の程度が気体状態から液体状態まで連続的に変化させることができ、水溶液特徴から極性有機物質としての非水溶液特徴まで抱合する溶媒となり得るのである。このため、近年フロンやPCB・ダイオキシン等の難分解性塩素有機化合物を、短時間でほぼ完全に無害な無機物へ分解することも可能となっている。

　また、特に水は温まり難く、冷め難い物質なので、海水という大容量蓄熱体に支えられ地球上の気温変動が少ないのである。同様に、7割が水で構成される生命体の体温が維持されるのも水の蓄熱のお陰である……。もし、水にこのような素晴らしい水素結合という特異性がないとすれば、近似的にはマイナス100℃で凍り、マイナス80℃で沸騰することとなる。図表3-4水の沸点、融点の特異性を見比べてほしい。これが現実ならば海もなければ河川湖沼も存在し得ず、生命の存続さえ叶わなくなる。物性的には、当然ながら水素結合がなければ表面張力や熱容量などの物性も大きく低下することとなる。水の水素結合こそ、いのちの素を成すベース結合方式である。

水の気体・液体・固体の相互平近衡

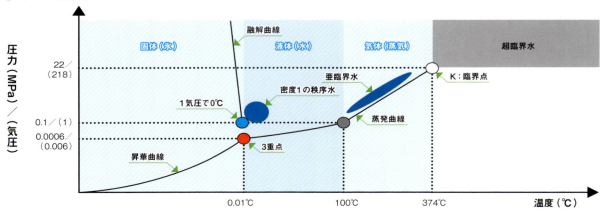

図表3-8：水の気体・液体・固体の相互平衡の図

水の構造
「水の集団はスカスカの隙間だらけ」

"水は非圧縮性の物質だ"と、確かに高校の化学で教わった記憶がある。同じ容量の容器には、形は違っていても同じ容量の水しか入らない。また、どのような詰め方をしても同じである……。見てもその通りであり、まったく疑念を抱いた記憶がない。誰が見てもコップ一杯の水はどう見ても隙間があるようにはとても見受けられない。

ところが、である。プロの水の科学者は「水の集団は隙間だらけ」と涼しい顔をして言ってのける。水分子は1個の酸素（O）に2個の水素（2H）がミッキーマウス型に化学結合した直径が約0.3nm（＝3Å：オングストロームと読む）の物質（H_2O）であり、水素結合を介してそれらがネットワーク状に繋がり合っている。実際、1個の水分子の周囲には平均4〜4.5個の水分子がくっ付いていると観測される。氷の水素結合は、やや間延びして4個が固定されるが、液状態の水は水素結合が1秒間に1兆回も離合集散しており、特定できないので平均4.5個程度と表現されている。だから氷は水よりも比重が約10％程度軽く、水に浮くのである。

もう少し、科学的にのぞいてみよう。もし水分子をピンポン球に見立てて考えると、1個のピンポン球の周囲に接触できるピンポン球は最大12個である。科学ではこのことを最密充填度と呼んでいる。コップの水はすべて水で詰まっているように見えるが、最密充填度と比べても65％が空所の状態といえる。つまり、水が石や鉄より遥かに軽い物質であることの根拠である。水は物質的に空間がいっぱいのガラガラ状態、諸々の条件を勘案すると85％が空所であると専門家はいう。網目のような空所がいっぱいに広がっているネットワーク構造である。この空所にいろいろな物が入り込み、溶解、すなわち溶け込むという現象が起きているのである……。

わかり易い科学の実験実例がある。水10ccにアルコール（エタノール）5ccを混ぜると、合計15ccの容積を占める溶液となるはずだが、実際には14.6ccである。また、海水は水の空所に様々な溶質がはまり込み溶け込んでいるため水よりも重く、一般的な海水の比重はおよそ1.025である。水は空所の多い物質である。

▌水の不思議「水の集団は隙間だらけ」

- ●水の基本構造：H_2O
- ① 3オングストロームの4面体（二等辺三角形）
- ② 重心に酸素（O）
- ③ 2頂点に水素（H）⊕
- ④ 残りの2頂点に酸素の電子 ⊖
- ④ 分子同士が引き合い水素結合にて集団（クラスター）を形成する

- ●1次粒子
  20オングストローム
  H_2O
  240〜250個

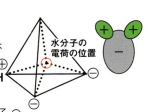

- ●2次粒子
  200オングストローム
  1次粒子

集合・離散し動いている
- ●3〜4個の水分子
- ●10^{12}秒
- ●1、2、3次粒子は、はるかにおそい速度で変化

エネルギーのやりとり
生きている

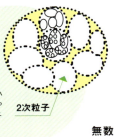

- ●3次粒子
  1000オングストローム
  ミネラルにより小さい粒子は動きやすく、大きい粒子は安定してくる
  2次粒子

- ●水集団は85％位が"空所"スカスカ状態
  ・ボールの最近接充填は12個
  ・水の最近接充填は平均4.4個
  ・氷は4個なので水に浮くことができる

水が空所に物を抱く溶解という階層構造だからこそ可能

無数の液液面、気液界面、固液界面が、存在、**17nm（ナノメートル）**のナノバブルが存在。あらゆる物質は**2nm**前後の超微粒子状になると触媒機能は1万倍から10万倍になることが知られている。

ペットボトルの中の水「H_2O」の粒が計算ではおおざっぱに見て15％程度で、残りの85％は何もない空間である。容器一杯に満たされているように見えるが、水という液体は「H_2O」という粒で見ると隙間だらけであるということである。珪酸ミネラルには表面陰電荷力による水の分子を秩序化させる働きがある。無秩序で激しく動いていたH_2Oの粒がミネラル添加で2次元（平面）3次元（立体）にピタッと規則正しく並ぶのである。緻密な水になり集団の律動が生まれる。

図表3-9：水の集団は階層構造で隙間だらけ

水の集団"クラスター"とは何者なのか

　健康に良い水のキーフレーズとして、最も世間に馴染みのある語らいとは、「クラスターが小さい水がいい」ではないだろうか？「どこにも浸入・浸透が可能で、生命の新陳代謝に大いに寄与する」との謳い文句が、なぜかすんなりと感覚的に受け止められている。だが、前項で水素結合のネットワーク構造で水は想像以上に大きな集団構成をしていることが、読者の皆さんにはイメージできたのではないだろうか。最近のゼータ電位計での観測でも一般的な水は2〜3μm（ミクロンメーターと呼び、1ミリメートルの1000分の1の長さ）の大きさの集団塊で行動している様子が観測されている。

　さて、生命活動とは単純ではなく、複雑ながらも理路整然と安全確保のいくつものチェック機能を付随して、同時併行的に様々な動作が連携し合っていることも科学されてきている。例えば、細胞膜の水の通過路はアクアポリンとも呼ばれ、必要最小限度の超瞬間のみの水分子の単分子化装置が働くが、すぐ元に復帰する……、との生体内現象も明かされている。原則論と受け止めておくべきだろう。なぜなら、最近は「アクアポリンを水分子の大きさの2倍以上もあるグリセロールが通過する」との新たな研究論文も発表されているからだ。

　ところがこの原則的な科学理論を短絡的に捉えて、何と現実にはあり得ないはずの極端な謳い文句「単分子水」と銘打った浄水器が販売された。消費者庁の審査であっけなく御用になったものもある……。余計な脇道に入り込んだが、本題のクラスター論に戻ろう。

　水のクラスター（塊）を計測しているというNMR（核磁気共鳴）測定では、原理的に計測不可能なはずとされながらも、何故か水素結合の様態だと受け止められクラスターの大小が云々されてきた。一部学者間で俗説と批判されながらも多くの科学者を巻き込み、尤もらしき議論がなされてきたのも事実である。

　水集団の真の実体を解き明かすには、まず物理学会提唱の溶液二様態論の学術的意義の共有であり、原則的なあり姿の特定が先決課題である。コロイダル領域論こそ、現実に応え得る最も相応しい対案と筆者は考えている。

　久保田昌治・西本右子共著『これでわかる水の基礎知識』（丸善）に、真空中では水分子21個からなるかご型の21量体が最も多いと記されている。さらに久保田氏らは液体の水の水素結合が成す異常性について、上手く説明できるとされるモデル図（図表3−10）を紹介している。「それぞれに集団構成分子数が異なるクラスターの集まりが液体の水である」という混合物モデルが、いろいろな現象を比較的説明し易いことから、半世紀もの長い間、多くの科学者に親しまれ多用されてきたものだ。しかし、現実にはクラスター構成の分子数の平均値もまだ固まっていない。その理由として、水は液体であり結晶性固体のような明確な構造を持っていないこと。水分子は極めて短い時間で絶えず変化していること。さらに、クラスター構成の分子数が外的条件により比較的容易に変化することなどを挙げ、クラスター論への疑念を投げかけている。ただし、物理学の不思議現象とされる溶液の二様態論の可能性に関する詮索は見受けられない。

　また、山形大学助教授の天羽優子氏は、「常に様態を変化させている水に対してクラスターを水分子のまとまりとして定義していいかどうかは疑問だ」としている。科学者としての手厳しい番人のような言い回しで注目されているよ

水クラスターのモデル図

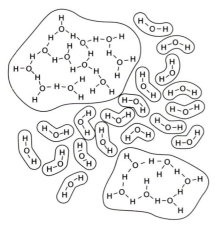

出典:『これでわかる水の基礎知識』久保田昌治、西本右子 共著／丸善

図表3−10：Nemethy−Scherageの水クラスターのモデル図（1962年）

うだが、名古屋大学の大嶺研究室で行われた水の分子動力学に関する研究の一端について、次のように紹介している。

「水分子は分子間が水素結合で結ばれているのですが、ときどきこの水素結合ができたり切れたりして、3次元のネットワークのように動いています。このように水素結合が部分的に保たれている時間は大体10のマイナス11乗から12乗くらいです。ピコ秒（1兆分の一秒）以上の時間にわたって、水は安定した空間配置を保てません。この計算結果を見ると、水のクラスターが小さくなったとか、水分子がバラバラになったという話はウソで、むしろ水はネットワーク性が非常に強いものだということがわかります」と語っている。

天羽氏の水の捉え方、並びに研究内容は、筆者の実用の水の有り姿の捉え方、考え方と程度差はあるが、同じ土俵を志向している。すなわち、物理学の溶液二様態論存在の可能性を具体的に示唆した事例紹介と受け止めることができる。天羽氏らの水素結合ネットワーク論は、水の基本ベースと心得ている……。筆者は、実用の水を見究めるため、さらにコロイダル表面陰電荷の結び合う力の電気二重層作用を加味、そのマクロな集団の秩序力、しかも全体の中の個であるという前提"フィードバック機能"を重視している。全体が個々の分子の動きをも制御している事実を加味して、水の実体、本質そのものに迫ったものである。この全体像というか、全体力というかを見ずして、何人と謂えども"水"本来の魅力を語ることができないのではないだろうか……。

自然界では水と鉱石（ミネラル）は切り離せず、一体で存在している。水を結合群化している電荷集団「結び合う力の水」と捉えて初めて「水」本来の姿が見えてくる。水は仮想集団"クラスター"ではなく、結び合う小集団"コロイダル"と見做して初めて水の本質が読み解けるのである。

水の構造化
"生体系の水"入門

1.水の階層構造とは

「水の集団は"階層構造"だ」との川田薫氏の論文のさわりについて先章で若干述べた。川田氏は、「生命の誕生に大きく寄与しているのは水とミネラルの相互作用である」として研究を進めた。該研究で発見した最も大事なことは、水が階層構造であるという実体であった。分子数が数個や数十個のクラスター構造ではなく、1次粒子（2nm）の中にさえ約240個前後の分子が含まれているという事実である。単純な算術計算では3次粒子（100nm）には、およそ3千万個の水分子が存在することになる。その実体像を電子顕微鏡観察で明らかにし、拙編著書『水の本質と私たちの未来』（文芸社）で、水の階層構造について詳細を語ってくれた。

「階層構造」とは、ある要素が複数集まることで1つのユニット（集合体）を形成し、そのユニットが複数集まることでさらに大きな1つの大ユニットを形成し、その大ユニットが……、という構造の仕方を階層構造と呼んでいる。例えば、宇宙は、太陽系 ⇒ 銀河 ⇒ 銀河群・団 ⇒ 超銀河団 ⇒ 宇宙というようにユニット単位のボトムアップシナリオの階層構造を成している。その構造の仕方こそ、宇宙自然の摂理ともいうべき基本的な構成の仕方である。

水とて例外ではなく、見事なほどに階層構造そのものを成す代表的な物質の1つである。筆者は結び合う結合群化した水を、敢えて現代科学の純水理論に対峙させ、その違いをわかり易くイメージできるよう、"コロイダル"と呼んでいる。ミネラルとそれに纏い付いた水が一体となってシュテルンの電気二重層の物体構成を成している状態を、あえてコロイダルと命名したものです。"コロイダル"とは筆者の私語である。

だが、理化学辞典にも「生物体を構成している諸物質は大部分コロイド状態である」と謳われている……。このコロイド状態そのものが、コロイダルである……。天羽優子氏のいう水の水素結合の広大なネットワークに支えられた一枚岩の如きものの中に、筆者がいう大小様々な珪素に纏い付いた水の異なる性質を有した集団隗がひしめき合いながらリズミカルに浮動している状態なのだ。この様相こそ、物理学70の不思議の1つといわれる溶液の二様態論そのものの実体だ。わかり易い事例では、牛乳というコロイダルがある。水分87.4％の中に乳固形分（蛋白質、脂肪分、炭水化物、ミネラル）12.6％が浮遊している状態をイメージしてほしい。集団の物性が異なる2種類の液体が存在している。密度も誘電率も表面張力も、そして結び合い方まで異なる水の集団である。もう少しコロイダルに関する具体事例を掲げ、理解を深めていただこう。

川田薫氏の水の階層構造理論に従い描いたのが、図表3-11の水の階層構造イメージ図。溶液中のミネラルもミネラルを溶かし込んでいる水も、どちらも最小単位が2nmという極微小な粒子であること、さらにこれらの1次粒子が寄り集い20nmの2次粒子を作り、2次粒子が群れ合い、100nmの3次粒子を成し階層構造を構成している。実際の水の階層構造を示す川田氏提供の急速凍結した水の電子顕微鏡観察の写真がある。

写真3-1～3は、液状のサンプルを液体窒素で急冷固化し電子顕微鏡で観察したもの。写真3-1は純水の階層構造の中だ。この写真から、100nmの大きさの水の固まりの中はいくつもの境界があって、境界線の中にはさらに小さな固まりがある。この小さな固まりの大きさ

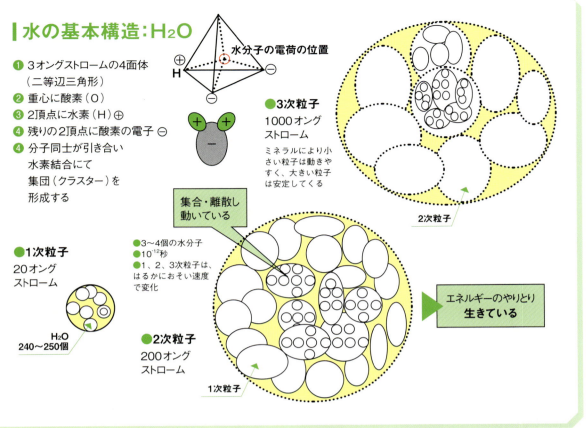

図表3-11：水の階層構造イメージ図

は約2nm。そして周りの境界線の大きさは平均すると約20nm〜30nmになる。水も、ミネラルと同じように階層構造になっており、その1次粒子が約2nmの大きさで、それが合体して約20nm〜30nmの2次粒子を作り、この2次粒子がさらに合体して約100〜200nmの3次粒子になっている。しかも、これらの粒子は絶えず激しく離合集散を繰り返していると川田氏は言う。

写真3-2はミネラルの10倍の希釈液。大きな塊は2次粒子で20nmの大きさだが、周囲に2次粒子が壊れ、バラけた状態の2nmレベルの1次粒子が散在しているのが見える。

写真3-3はミネラル原液の3次粒子。芋虫のような様相で粒径が200〜300nmだが、いくつかが結合し合って、長さが400〜800nmとなっているものも見受けられる。ミネラル原液、並びに希釈液は輪郭がはっきりしており固形的様相ですが、純水は綿花のように輪郭がぼやけた状態の群れ合いだ。

写真3-1：純水階層構造の中

写真3-2：ミネラル10倍希釈液

写真3-3：ミネラル原液

一般的水道水などでは滅菌用の次亜塩素酸が添加され、構造形成イオンであるナトリウムイオンの影響を受け水素結合のネットワークが広がり3次粒子の大きさは2〜3μmと動的光散乱法で実測され、さらに集団構成が大きくなっている。また、数ppm程度の水溶性珪酸コロイドの添加で水の階層構造が大きく変化を遂げる。3次粒子の集団構成が50〜100nmの均一化されたコロイダル粒子径が計測されている。この時のゼータ電位の絶対値を電気浸透法で計測するとマイナス36mv（ミリボルト）だった。ちなみに水道水のそれはマイナス16mvが実測されました。この実測データの物語っていることは、珪酸コロイド粒子の表面陰電荷の引力が水分子を周囲に吸引し、周囲の水分子同士の水素結合の動きを抑制、その影響範囲内で固液混交のコロイダル集団を構成している様相の紛れもない証だ。次に同様の素晴らしい研究情報を紹介したい。

2.生体系の水の実相

　2015年の春、IHM総合研究所所長の根本泰行理学博士の講演会で、ワシントン大学教授ジェラルド・ポラック博士の『第4の水の相』の研究内容を拝聴した。筆者のコロイダル論とまったく同様の水の結び合い現象を的確に捉えた素晴らしい研究内容に大変共感を覚えたものだ。現象の解析考察には一部意見を異にする場面もあるが、特に顕微鏡の動画写真は表面陰電荷のコロイダルを語るに、これ以上わかり易い写真事例はないだろう。

　図表3－12は根本氏がアイ・エチ・エムワールドに投稿しているG・ポラック博士の研究内容の写真を彼から譲り受けたものだ。筆者のコロイダル論を重ね合わせ、私見を述べてみる。根本氏の記事から借用した写真に、筆者が独自の私的な見出しや文言を付記した。筆者が自らの説明用に勝手に付記したものであり、G・ポラック博士や根本氏の見解ではない。文責は、すべて筆者にあることをお断りしておく。

　G・ポラック博士の写真は、ゲル（Gel）と呼ばれる表面陰電荷力の強い親水性の物質に水を垂らし、親水性物質の近傍で水がどのような動きをするかを顕微鏡で観察したもの。水は透明で、動きの判別がしづらく、ラテックス（天然ゴムのコロイド状分散物）の微粒子懸濁液を混入させ、その変化状況を顕微鏡で観察。時間経過につれて、微粒子が親水性表面から排除されて、どんどん遠くへ押しやられていくのが観察されている。その時のコロイダル移動の様相結果が図表3－12の写真だ。G・ポラック博士は、この排除層の水を『EZ：第4の水の相』と呼び、押しやられた部分を『バルクの水』として区分けしている。この2つの層間に電位差が生じるとして点灯実験を試みている。この点灯の電位差そのものが図表3－15のゼータ電位と称されるものだ。

　貴重な実験の顕微鏡観察写真を拝借し、これまでの筆者の結合群化した水"コロイダル"の様相を重ね合わせ、その内実を検証・考察したい。

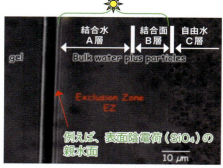

図表3－12：G・ポラック博士の第4の水の相の観察写真

生体系の水の紹介として最もよく解説に使用されるのが自由水と結合水の比較だ。図表3-13に掲げたが、結合水とは細胞や蛋白質などに接した部分のA層の水で、凍結点はマイナス80℃を越えるという。それに接した接合水B層の水でさえ凍結点はマイナス10℃とのこと。一番外側C層の水は自由水と呼ばれ、我々が日常使用している水道水などで凍結点は0℃。

コロイド粒子の表面陰電荷という言葉を多用している。珪酸（SiO_4）の最も重要な特性なので説明を加えておこう。自然界のコロイドは珪酸主体のものが多く存在し、マイナス電荷を帯びている。コロイドは電気的に中性だが、表面にマイナス電荷が現れ内側にプラス電荷が対峙した状態（図表3－14を参照）をいう。コロイド同士は互い反発し合って接合しない。健康な赤血球ほど表面は陰電荷でサラサラした血液となる好事例の1つだ。電気的に周囲に存在するプラス電荷をクーロンの法則により引き付ける。活性酸素を抑制し若返りを支え、命の健康を成す最も大事な生命エネルギーの基なのだ。

細胞膜や蛋白質はもちろん親水性（水分子と水素結合する）だが、その表面電荷はマイナスとなっている。珪酸コロイド粒子の表面陰電荷と同様の機能を発揮している。G・ポラック博士の親水性ゲル物質も表面が陰電荷である。懸濁ラテックスもエマルションであり、水中では表面が親水性で電荷を帯びている。同符合のマイナス陰電荷同士は、電気的クーロンの反発力で、互いに排除し合うのが、自然の理である。懸濁微粒子は表面が陰電荷状態であり、親水性ゲル物質の表面から排除されつつも周囲の水分子を強く引き付け一体となり、コロイダルを形成している。バルク水と呼ばれる位置で、コロイダルは表面が無電荷に近い状態となり、水と共存したエマルションとなって存在している。

当然だが、親水性の表面をもった物質近傍はマイナス雰囲気が強く、排除されたバルク水層側の電位はゼロに近づく。この両者間を電線で

自由水と結合水

水分子の熱運動は、**誘電分散とか核磁気共鳴法によって、水分子の回転振動の速さを知る**ことができる。
蛋白質のまわりの水分子の状態には2つの状態がある。第1（A層）は蛋白質にくっついている水分子、その回転振動の速さは10^{-6}秒である。
第2（B層）の水は、この層の外側にある水で、水分子は10^{-9}秒くらいの速さで回転振動している。層の厚さは2～3分子層。その外側のC層の水は純水と同じ状態で回転振動の速さは10^{-12}秒である。
蛋白質の表面はマイナス（－）で、表面には解離基や極性基が多い。これらの基が集まると、水に対する作用は、それぞれの基が単独に存在する場合よりもはるかに強い。

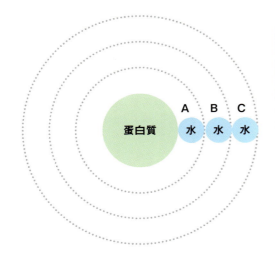

層	回転速度	凍結温度
A層	10^{-6}秒	－80℃
B層	10^{-9}秒	－10℃
C層	10^{-12}秒	0℃

●水素結合の例
O−H--O　水とアルコール
O−H--N　アミノ酸と水
K−H--O＝　Cペプチド基

図表3－13：自由水と結合水

珪素コロイド粒子の表面陰電荷の働き
液体中の個体粒子電荷の電気的影響分布範囲

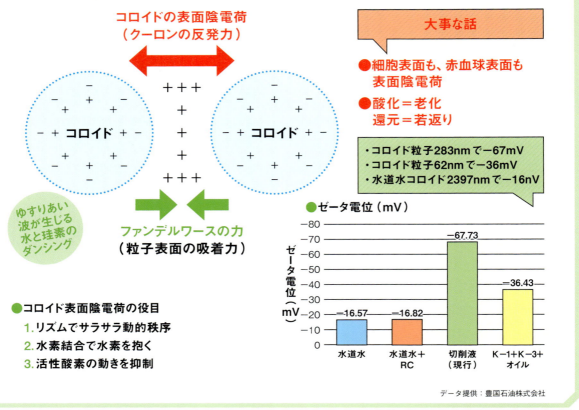

図表3-14：コロイド粒子の表面陰電荷の働き

ゼータ電位とファンデルワールス力

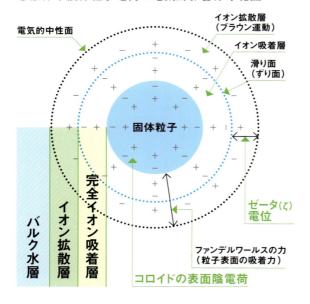

●ゼータ電位とは？

液体の中に分散している粒子（コロイド）の多くは、プラスまたはマイナスに帯電している。
粒子表面近郊では反対荷電の濃度が分布している。
粒子から十分に離れた領域ではプラスイオンの荷電とマイナスイオンの荷電が相殺し、電気的中性が保たれている。
粒子はイオン吸着層を伴って移動する。この移動が起こる境界面を滑り面と呼んでいる。
そして、この滑り面（ずり面）と電気的中性面の電位差を"ゼータ電位"と呼んでいる。

微粒子の場合、ゼータ電位の絶対値が増加すれば、粒子間の反発力が強くなり粒子の安定性は高くなる。逆にゼータ電位がゼロに近づくと、粒子は凝集し易くなる。そこで、ゼータ電位は分散された粒子の分散安定性の指標として用いられている。

図表3-15：ゼータ電位：微粒子の場合

結べば、電流が流れ点灯するのは自然の理である。この状態こそ、図表3－15に示したゼータ電位そのものなのだ。ゼータ電位は当然ながらマイナス電位となり、一般的には絶対値（±の符合を冠せず）のみで表示され、その大小が云々される。シュテルンの電気二重層そのものの"見える化"された現象だ。

もうおわかりかと思うが、実は添加された懸濁ラテックスが無電荷、あるいは陽電荷ならば、かような排除という現象はまったく生じない。排除層には4～5μmの粒子のような球状の影模様が点々と存在している。また、懸濁ラテックス層には2～3μmの明確な粒子集団が数多く存在している。核の部分が色濃く周囲が薄く見えるのは懸濁物質（コロイド）が周囲に水分子を引力で吸引している状態なのだ。

もう一点、排除層の水は限りなく純水のはず。すなわち陽電荷物は親水性の表面に電気引力で吸着され、陰電荷物はバルク水層側に押しやられているはずだ。残るのは、当然、H_2Oのみだろう。ところがこの純水は、大方の水分子がミッキーマウスの耳部分に相当する水素側を親水性の表面側に向けて揃っている様相のはずである。もはや、勝手気ままに行動する自由水ではなく、細胞膜に付着している結合水と呼ばれる状態である。水分子同士の自由な水素結合が抑制され、親水性の表面陰電荷に強く引力された状態である。水分子同士の水素結合が抑制され、徐々に密度「1」を凌ぐ緻密な状態へと熟成される可能性を秘めている。氷のような疎密な固体結晶状態の水ではなく、通常の水素結合（1.77オングストローム）以上の電気的引力で吸引され化学結合（0.96オングストローム）に少しは近付いた距離間隔と推測される。水素結合が抑制された液晶もどき緻密性を有した液状態と見るのが妥当だろう。物理学の不思議「溶液二様態論」の液晶状態のコロイダルであると筆者は見做している。

実例として抗火石水の密度は1.002／4℃、1.002／10℃、1.002／20℃、1.000／30℃、0.975／80℃との実測データがある。当然だが水素結合の動きが抑制されるので誘電率も13～20（25℃）と実測されている。

すなわち、G・ポラック博士の「第4の水の相」は、筆者が話す密度が「1」を越え、かつ水素結合の自由度が抑制された誘電率20程度の特性を併せ持つ結び合う結合群化された水"コロイダル"といえる。読者の皆さんも、G・ポラック博士の顕微鏡写真のお陰で、スムーズにイメージできたのではないだろうか。G・ポラック博士の素晴らしい研究報告に敬意を表したい。

残念ながら現状では、G・ポラック博士の研究以外、他にコロイダルと見做した液－液相界面の特性が、学会等で議論・科学される兆候さえ見受けられない。どうしても純水のみが科学の研究対象であり、実用の水は不純物の混入は否めず、特殊水として見做され真剣に研究されないのだ。

だからといって、科学者は誰一人として、実用の水を疎かにしている訳ではない。その不思議な万能薬的な神秘作用には畏敬の念を抱いている。含有される溶質の性質を、如何様に加減乗除しても水の醸し出す神秘作用は見えてこない。すでに上記各章各項で述べた如く、溶媒の水と溶かし込まれた溶質の結び合う一体状態を見究めない限り、実用の水の本質は掴めない。「コロイダル領域論」を、科学の事実としてご納得いただけたならば幸甚だ。

水の密度と
融解・沸騰現象

　堅苦しくて恐縮だが、「密度」に関する科学の前提について少し説明したい。単位体積あたりの質量を密度といい、多くの場合1cm³当たり何gかを意味するg/cm³を単位としている。水の密度は約1g/cm³である。一般に液体の密度は高温ほど低くなる。これは粒子の運動が高温ほど激しくなり、粒子間の距離が大きくなるからである。水の場合は少し様子が違う。図表3-16を参照し、詳しく見てみよう。

　水は凍ると体積が増えるという特性がある。お陰様で河川・湖沼の水生生物は冬場でも表面のみの凍結で川底、湖底の方は不凍で生物は棲息が可能である。物理学の原理では同種の固体は、同種の液体より重いのが常だが、水はそうではない。他のすべての液体のように、冷えるに従って体積は小さくなるが4℃になると予期せぬことが起こる。4℃で水の密度は最も大きく、そして最も大きなエネルギーを持つ。4℃以下になると、今度は膨張し始めて密度は下がり、0℃の水の密度は0.9998 g/cm³である。

　だが、0℃の氷の密度は0.9168 g/cm³である。氷になると約9％程度体積が増し、逆に密度が低下する。この特異な水の温度依存性があるため、表面が凍った湖でも湖底の温度が4℃に保たれる。氷になると水分子の水素結合（永久双極子）の動きが止まり、水分子の配向に依拠する誘電率が「ゼロ」となる。ミッキーマウスの耳の部分を成している水素の電子雲のみの双極子特性となり誘電率が大幅に低下する。0℃の水で誘電率は「102」だが、一転して0℃の氷では、水素結合が固定化され誘電分極が叶わなくなり誘電率は「3」となる。

　液体と固体の相転移で物性がガラリと変わる。水が固体（氷）から液体に変わるには、大量の

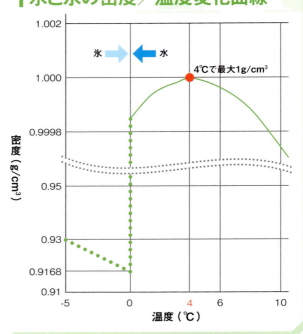

図表3-16：氷と水の温度依存特性

エネルギーが必要である。液体の状態での水素結合は、常に分解再編を繰り返しているが、氷ではしっかりと固定された水素結合力は強く、開放には融解熱として80cal/gが必要である。さらに、水を液体から気体に気化するには多量の水素結合を完全な形で開放しなければならず、より大きなエネルギーを必要とする。水を蒸発させるための気化熱は540cal/gである。液体の水1gを1℃上昇させるには1cal/gで十分である。

　このようにわずか分子量が18の水の融点や沸点は、他の溶液に比べ異常に高く、かつ相転移するための大きな融解熱や気化熱が必要となる。すべて水分子同士の水素結合の開放力に充てられたものである。水は熱し難く沸騰し難く、冷め難く凍り難い物質なのだ。この力がいのちを紡いでいる根源力であることを、決して忘れてはならない。いかに水素結合のネットワーク力が一枚岩のごとく強いか、素晴らしいかが納得いただけただろうか。

水の界面現象と表面張力

　界面化学とは……、「一般に2つの相には液-気、液-液、固-気、固-液、固-固界面の5種の界面が存在する。二相の界面には界面エネルギーがあるため、例えば吸着、界面電気現象、触媒作用など各相の内部とは異なる物理化学的現象が現れる。特にコロイド分散系では界面の比表面積が非常に大きいので界面現象が大きな役割を演じる。界面化学は元来コロイド化学の基礎として発展したが、現在ではコロイド化学と密接な関係を持ちながら独自の部門となっている」と、理化学辞典に謳われている。

　筆者は水の本質を見究める治験に携わった当初から、基点を「巨視的に結び合う結合群化された水」に置いて取り組んでいる。治験が進むにつれ、既存の水科学では、その様相を的確に表現し得ないもどかしさを常に感じていた。

　ある時、水集団の様相をコロイド化学に重ね合わせてみると、実にしっくりと当てはまることを直感できた。既存科学の概念、定義の範囲を大きく逸脱する言葉の拡大解釈だが、形状の概念の真意を同じくするモノであり、敢えて水の治験にも「コロイド」、「コロイダル」を使うこととしたものだ。

　最近の高度分析器ナノサイト計測器やゼータ電位計の粒度分布データでは、水集団はナノ単位（nm）を超えミクロン単位（μm）を成す大きな階層構造群・団が実測されている。集団塊はコロイドやミセルコロイドを核とした電気二重層的な混合様態"コロイダル"が似つかわしい様態である。水の神秘さは、この液-液界面に依拠した万能薬らしき所業にある。新たな結び合う力の"いのちの水"の概念として受け止め、シェアーしていただければありがたい。

　さて、早朝の散歩などで道端の草木の葉などに朝露が溜まっているのをよく見かけたことはないだろうか。特に蓮池の大きな蓮の葉の水玉は、見栄えもよく球そのものでコロコロころがっている。みんな球状していることもよくご存知かと思う。なぜ、雨粒や木の葉の露は球状なのだろうか？

　この訳は、水の表面と内部の水分子の有様を考えるとよく理解できる。図表3-17で、今、表面（気-液界面）にある分子は左右と下の分子から引力（分子間力）を受けているが、気体に接している部分には分子が極めて少なく、上から引かれることがなく内部に引き寄せられている。それに引きかえ、内部にある分子は四方八方から引っ張られて釣り合っている。したがって表面の分子は、よりポテンシャルエネルギーが高く、折があれば内部に入ろうとしている。余分のエネルギーが、すなわち表面自由エネルギーであり、表面張力に他ならない。表面張力とは、表面に作用し表面を最小限に縮めようとする力のことである。水素結合のネットワーク力が大きいほど表面張力は大きいといえる。分子間引力の大きい物質ほど、表面自由エネルギーが大きく表面張力も大きいのである。

分子間の引力

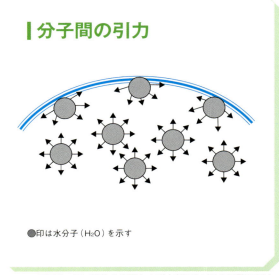

●印は水分子（H$_2$O）を示す

図表3-17：液体の表面および内部における分子間の引力

また、水には微乾燥顕微鏡観察時の沈積模様の広がりを左右する物性値「物をぬらす性質」がある。表面張力の小さい液体ほど、物を良くぬらす。例えば、ガラス板の上の液体の濡れは「広がりぬれ」という。ガラス板の上に液体を置いた時、ガラス板と液体の表面とが成す角をθとする。このθを「接触角」という。接触角とは、この"ぬれ"の程度を定量化したものである。液体が固体を良くぬらす時は$\theta=0$である。接触角が小さい物はぬれ易く、逆に大きいものほどぬれ難いといえる。水集団の平均粒状の大きさが均一で小さいほど接触角は小さくなる。すなわち、自由水の如き無秩序な水ほど水素結合のネットワークが大きく、接触角は大きくなる。

　だが、わずかな数ppm程度の珪酸コロイドの存在で集団が数μmの大きさから0.1μm以下と小さくなる。数十分の一程度に細分化され表面張力は5～10%程度低下、接触角は小さく生命エネルギーを維持した状態で浸透性が良く吸収性に優れた生命体に適した水となる。この状態の水が、結び合う力で結合群化された水"コロイダル"の特徴的な科学的性質なのだ。

　結び合う結合群化された水は、密度「1」をも越える程に緻密となり、良好な調律リズムで規則正しい秩序性を奏でている。結合力維持が強く、環境変化の外乱には恒常性を発揮する。水の結合群化を成す主役のコロイド粒子が微細で均一であるほど、階層構造の3次粒子が小集団化した適宜な表面張力と小さな接触角を得ることが叶うのである。一個の全体として、階層構造群・団のグループダイナミズムを演じている。

表面張力の事例

物質	温度(℃)	N (dyne/cm)
水	0	75.6
水	10	74.2
水	15	73.5
水	20	72.8
水	40	69.6
水	60	66.1
水	100	58.9
海水	20	75.0
メチルアルコール	20	22.6
グリセリン	20	63.4
ベンゼン	20	22.9
トルエン	20	28.4
オリーブ油	20	32.0
ヒマシ油	18	36.4

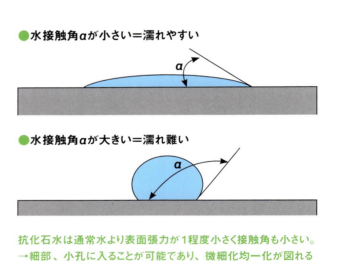

●水接触角αが小さい＝濡れやすい

●水接触角αが大きい＝濡れ難い

抗化石水は通常水より表面張力が1程度小さく接触角も小さい。
→細部、小孔に入ることが可能であり、微細化均一化が図れる

図表3-18：水、海水などの表面張力

　もし、逆説的に現代科学が唱える、溶液が分子状に均一であると見做すならば、溶液内部には液-液相界面の存在はまったく在り得ず、ミラクルと謂われる水の特異性は一切発生することはない。水素結合の1兆分の1秒の変化状態を捉えて「水のクラスターが小さくなったとか、水分子がバラバラになったという話はウソで、むしろ水はネットワーク性が非常に強いものである」との天羽優子氏の現実に即した見解を上記したもの。筆者のコロイダル領域論のベース水との同調であり、現実重視の見識と見定めている。

水の水素イオン濃度pHと酸化と還元、ORPとは

　人体の70%は水でできており、水の特質に視点が向かうことは当然だろう。中でも「酸化還元電位ORP」という難しい言葉が、一般市民の会話の中にも日常語として使われている。巷では、"還元＝若返り"、"酸化＝老化"だと、誠にシンプルでわかり易く、誰もが歩む実生活に密着した言葉として根付いている。生命の勘どころに直接響き、無視できない説得力さえ覚える。

　そんな風潮の中、今、流行の水素水は誰彼問わず体のすべてに効くとの万能薬であるが如き受け止める過剰反応もチラホラ見受けられる。若く美しく健康でいたいのは、若い女性だけではない。人類皆の最大の願望でもある。では、「酸化・還元は凄い」と、医学・生理学の原理を一身に受けとめているキーワードは、一体何物なのだろうか？　少し覗いてみよう。図表3-19（酸化・還元電位と酸性・アルカリ性の関連図）、及び図表3-20（酸化・還元電位の様相図）を参考に下記を読み進めてほしい。

　酸化・還元は、酸化還元電位ORP（oxidation-reduction potential）という尺度で表される。また隣り合わせに位置し中学生時代から耳にしている「酸性・アルカリ性」は、水素イオン濃度pHの尺度が用いられ親しまれている。

　ORP（オーアールピーと読む）は酸化力と還元力の指標であり、酸化力の旗手「酸素」がプラス850mVで還元力の旗手「水素」がマイナス420mVである。プラスの数値が大きいほど酸化されている水であり、マイナスの数値が大きいほど還元力が強い水。水素からの電子（e^-）供与で細胞等は活性酸素の除去・無害化がなされている。水素は体内におけるスカベンジャー（生物学では抗酸化物質）としての代役を果たしている。

酸化・還元電位

●酸化と還元

酸化反応の3形態

酸素が直接反応する場合：
$C \rightarrow CO_2$

水素化合物から水素の離脱：
$C_2H_6 \rightarrow C_2H_4$

陽電子の増加 or 陰電子の減少：
$Fe \rightarrow Fe^{2+}$、$S^{2-} \rightarrow S$

酸化反応は原子、イオン、分子が電子を失う過程と考えられる。
還元反応は酸化反応の逆で、

❶酸素の離脱
❷水素の結合
❸陰電子の増加であり、

原子、イオン、分子が電子を獲得する過程のことである。

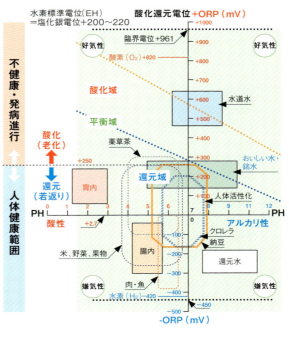

●酸化／還元電位と酸性／アルカリ性の関連性図表

図表3-19：酸化・還元電位と酸性・アルカリ性の関連図

一方、水の計測で最も馴染みの深いpH（ドイツ語ではペーハー、英語ではピーエッチと読む）とは、水がわずかに電離している水素イオン（H^+）と水酸イオン（OH^-）の比率関係を示したものだ。これを誰もがわかり易く簡単に使えるようにしたのがpH表示である。デンマークの化学者セーレンセンの考案である。一般的に水は中性であり、（H^+）と（OH^-）夫々が10^{-7}mol/L（モル・パー・リットルと呼び、約1億分の1の電離状態をいう）電離した状態のことである。指数換算でわかり易く表現した水素イオン濃度指数pHでは、この両者同数の時"7"を中性と呼び、7以下（水素イオンの存在比率が多い場合）を"酸性"、7以上（水素イオンの存在比率が少ない場合）をアルカリ性と呼んでいる。

酸化・還元電位

●水の酸化／還元反応

陽極水（酸化水）
1. 酸素ガスO_2を含有
2. 酸化性を有する
3. 酸化還元電位はプラス
4. pHは酸性
5. 陰イオンが増加

陰極水（還元水）
1. 水素ガスH_2を含有
2. 還元性を有する
3. 酸化還元電位はマイナス
4. pHはアルカリ性
5. 陽イオンが増加

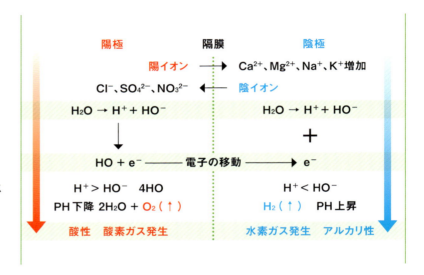

●酸化と還元の話
酸化のイメージ　・歳をとる（老化）　・肌がかさかさ　・ものが腐る　・鉄がさびる
還元のイメージ　・若返る　・肌がぴちぴち　・ものがしゃきしゃき新鮮　・鉄がさびない
酸化作用とは　・酸素と結合すること　・水素を放出すること　・電子を放出すること　・酸化数が増加すること

●還元作用とは
・酸素を放出すること　・水素と結合すること　・電子を受け取ること　・酸化数が減少すること
注）酸化数とは原子が中性の状態を0とし、電子が加わった数をマイナスとし、電子を失った数をプラスとしている。
酸化剤： 酸素、オゾン、硝酸、塩素酸、二酸化マンガン、塩素、過マンガン酸カリウム、臭素など
還元剤： 水素、水素化合物、一酸化炭素、二酸化硫黄、アルカリ金属、マグネシウム、亜鉛など

●酸化還元電位
（Oxidation-reduction Potential;ORP）とは、ある酸化還元反応系における電子のやり取りの際に発生する電位（正しくは電極電位）のことである。物質の電子の放出しやすさ、あるいは受け取りやすさを定量的に評価する尺度でもある。単位はボルト（V）を用い、電極電位の基準には右側の半反応式で表される酸化還元反応を用いる。

$$2H + 2e^- \Leftrightarrow H_2$$

図表3-20：酸化・還元電位の様相図

酸化・還元電位の特徴とpHの関連性について要点をまとめておこう。

＊酸化還元電位ORPとは、水が還元的な雰囲気（電位が低い）にあるか、酸化的雰囲気（電位が高い）にあるかの指標である。簡単にいえば、物質が酸化されやすいか（電子を与えやすいか）、逆に還元されやすいか（電子を奪いやすいか）を示す指標である。

＊水の酸化還元電位は健康管理上重要視される。酸化はエネルギー放出であり、還元はエネルギー蓄積である。よって、酸化還元電位の高い水は、水のエネルギーが放出し易い不安定な水といえる。

＊酸化還元電位が適切でない水は、肌を荒れさせ、食品の腐敗を早めさせ、人体では体内酵素や抗酸化物質の働きを低下させ、活性酸素を多く発生させる。

＊酸化還元電位は、溶存水素イオン濃度pHの値に大きく影響される。ゆえに、酸化還元電位比較はpH値による補正が必要。pH値が1上昇すれば基準位置の値が59mv下がり、pH値が1下降すれば基準位置値が59mv上がる。

　自然は持ちつ持たれつのほど良い"中庸"のバランスの上に成り立ち安定を維持していることが、図表3－19の酸化・還元電位と酸性・アルカリ性の関連図を眺めればよく理解できる。同右図は巷に出ている様々なものの酸化・還元電位とpHの測定データを基に最大公約数的に拾い集め、取りまとめたものである。縦軸が最下段の水素のマイナス420mVから、最上段は酸素のプラス850mVで目盛り、横軸はpHの1から14までを、中性の7（酸化還元電位は±0mVの位置と一致）を基準に目盛ったものだ。

　人体活性化（青色二重破線内）と一般的に還元域（褐色太線内）と称されているものが、ほぼ一致している。全体的にいえることは、薬理的な病気対処療法に限るならいざ知らず、何事にも"中庸"という自然の閾値がある。閾値を無視した過激なものは健康体には似合わない。ただ単純に低電位であれば無条件に"良い"というものではない。生まれたての赤ちゃんの酸化還元電位は、プラス150mV前後とか……。口から胃まではプラス150mV、十二指腸・空腸はマイナス50mV、回腸でマイナス150mV、直腸でマイナス200mVといわれている。赤ちゃんのプラス150mV辺りが健常者の方が目指す大事な生きた根拠ではないだろうか。ちなみに腸内微生物は有機物の初期分解を担う乳酸菌等の嫌気性微生物が多く存在し、マイナス雰囲気となっている。総じていうならば、何事も過信、行き過ぎには注意が必要である。

第三章　水の生命基礎科学

水の電気伝導率とは

「水は純水ほど電気を通さない絶縁物である」と、中学校の理科の授業で習ったものだ。水の中で電荷（e⁻）を運んでくれる物質が存在しないからである。だが、上項でいかなる水も若干1億分の1とはいえ、電離状態であるとの化学的実態を述べた。決して絶縁物ではない。ましてや、電離度合い（解離）の大きなもの程、新たな水の力の1つであるとさえ見做されている。水の電気伝導率に関する基礎科学と、そのデータが語る基本意義についてみていきたい。かなり専門的なので、肌に合わぬ方は飛ばし読みしても構わない。

電気伝導率とは、電気抵抗の逆数で、電気の通り易さを示す指標。単位はS/m（ジーメンス・パー・メーターと読む）で1m²の電極が1m離れたときの電気伝導をいう（単位はmS/mミリジーメンスパーメーター、μS/cmマイクロジーメンスパーセンチメーターも使用される）。電気伝導率計測器の測定原理は、あくまでも、センサー間の電気の通り難さ"抵抗"の逆数である。

純水の電気伝導率は水自体の水素イオン（H⁺）と水酸化イオン（OH⁻）のわずかな電離現象で、若干の電気伝導率を示す。化学の世界では同様の原理で、水溶液の電気伝導率は溶質のイオン化のみを捉えたものとして取り扱っている。よって、イオン（電解質）が多いほど、高い電気伝導率を示すのである。

イオン性とコロイド性の相互作用により、電気伝導率は上昇もあれば下降もする。なぜなのか、少し噛み砕いて解説を続けよう。

コロイドが超微細になり過ぎた場合、表面エネルギー進化とはならず、反発力が閾値以下となる。さらに陽イオン物質にマスキングされ、急速に表面陰電荷力が失われ浮遊物化する。いわゆる"だま現象"の招来だ。

まず、水溶液は種々の条件に沿った構成の仕方で"相"状態が構造化される。そこに水の双極子特性と水素結合特性が絡み、外面のみならず内面も含めた様々な気液界面、固液界面、そして液ー液相界面が無数に発生消滅を繰り返しながら存在している。単純な水でさえイオン性とコロイド性による複雑な過飽和、あるいは不飽和な溶解の解離平衡による安定状態が維持されている。

視覚的でわかり易い例は、イオン性物質とコロイド性物質の相互作用による凝析や塩析現象がある。水の場で発揮されるイオンという電荷とコロイドの表面陰電荷による電気的なクーロンの反発力、あるいは吸着力の動的な場の複雑な環境条件による相互作用マスキングが働く……。すなわち、上記"だま現象"の多発生。さらにコロイド粒子と水の親水性による電気二重層の複合的な要素も絡む。当然だが、化学が単純に定義する電解物質イオンのみによる一方的な電気伝導率とするほど単純ではない。実例として第2章でルルドの泉を取り上げ、同じ水でありながら電気伝導率は210〜390μS/cmと大きく変化する実例を思い出してほしい。

さて、産業界では具体的事例として、ボイラー水等の分析で総蒸発残留物を明示する場合、電気伝導度から算出することが日常的に行われている。一般的に全蒸発残留物の濃度（mg/L）と電気伝導度（ms/m：ミリジーメンス/メーター）は「7：1」の比例関係にある。最近はSI（国際単位系MKS）が使用され、その場合は従来単位の100倍となり「700：1」の比率となる。また、従来使用のμS/cmの場合には「0.7：1」の比率となる。必ず単位に合わせた比較検証を願う。

だが、実際にこの比率が大きく変化する事実

はあまり科学されていない。総溶解性不純物（TDS）という指標も同様に、無電荷物や複雑な溶解平衡を無視して用いられている。河川湖沼の不純物濃度の大雑把な目安に用いられる程度なら許されるが、繊細な水の機能等を語るには不適切である。目安とされた基準値7以下で、数値が小さいほど溶質が活性化し触媒能的な機能を発揮する水である。比率が「4：1」の非常に活性化した水の治験データもある。

アクアアナライザの波形の活性、及び存在感と電気伝導率との整合性は、相似的な傾向であることが、わかってきた。さらに、微乾燥顕微鏡観察のコロイド物質とイオン物質が織り成す沈積模様の補完データで判定の正確度を深めている。電気伝導率には、溶質の溶解平衡（解離平衡）現象に絡む、周囲各種条件のマスキング作用が大きく関与しているとの考慮が必要である。

もう一点、水の電離率（解離度）が向上することが、なぜ水の新しい力を生むのだろうか。提唱者である花岡幸吉氏は、その著書『新しい水の力の発見』（イースト・プレス）で述べている。紙面の都合上、下記は筆者が要約したものだ。

「電解水のイオン積が変化するということは、水分子の電離する割合が変化することであり、より電気を通し易くする。よって、水分子の

水（H_2O）と電離した水素イオン（H^+）と水酸イオン（OH^-）

●水素から元素が次から次へと生まれる

●ヒドロキシルイオン（$H_3O_2^-$）…界面活性剤の働き？

●ヒドロキシルイオン（$H_3O_2^-$）は界面活性作用がある

界面活性作用とは洗剤で汚れを落とすこと。ある物質が液体に溶ける時液体の界面エネルギーが減少する現象である。

親水基の部分に相当するのはH-O-Hの部分で、Hを外側に向けたH-O部分が疎水基である。このヒドロキシルイオンは小さな陰イオン界面活性物質としての性質を持つと考えられている。

OHの負の電荷は、H-O-Hの2つのHとOH基のOとの結合に役立つと考えられ、一方電気的中性の法則からすれば水溶液中のプラスイオンとマイナスイオンの電荷の量は対等でなければならない。対称のカチオンの存在しないヒドロキシルイオンは、この法則に反した存在であるため不安定な状態、つまり活性化した状態にある。

よってこのようなヒドロキシルイオンは水の中で不安定であり、急速に水の界面に移動し、H-O-H部分を水の中に、H-O部分は水の外側に向けて配列することとなる。結果として界面活性物質として働くこととなる。

こうした水は弱い乳化、浸透、コロイド化、洗浄などの作用をすることが知られている。

●ヒドロキシルイオンとヒドロキシルラジカルの相違

名称	ヒドロキシルラジカル	ヒドロキシルイオン
種類	活性酸素フリーラジカル	遊離水酸イオン（アニオン）
記号	OH	$H_3O_2^-$
特徴	最外殻の電子が一つ欠けている	電子はすべて対を成し磁気モーメントを消している
作用	●極めて強い酸化作用 ●生体内で過酸化脂質を作る ●強い殺菌作用がある	●温和な還元作用 ●界面活性物質 ●殺菌作用はない

図表3-21：水と電離した水素イオンと水酸イオン

ネットワーク水素結合がバラバラに切れ易くなり、物を溶かす力が増す。また、水の表面張力が低下し、温度上昇も加速される。このような溶媒の変化において、溶かすものの活性をエンハンスメント（機能を強化・増幅）する」との主張である。

だが、筆者は別の視点から「解離し易い水」の効果を見つめている。大きなネットワークの基盤が均一的に緩むというより、適宜な大きさの小集団コロイダルの形成・存在が促進される結果と見做している。すなわちコロイダル領域論の溶液活性化である。コロイダルの形成促進にて広大な水素結合ネットワーク範囲が細切れ状態となり、ネットワーク機能が大幅に低下する……。だとすれば、コロイダルによる表面張力の適宜な低下、微細化脈動効果などの小集団の界面活性機能が向上する。結果として、溶解力が進化する作用機序と見做している。

さらに、コロイダルの電荷作用による電気伝導率が改善されれば、生命活動に必要な電荷の運搬力向上にて生命エネルギーが発生し易くなっていることも、これまでの治験結果に基づきわかってきている。単純な電離作用をはるかに凌ぐ、自然の摂理の多様な奥深き整合性を積み上げて成し遂げられる秩序性を駆使した相互作用のなせる全体業であろう。それはピンポイントの突破力ではなく、全体をゆすり揺さぶるグループダイナミズムに他ならないと筆者は考える。

水の解離（電離）が伸展することにより、水の水素結合のネットワークがいかように変質するのか、筆者なりの理解の仕方を述べておく。

まずは、花岡幸吉氏の見解を筆者なりに要約してみる……。

「ごく自然な環境下で水は、ほんのわずか1億の一程度（10^{-7}mg/L）だが水素イオン（H^+）と水酸イオン（OH^-）に解離（電離）している。水分子の解離が進むと超臨界水（解離指数は11）に近づくこととなる。例えば水の25℃で解離指数が14（中性点：7.0）だが、100℃では12.26（中性点：6.13）である。指数が1違うとエネルギー量が100倍ほども違うともいわれる……。解離した水は、電気を通し易く水分子の水素結合が切れ易くなり、物を溶かす力が増す。また水の表面張力が低下し、温度上昇も加速される」と、花岡氏は言う。

なぜ、水素結合が切れ易くなり、結果として水の集団構成はいかように変質しているのだろうか。筆者の解析・考察を若干述べたいと思う。図表3−21を参照願う。

水分子が解離し水素イオンと水酸イオンになるが、水の中では水素イオンは単独のイオン状態で存在するよりも水分子と水素結合しオキソニウムイオン（別名ヒドロニウムイオン）として、より安定した状態で存在していることが1998年シュレジンガー方程式に準拠したスーパーコンピューターグラフィックスで確認されたという。図表3-22のオキソニウムイオンの様相そのものである。いわゆるイオン結合の様相である。イオン結合は、プラスとマイナスの電荷の間に働く静電引力（クーロン力）である。結合の方向性も飽和性も問われない結合様式である。オキソニウムイオンは陽イオン"プロトン"よりもイオン性は弱く、水分子同士が水素結合するよりは弱い誘電状態となっている。オキソニウムイオンが水分子と水素結合するよりも、珪素の表面陰電荷の電気引力に吸着され易い電荷状態にあるといえる。

また、水酸イオンは、水素イオン同様に単独の水酸イオン（ヒドロキシルラジカル）の状態で存在するより、より安定化のために周囲の水分子と結合し、ヒドロキシルイオン（$H_3O_2^-$）となっている。活性酸素のヒドロキシルラジカルよりも、はるかに酸化力の弱いヒドロキシルイオンとして存在している。ヒドロキシルイオンはオキソニウムイオン同様に水分子同士の水素結合よりも弱いイオン状態にあり、珪素の表面

陰電荷の電気引力に吸着され易くなっているといえる……。水の解離が進むにつれて珪素を主体にしたコロイダルがさらに形成され易い状態になっている。水の広大な水素結合ネットワークがいたるところでコロイダルに分断され全体の水素結合が減退し誘電率が低下、表面張力が低下し溶解力が向上する。同時に合成されたコロイダルはオキソニウムイオンやヒドロキシルイオンは乖離し易い状態にあるといえる。よって、水の解離状態とは科学的な表現であるが、実態は水のコロイダル化であると筆者は見做している。

オキソニウムイオン形成の様子

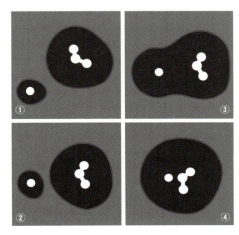

分子反応のイメージ。
①水分子（右）に水素イオン（左）が接近 ②さらに近づいていく ③両者の相互作用が強まる ④オキソニウムイオンを形成

図表3−22：オキソニウムイオン形成の様子

誘電率と水素結合の関連性について

水素結合や誘電分極、さらには密度という水の要となる物性値はどれもこれも温度依存性が大である。当然だが、三者は無関係な存在ではなく互いに水の構造形態に見合った相互依存の中で関連し合っている。水のミラクルの原点を見究めるには結合群化された水とこれら三者の横の関連性についても詳しく知る必要がある。なぜなら、1つの物性値を捉えて、その水の特質のすべてであるかの如く、自分に最も都合が良いものだけを科学的根拠として、モノゴトを縦割り的に断定する向きが多くなっている。だが、決して水のミラクルは、単純な数値化された物性値1つで言い表せるような薄っぺらな代物ではあり得ず、数字のマジックや科学のシンプルマジックは通用しない。

筆者は自らが得心するために選択した物理化学的指標を紹介し、私見を交え解説する。かなり専門的で恐縮ですが、ぜひ読み進めていただきたい。なぜなら、本誌が語る水と珪素の最も大事な生命体で働く作用機序の原理体系が、そこに潜んでいるからだ。

良き方法がないものかと探していたところ、幸運にも筆者が最も望んでいた適宜な関連図表に出会うことができた。京都大学名誉教授梶本興亜氏が考案した図表3−22「水の水素結合と誘電率の関連性」である。水の特性をつぶさに眺めた関連図表である。ただし、水だけを対象に眺めるだけでは図表以外に何も現れてこない。水と珪素がいかに絡み合い生体系の水を成しているのか……。この図表に当てはめて考えてみる必要がある……。このことに気付けば、"なるほど"と何方の脳裏にも活用の術が浮かぶのではないだろうか。

本項では、水の基礎科学に重点をおき、図表3−23水の水素結合と誘電率の関連性の見方について要点のみを説明しよう。なお、世界に先駆けた最も大事な珪素との絡みについては、第四章の珪素の生命作用をご理解いただいた後、第五章の生体系の水の基礎科学で詳述したい。

①水の温度依存性を状態変化に着目し、温度変化に伴い水の密度の変化度、誘電率の変化度、さらに水素結合の強さを読み取る核磁気共鳴のNMR化学シフトの関連性を1つのグラフ上に示したものである。
②横軸は右から左に向かって密度の減少度合いを表示、また温度は右から左に向かって上昇、すなわち0度から臨界域の400℃を表示している。
③左サイドの縦軸は下から上に向かって誘電率0から80までを目盛っている。

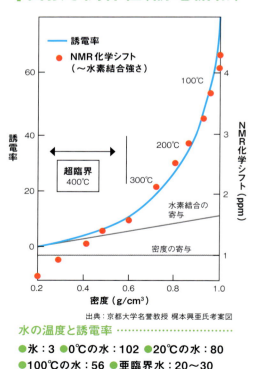

水素結合と誘電率の密接な関係性（誘電緩和）

出典：京都大学名誉教授 梶本興亜氏考案図

水の温度と誘電率
- 氷：3　● 0℃の水：102　● 20℃の水：80
- 100℃の水：56　● 亜臨界水：20〜30

図表3−23：水の水素結合と誘電率の関連性

④また右サイドの縦軸にはNMR化学シフト/ppmの値を1（高磁場）から4（低磁場）まで目盛っている。テトラメチルシラン〔$Si(CH_3)_4$〕が0ppmで基準点であり、珪素の磁気遮蔽が強い（高磁場）ほど水素結合を抑制する。

⑤図中の青線は水の誘電率の温度依存曲線であり、赤丸印は水の水素結合強度の温度依存性を示すポイントである。

　水は温度上昇の変化と共に密度が低下し、同時に誘電率は青線に沿って比例定数に則り連続的に遷移下降する……。水（H_2O）だけを眺めている限り、いかんともし難い自然の摂理である。この有り姿こそ、水の誘電率の温度依存性の基本形態だ。当然だが、誘電率の低下を欲すれば水の温度と圧力を上昇する以外に手立てはない。温度・圧力を上昇すれば、必然的に生命に関する大事な性質「密度」も大きく低下してしまう。だが、現実問題として我々が欲している水は、低い誘電率で、しかも密度1を維持している水なのだ。すなわち、体にいい水、生体系の適宜な水に求められる特異性だ。

　皆さん、心配ご無用。自然界は太古の昔より、いとも簡単に成し遂げているのだ。それが、いのちの核となった珪酸に纏い付いた水だ。理屈云々よりも、現象として"いのち"さえ誕生できれば、すべてが「善」なのである。水のみでは成せぬが、珪素と水で成し遂げることができる。水の特異性を語るには、珪素と水を必要最小限の単位ユニットとして取り扱わねばならぬ理由がここにある。

水のトピックス二題

コラム3-1：現代物理学の不思議の1つ「液体の二様態論」
日本物理学会誌70周年記念企画

●『物理学70の不思議』09 ガラスは固体？液体？

ガラスに触れると固い感触が得られるが実は『固体』ではない。固体とは、分子が規則正しく並んだ構造をとる結晶を意味する。しかし、ガラスの内側はランダムに詰まった構造であり、実は液体なのである。『動きが凍結した液体』のことをガラス状態という。

液体を融点以下に冷却していくと分子が詰まっていき、独立には運動できなくなる。周りの分子を巻き込んで共同的に動くようになり、どんどん動き難くなっていく。これは、満員電車で一人が動こうとすると、周囲の人たちもいっしょに動かなければならないのと同じである。この動きが遅くなった極限がガラスである。

問題は、これが相転移か否かである。ガラス状態は粘性が極端に大きな液体に過ぎないのか、それとも『ガラス相』という新しい状態なのだろうか？ これらの問題を解明しようと、多くの研究が行われている。

またどんな物質でもガラスになるわけではなく、水のように融点以下に冷却すると、すぐに結晶化する物質も多く存在する。結晶化する物質とガラスになる物質の差は、一体なんであるのか？ この問題は未だに解明されていない。

液体にはガラス転移以外にも未解明の興味深い問題がある。**これまで液体は、分子がランダムに詰まった状態と考えられていたため、2種類の液体状態があると思われていなかった。**

しかし、水やリン、亜燐酸トリフェニルなどにおいて、内部構造や屈折率、化学的性質の異なる2種類の液体状態が見つかっている。このことは、液体には密度以外にも性質を決める物質量があることを意味しており、その物質量の正体はまだ不明である。

液体は身近で基本的な状態であるにもかかわらず、その全容はまったくつかめていない。液体とは本当はどのような状態なのか一日も早く知りたいものである。

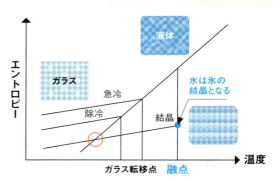

上図：非常にゆっくりと冷却すると、ガラスは結晶よりもエントロピーが低くなる。その温度で相転移があるのか。

物理学会の水に関する見解に対する中島の一私見

ガラスは珪酸や硼酸の含有量比率でその性質が決まる。また、水は様々な物質を溶かし込みコロイダル状態である。単純な2種混合でもなければ、水分子同士の水素結合のネットワークオンリーでもない。特に表面陰電荷を有する珪酸コロイドにより水分子が結合群化され拘束力が働き、動きが鈍り疎から蜜の状態になる。

コロイダルという階層構造、結合群化した液体である。電解質論や僅かな分子集団のクラスター論では水の本質はつかみ切れない。自由水ではミクロン単位の大きさであるが、表面陰電荷の支配するコロイダルは50～100nmの均一粒度分布を成している。コロイダル界面における界面特性の発揮を考慮しなければならない。

水の科学	既存の水理論	コロイダル領域論
水の種類	理想の水「純水」	実用の水 珪素が存在する
水の様態	自由水	自由水＋結合水
結合方式（内部構造）	水素結合	シュテルンの電気二重層：電荷体
結合集団の大きさ	分子・クラスター	数ナノ～数百ナノ
液-液界面（屈折率）	なし（均一な溶液）	無数存在
密度	4℃で「1」	常温で「1」超
誘電立：極性の影響	80：油と混合しない	20：油と混合する
相転換温度特性	0℃、4℃、100℃	凍結0℃以下、沸騰100℃以上

コラム3-2：6員環の水は、本当に身体にいい水なのか
6員環の水の正体とは
水の基礎的な科学…科学者が圧倒的に支持するクラスター水「六員環の水」とは

　雪解け水に多く存在する生体に良い水の構造は6員環だという。正しいのだろうか。6員環とは氷の結晶構造である。身体に良い水とは、結晶構造した水ではなく、非晶質のコロイダル様の生体系の水である。誤解してはならない。あくまでも溶液密度を向上させるための集団の立ち居振る舞いで効率的に充填密度を上げるための最善の形状が六芒星、五芒星の組み合わせなのである。赤血球も寄り集うときには円形・楕円形ではなく、互いに六角形・五角形の形状を成していることが位相差顕微鏡等で確認され、かつ自然乾燥血液も六角形・五角形の形状を成しているのである。

●六角クラスター水の話

水の結合構造こそが最も水の重要な要素であるといわれている。中でも六角クラスター（六員環構造：右図）が多くの科学者が支持するという。1964年ヘンリー・アーリング（Henry Eyring）博士と韓国の全武植（Jhon mu-shik）教授によって提唱された理論である。「不老長寿の水を科学する」として広く知られている。それに輪を掛けて科学者の支持を集めたのが栄養生化学者として世界的に知られるリー・ローレンセンは、健康なDNAの内部コア、マトリクスから六方晶構造の六角クラスターを成す水分子を発見したという。老化や中毒によってこれらの結晶クラスターは消耗され、細胞DNAの完全性は損なわれる。この老化の主なプロセスは、ほぼすべての生理的機能に悪影響を与えるといわれ、多くの科学者は「20世紀最大の発見」と賛辞をし、評価したとのことである。だがしかし、これらの理論は科学誌には一切掲載されていないという。また、傷ついたDNAを癒やすはずだといった自説の理論のみで実験により確かめられたとの記載がないとも伝えられている。

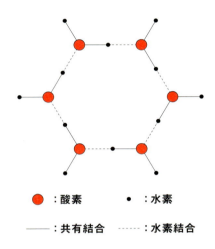

●：酸素　　・：水素
——：共有結合　　------：水素結合

●六角クラスター水に関する中島の疑問と見解

・六角クラスター水といえども、元は水素結合の速度過程論そのものである。DNAの内部で確認できるとは、如何様な手段で確認したのだろうか？

・六角クラスター水は名古屋大学の斉藤真司氏がいう氷の結晶と同じであるはず。すなわち、密度が小さく軽い水である。緻密で秩序ある水とは言い難い。体内で他の水と混合し難いはず。例えば、黒潮さえ冷水塊という温度が低く密度が大きい海水とは混ざり合えず大きく蛇行するのが自然の姿である。

・斉藤真司氏がいう非晶質（アモルファス状）の水の存在を考えるのが道理ではないだろうか。それらがミネラルを抱き寄り集い巨視的集団となり階層構造を成しているという事実を無視した、単純な水素結合の速度過程論にもとづいた理想論に過ぎないのではないだろうか？　と中島は考える。

・集団のゆらぎを成す動的秩序、すなわち「いのち」を成す水にしては、四角四面的な融通のない結晶構造ではひずみやうなりを抱擁する余裕が生じないはず。ガチガチの構造体、すなわち氷そのものの話と見做している。

中島の結論：
「分子結合が六員環を成すのではなく、必要最小限のエネルギーで安定性を求める集団が、互いに六芒星型、五芒星型となり安定棲み分けを成している」と……一番理論的にも現実的にも即しているはずである。

●野菜／果汁の検証法（六員環的集団に注目）
写真提供：（株）澤本商事

写真左：免疫力の強いもの程集団細胞単位で六員環的模様を形成する2倍の日持ちがする。
珪酸コロイドの多い結合群化した生態系の水が作る緻密で秩序（調律リズム）ある溶液が必然的に織り成すヘキサゴンの形状である

トマトの皮（有機農法珪酸資材使用）
六角形の1辺が1.5〜2.0mm

第四章

珪素の生命基礎科学

珪素で結ばれ合う この世の不思議な現象

　水を「いのちの水」と成さしめているのが大陸、すなわち珪素四面体（SiO_4）の働きであることが、水の研究で必然的にわかってきた。珪素が持っている素晴らしい3つの生命力特性"表面陰電荷力"と"常磁性"、そしてコロイダル構成の"恒常性"を浮き彫りにすることができ、論理の体系化を図ることが叶った。

　珪素の"珪"という字は、土の王様の由来であろうか。ライナス・ポーリング博士が発見した原子の電子軌道L殻でSP^3混成軌道を形成、正四面体構造を構成する無機物の纏め役である。同様に電子軌道のK殻でSP^3混成軌道を形成する"炭素"は生体を構成する有機物の纏め役である。化学では、有機とは炭素と結びついているもの、無機とは炭素と結びつかないものをいう。不思議なことに珪素は"陰"の、炭素は"陽"の夫々代表格の元素である。古の人は自然と共に有機物の炭素を生体の栄養源に、珪素を生命の根幹に託し命を紡いできている。"いのちする"必然性の獲得遺伝として、各自にしっかりと体得されている。

　珪素は、自然界では酸素とのみ結合、"鉱石"として地球構成物質の75％を占める最も身近で不思議な"結び合う力"を携えた物質である。宇宙の"氣"とも鋭敏に感応し共鳴し合っている。生命惹起エネルギーの育成光線（波長4〜14μmで水分や炭酸ガスには吸収され難い赤外線）を共鳴吸収、自らが惹起、生命場の媒体を賦活（活性化）している。不思議な電磁気力"結び合う力"を携え、この世の最も大事な物質と精神の仲人役を果たしている。

　諺「すべての道はローマに通ず」の如く、すべての生命事象が必然的であるが如く"珪素"と"水"が結び合う「いのちの基点」に導かれている。生命の根源として水と珪素を中心に据えれば、物心すべての"いのち"の出来事がつながり合うというシンプルな経路が見えてくる。生命科学に疎い筆者が、水と珪素のコロイダルを見究める過程で、幾重もの偶然が重なり合い必然的に導かれたシンプルな生命科学の基点である。なぜ？　どうしてなのだろう？　そんな珪素の不思議な力や働き様の謎を、科学の力を借りながら紐解きたい。

　文書をしたためながらも、なぜか数十年も前に観た映画『十戒』の強烈な一シーンが脳裏に浮かんでくる。チャールトン・ヘストン演じるモーゼが、必然的に導かれたシナイ山で目もくらむ黄金の真光の中に輝く『十戒』と出会う神々しき開眼シーンである。筆者の心境とシンクロして明々と思い描かれる。

水溶性珪素の働き様を希求

珪素（Si：シリコン）と生命体の特異な関連性については、まえがきをはじめ各章で折に触れ、根幹、並びに重大な作用機序（働き様）について、その都度概要を述べた。水と珪素が成す"いのちの物語"を、自然の摂理に学び、新たな概念「集団になることの意義」を原理則として見究めたものだ。

珪素は水の存在を得て初めて"いのち"の根幹"凝集"に働くことが叶う。水は珪素の存在を得て初めて"いのち"という魂が入り励起（奮い立つ状態）される。生命誕生の液滴（生化学者オパーリン博士らの呼称：コアセルベート coacervate）の基を成した水と珪素のスーパー特異点そのものである。

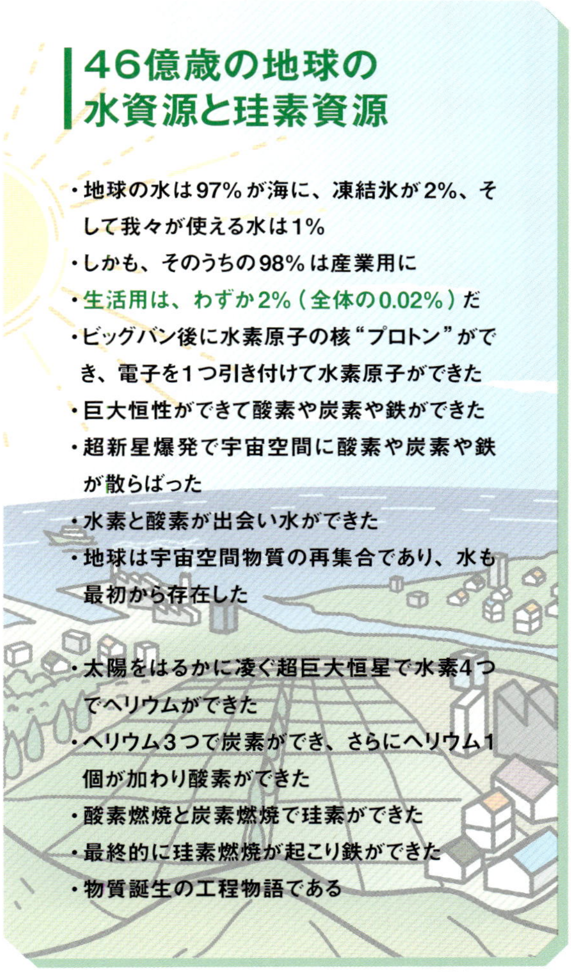

筆者らが主張する"生体系の水"とは、"コロイダル"に他ならない。結合群化され緻密で秩序があり、かつ表面陰電荷力に富んだいのちの基となる水のことである。すなわちコロイダルとは、「水を纏った珪素」のことなのだ。

では、珪素に関する基礎知識を見てみよう。地球の組成物質の75%が珪素と酸素が結合してできている地殻の岩石やマグマである。そのような存在感ある物質"珪素"はどこからやってきたのだろうか。図表4－1の地球資源のルーツを見てほしい。珪素四面体（SiO_4）は、水同様に地球外の先輩宇宙で生まれやってきた物である。地球誕生の当初から存在しており、少なくとも46億歳を超えている。

珪素（Si：質量28）は、酸素（O：質量16）と炭素（C：質量12）で作られる。すなわち、Si（28）＝O（16）＋C（12）との算式が成立している。また、窒素（N）2分子は、2N（14×2）＝O（16）＋C（12）＝Si（28）との宇宙物質の創生構図が示されている。同様に、珪素燃焼で鉄（地球の中核コアー物質）が生まれる。Fe（56）＝Si（28）＋Si（28）のシンプルな構図が成り立つ。

面白いことにこの宇宙という自然界には、質量の一番小さい水素から一番大きいウランまでの92種類が存在している。つい最近、周期律表にアジアの諸国で初めて発見国の名が付けられたニホニウム（Nh）という元素をはじめ、ウランより重たい元素は人工的に作られたものである。ただし、テクネチウムとプロメチウムは人工合成によって作られた後に、自然界でも発見された例外もある。いずれにしても、すべてが元素の足し算引き算の加減方式で語り尽くせる非常にシンプルな物理則がある。

46億歳の地球の水資源と珪素資源

- 地球の水は97%が海に、凍結氷が2%、そして我々が使える水は1%
- しかも、そのうちの98%は産業用に
- 生活用は、わずか2%（全体の0.02%）だ
- ビッグバン後に水素原子の核"プロトン"ができ、電子を1つ引き付けて水素原子ができた
- 巨大恒星ができて酸素や炭素や鉄ができた
- 超新星爆発で宇宙空間に酸素や炭素や鉄が散らばった
- 水素と酸素が出会い水ができた
- 地球は宇宙空間物質の再集合であり、水も最初から存在した
- 太陽をはるかに凌ぐ超巨大恒星で水素4つでヘリウムができた
- ヘリウム3つで炭素ができ、さらにヘリウム1個が加わり酸素ができた
- 酸素燃焼と炭素燃焼で珪素ができた
- 最終的に珪素燃焼が起こり鉄ができた
- 物質誕生の工程物語である

図表4－1：地球資源のルーツ

46億歳の地球の水資源と珪素資源

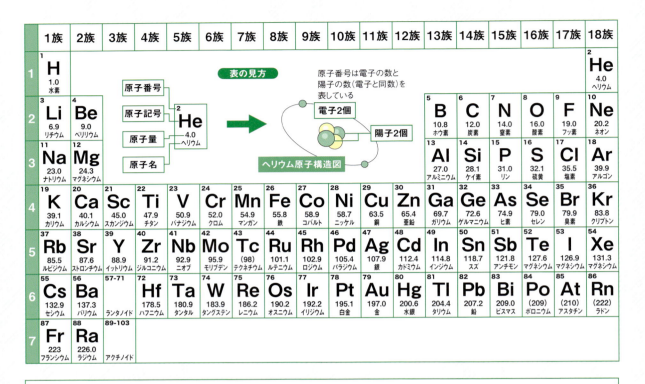

原子は、正電荷を持つ陽子と電荷を持たない中性子から成る原子核、その周りに存在している負電荷を持つ電子により構成されている。
原子と中性子は核力により、陽子と電子はクーロン力により結びついている。陽子と電子の数は等しいが、水素原子Hの原子核は、中性子はなく陽子のみで構成されている。原子核に含まれる陽子の数が原子の原子番号となる。原子を陽子の数（原子番号）で分類した物を元素という。同一元素は同じ数の陽子から構成されていて、陽子の数が異なれば違う元素になる。同じ陽子数のものは同位体と呼ばれ、放射線を発する。

図表4-2：周期律表

　さて、話が少し横道にそれたが、元に戻そう。
　水溶性珪素の働き様とはいかようであるかは、理論よりも現実話で疑似体験をしていただこうと考え、第二章2項で、最も相応しい実例"霊泉ルルドの泉"の治験結果を見ていただいた。
　多くの科学者が、その摩訶不思議な"水"に魅せられ、何とか科学的に解き明かしたいと模索している。カルシウムが、マグネシウムが、ゲルマニウムが多いとか。活性水素が多い還元水とか。断層破砕力のパワースポットの苦土石灰化や低線量放射線のホミシス作用とか等の諸説はあるが、残念ながら何方も水の命の要である"珪酸コロイド粒子"の働き様に目が向いていない。

　だが、筆者の実験データの答は、霊泉"ルルドの泉"とは、珪素に支えられた素地のすばらしさと多くの人々の真摯な祈りのリズム、この2つの作用のお陰であることを物語っている。もちろんアクアアナライザも微乾燥顕微鏡観察結果も、さらに物性値電気伝導率も事象変化に追随した値となっている……との、現象に基づいた筆者の治験結果と考察を述べた。ミラクル現象の真の演出者は"水溶性珪素"であることが、筆者らの科学的な分析結果でわかってきたのだ。

第四章　珪素の生命基礎科学

　宇宙が成した最大の縁結びの場「いのちが生りいずる場」である。科学的用語でいえば「触媒能」を成す「媒体」の存在である。身近な具体的現象でいえば、媒体"水"のゆらぎであり、リズムであり、波の動きであり、それらは「振動現象」そのものである……。この事実をしっかりと受け止め、現象として顕在化されている実体が"水"と"水溶性珪素"が成す「コロイダル」であった。

　ずばり、珪素が成す根幹の作用機序とは、前章で結論付けた「水のいのちである水素結合を制御する水溶性珪素の自在なコントロール力（電荷力）」に他ならない。最も緻密で安定している密度"1超"の水の物理・化学作用である。さらに、いかなる物も溶解し得る誘電率を発揮し、イオン積は10^{12}［水の電離が増し、水素イオン（H^+）10^{-6}×水酸イオン（OH^-）10^{-6}=10^{-12}（mol/L）^{2}であり、対数（$-\log$）10^{-12}となり、pHは12となることを意味する］程度の電離現象を呈し、電子（e^-）が通り易い活性的で触媒能を発揮する亜臨界水機能さえも同時に遂行可能という驚きの行動力にある。

　これが、水と珪素が成し得た「生体系の水」の本質"結び合う力"である。中島・澤本が唱える「水のコロイダル領域論」そのものである。以下、水溶性珪素が成す表面陰電荷力と常磁性の"結び合う力"の働き様について、事例とその科学的根拠を掲げ、若干の珪素の基礎知識を含め、順を追って述べてみよう。なお、珪素の最も不思議な"恒常性"は後段で述べたい。

なぜ今、水溶性珪素なのか

「水」をして「いのちの力」と成さしめている"珪素"。学術的には「水溶性珪素」が最も相応しい科学的呼称であろう。水と共にあり、生体内の細胞（cell）に自由に出入り可能な大きさの珪素の様態を表現している。水溶性珪素の生命機能について、理論と実践の場のつなぎを整理し述べてみたい。

最も生命体と深く関わっているはずの珪素だが、人々の間で広く関心を得るようになったのは、つい最近のことである。珪素は水や空気と同様、生命に欠かせぬ必須要素である。だが、私たちは、大陸が生命機序とどう拘わりがあるのか、意識したことがあるだろうか。大方の人には意識外の存在であり、その存在価値は、軽視され見過ごされてきたのだ。だが、珪素の生命的必須性は、すべての生命体の脳幹に確りと刷り込まれている。生命誕生の生みの親となり、命の若返り"マイマスエントロピー"（シュレージンガー博士提唱の還元エネルギー）となり、数十億年もの生命誌を支え続けているのだ。

古くは19世紀半ば、世界的に著名なフランスの生化学者・細菌学者ルイ・パスツールは「珪素は治療の分野で大きな役割を果たすことができる」と述べたと伝えられている。20世紀に入り、1939年ノーベル化学賞を受賞したドイツのアドルフ・ブーテナント博士は、「珪素は今日も太古の昔も生命の発生に決定的に関わり生命の維持に必要不可欠なものである。即ち、珪素を含むシリカ（SiO$_2$）なくして生命が存在できない」と論じている。

加えて、ジョン・バーナル博士による「粘土の界面上でアミノ酸重合反応が起きる」とした生命誕生の「粘土説」も序章で若干触れた。生命誕生の基点となるバーナル流の"特異点"の話であった。彼の研究は奇しくも、前章で紹介したG・ポラック博士の実験「第4の水の相」、すなわち科学者の間では結合水とも呼ばれているが、凄く類似した話である。ゲル状物質で表面が親水性という界面……。それこそがバーナルの意図した自然界で最も表面陰電荷力の強い珪酸粘土層（モンモリナイト）そのものの働きなのだ。不思議な両博士との論理の符合（シェアー）に、筆者も一段と仲間意識を深め自信を得ることできたものだ。

さらに、20世紀後半に入り、珪素と人の関わりについて深く研究しているアメリカのエディス・M・カーライル博士は、「珪素の少ないエサを与え続けた動物は、やがて骨や軟骨に奇形をはじめとする異常をきたす」と、論じている。また、「造骨細胞は骨形成の際、コラーゲンやグリコサミノグリカン（アミノ糖を持つ多糖類）などの有機骨基質を合成するが、骨化（有機骨基質への燐酸カルシウムの沈積）が始まる前の造骨細胞のミトコンドリアには、カルシウムと珪素が集積している。骨組織中のこれらの含有量は、骨化が進むにつれて増加するが、ある時点を過ぎると珪素の含有量は急激に低下してカルシウムのみが高くなり、アパタイト（第三燐酸カルシウム）が出来上がる頃には、珪素は痕跡程度になっている。これらのことから珪素は骨生成の初期の段階で、重要な役割を果たしていることがわかる」とも、論じている。カーライル博士の骨化の際の物質収支の不都合さの紹介だが、珪素はなくなったのではなく、カルシウムに低エネルギー場での原子転換をしただけの話であることが、筆者の治験で明らかにすることができた。後の章で、人骨の組成とよく似た焼成牛骨粉（第三燐酸カルシウム：アパタイト）を用いた筆者の確かな実験結果を披瀝（ひれき）したい。ルイ・ケルヴラン博士の原子転換説を彷彿とさせる、未だ類を見ない見事な原子転

換の数値データのオンパレードであった。

　海外では上述の如く、珪素の生命作用の重要性が早くから社会に広く認識され、なんとドイツでは必須ミネラルの四番手に序せられている。だが、日本では、必須ミネラルとして17番目の認証となっている。インターネット情報で「珪素の生命体健康作用」を覗いてみると、「未だに人体の関わりについては、確認されていない」とか、あるいは、「地上に豊富に存在するわりには微量要素としてあまり必要とされていないのが珪素とアルミニウムだ」などとの記事が目に付く。まさか、生命の根幹を司る珪素が、これほどまでに無責任に軽視されているのかと、生命の基礎研究の未熟さに驚きを禁じ得ない。

　だが、一抹の救いもある。生命体用として実用するための必要最小限の認知検証が成されている。平成17年11月29日付けの厚生労働省告示で食品衛生法第11条第3項の規定により、人の健康を損なう恐れのないことが明らかであるものとして厚生労働大臣が定める物質27種類のモノが特定されている。その中には、もちろん珪素もケイソウ土も含まれている。

　さて、我が日本国の公的な研究機関で成された「珪素の研究開発」についてみてみる。最初に取り組んだのは、1959年より東京工業大学の立木健吉博士、舟木教授らの学者グループの水素と珪素を主体にした研究だといわれている。1961年に水素と珪素を融合させたエネルギーを作ることに成功、翌年、珪素塩化物に強い活性力、浸透力、還元力、置換力があることが発見されて、5年後に農業分野に貢献するエネルギー還元に成功したと伝えられている……。おそらく、農業用に応用されているのは四塩化珪素（$SiCl_4$）だろう。水と反応して塩化水素を発生する四塩化珪素を用いて作られた醗酵剤がある。水耕栽培等に多用され、効果を発揮しているとのことで早速に取り寄せ分析した。溶質の分散・分布力を発揮し触媒能、酵素能に富んだ添加剤である。醗酵現場を見学して驚いたのは、有機物分解の現場でありながら、異臭はもとより臭気さえほとんど感じられない。珪素素材を用いた醗酵助剤は、有機物を早く無害に分解、水溶性化することができ、しかも二次機能発揮で農作物育成の団粒構造の土壌づくりに適していることを実感した。

　一方、巷では、生命健康用にと様々な鉱石（ミネラル）が、岩石や植物などから塩酸、硫酸、クエン酸などによる酸抽出や微生物醗酵等にて抽出、加工され健康用サプリメントをはじめとして農畜水産業や食品加工業にと広く応用され、実績を積んでいるものも多く見受けられる。理論より、智慧が生かされた"いのちの希求"による実践力が大きく先行している社会情勢である。

第四章　珪素の生命基礎科学

水溶性珪素、無機珪素、有機珪素の差異について

　最近は、眼を見張るばかりの情報ネット社会が構築され、ネット通販もうなぎのぼりとなり、その商圏範囲は地球規模のグローバル化に発展。取扱量も指数関数的に急拡大路線を突っ走っている感がする。それに輪を掛けるように、日本において売買当事者の自主責任に重きを置いたトクホ（特定保健用食品）や栄養機能食品の新たな制度が2015年4月に発効した。消費者庁が目を光らせているようだが、誇大であったり、非科学的であったりの機能表示には眼を覆いたくなるものも多々見聞きする。

　今、流行の珪素ニスト（水溶性珪素の愛用者）の世界とて、例外ではない。全く初歩的だが科学者でさえも躊躇することなく「微生物や植物が作り出す有機珪素は水に溶け生体内に吸収されるが、岩石の無機珪素は水に溶けず生体に吸収されない」と、堂々と発信している。販売合戦というより、科学者の経験不足、知識不足、それとも思い込み違いなのか、安易な発言が気になる。

　後ほど詳述するが、自然科学者フラナガン博士は次のように断言している。

「コロイド粒子は、普通はマイナスの電荷を帯びている。そしてこのコロイド状のお陰で、人体の膜組織は必須ミネラル元素を直に ─ 植物や動物によってあらかじめ有機的に処理されていなくても ─ 吸収することができるのである。人体の組織も、それぞれ一定の機能を果すよう定められているコロイドからなっている」

　自然界に風化した鉱石アロフェンが存在している。植物は根毛からの根酸で鉱石を溶かし吸収している。動物も必ず土を食べミネラルを摂っている。人類とて、例外ではなく同じ習慣を持っている。今、欧米で流行の"粘土食"そのものの話である。

水溶性珪素とは有機珪素？無機珪素？

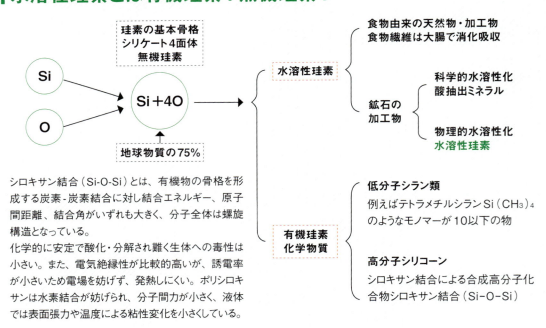

シロキサン結合（Si-O-Si）とは、有機物の骨格を形成する炭素-炭素結合に対し結合エネルギー、原子間距離、結合角がいずれも大きく、分子全体は螺旋構造となっている。
化学的に安定で酸化・分解され難く生体への毒性は小さい。また、電気絶縁性が比較的高いが、誘電率が小さいため電場を妨げず、発熱しにくい。ポリシロキサンは水素結合が妨げられ、分子間力が小さく、液体では表面張力や温度による粘性変化を小さくしている。

図表4-3：珪素の様態別仕分け

ところで読者の皆さんは、水溶性珪素、無機珪素、有機珪素の差異についてご存知だろうか？　念のために、科学的な正しい仕分けをしておこう。

有機珪素とは、化学では炭素と珪素の化合物のことをいう。自然界には存在せず、これまでのところ生命体の中に有機珪素化合物そのものが発見されたという事例はない。先の消費者向けコメントは、有り得ない話である。混同しないよう"植物性由来の珪素"とでも呼称するのが似合いではないだろうか。

本書が取り扱う"水溶性珪素"になれば、すべて生命体に吸収される。なぜこのような単純な誤解が、大々的に消費者に流布され、わずかな疑念さえ覚えることなく信じ込まれるのだろうか。人情的にも無理からぬことかと思う。図表3-1珪素の様態仕分けを参照し、読み進めてほしい。

アロフェンやナノシリカは自然の風化・熱溶解作用などで溶出し、自然界に存在するあらゆる水に多少なりとも溶け込んでいる。まず、有機珪素は先にも述べたが、化学の世界では図表の如くシラン類やシリコーンのことである。

一番誤解し易いのは"有機"という言葉の概念が、先入観として無意識に働いているからだ。化学では、学術的に有機の機は炭素を意味し、炭素を含む物を有機、含まないものを無機と呼び取り扱っている。しかし、植物は有機物であるとの根強い先入観を人々は持っている。誰もが惑わされて当たり前なのだ。だが、化学では、有機珪素とは石油化学で合成される人工的化学物質そのものの呼称が存在している。シリカ（石英：SiO_2）のネット状の強いつながりを応用して合成された、整形美容用などに利用されるシリコーンそのものだ。決して水溶性珪素と呼ばれる代物ではない。

では、我々は何を指して"水溶性珪素"と呼んでいるのか。1つは、微生物や植物の生命活動の産物で、生命体が吸収可能な大きさの無機の珪素であり、食物繊維等で被覆された"植物性由来の珪素"。もう1つは、人工的に岩石から化学的に酸抽出する珪酸コロイド、さらには物理的熱・圧力作用等にて水溶解が可能となった無機のものを水溶性珪素と呼んでいる。

ところで、"水溶性"とは、水分子と共にあり、あたかも水分子と全く違和感なく同様の動作を成しているモノ、すなわち水に溶解していると化学が定義する電解質状態のもの、および非解離物質で包摂状態にあるもの指している。珪素は、自然界では常に酸素と結合した状態にあり、水中では水分子同士よりも強く水分子と結びついている。水の階層構造を成す1次粒子径は2nm、2次粒子径は20nm、3次粒子径は200nmだった。少なくとも2次粒子の大きさ以下ならば、違和感なく水分子と共に包摂が可能となる。1次粒子であれば完全に水と共に存在可能であり、水の蒸発時には共に一体で蒸発する。低温蒸発であるほど、共に溶媒・溶質が一体となり気化するのである。粒子径が20nm以下であれば、水溶性珪素と呼んで全く差し支えないだろう。

また、自然界に存在する風化・熱作用等でできた天然の非晶質型の珪酸鉱物アロフェンやナノシリカも水溶性珪素の一種。天然の水溶性珪素アロフェン（図表4－4）の大きさは2～5nmの大きさである。植物が自らの根酸で周囲の粘土、鉱石を溶解し体内に取り入れている水溶性珪素の大部分は2nmのレベルと推測される。人工的酸溶解抽出のミネラルも大部分が同程度の大きさである。後段の図表4－5にクエン酸抽出の天然ミネラルの微乾燥顕微鏡観察写真を掲げた。最もシンプルな水溶性珪素と川田研究所の3種類のミネラルである。鉱石の構造の仕方でガラリと沈積模様が変化している様子が覗える。しかもその働き方が夫々特徴的な働きを成すことも明らかにされている。

話が少し横道にそれる。植物の根毛は電解物質イオンのみの吸収ともいわれ、また思い込ま

水溶性珪素は非晶質粘土鉱物アロフェンの一種

- 非晶質（アモルファス）とは
  結晶を作らずに集合した個体状態
- 水溶性（親水性）…
  電離状態、抱接、水素結合、有機態
- アロフェン…
  多孔質で表面が珪酸4面体で中空の球体状

岩田進午著「土の働き」家の光協会

水分子は球殻に空いている穴を自由に通り抜けることができる。表面は珪素4面体（SiO_4）

アルミニウムの多いものは結晶状態となる

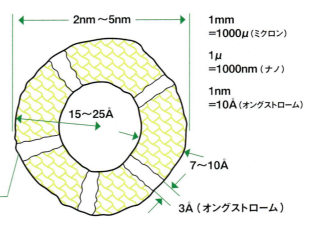

出典：『土の働き』岩田進午 著／家の光協会

図表4-4：アロフェンのモデル図

れている。だが、19世紀から20世紀初頭に活躍したオーストリアの思想家で人智学を立ち上げたルドルフ・シュタイナー博士は、農業分野にも精通し宇宙とつながり合う独自の液肥作りの撹拌方法を考案、ミネラルの必要性を力説している。植物の根毛は、分子やコロイドさえ吸収が可能であることを観察し論説している。もし現実に細胞が電解質イオンのみしか吸収できないとすれば、いかようにして数十メートルもの大木が聳え立つのか、説明が叶わないのである。

今、医学の世界でも細胞自身の物質の取り込み、そして排出はイオンチャネルやアクアポリンという電解質や水分子一個のみの通過だと科学されている。それ以外の物質はいかように細胞内に出入りするのだろうか。叶わなければ生

多様性の岩石油ミネラル＆シンプルな水晶抽出ミネラル

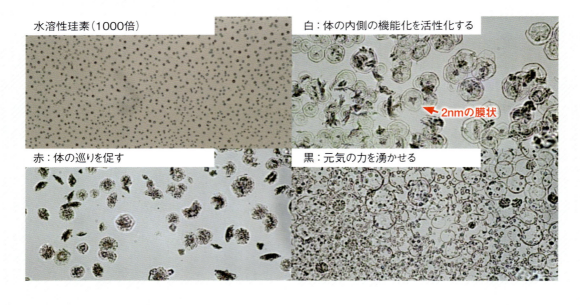

図表4-5：川田ミネラル微乾燥顕微鏡写真

命の存続さえおぼつかないはず……。筆者は常に疑問を感じていた。だが、最近の研究で水分子以外のグリセロール（アルコールの一種で化学式は$C_3H_8O_3$で水分子の2.5倍程度の大きさ）もアクアポリンを透過することが研究成果として発表されている。科学に原則論は付きものだが、生命科学は融通性が必須である。

話を元に戻そう。珪酸というコロイドを、なぜ、水溶性とわざわざ呼ぶのだろうか。ナトリウムやカルシウムや塩素などはイオンとなった方が安定して水と共に存在（水和）できるが、珪酸はイオンにはならない。生命誕生に関するミネラル作用の研究の第一人者川田薫博士は拙編著書『水の本質と私たちの未来』（文芸社）で厳しく諭してくれた。鉱石はイオンに非ずとして、現代科学の溶液定義にも真っ向から異議を唱えたものだ。また、地上最後の秘境とも呼ばれるフンザ（パキスタン北部カラコルム山地）の氷河峡谷から流れ出る岩石超微粒子を含んだ氷雪水"氷河乳"の研究の第一人者であるP・フラナガン博士も同様に珪酸はイオン状ではなくコロイド状態だと断言している。自然界に見られるコロイドは、主体は鉱石（珪酸）で表面陰電荷を有している。

すなわち、構造を持った鉱石「ミネラル」のコロイド粒子は、イオン物質が構成する水分子に被覆された状態"水和"というよりも、水分子の水素結合のネットワークに抗して自らの表面陰電荷力で水分子を電気的引力で吸着し独自の集団を構築、水の水素結合に大きな影響を及ぼしている。そのような超微小なコロイド粒子で水と共に存在できるものを指して筆者は水溶性と呼んでいる。

イオン物質には水溶性という言葉を使うことはない。なぜなら、食塩NaClのように水の存在があれば、ナトリウムイオンも塩素イオンも水分子と水和している方がNaClの状態でいるよりも安定した状態となるからだ。常に水中では、まず分子状態の大きさになりイオンとなって自らが水和するので、水溶性という冠はまったく不要だ。

さて、もう1つよく勘違いされる事象がある。イオン物質はコロイド物質より小さく、細胞に吸収され易いと考える方が多いのではないだろうか。ルドルフ・シュタイナー博士の観察事例の如く、植物は分子レベルの有機栄養分も、構造体を形成している鉱石の無機コロイドも必要な物は適宜な大きさで生体内に取り込み、いのちしている。この生き様が命の働きそのものである。また、イオン物質といえども、水中では水和し強力な水の水素結合ネットワークに抱かれ大きな塊状態コロイダルとなっている。0.9％の点滴用生理食塩水を位相差顕微鏡で観察（図表1-4）すると、大きな7〜8μmもある赤血球のような形状群の様相をみせている。決して界面もない均一な状態とはいえない実体である。

筆者がいう、完全な電解質のみの水溶液でも原子状、イオン状のオングストローム（Å）レベルの均一な溶液というよりも、むしろ溶媒と溶質が絡み合いながら適宜な大きさのコロイダル状態、すなわち液–液相界面を有した結合群化した状態をしているというのが正しい溶液実体の科学的な表現である。

水溶性珪素を事例に、その溶液実体を見てみよう。先ほどの生理食塩水と同様に、位相差顕微鏡で水溶性珪素を観察すると明確な形状は見当たらず、ぼやけた状態の球状の陰影が見えている。水溶性珪素は2000℃超でシリカの結晶状態を一度断ち切り気化させられた非晶質状態なのだ。珪酸の基本骨格シリケート4面体（SiO_4）の大きさは、約2.8Å（オングストローム＝10分の1ナノメートル）。ナノサイト分析で観察すると、水溶性珪素単分子は2nm以下の大きさで計測不可である。実際に水中の粒子の粒度状態を観測するナノサイトで計測しても、10nm以上に寄り集っているミセルコロイドは全体量の300分の一程度しか存在しない。大部

分が2nm以下で、微乾燥顕微鏡で観察すると薄膜状となり乾燥濃縮した凝集状態となっている。

水分子1個の存在シェアーはおよそ2.9Å、シリケート四面体の大きさはおよそ2.8Åです。シリケート六員環の大きさでも、おおよそ内径2.9Å、外形10.8Åレベルのドーナツ状である。これとて珪素が6個、酸素が18個、さらに真ん中には水分子1個入れる空間がある。人の細胞膜のイオンチャネルやアクアポリンはおおよそ3〜8Åといわれている。もちろん、電気的エネルギーによる通過制御が行われているが、ミネラルは水分子に抱かれて細胞の微小な穴を通り出入りしているはずである。細胞内には電界物質のマグネシウム、カリウム、ナトリウム、さらには、リンや硫黄の有機酸、蛋白質も存在している。この他に非電解質も存在している。ちなみに蛋白合成材のアミノ酸は0.8〜2nmの大きさが多いという。

また、構造を成している鉱物（ミネラル）は、クエン酸で溶解すると2nm以下となる。図表4－5の川田研究所開発ミネラルの微乾燥顕微鏡写真の矢印部の膜状部分。植物も根酸を出しながら岩石を溶解しミネラルを体内に取り入れている。れっきとした無機珪素であり、その状態は水溶性に他ならない。これが真の科学的表現であり、有機珪素とは区分されて使われるべきである。

水溶性珪素は水と共にあり、分離沈降しない程度の大きさのものだった。水分子と共存できる大きさも、紛れもない溶解の1つ。マグネシウムやカリウム、カルシウムは水に出会い電離し安定するが、珪素は酸素とのみ結合し、シリケートとしてイオン化せず水分子と同等レベルの大きさで、かつ表面陰電荷力で水分子を取り纏め独自の電荷引力の集団を構成し、秩序を育成し守っている。イオンではなく非解離物質といわれるものである。温泉の非解離成分にはメタ珪酸（H_2SiO_3）、メタホウ酸（HBO_2）がある。海水中では非解離成分としてオルト珪酸（H_4SiO_4）などが存在しているのである。

ところで、腎臓膜細胞には水分子を1個ずつ通すアクアポリンと呼ばれる多数の穴がある。もし本当にアクアポリンは水分子1個ずつしか通さないのであれば、いつでも尿は純水となるはずである。別途、酵素など細胞内で製造されたものは、いかようにして分泌されるのだろうか？　細胞内では不要物は生じないのだろうか？　もし生じたら、それはイオン物質のみだろうか、それとも大隅良典先生が究明したオートファジー作用が"すべて良きに計らえ"として対処してくれるのだろうか。はたまた、小腸トランスポーター機能が全細胞に備わっているとでもいうのだろうか。原則論オンリーを振りかざされると疑念は尽きないものである……。最近の生化学者の研究で水のみを通すアクアポリンと水の他にグリセロールやアンモニアを通すアクアポリンもあることがわかってきたという。ならば、珪素も水と共に通過が叶うはずである。生命体って凄い。ホッと一安心。

すべてが万事、水のコロイダル領域論をベースに考えないと生体内の不思議な現象の科学的解明は困難であろう。現実離れした理想論では真のいのちを語ることはできないはず。現代科学のイオン、すなわち電解質中心の、もっともらしき医学の仕組みを統べる理論で十分語り尽くせているのだろうか。筆者は大いなる疑念を感じる。単純なイオンとコロイドの細胞吸収の話が、医学の本質論への疑問にまで通じていることをご理解いただければ幸甚である。

珪素（シリコン）、シリカ、シリケート四面体、そしてシリコーンとは

　申し遅れたが、珪素とその化合物に関する紛らわしい呼び名が色々である。夫々に形態が異なり、作用目的も異なるので、整理しておこう。

　自然界では、質量28の元素"珪素"（シリコンという）は質量16の酸素と共にあり地球物質の75％を占めている。この珪素はどこでどのようにして生まれたのだろうか。すでに本章2項でも若干触れたが、もう少し詳細を著したい。

　宇宙で最初に生まれた元素は水素である。水素が燃焼（核融合）し、重水素2つから1つのヘリウム原子（質量4）を作る原子核反応が始まり主系列星が生まれた。星は重力収縮によって中心温度の上昇に従い水素燃焼はヘリウムの周りで引き続き起こり、ヘリウム3つが結びついて炭素原子（質量12）ができ、さらに炭素原子にもう1つヘリウム原子が結びついて酸素原子（質量16）ができたという。巨星の誕生である。

　質量が太陽質量の3〜8倍以上の恒星は炭素燃焼の段階を経て酸素燃焼が起こり、中心温度が10億度を超え超新星爆発が起こった。炭素燃焼によって生まれた元素は^{16}O、^{20}Ne、^{23}Na、^{24}Mg、^{28}Siであり、酸素燃焼によって生まれた主な元素は^{24}Mg、^{28}Si、^{31}P、^{32}Sである。それらが、超新星爆発と共に宇宙空間に撒き散らされ宇宙空間物質となり、新たな星の素材となった。珪素は巨大恒星の超高温、超高圧の環境で発生した炭素燃焼と酸素燃焼で新たに生まれた物理的過程の産物である。

　質量28の珪素Siは巨星の超高温燃焼過程の中で質量12の炭素と質量16の酸素の産物なのだ。$C(12)+O(16)=Si(28)$の通り質量の加減式そのものが、様々な元素誕生の方程式である。さらに星の温度が50億度に達するとシリコン燃焼が起こり、鉄が生まれる。珪素（シリコン）の質量$28×2=$鉄の質量56である。核融合、核分裂という超高温・超高圧下で行われる原子転換で様々な元素が生まれたのである……。この現象を捉えて、物理的に原子転換は核融合や核分裂の超高温・超高圧下でなければ起きないという定説が科学界、中でも物理学の世界では、今なお厳然として存在している。

　だが、1975年ノーベル賞候補にノミネートされたフランスのルイ・ケルヴラン博士の低エネルギー原子転換論も生化学者の根強い支持を得ている。草食でありながら巨大生物と成り得て、かつ個体間組成分が同じであるという生体構成の不思議現象は、消去法とはいえ、生体内

珪素（シリコンSi）とは

食品衛生法第11条第3項の規定により人の健康法を損なう恐れのないことが明らかであるとして厚生労働大臣が定める物質（平成17年11月29日）…硫黄、珪素、珪藻土、塩素、アンモニウムなど27種類がある。

● 珪素とは、マグマ、岩石、粘土などの主成分を構成し、酸素に次いで多く地球上に存在している。酸素と共にあり地球物質のおよそ75％も占めている生命には欠かせない代物である

● 自然界において珪素は酸素のみの結合状態でしか存在せず、シリケート4面体（SiO_4）を骨格としてメタ珪酸、オルト珪酸、シリカ等がある

● 生命体は秩序維持のための重要なマイナスエントロピーとして体内に取り込んでいる。それを我々は「水溶性珪素」と呼んでいる

● だが、それらは構造を持った鉱物でありミネラルと称されているが、水に溶けていてもイオン（電離）状態になることはない。なお、カルシウム、マグネシウムなどは元素でありエレメントと呼ばれている

● それらは、水分子と同等に存在し混ざり合える大きさであり、水分子同士が水素結合する以上に強く、表面陰電荷力で水分子と結合している

● その大きさは水の1次粒子レベルの2nm以下であるが、ミセルコロイド状態で水の2次粒子20nmから3次粒子の200nmのモノもある

二酸化ケイ素（シリカSiO_2）シリケート4面体（SiO_4）有機珪素（シリコーン）

図表4−6：珪素（Si：シリコン）とは

原子転換以外に説明が叶わない。

筆者は、もう一点、低エネルギー原子転換には"水の存在"が必須条件であると声を大にしている。筆者が、納得行くまで分析機関に幾度もやり直しさせた分析結果が重く背中を押してくれている。絶対確信で語ることができた。カーライル博士の骨化につれ行方不明となる珪素の不思議現象を、焼成牛骨粉の低エネルギー原子転換の実証治験で明かすことができた。その世界に類を見ない見事な治験データを、章を改めて詳細を著したい。

話が原子転換で少し横道に逸れたが、本題に戻そう。

シリケート4面体（SiO₄）（図表4－9）とは珪酸の基本骨格であり、図表4－7に掲げた正四面体の中心に珪素が位置し、4つの頂点には酸素が位置した正四面体構造である。珪素はSP³混成軌道（S軌道とP軌道のエネルギー準位が均等な状態）を有して正四面体構造を構成している。拙著『水と珪素の集団リズム力』（Eco・クリエイティブ）で、SP³混成軌道に関し中田力著『脳のなかの水分子』（紀伊國屋書店）にならい、次のように要約し著した。図表4－7、8、9を参照し、読み進めほしい。

原子には、その中心に強い力で抱き合っている陽子と中性子から成る原子核がある。そして、その相当離れた周辺にある殻の軌道上を小さな電子が走り回っている。原子は、原子番号に見合った陽子の数を核内に持ち、それと同数の電子が辺縁部の殻の軌道に存在している。ここまでは、誰もが知る事象である。

だが、"もの"の顕在的な特性を知るには、もう少し原子内の電子の微妙な動きを知る必要がある。電子の軌道は、一番原子核に近いものから順にK殻、L殻、M殻と呼ばれている。K殻にはs軌道と呼ばれる軌道が一筋あり、その軌道上を電子が、原則2個走り回っている。しかし、次のL殻にはs軌道一筋と、方向が異なる3筋のp軌道がある。電子はエネルギー順位の低い軌道から配置される。原子核に近い殻の軌道がよりエネルギー順位が低く、同じ殻の中ではs軌

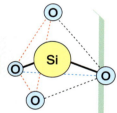

珪素の原子特性「正4面体構造」

- ●炭素（カーボン）は有機物のまとめ役
- ●珪素（シリコン）は無機物のまとめ役

SP³混成軌道

原子番号6番の炭素はL殻のS軌道と3つのP軌道を別々に使うのではなく、すべてを合体させた新しい軌道を作ることで、きれいな、バランスの取れた立体系を作り出すことができる。SP³混成軌道と呼ばれる正四面体構造である。
炭素の作る完全に等方性で、まったく偏りのないバランスの取れたシンプルな立体形は、有機化合物が誕生する基本要素なのである。
同様に、原子番号14番の珪素はM殻でエネルギー順位の等しいSP³混成軌道を作る。この原子特性が、電子工学から医療まで、シリコンが重宝がられる要因でもある。

図表4－7：珪素の正四面体構造

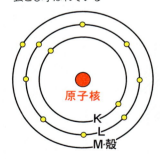

原子の構造（原子核と電子）

実際には電子の現れる確立で表現され、電子雲とも呼ばれている

内殻から順に
K殻（2個）
L殻（8個）
M殻（18個）
N殻（32個）

K殻：1s
L殻：2s、2p（xyz軌道）
M殻：3s、3p（xyz軌道）、3d（軌道5本）等の軌道がある。

s軌道は1本で2個の電子が存在でき、p軌道は3本あり、夫々に2個の電子が存在する。また、s軌道よりもp軌道のエネルギー準位が高い。

出典：『理論化学が面白いほどわかる本』川辺徳彰 著／中経出版

図表4－8：原子の構造（原子核と電子）

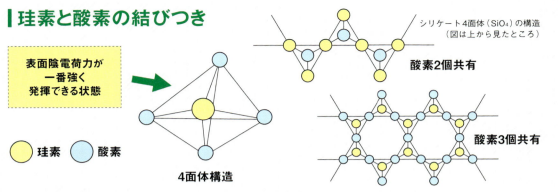

図表4-9:珪素の基本骨格シリケート4面体

道のエネルギー順位が、p軌道のエネルギー順位より低い。

　大概の方は、電子はすべて同じエネルギー準位にあると見做している。だが、学術的には段階的な差異があることに注目です。原子の化学特性は、一番外側の殻の電子配置状態により決まる。それは、原子と謂えども自らが一番少ないエネルギーで安定な状態（基底安定状態）に居続けたいと行動しているからである。化学特性は、電子が安定を求めて、外部とのエネルギーの授受を行うことにより発揮される。そこで、外部との最前線に位置する、一番外側の殻に配置する電子状態が云々されるのである。

　まず、原子番号6番の炭素は、L殻のs軌道とp軌道を別々に使うのではなく、すべてを合体させた、新しいエネルギー順位が同じ4筋の軌道を作ることで、きれいなバランスの取れた立体系を作り出すことができる。SP³混成軌道と呼ばれる正四面体（正3角形4面を組み合わせた、頂点が4つ存在する正三角錐）の構造なのだ。

　正4面体の中央（重心）に原子の核が存在し、4つの頂点に存する電子と対峙している。4つの電子は夫々同等の位置で、かつ同等の力で他の物質の電子と手をつなぎ共有結合することができる。そして、様々な結合体を作り出す。炭素の作る完全に等方性で、まったく偏りのないバランスの取れたシンプルな立体形は、有機化合物が誕生する基本要素だったのだ。

　珪素についても同様のことがいえる。炭素がL殻で4筋の軌道が合体、新エネルギー順位のSP³混成軌道を作るように、M殻で同様のSP³混成軌道を作ればよい。それが、原子番号14番の元素、珪素（Si：シリコン）である。夫々の4つの頂点で酸素（O）と共有結合して正四面体の構造を形成する。この原子特性が、電子工学から医療まで、珪素が重宝がられる要因でもあります……。珪素は酸素としっかり手を結び、自然界ではシリケート四面体を骨格とし、珪素化合物シリカSiO_2を基盤に様々な結晶化合物を構築している。

　上記の如く自然界ではシリカ（SiO_2）となり、様々な物質とつながり合っている。

　シリケート四面体（SiO_4）は珪素の基本骨格の単体構成だが、シリカは結晶状態で粘土ネットワークを構成している。コーティング用や美容整形用のシリコーンなどの結合用素材として用いられる。珪素の代表として表現をされることが多いが、大事な生命作用を語るにはやはり基本骨格としてのシリケート四面体とネットワーク構成用のシリカとは区分けして用いるべきだろう。

構造をもった鉱物
「ミネラル」の三大特性

　最近、ミネラルウオーター、ミネラルバランスなど、ミネラルという言葉がよく使われている。この場合のミネラルという言葉は「カルシウム、鉄、マグネシウム、セレン」など、人間に必要な元素という意味で使われている。だが、本書でいうミネラルは「構造を持った鉱物そのもの」を指している。一般に考えられているような、鉱物をバラバラにした「元素」や「イオン」ではない。鉱物は英語でミネラルといい、元素はエレメントと呼ばれている。

　鉱物は岩石の構成成分で、そのほとんどは原子が規則正しく並んだ結晶である。だからミネラルは常に特有の「構造」を持ち続けて存在し、独自の性質をもっている。現在の科学では、ミネラルが水に溶け込んで溶液の状態になったときには、イオンつまり元素の形にまでバラバラになって一様に分散していると考えられてきたが、最近の分析技術等の発達で、そうでない事がわかってきた。本章第4項で紹介したアメリカの自然科学者フラナガン博士も、ミネラルのコロイド説を強く促している。当然ながら、筆者の治験でも明らかにコロイドやコロイダルの現象が圧倒的に顕在化している。

　生命体地球自身が成すミネラルの三大浄化力（ガイアの生命作用）について、第二章で詳細を著した。大事なことは、地球自らが自然と一体となって成し遂げようとしている浄化力とはイコール生命の賦活作用に他ならない。

　地球大地が成すというミネラルの三大浄化力とは、花崗岩の生理活性の触媒作用、玄武岩の界面活性の溶解作用、そして、かんらん岩（マグマ）の水質浄化の分離除去作用の三作用でした。大地が成す、生命循環になくてはならぬガイアの生命維持の再生自浄作用である。すなわち免疫作用、溶解作用、そして分離排出作用（デトックス）を自然は天賦の宝物として備え持っている。まさに自らの力で"いのち"している生命体ガイアである。その自然の叡智・摂理が成す王道を遵守し、生命体は自らの「生命誕生」を図ったのである。必然的に生命体は、具体的な情報など詳細をDNAに刷り込んでいたのである。

　粘土食や粘土治療の話とは、ミネラルの根源を成している「水溶性珪素コロイド」そのものの働きを述べたものである。地球岩石の具体的な生命作用とは理論ではなく、すべての生命体が無意識で脳幹的に成している「粘土食」という実践の場の現象そのものである。

珪素の力「粘土食」とは

　土食分化は欧米でポピュラーな広がりを見せているが、日本では農家の方の土の味見は別として、一般的に「土を食べる」という慣習はあまり耳にすることはない。だが、戦前から大本教で"お土"として特定場所の粘土層から採集されたケイソウ土が教団信者の方々に限定され、生命健康用にと色々工夫され用いられている。詳細は、図表4-10を参照願う。筆者は分析用にとことわりをして、白湯で治験した。溶質の分散力が不十分だが、分散・分布力を助成すれば立派なミネラル能を発揮している代物であることが確認できた。

　ケイ・ミズモリ氏は著書『粘土食自然強健法の超ススメ』（ヒカルランド）で、欧米での土食文化を紹介している。アメリカ航空宇宙局NASAが宇宙飛行士の放射線および無重力が成す対骨粗鬆症対策の一環として、宇宙食にモンモリナイト（珪酸塩粘土鉱物）を採用している件や、併行して欧米社会では市民に広く支持を獲得しつつある「粘土食」の健康力について述べているが、拝読しつつなぜか、生命誕生基点を論じたバーナル博士の生命誕生の「粘土説」がその先導役を果しているかの如く錯覚を覚えたものだ……。「粘土食」の健康力そのものは「水溶性珪素」の働き方に尽きる。次に世界的な話題の水溶性珪素に関するサンプルの治験事例を2つ挙げ、イメージつくりに供（きょう）する。

日本の粘土食　大本教のお土

**お土さんはありがたい
お土さんのおかげです

お土を溶かした上澄み
水で練ったお土
飲んで良し
塗って良し

やっぱりお土は
ありがたい
飲んで　塗って
お土さんのお陰です**

お土とはある特定の野生生物が好んで集る池近くで採取する粘土とのことだ。珪酸粘土鉱物の一種だろう。
珪酸粘土鉱物とは、水溶性珪素を多く含むモンモリナイトのことで非晶質（アモルファス）のアロフェンを多く含んでいる。畜産等の飲料用、食料添加物として用いられている。

●**お土の不思議な力**　病気を癒し放射能対策にも有効なお土のパワーを紹介。

大本教歴代教主のお示し

聖師　出口王仁三郎
「たがいの病気は、松と土と水とさえあったら癒えるものである」「お土の有りがたいことは今更言うまでもないが、内臓諸病には、いったんこれを煮て水に薄め服用するとどんな病気にも利くのである。煮るとお土、お水、お火とご神徳を三つ一緒にいただくことになるからいっそう結構なのである」「天恩郷洗心亭の湯がときどき泥湯になることがあるが、それははなはだ結構なことである。そもそも人間はお土からむしわかされたものであるから、土は人間にとってはなはだ結構なものである。そういうお湯に入るのは温泉に入るようなもので大層薬になるものである。お土はそれ自体が薬になるから、病気の時はお土を溶かして飲むとよく効く」

二代教主　出口すみ子
病気になればお土をつけて、お土を飲めばよい、と神様がいつも申されています。いま世の中では原子爆弾のことをとやかくいっておりますが、みなの心がよくなれば、その大難を小難にすることができるのです。原子爆弾が落ちるようなことがあってはなりませんが、もしその害を受けたなら、裸にして首だけ出して、土の中に生き埋めにすれば治ると神様は教えて下さいました。

三代教主　出口直日
「もう医者でどうしようもない、といわれた時は清浄なお土をいただいてください（中略）人間はお土あって安心して生きられるのです。お土の力はなににもまさるものをもっているはずだとおもいます。コップに入れた清浄なお土の上ズミのお水を、心からいただく事でよいのです。」「聖地のお土は、ほんの耳かき一さじほどでもお蔭がいただけます。」「お土は神様への信仰によっていただくものです。それによって必ずご神徳はいただけます。」

出典：大本本部のパンフレット

図表4-10：日本の粘土食"お土"

1. パトリック・フラナガン博士の
マイクロクラスターサプリメント

フラナガン博士はピラミッドパワーやフンザの水「氷河乳」の著名な研究者として知られている。ピータートムキンズ／クリストファバード著『土壌の神秘』（春秋社）の中で、フラナガン氏は人工的氷河乳「マイクロクラスターサプリメント」の作り方の趣旨を次のように語っている。要旨を抜粋し綴る。

「鉱物（ミネラル）の最も興味深い特徴は、それらがイオン状でなくてコロイド状で存在している点である。大型コロイドは弾むように走り回り、それで電荷を失しないやすい傾向にあるが、小型コロイドはゼータ電位と呼ばれる最高の持続性を持つ電荷を保持している。微粒子の場合、ゼータ電位の絶対値が増加すれば、粒子間の反発力が強く粒子の安定性が高い。逆にゼータ電位がゼロならば粒子は凝集する。ゼータ電位は粒子の分散安定性の指標である。

まずは不溶性鉱物を『電荷を持ったコロイド状』にすることが先決である。それには、水中に浮遊している物質粒子に電荷を与えることによって、それを極微小コロイド状にすることが

添加剤1000ppm溶解水の微乾燥光学顕微鏡写真の検証

波動純水実体顕微鏡写真

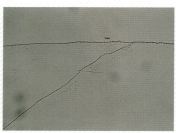
同左光学顕微鏡100倍写真

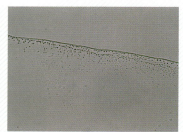
同左光学顕微鏡400倍写真

添加剤1000ppm実体顕微鏡写真

同左光学顕微鏡100倍写真

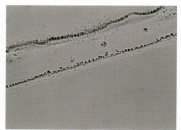
同左光学顕微鏡400倍写真

①湿気の吸湿が非常に早く顕微鏡観察に不適なサンプル。溶解水は波動純水よりもかなり早く吸湿し液状化する。実体顕微鏡の比較で添加剤水溶液は最外殻に帯状の薄い2本線が見える。また、最終乾燥方向に向かってガス膜状の均一的な模様が見える。波動純水の溶質濃度に比べ100倍以上の濃度を有しながら線状模様はぼけた状態。コロイド粒子が超微細で夫々が表面陰電荷を有しゼータ電位を確り発揮しているため沈積模様が密集せず、超薄く均一に沈積したものだ。

②光学顕微鏡400倍写真を比較すれば、添加剤水溶液はミセルコロイド粒子が溶解水（波動純水）のそれよりもより大きくなっている。ミセルコロイド粒子集団が大きくかつゼータ電位が大きいものほど最外殻に集積沈殿するが、超微細な粒子が加熱濃縮でやや凝集しながらも適宜なゼータ電位を有しているため、微細なマリ藻状の軟らかい沈積模様を成している。

③また、稀釈用波動純水の沈積模様は緑色系でカルシウム塩が主力だが、添加剤入りは青色が強く、珪酸塩とマグネシウム系の存在傾向を示しているようだ。

④添加剤入り水溶液の100倍写真は、若干湿気を含んだ膜状模様だが、見事なまでに均一性を成した膜状模様を呈している。

⑤添加剤は、珪酸塩コロイド粒子の機能を発揮し、親水機能が素晴らしく水素結合しやすい状態を演じている。「水溶性珪素」そのもののようだ。親水機能とは水素結合、及び水の階層構造内に抱かれることも含む。「溶解とは電離イオン化現象のみに非ず」。水を集団で見ることの大切な機能の1つだ。

写真4－1：マイクロクラスター水の微乾燥実体顕微鏡写真と光学顕微鏡写真

できる。微小なコロイド粒子1つひとつに分け、同じ電荷によって隣り合ったもの同士を反発させるようにすることである。大事なことは、人体の細胞もそれぞれ一定の機能を果たすよう定められているコロイドからなっているということである。そして、血球にはアルブミンというタンパク質の保護膜があり、これが血球を負の帯電状態に引きとめ、安定を保ち、凝固しないようにしているのである。何十億個という細胞がくっ付き合わずに互いに分離した状態を維持しているのである。コロイド粒子は非常に小さく、それゆえ全粒子は極めて大きな表面積をもつ。茶さじ一杯の粒子はフットボール場よりも大きな面積を持つのでグスターブ・レボンがその『エネルギー進化』の中で語っているのによれば、物理的および化学的反応に強力な影響

添加剤100ppm、200ppm、1000ppm 添加波動純水の変化をAQAで見る

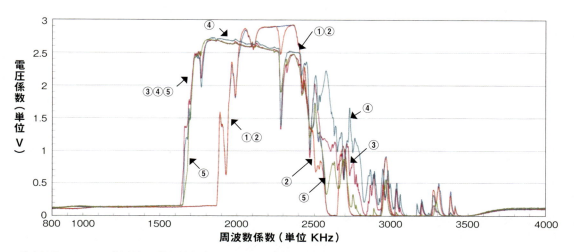

AQUA ANALYZER WAVE-W 714X
2012／12／20

①青色線：1000ppm（正接）　②赤色線：同上（逆接）　③桃色線：100ppm（正接）
④空色線：200ppm（正接）　⑤黄緑線：波動純水（正接）

① 添加剤1000ppm添加の波動純水の正規接続の①青線波形と、特殊計測の②赤線波形はほぼ一致状態で、溶質の触媒能が最大限に発揮される状態を示している。
② さらに最大波高部分が平坦ではなく山、谷が明確で、しかも、最大波高が2.9ボルトに達している点が通常見受けられない波形。1000ppm程度の溶質だが、波形変化が激しく波形幅が全体に狭く、3000kHzと3300kHzで波形の存在がしっかりと見えている。珪素の特性傾向を示している波形。溶質機能の安定維持を図り、薬用に適した波形。飲料水にはさらに希釈倍率を高めるのが経済的にも効果的。
③ 添加剤である溶質が珪酸塩系主体で、その機能が十二分に発揮されている状態といえる。単純に珪酸塩の表面陰電荷効果による効果のみではこのような波形は困難だ。これまでの経験で、すべてのコロイド粒子の大きさが2nm以下なのか、あるいは溶液内にナノバブルといわれる分子状レベルの超微細気泡の存在が考えられる。溶液活性の最大の貢献者は水素等のナノバブルの存在。現在、医学の最先端技術開発対象の1つだ。凄い触媒力であり、酵素力と成り得るからだ。学会でいわれるような単純な微細気泡の破裂による機能のみではなく、気泡自身が分子界面に存在し長時間にわたり振動ゆすりに貢献しているからと推測される。溶液の最大機能である界面活性の溶液内の液相界面の働きと見るのが本筋と考える。
④ 添加剤は、溶解用波動純水との相乗効果により持てる機能を100％発揮している。100ppm、200ppm添加でも水らしさを発揮したまま溶質らしさも発揮するという双方機能を発揮している。
⑤ 添加剤は200ppm〜300ppm濃度の使用が効果的で経済的と見受けられる。触媒効果酵素効果に最適。ただし、薬用使用濃度は経験則に照らし使用されるべきだ。

図表4-11：フラナガン添加剤100ppm、200ppm、1000ppm添加比較AQA波形図

を与える表面エネルギーを発生させるのである」

このようにフラナガン氏は、「水溶性珪素」に魅せられ開発に没頭した様子の前置きを語っている。すなわち、化学では「触媒能」、生物では「酵素能」の働きについて見解を示し、独自の人工氷河乳を作製したもの。

また、フラナガン氏は「フンザの水と同様に、あらゆる生命の健康にプラスの作用を与え、人体内の毒素の排出に理想的な水を作り出した。そればかりでなく、負の電荷を帯びた（表面陰電荷）直径5nmのシリカのコロイド粒子を作り出し、その中に活性水素（水素陰イオン）を取り込み、比類なき抗酸化作用と栄養吸収性を有したマイクロクラスター水（シリカ水素化合物）を生み出した」とも語る。ケイ・ミズモリ著『不都合な科学的真実、長寿の秘密／失われた古代文明』（5次元文庫）に、その事実が紹介されている。

筆者は2012年の暮れに、フラナガン氏作製の添加剤マイクロクラスター水の素を成すという、わずかな呼気で煙状に舞い上がる程の超微粒子状粉末を入手し、波動純水で希釈、その水の性格を検証。治験結果は、各誌の紹介に違わぬ機能を秘めていることが判明した。分析報告書（写真4-1、図表4-11）を参照願う。

2.ガストン・ネサーン開発の免疫機能強化剤「714－X」製剤の検証

クリストファ・バードは、その著書『完全なる治癒』（徳間書店）で、19世紀にパスツールと並ぶ仏国の病理学者アントワーヌ・ペシャンが発酵している溶液内の微小な存在が強い酵素（触媒）反応の原因であるとして、その小体をマイクロザイマス（小発酵体）と名付けたと記している。また同著で、仏国出身の生物学者ガストン・ネサーン博士が3万倍の光学顕微鏡ソマトスコープを開発、細胞より小さい極微（0.2μm以下、1μmは1千分の1mm）の生殖する有機体を発見し、それを"ソマチッド"と名付けたとも記している。ただし、ネサーン博士は"ソマチッド"が何からできているかは不明であるとし、その集合形態別（16段階に変化）から病気の状態が推測できるとのみ説いている。

筆者は、その真意と正体が知りたく、生命体に取り込まれる以前のソマチッドの原形、すなわち日本の巷でいわれているソマチッドが仮眠するという2500万年前の地層から採集された貝化石を取り寄せ、分析した。もちろん生体内で16段階に成長変換していくソマチッドの分析は叶う訳もない。単純な原形のみの分析結果だが、根幹の作用機序の原点であることに、評論家的推測論の追随を許さないものと、強く自負している。

結果は、筆者が予測した通りだった。"ソマチッド"なる物体の"初期原形"状態は"超微細珪素鉱物のコロイド粒子"と同形態であり、同作用であることがわかった。治験結果で得られたソマチッドと珪素鉱物のコロイド粒子との主要な共通事項を取りまとめてみた。

- 大きさは、0.5～200nm（1nmは百万分の一ミリメートル）の範囲内
- 電気特性は、内面が陽電荷で表面は陰電荷の状態（表面陰電荷）
- 耐性は寿命に制限がなく、1000℃にも耐える等環境変化に無限追従する
- 溶液内でブラウン運動、すなわち、リズミカルな律動をしている
- ソマチッドは生体免疫能を、コロイド粒子は生体内触媒能を演出する
- 貝化石の浸漬水の溶質には、18％の珪素の含有が確認できた

物性的にこれだけ極似していれば、現象としての基本作用が一致するのは当然。もちろん、ソマチッドなるモノの正体は、筆者にはわかりかねる。だが、ソマチッドの原型と称される第一段階の「核」となるものを推測すれば、結果が物語る通り、珪酸鉱物の微小コロイド粒子に集約されるとの自信をより深めることができ

た。珪酸鉱物の微小コロイド粒子こそ、生命体誕生の「寄り集いの理法」の要を成していることの証ではないだろうか。

さて、2013年の春、筆者はネサーン博士が開発した免疫機能強化剤「714X」（改良型）を入手し、その性格を分析する縁に恵まれた。製剤が水とどのような混ざり方を成すのか、それは何を意味するのかなど興味津々であった。ネサーン博士の真理追究姿勢に敬意を表し、分析結果を紹介させていただく。

何といっても714X製剤の魅力は、すべての病気に対応する免疫強化製剤と謳われているところだ。筆者の分析結果では非常に水と均一的に混ざり合い、2000～3000ppm程度の添加レベルでは、その本質「性格」を失わない様子が覗える。医療にはまったくの門外漢ながら、これまでの治験結果と医療効果の知見を見比べた筆者の経験では、むしろリンパ管注射よりも、水で希釈し飲用する方が身体全体で吸収できるのではとさえ錯覚を覚える程の様相を示している。ちなみに、714X製剤のあるものは、鼻腔から管注入され霧化状態で脳に最も近い皮膚粘膜からも吸収させる療法も行われていると聞いている。根本は、やはり水溶性珪素コロイド粒子の表面陰電荷という存在がいかに大きく健康に関わるかということを改めて確認することができた。筆者の見解であり、ネサーン博士は「714X製剤には珪素は一切使用せず、窒素（N_2）のタクシー効果である」と、話しているとのことだった。筆者の分析とは異なるが珪素の質量28は窒素2分子質量28と同じである。低エネ

ガストン・ネサーン714X製剤の実体験微鏡観察と光学顕微鏡観察

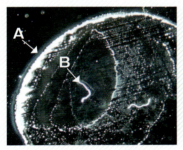
製剤5000ppm実体顕微鏡写真

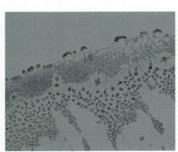
同左光学顕微鏡100倍写真

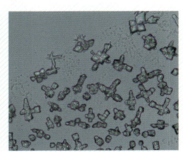
同左光学顕微鏡400倍写真

①矢印A部は水玉が最初に乾燥する最外殻辺縁部で、コロイド粒子が多いほど沈積模様が多くなる。また、矢印B部は（B部の横は付着ゴミ）最終乾燥地点でイオン物質が多いほど沈積模様が現れる。今回はコロイド粒子の集団力が強く、イオン物質のほとんどはそれに抱かれている。
②コロイド状で存在するというよりほとんどがコロイド粒子同士の小集団を構築し、さらに、それらが群れ3次粒子的存在となっている。だが、それは超過密でなく均等に存在しており、またその近辺には、微細なコロイド粒子も多く薄く見えている。それが水溶性珪素こと超微細珪酸塩コロイド粒子にほかならない。
③分散性と溶質の活性化が見えるが、少し溶質の分布性が足りない。凝集性の機能を持つカルシウム、あるいは硫黄分等の存在が影響している可能性の表れと推測される。5000ppm希釈レベルでは3次粒子のミセル集団化が全体の活性化を殺いでいるのが気になる。希釈濃度がまだ濃い結果であろう。2000～3000ppmまで希釈すべきだ。
④このことは、無害であれば飲用的に摂取した方が生命体全体の免疫機能向上に働く気がする。触媒能、生命能を有するミネラル溶液の素質を有する実験結果である。
⑤何といっても薬剤としての製剤の本質が電解質というより、コロイド粒子主体であること。現代医学の世界では、生体作用は電解質イオンの作用として語られることが大方である。だが、714X製剤がコロイド主体であることに驚きと感動を覚えた。やはり生命の根幹作用はコロイドが成しているとの意を強くしたものである。

写真4-2：714X製剤の微乾燥実体顕微鏡写真と光学顕微鏡写真

ガストン・ネサーンのがん製剤714X製剤分析

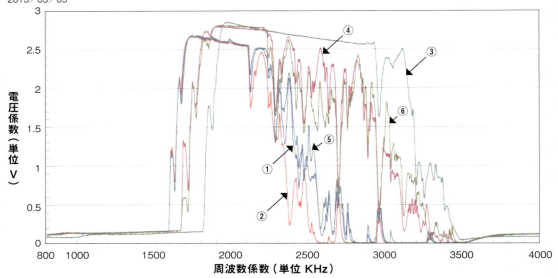

AQUA ANALYZER WAVE-W 714X
製剤のAQA波形図1（原液、波動純水希釈1000ppm、5000ppmとそのテラファイト処理）
2013／03／05

①青色線：1000ppm製剤添加水　②赤色線：波動純水　③緑色線：714X製剤原液　④桃色線：5000ppm製剤添加水
⑤空色線：①1000ppm製剤添加水のテラファイト処理　⑥黄緑線：④5000ppm製剤添加水のテラファイト処理

- 714X製剤はクエン酸等の酸で岩石抽出したミネラルのAQA波形図の様相を呈している。
- 波動純水（溶質量はTDSメーターで10ppm以下）に製剤1000ppmと5000ppmを添加した。これまでの治験の波形の形態から、製剤は2000～3000ppmの濃度で希釈利用されるのがベターといえる。
- テラファイト処理では、原液は濃度が濃く変動がわずかだが、5000ppm添加は菩薩水と同様、あるいはそれ以上の変化傾向を示し、抜群の「触媒能」の発揮状態となっている。1000ppm添加の分は変化量が鈍り、2500kHz以後の高周波域の波形の存在感も、触媒能発揮とまではいかないようだ。
- 以上から推察すれば、2000～3000ppmの添加量が飲料用としてベターのようだ。テラファイト処理でさらに機能向上が見込まれる。

図表4－12：免疫機能強化剤のAQA波形図

ルギー原子転換作用の可能性が強く考えられる結果だった。

3. アメリカ航空宇宙局NASAの宇宙飛行士の骨粗鬆症対策の検証

NASAは、宇宙飛行士の健康維持問題を最大の課題として長年取り組んでいる。中でも無重力と過剰な放射線被曝の影響と目される骨粗鬆症の防止対策を最重点に取り組んでいるとのことである。『粘土食自然健康法の超ススメ』（ヒカルランド）の著者ケイ・ミズモリ氏は、ベンジャミン・H・アショフ博士のNASAの粘土食研究内容を次のように紹介している。

「その研究においては、動物たちに様々な方法でカルシウムが与えられ、骨がどのように影響を受けるかが実験・調査された。その結果、骨を最も強化し健康的に成長させたカルシウム源は、驚くべきことに、カリフォルニア州ブロウリー近郊で産出された、ミネラルや微量元素が豊富に含まれる粘土であったのだ。NASAは、粘土の摂取が劇的にカルシウム吸収効率を改善させるだけでなく、たくさんのミネラルが互いに補い合って、骨に関する様々な病気にも効果を示すことに気付いたのだった。そして、粘土は全食事量の10％までは安全に含められるが、1～4％レベルで含めると、最も効率的にカルシウムを維持できるだけでなく、他のミネラル

栄養素・微量元素も劇的に補給でき、解毒作用すら現れることが判明した」として、最後に「骨粗鬆症に悩まされた宇宙飛行士らに対して、最も効率的に骨密度を回復させ、滋養強壮にも貢献したのは、実のところ、まったく何も添加しない天然の粘土であった」と、著している。

さて、筆者の治験結果である。「珪素なくして骨形成はあり得ない」という治験結果を後段の「牛骨粉の不思議な原子転換作用」で著した。カーライル博士の骨化論文「初期骨生成の素を成した珪素の行方不明現象」の謎解きについて、原因は「生体内原子転換」の事象事実であることを披瀝したもの。カルシウム過多による骨粗鬆症のカルシウム・パラドックスの因果関係を現象として説いたものだ。骨（主成分は燐酸カルシウム）の形成、骨芽細胞がカルシウムやリンの吸着を誘導しているのは、他ならぬ水溶性珪素の働きであることを明らかにした。

NASAがいう粘土食の原点は、先に記したフンザの氷河乳であり、フラナガン博士が究めるコロイド粒子であり、筆者が唱える鉱物のまとめ役「珪素」に他ならない。骨芽細胞の事例をはじめとして「すべての現象は始まりがなければ、何も成されぬ」との自然則の原理そのものの好事例であった。。

4. 欧米でもてはやされる粘土食「モンモリナイト」の検証

上項に関連する粘土食の背景と実情について、ケイ・ミズモリ氏はその著書の中で「粘土が古来最も重宝された万能薬かつ食材であった」と記している。

「動物は常に土を食べ続けている。伝統的な医療において人間は動物の自然治癒の行動を観察、参考にして薬草を発見してきたとして、理に適った人類の土食文化の獲得遺伝性を説いている。特に粘土の薬用解毒作用、消化機能を高め滋養強壮に直結する整腸作用、殺菌・浄化・

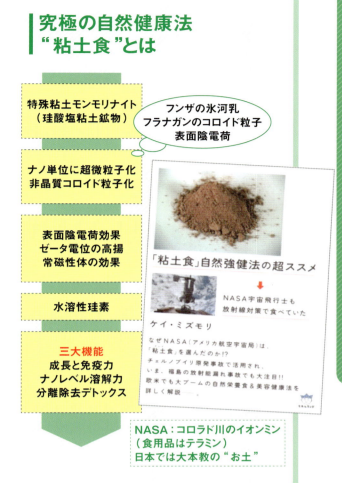

図表4-13：粘土食の紹介

癒し作用などを挙げ、すべての不浄と病気から人々を救い続けた聖者の人智『粘土治療』と土食文化を結び付けている」

筆者の日本産モンモリナイトの治験結果を、健康学の立場で検証する貴重な疑似体験となった。

さらに、「欧米の粘土食文化を支える天然に存在する岩石粉は、微小コロイド状の珪酸塩ミネラルと微量元素の複雑な混合物である。北米コロラド川が何百万年もかけて粘土層を堆積させデルタを生み出したのである。ユタ州採鉱場のアゾマイトやカリフォルニア州採鉱場のテラミン、イオンミンなどと呼ばれるモンモリナイト（珪酸塩粘土鉱物）で、NASAがいち早く注目し選択した粘土である。それらはフンザの氷

河乳コロイドと同様の代物でもあり、動植物のサプリメントにもなるが人間の食用に適した粘土として世界的に普及している」とも紹介している。

日本では如何せん、公には粘土食応用が成されず、専ら農畜産応用に止まっているのが現状のようだ。今後、日本国内の粘土食普及への誘いとして、有限会社山陰ネッカリッチ提供の珪酸資材モンモリナイトのホメオパシー誘発／触媒作用の治験分析データを元に記したい。

図4－14モンモリナイト触媒能AQA波形図を見てほしい。驚愕の現象が演じられている。木酢液の波形①に、モンモリナイトの波形②を添加すれば、出来上がり液の波形はその両者の中間に、かつ、添加量は極微量であり、木酢液の波形①に近似すると、常識的に推測される。

だが、相互作用結果の波形③は、まるで別物のお化け波形である。木酢液に対して、モンモリナイトの添加量は百億分の5に過ぎない。なぜこのような非科学的にも見える結果が生ずるのか考察してみたい。

・木酢液には多量の含有溶質物が存在しているが、コロイド粒子集団の拘束力が大きく個々の潜在溶質機能が十分に発揮されない、集団求心力の強いミセルコロイド粒子（微細コロイド粒子の会合体）の集団といえる。

・モンモリナイトの触媒力が見事に木酢液ミセルコロイド粒子の拘束力を解除し、木酢液の潜在溶質力を発揮させたものといえる。撹拌器νG7（静止型混合器の一種）でも適わぬ拘束力を解除する振動の共鳴現象の凄さの可視化と受け止めている。場の触媒力とは場の振動、ゆらぎであり、その共鳴力である。νG7と相互作用したモンモリナイトの非晶質シ

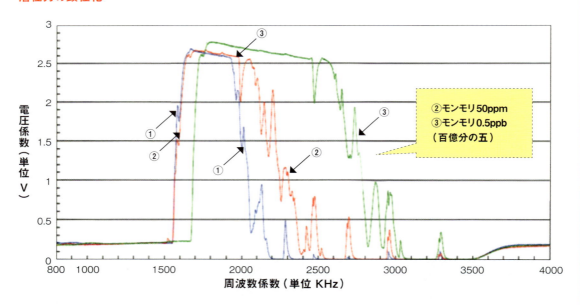

図表4－14モンモリナイトの触媒能

リケート超微細粒子の触媒力の凄さが光る。

　上記の分析結果、いかがだろうか。百億分の5という超微小量、結晶痕跡さえ不可能な状態で、全体像のイメージを想定外に変身させる能力とは、場の触媒機能、すなわち、振動の同調・共鳴現象以外に考えられない事象である……。よく似た現象としてホメオパシー医療法がある。日本学術委員会はじめ多くの科学者は、プロトサイエンス（未科学）、または擬似科学という。だが、欧米やインドでは第一医学として重用され、メタサイエンス（超科学）と当事者は自認している。本分析結果を見る限り、メタサイエンスに軍配が挙がる。今後、本事象はホメオパシー論争の大きな科学的行司役を果すことになるものと期待される。

珪素の生命力 「表面陰電荷力」と「常磁性」

「水に命を与えているのは珪素」だと、縷々述べてきた。「寄り集いて和し、群れて輪す」結び合うコロイダルの集団引力は、珪素の「表面陰電荷力」が原動力であり、その活動調律リズムのマイナスエントロピーと目される「氣」と感応し、惹起する珪素の常磁性だとも述べた。この珪素の2つの力が水の水素結合を制御し、かつ自らの生命エネルギーを惹起しているのである。すなわち生命エネルギーの元を成すコロイダル集団の電荷力とグループダイナミズムの創出を図っている。水溶性珪素の生命力に関する概要を図表4－15にまとめた。ここでは表面陰電荷力と常磁性のカラクリとその作用機序について、少し深く、その原点を科学の力を借りて覗いてみたい。

1. シリケート四面体（SiO₄：鉱石の基本骨格）の結晶構造とゼロ場

珪素の表面陰電荷力とは、シリケート四面体（SiO₄）が醸し出す電気的引力、すなわち、マイナス雰囲気のことをいう。この電気的引力の強さが、水分子同士の水素結合力以上に強く働き、水分子同士の自由な水素結合を抑制し、自らの集団へとなびかせているのである。この電気引力の働きが"いのち"を成すコアセルベート（液滴）の"核"つくりの原点である。一般

珪素4面体結晶構造

●珪素4面体層の酸素原子面と陽イオン

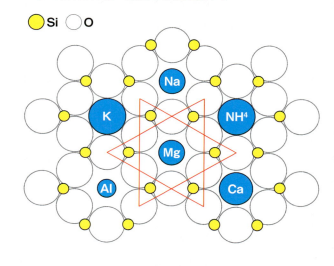

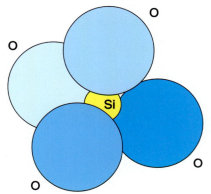

生命体を誕生させた水溶性珪素の生命力とは
表面陰電荷力と常磁性

●水溶性珪素が水の水素結合を制御し目的別となる必要な結合水を作り上げる

1. 生命体の基「液滴コアセルベート」の前躯体となる『核』を水と共に作る
2. 表面陰電荷力で親水性有機物を吸着、生命秩序体『液滴』を合作する
3. 電荷力でローレンツの生命エネルギー"起電力"を発生する
4. 外敵防御の膜作り、殻作りを成し生命体防御を成す
5. 生命秩序体の主柱作りの土台作りを成す
6. 常磁性で宇宙自然普遍の「氣」に鋭敏に感応、生命リズムを奏でる
7. 表面陰電荷力"マイナスエントロピー"で生命体の初期化「若返り」を図る

図表4－15：水溶性珪素の生命力

に結び合う結合群化した水、あるいは生体系の水もどき水集団のことを、筆者は"コロイダル"と名付けたのである。

鉱石（ミネラル）の基本骨格は、珪素の特性SP³混成軌道が成す正四面体構造である。既に第5項で詳細を述べたところである。この原点があるがゆえに、自然に存在する鉱石は結晶状につながり合うシリカ（SiO_2）に対峙して、非昌質性（アモルファス）の単分子系の基本構造シリケート四面体（SiO_4）の存在が適うのである。温泉などで見受けられる非解離物質のメタ珪酸（H_2SiO_3）や海に存在するオルト珪酸（H_4SiO_4）、さらには風化作用した非晶質のアロフェン（図表4－4）などが自然界に存在している。シリケート四面体の構造の仕方、並びに水分子との電気的な結びつきについて見ていきたい。

まずシリケート四面体構造（図表4－16）から見ていこう。

珪素の原子イオン半径は約0.4Åで酸素は約1.4Åである。珪素四面体層には、直径約2.9Åの空間が、Si—Oの原子面を構成する酸素6員環（六芒星形状）によって作られている。カリウムイオンK^+は2.66Å、あるいはアンモニウムイオンNH_4^+は2.86Åであり、マグネシウムイオンMg^{2+}原子イオン径は1.3Å（イオン半径は約0.65Å）である。Si—Oの原子面を構成する酸素6員環（六芒星形状）によって作られている空間直径約2.9ÅにMg^{2+}がはまり込んでいる図が示されている。水分子の最近接距離は2.9Åである。珪素四面体が成す六員環構造の空所には水分子が1個はまり込める程度である。

不思議な現象である。その空所は電気的には酸素に囲まれたマイナスの雰囲気をおびた場である。識者はこの場が「ゼロ場」を成すと考えている。磁気と同じように考えられる。同極同士が対峙している磁場の中央部はゼロ場になりやすい。マイナス電子雲同士の反発力で空間はゼロ場になり易い。ゼロ場はモノが吸い込まれ易く、吸い込まれたならば自身には開放力が働く。そう考えるのが自然の理ではないだろうか。結合が解かれ単分子化、原子化が進む……。すなわち、素材化の異化作用の工程が見えるはずである。

重くイオン半径の小さい物ほど中にはまり込むことができる量子ふるい効果と似ている。それは、シリケート四面体が成すミセルコロイド粒子のドーナツ状リングとも同じ様態である……。水溶性珪素の威力である。

珪素の原子イオン半径は約0.4Åで酸素は約1.4Åである。Si四面体層には、直径約2.9Åの空間が、Si—Oの原子面を構成する酸素6員環（六芒星形状）によって作られている。K^+は2.66Å、あるいはNH_4^+は2.86Åであり、Mg^{2+}原子イオン径は1.3Å（イオン半径は0.65Å）である。
Si—Oの原子面を構成する酸素6員環（六芒星形状）によって作られている空間直径約2.9ÅにMg^{2+}がはまり込んでいる図が示されている。水分子の最近接距離は2.9Åである。珪素四面体が成す六員環構造の空所には水分子が1個はまり込める程度である。しかもその空所は電気的には酸素に囲まれたマイナスの雰囲気をおびた場である。シリケート四面体が成すミセルコロイド粒子のドーナツリングと同じ態様でもある。識者はこの場が「ゼロ場」を成すと考えている。重くイオン半径の小さい物ほど中にはまり込むことができる量子ふるい効果と似ている。

出典：『土壌学―土壌・肥料学（1）』山根一郎 著／文永堂出版 より一部改変

図表4－16：珪素四面体結晶構造について

2. 珪素四面体（SiO₄：鉱石の基本骨格）の表面陰電荷力

構造体は立体であるが、見易くするために平面的に書き表したのが図表4－17珪素四面体結晶構造の表面陰電荷力である。参照して読み進めてほしい。

水を纏った珪素四面体（SiO₄）の表面は、電気的にマイナスの雰囲気に包まれている。珪素が正三角錐の中央に位置し、その4つの角の頂点には酸素が位置している。珪素は化学的特性として4つの最外殻電子を有し、他の4つの電子と共有結合し安定状態を維持したいとしている。その相手が4個の酸素であったものが珪素四面体（SiO₄）である。別名シリケート四面体ともいう。

また、これら4個の酸素夫々は、共に何かと結び合い安定したいとの電子を2個持っている。一個は夫々珪素と結び合っているが、もう一個を何かと結び合い安定したいと欲している。周囲にある水分子の電気的にプラス雰囲気にある水素側を引き寄せることで安定を図るのである。水分子の酸素側に遷移した電子を引き寄せ、水の水素結合の動きを抑制する構図となっている。水の水素結合よりも強く水分子を引き付け、さらにその外側の水分子の水素結合をも制御し、水分子の水素側を幾重にも自らの方に向け整列した状態を整え、シュテルンの電気二重層の構造化を成すのである。この珪酸コロイドの周囲の電気的マイナス雰囲気帯を表面陰電荷力（ゼータ電位）と呼んでいる。

秩序と活力を支える 珪素の表面陰電荷力

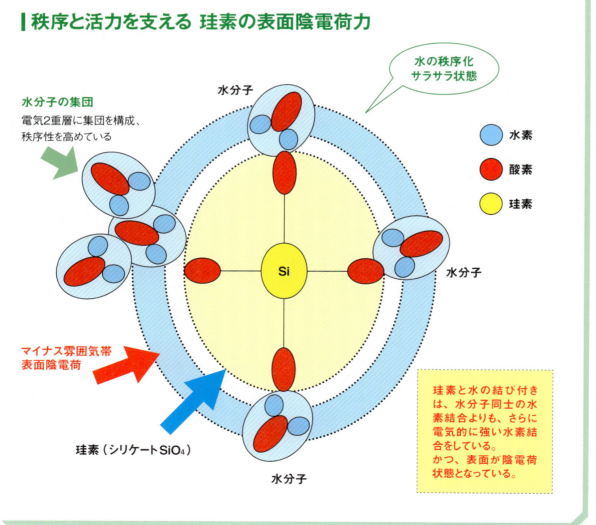

図表4－17：珪素四面体結晶構造の表面陰電荷力

3. 水の溶解力と
　コロイド表面陰電荷の関連性

　溶媒として物を溶かし込む溶解力は、水の一番の自己顕示力である。自然界に存在する水で、何も溶け込んでいない水、つまり純水は存在しないと先の章で述べたが、再度おさらい的に概要をかいつまんで著したい。

　生命体にとって水の溶解力が最も大事な要素である。いかなる生命体も水で構成され、生き抜くための生命諸作用もすべて水を媒介として行われている。水はあらゆる物を、多かれ少なかれ溶かし込むことが可能な万能の溶媒である。既存の化学理論では、もっぱら電解作用、すなわち化学反応のイオン化列による溶解といわれている。だが、化学的イオン化状態のみを溶解力と捉えるだけでは、実用の水の溶解性の科学的解明はおぼつかない。すなわち、モノは化学反応の作用以前に物理作用の支配を受けていることを忘れてはならない。物理的な水分子と同等の存在レベルとして水集団に包摂されるのも1つの溶解現象とすべきである。水溶性現象、あるいは水和現象など現実に実用の場では何ら違和感を覚えることもなく当たり前の溶解事象として捉えられている。

　さらに、場の触媒能として働く振動現象が水の溶解力をいっそう増している。すなわち水の盟友『珪素』は、微細化するほど触媒力を増し、2nm以下の大きさになればその触媒能は1万倍から10万倍にもなることがわかっている。これが水と一体となって溶解力を増している根源力である。場の振動、界面作用も溶解に一役買っているといえる。浸透作用、量子ふるい効果、ナノバブル効果もそれなりに溶解力に影響を及ぼしているのは事実である。

　而（しこう）して、珪素によって制御された結び合う結合群化した水ほどあらゆるものを溶解する力が強いことを、図表3－23で水の水素結合と誘電率の関連性を用いて述べた。論より証拠である。いかに水にモノを溶け込ませることが大事

かという話で納得いただくのが一番かもしれない。珪素がいかに水溶性に関わるかという面白い医療の最先端科学技術を1つ紹介する。

　最近、国際的に注目を集める即効性のあるがん治療法がある。米国立がん研究所（NCI）の小林久隆・主任研究員が開発中で、2～3年後の実用化を目指している。2012年にオバマ大統領の一般教書演説で紹介された近赤外光線免疫療法である。第6章のコラム6－1を参照願います。小林氏の開発した新しい治療法はがん細胞の死滅率が極めて高く、ほとんどのがんに適用できるという。近赤外線の当たったがん細胞は1、2分でバタバタと破壊されるとの衝撃的な内容である。この治療法は、がん細胞だけに特異的に結合する抗体に、近赤外線によって化学反応を起す物質IR700（フタロシアニンという色素）を付け、静脈注射で体内に入れる。抗体はがん細胞に届き結合するので、そこに近赤外線の光を照射すると、化学反応を起してがん細胞が破壊され死滅するとのことである。

　なぜこの話を、ここで取り上げたのかということである。小林氏は次のような開発秘話を語っている。

　「IR700は、本来水に溶けない物質で体内に入らないが、中に珪素を入れて、水に溶ける性質に変えてしまう。静脈注射で血流が抗体をがん細胞まで運んでくれるのである。また珪素は一日で尿中に溶けて排出されるのでこれも人体には無害である」

　彼の凄い水面下の技術開発が、珪素の頼もしい結び合う力の水の溶解力・親水力の進化と、しかも生体には無害であるとの大事な根拠に支えられているという事実を知っていただきたく付記したものである。

　上記で思い出されるのが、生命体内での珪素の結び合う力の水の働き様である。1つは細胞同士を結び合わせるムコ多糖類の親水力の架橋剤となりいっそう親水性を高め生体の秩序維持に努めている。また、膝や肘などの間接の結合

部分になくてはならないコラーゲンやヒアルロンサンの働きを助成しその結合力を保持させているのがエラスチンである。ところがエラスチンの線維細胞は親水力に乏しく、線維芽細胞の珪素の働きで親水性を確保し線維拘束の架橋剤となり生体関節部分等の柔軟性という秩序維持を図っているのである。第六章のコラム6－2と3を参照願います。

次にいくつかの水をして溶解力を高めている珪素の実績を見てみよう。

元京都大学の高橋英一名誉教授は、「高分子有機物の分解に対し、可溶性珪酸塩は触媒として働く。タンニン酸、アルギン酸、多糖類等の縮合・重合の高分子物質の鎖を切る力が大きい」と述べている。すなわち有機物を水溶性化するには珪素が有効であると第三章で既述しました。

もう一点、油と水のエマルション技術は、機械加工用の水性切削油（クーラント）に応用され素晴らしい効果を上げている。旋盤の切削刃の消耗が数十分の1と劇的に軽減され、かつ、製品の精度が一桁向上しているとの素晴らしい結果が得られていると……、第二章で既述した。重複するが、大事な科学的根拠であるため再度記したい。

「一般的な話として超臨界水、亜臨界水は誘電率が低く、極性が低い有機化合物を溶解するといわれている。誘電率とは溶媒の極性を表す尺度で、値が大きいほど高極性となり、イオン性の物質を良く溶かすのである。通常の水の誘電率は80程度と大きいため、誘電率の低い無極性の炭化水素は溶解しない。だが、超臨界水の誘電率は2～10程度で誘電率の低い有機物（ヘキサン、ベンゼンなど）を溶解することができる。さて、澤本抗化石水の誘電率が13～20（25℃）と亜臨界水に近い値となり、普通の水に比べて、油類とエマルションの形成が容易に可能となる」

先の米国立がん研究所の小林久隆氏のがん治療免疫療法の補助剤としての珪素の親水力、さらに生体のコラーゲンやヒアルロンサンの結束役「エラスチン」の保水補完剤としての珪素の機能発揮とかぶり合っている……。結果として、珪素で司られた結び合う力の水の溶解力・親水力は様々な目的に応じて機能発揮がなされている。物理的触媒能や、あるいは化学的誘電率のコントロールにて様々なものを親水保持する「溶解能」の向上に働いていることがわかる。

4. 生命体作用になぜ"常磁性"が必要なのか

我々が生きているこの世界は電気と磁気に満ちている。科学の世界ではそれが場としての電場であり、磁場だと呼んでいる。だが、本誌ではすでに序章で"氣"の存在について極超微小磁性エネルギーとして、しかも生命体誕生のベースエネルギーであることを述べた。すなわち電場も磁場も、この"氣"の場の一現象に過ぎないものと筆者は見做している。"氣"の場こそ宇宙の"斥力"の演出者であり、共通の交信手段"振動"を生み出す"宇宙の恒常性"の場であるといえる。変化に対して変化させまいとする大事な宇宙の第一法則とも呼ばれるのが"宇宙の恒常性"である。物理則の公理にあるかどうかは不明だが、自然の現象説明にはなくてはならない原理則であると筆者は見做している。

もしかして湯川秀樹博士が唱えた、宇宙という場は飛び飛びの素領域であるとする「素領域理論」が、"宇宙の斥力"を論ずる"場"に当てはまる気がしてならない。しかも宇宙は光速を越えるスピードで今も膨張（インフレーション）しているという。斥力の解析には、「素領域理論」が最も必要とされているのではないだろうか。そんな気がしてならない。宇宙の年齢が137億2千万年というとんでもないシビアーな数値が計算ではじき出されている。根拠は光

の宇宙背景放射の赤方偏移（ハッブルの法則）という現象から割り出したものであるという。宇宙のどこにおいても通用する電場・磁場があるということの証である。

　もう一点確かな根拠がある。これほどまでに地球が小さく感じられグローバル化したのは情報通信産業の大いなる発展である。無数の通信衛星と電波で、しかも有線でなく無線で交信している。そう、この電波がいかように通信衛星と行ったり来たりしているかご存知だろうか。宇宙隅々にまで行き渡る電場も磁場も常に変化したくないとの恒常性を有している。図表4－18電磁波の伝搬と場のエネルギーを参照し、読み続けてほしい。

　電波が発せられると周囲の磁場がそれを阻止する働きをする。さらにその磁場の隣の電場は磁場の働きに抗してそれを抑制しようとする。同じようなことを次から次と繰り返しながら、あたかもチェーン（鎖）を伝わるかの如く電場と磁場が交互に恒常性を発揮し、結果として変化を成しながら地上から通信衛星へと辿り着くのである。すなわち電場、磁場の恒常性を利用しつつ無線通信が成されているのである。電気と磁気は表裏一体で動作している。しかも電場・磁場、そして、普遍に存在する原始のエネルギー"氣"の場がなければ、この世は真っ暗闇どころか、現存していないだろう。

　さて、宇宙というのは、生命エネルギー、すなわち電磁気エネルギーを生み出す"氣"が存在しているという事実を納得いただけたことだろう。ビッグバン以前からある原初の始祖エネルギー（氣：エーテル）とでもいうべきものだろうか。ヒッグス粒子の次元を遥かに超える、しかもプランク定数さえも越える物理の原始定数の特定が待たれるところではないだろうか。では、人類最後のロマンともいわれるこの未解明な"氣"のエネルギーを生命体はいかようにして利用してきたのだろうか。また、生命体内ではいかように上手に電気信号を伝達し心身を

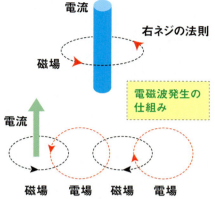

図表4－18：電磁波の伝搬と場のエネルギー

制御しているのだろうか。筆者の思うところを述べてみたい。

　共同研究者澤本氏の意念エネルギーを様々な治験を通して常在の如く検証しうる環境にあり、筆者らは実証を試み治験データを積み重ねている。治験から帰納した氣の存在とその働き様は、確かな『人工の氣』も併せ検証済みである。詳細は第九章に譲ることとして先を急ぎたい。世に認められるには自画自賛の根拠のみならず第三者の確かなシンクロニシティが必要だ。そんな基点を特定し得たのは、フランスのノーベル生理学・医学賞を受賞した遺伝子研究家リュック・モンタニエ博士の実験。2015年発表された「遺伝子DNAの電磁気的交信にはシューマン周波数が必須である」との研究成果

だと筆者は受け止めている。ここでは結果のみの紹介で、詳細は第九章に譲ることとする。

加えてもう一点、この不思議な生命エネルギーの素を成す"氣"を鋭敏に受け止め感応できる"常磁性"の特性を有した物質の存在が必須なのである。微弱な磁性エネルギー"氣"を取り込む常磁性物質とはいかなるものなのか、またその大事な2つの使命とは何かを少し詳しく記したい。

"常磁性"とは、理化学辞典で「磁気モーメントをもつ磁気イオンで構成されている物質では、磁性イオンの磁気モーメントの配向はでたらめで互いに打ち消しあい全体として磁化は示さないが、外部磁場が掛けられると各イオンの磁気モーメントが熱運動に抗して磁場の方向に傾き、全体として磁場の方向に磁化される。このような性質を常磁性、常磁性を示す物体を常磁性体という」と解説されている。常磁性というのは、磁界のない時は磁気モーメントが、磁気方向がバラバラの方向を向いているが、磁界を印加(いんか)すると磁気反応で鋭敏に追従する性質をいう。すなわち、外部磁場がない時は磁性を持たない性質である。弱く磁石に引き寄せられるような性質をいう。微弱磁性エネルギーに鋭敏に感応するが残磁しない生命エネルギー向きである。カルシウム、ナトリウム、カリウム、珪酸塩、金属以外では、酸素や、一酸化炭素、ガラスなども常磁性である。特に珪素は酸素と結びつき強い常磁性を発揮する。水は反磁性だがミネラルと共にコロイダルを構成し、常磁性の反応を示すのである。

よく似た言葉の"強磁性"とは、鉄、コバルト、ニッケルのように磁石に強烈に引き付けられ、こすり付けられればそれだけ強力に磁化する性質をいう。外部磁場を外しても、磁気は残り、特定時間内では自らが磁気力を発揮するのである。それが昂じて、永久磁石となることさえ叶うのである

また、反磁性とは、物質自体は磁気モーメントを持っていないが、磁界を印加すると外部磁場とは反対方向の磁気モーメントを生じる。金、銀、銅、鉛、マンガン、水素、窒素などである。純水も反磁性物質である。

DNAをはじめ、人体は地球磁場の鼓動といわれているシューマン周波数に共鳴している。その周波数並びに磁場の強さは7.8Hz×240～660mG（ミリガウス）である。なお、超能力者A師のエネルギー検証の実験では、地球磁場の10分の1以下程度の弱い磁気だが計測範囲0～30mGのトリフィールドメータの指針の動きを確認することができた。一生忘れることのできない衝撃的体験であった。この衝撃的現象こそが、筆者をして、"氣"の物理・化学的究明の、確かな第一歩となり得たのだ。なぜなら、「場

脳波（δ、θ、α、β、γ）の区分け

ヘルツ(Hz)振動数／1秒間			
	0～4	デルタ波	脳波「ゼロ0」は人の「死」である。熟睡時の脳波。隔離されたヒーリング、睡眠の状態。
	4～7	シータ波	入眠時の脳波。深い瞑想状態やまどろみの状態で記憶や学習に適した状態だが、脳の深部でありノイズを拾い易く計測誤差に注意。
	7～8	シューマン波（7.8前後）θ波とα波の境界域	ドイツの物理学者W.Oシューマン博士が発見した地球の鼓動でシューマン共振という。シータ波とアルファ波の境界域でアルファ波とする人もいる。人体との第一共振周波数で瞑想や氣の施術時に発生する脳波で、意識下において自然と一体となるリラックス波。脳の松果体は電磁気を良く感知し、セロトニン、ドーパミンを出す。
	8～14	アルファ波	覚醒と睡眠の間の状態である。精神活動が活発で意識レベルが高まっている状態。自分の持てる力を十分に出し切る自然体の状態。8～9Hzスローα波、9～11Hzミッドα波、11～14Hzファーストα波。
	14～38	ベータ波	日常生活時の脳波である。警戒、集中、認識力、批判、パニック状態などストレスの多い時の脳波である。
	26～70	ガンマ波	一般的には約40Hz前後で、26～70Hzの範囲の振動数。隔離的脳の認知機能に最適で極度のエネルギー集中。予知、透視の集中力。

図表4-19：シューマン波と脳波の関連性

のエネルギーは宇宙普遍に存在する超高速微細振動を成す超微小な渦磁気（仮称）であり、生体発信エネルギーは細胞波であれ、脳波であれバイオフォトンは生命体個々に属するシューマン周波数レベルの超低周波数の信号電磁波である」といえる。図表4－19：シューマン周波数と脳波の関連性を参照願いたい。

先にも著したが、珪素は酸素と結びついて強い常磁性を有している。また、水は反磁性だがミネラルと共にコロイダルを構成し、常磁性の反応を示している。すなわち、生命体は水と珪酸（SiO₄）のコロイダルの常磁性を介して、氣と交信をしている。超能力者、気功師、匠、そして宗教的祈祷師の方々は、いかに上手に以心伝心の場で"氣"を搬送エネルギー源として変調し抱きこんでいるかが治験結果でわかってきた。さらに、高度に常磁性を示す珪酸も、大地の常磁性に影響を与えている。もちろん、大地は全体が鉱石であり宇宙からのクリーンなエネルギーと共鳴している。生命育成場の土壌を活性化し、化学肥料や農薬で大地を汚すことなく、効率的に農作物を収穫することに寄与するのである。常磁性であるがゆえに、場にある不思議な"氣"のエネルギー、一名フリーエネルギーとも呼ばれている宇宙の贈り物"マイナスエントロピー"を抱き、生命体は若返り・生命維持を図っているのである。

もう一点、珪素主体の鉱石（ミネラル）は太陽からの大事な贈り物である赤色可視光線近くの見えない光、すなわち波長4～14μmの"育成光線"（図表4－20：育成光線の窓参照）を存分に共鳴吸収し熱エネルギーに変換して周囲物質を惹起させる励起エネルギーとなり得るのである。図表4－20は主要な大気組成の水と炭酸ガスの赤外線吸収（白色部分）を示している。

太陽光線の赤外線で水と炭酸ガスに吸収されず地上により多く届くもので4～14μmの波長を育成光線と呼んでいる。この範囲の黒体放射率の高いもの程、体内に於いても太陽光線をキャッチし、自らが惹起し摩擦熱を発し周囲の温熱効果を図ることとなり、生命体惹起に寄与するといわれている。育成光線は人体の皮膚でほとんど輻射熱として反射されず透過し、体内で共鳴吸収され温感を感じるのである。人体は有機体である。有機化合物の吸収スペクトルは4～14ミクロンの波長帯に集約されている。図表4－20の黒塗り部分が体内に吸収される波長域である。

同じ原理を活用した凄いがん治療技術を思い出していただきたい。先に紹介した米国立がん研究所（NCI）の小林久隆・主任研究員のがん治療法の開発技術である。この治療法は、がん細胞だけに特異的に結合する抗体に、近赤外線（波長700nm）よって化学反応を起す物質IR700（フタロシアニンという色素）を付け、静脈注射で体内に入れる。抗体はがん細胞に届き結合するので、そこに波長700nmの光を照射すると、化学反応を起してがん細胞の表面で熱を出してがん細胞膜が破壊されがん細胞は死滅するとのことである。

すなわち同様のことが自然の太陽光を浴びる中で、育成光線が生体内の珪酸コロイダルに到

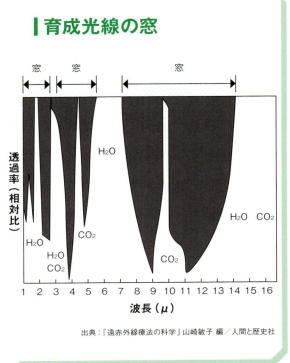

図表4－20：育成光線（4～14μm）の窓

達し、共鳴吸収され熱エネルギーに変換され温熱効果が得られるのである。温熱効果とは、体温が1℃上昇すると血流がよくなり、免疫力が30～40％改善するともいわれている。人体の細胞を満たすコロイダルには、強磁性のミネラルもいくらかは必要だが、磁石に弱く引き寄せられる常磁性の鉱石が重要な役割を果している。水溶性珪素の必要性である。表面陰電荷を持った、ブラウン運動の主役"珪酸コロイダル"の話である。

　先の粘土食の項で取り上げたケイ・ミズモリ著『粘土食自然健康法の超ススメ』（ヒカルランド）の中に米国の農学者キャラハン博士の研究が紹介されている。筆者らの研究結果との関連性を含めまとめておきたい。
①アメリカの農務省の昆虫学者で農学者であるフィリップ・S・キャラハン博士は、自身が開発した常磁性計測器（PCMS）を用いて、世界の聖地や生物の生命環境について常磁性とのかかわりを研究している。彼は、常磁性は生物の生長に深く関わり、聖地は常磁性が高い処が多いと述べている。
②研究結果として、14ヘルツが理想的な周波数であり、22ヘルツは高過ぎ、8ヘルツでは低過ぎるとも述べている。
③我々の健康補助具タップマスター（5～13Hz×振幅1mmの垂直振動健康補助器）の治験でも「無機系物質はファーストアルファ波領域（11～14Hz）に、有機系物質はミッドアルファ波領域（9～11Hz）の振動に影響される傾向を示している」。キャラハン博士と同様の傾向といえる。
④無機常磁性に感応し易い周波数が14ヘルツであり、有機生命体の常磁性は集団構成の最小単位の要素が多くなり大きくなった分だけ、集団リズムの共鳴共振を成す固有振動数が低下し、波長が長くなったと考えれば、モノの理に整合しているといえる。

なぜ、生命体は常磁性体なのかについて箇条書きにまとめておく。
①この宇宙は、原始重力波の存在確認で示されている如く、開闢以来、どこにおいても磁場であり、電場であるといえる。
②すべては宇宙普遍に存在する「氣」に、どっぷり浸かり、その磁性エネルギー、電気エネルギーの影響を受けている。すなわち、電磁気振動エネルギーを介して、すべてのモノは交信・会話しているのである。
③生命エネルギーとて、例外ではなく、すべての根源である電荷エネルギーの動作に強く、鋭敏に影響されている。当然ながら、生命体は血流（赤血球は表面がマイナス陰電荷である）、経絡などの生命循環流で磁性エネルギー、電気エネルギーを脈動させ生命エネルギーを発祥・伝達しているのである。
④生体を構成するものは「氣」という微弱な電磁気エネルギーの変化に鋭敏に感応し、順応する特性を有しているものでなければならない。よって、生命体は、常磁性体であることが最も大事な条件となるのである。
⑤生命体は、水と珪素の表面陰電荷を成した常磁性のコロイド集団が一番似合っている。生命体は必然的に合理的に作られていると見受けられる。生命体は"氣"と一体で生命エネルギーを得るために常磁性となっている。

水と珪素の集団リズム力の素は かすかな微弱磁性エネルギー

　水が成す神秘な力「水の集団リズム力」とは、「氣」を抱く場の媒体が成す触媒能の働きであり、集団自らの秩序を成す「調律リズム」の働きである。それが、「自己組織化」と「多機能／多様化」の原点である。

　触媒能の働きの振動エネルギー源「氣」こそ、量子物理学者シュレーディンガー博士が強調する「秩序がいっぱいの超自然的な力 "マイナスエントロピー"」だと考えられる。量子物理学者が唱える「生命の素」である。

　マクロな科学観察「水の性格」の治験結果で、自然の2つの原理「いのちの健康」の基本動作がわかってきた。1つは、集団調律リズムのエネルギー方向、力の作用力線「ベクトル」を一致させること、すなわち、秩序と活力を成す根幹エネルギー作用である。集団の熟成度を高め、安定した活力ある集団維持を図っている。もう1つは、宇宙普遍の「氣」の磁性エネルギー効果といえる。いかに上手に微弱な磁性エネルギーを、鋭敏に、正確に共鳴できるかである。水と珪素の集団は常磁性体であり、サトルエネルギーとの上手な共鳴体である。

　米国エール大学のハロルド・サクストン・バー博士は「生命の動電場理論」で「場と成分の関係は、成分が場を決定し、逆に場が成分の動向を決定する」としている。また、「生命動電場の活動により、生命体に全体性、組織性、及び継続性が生じる。宇宙とは一種の電場であって、その内部にあるものはすべて、その全体場を補完又は構成する役割を担っている」と、論じている。

　我々の身の回りには見えない宇宙根源の媒体 "氣" が充満している。生命の根源である『水と珪素』は、振動エネルギーを幾重にも抱いた "命の場" の媒体 "コロイダル" なのである。"氣" の利用こそが、いのちの健康の素である。

　水をして、いのちの根源と成さしめている宝物 "水溶性珪素" の働き様を描いた実用科学の入門であった。

第四章　珪素の生命基礎科学

第五章 生体系の水 "コロイダル" の生命基礎科学

「コロイダル領域論」の神髄

> 結び合う結合群化した生体系の水 "コロイダル" は、本書の主役を務める "キーワード" だ。既知のコロイド化学に見習い、見つめ直した実用の水の真の有り姿……。生命体の基点を成す水と珪素との協働体そのものなのだ。各章での部分的な解説をも踏まえ、多少堅苦しさも加わるが、体系的な観点から生命と関わり合うコロイダルの生命基礎科学について著したい。

　古代ギリシャの時代から、人々は「水は万物の根源（プラエレメント）である」として、広く深く哲学的に、宗教的に、そして科学的に生活に密着させ、その諸性質が詳細なまでに科学されてきている。だが、それでも「水はつかみどころのない代物」と、つぶやく科学者も多いのも現実だ。実用の水と科学するための水の単純な取り扱い方のミスマッチが原因だと筆者は考えている。

　もう1つ異次元の得体の知れない根源の原因が潜在している。誰もが体験する "ミラクル現象"。すぐ目の前にあるのに掴みきれないもどかしさである。その正体とは、「いのちは水」の根源 "結び合う力" である。今なお、神秘科学のベールに包まれたままである。

　"水" オンリーの理論では、到底、実用の水の奥深きミラクル解明は適わない。単純な差異ではない。構造の仕方や仕組みが全く異なる異次元の話である。30数億年前の生命体誕生にまで遡り見定めねばならぬ「いのちの秘め事」が隠されている。「水と珪素と氣のコラボ "コロイダル" の電荷作用」である。それが地球生命体の自然発生の基点だったことを思い出していただきたい。

　結び合う力の水 "コロイダル" の存在を認めることで、物理学会の粋を集めても謎とせざるを得ない物理学70の不思議の1つ「溶液二様態論」（コラム3－1）の解明さえも叶うのだ。そこには「いのちの核」と成り得た水と珪素の絶妙な結び合いのコラボレーションが透けて見えている。いのちの核となり、いのちの力の根源となる結合群化した水のグループダイナミズムである。

　すなわち、私達の身体の基本構成要素を成す生体系の水の本家本元コロイダル群の群知能とは、"シンクロナイズド・ダンシング" である。科学の言葉でいえば触媒能と記憶能である。あまりにもシンプルな生体系の水の本質の解き明かしである。これが、中島・澤本の「コロイダル領域論」の髄の根幹である。

　第三章では水の生命基礎科学、そして第4章では珪素の生命基礎科学を縷々述べた。それらの生命基礎科学をベースにして、筆者の治験結果の整合性を検証した結論を手始めに紹介したい。また、その根拠ともなり得たコロイダルの知見や治験の詳細についても、後段で述べることとする。

いのちの水"コロイダル"の科学的根拠

　水素結合や誘電分極、さらには密度という水の要となる物性値は、どれもこれも温度依存性が大である。当然だが、三者は無関係な存在ではなく互いに水の構造形態に見合った相互依存の中で関連し合っている。水のミラクルの原点を見究めるには生体系の水"コロイダル"とこれら三者の横の関連性について詳しく知る必要がある……として、誘電率と水素結合の関連性を第三章で既述した。ここでは、具体的に生体系の水"コロイダル"に照準し解説する。

　京都大学名誉教授 梶本興亜氏が考案した「水の水素結合と誘電率の関連性」の図表3−22をベースにして、実用の水であるコロイダルの説明がし易いように筆者が一部追加付記したのが図表5−1。生体系の水の水素結合と誘電率の関連性である。世界に先駆けて描いた生体系の水の科学指標図だ。図表の基本的な読み方については、第三章でその要点を著した。異なる点は、亜臨界水の位置、並びに珪素が作る生体系の水の位置を、筆者の治験結果に基づいて挿入したものに過ぎない。参照し、読み進めてほしい。

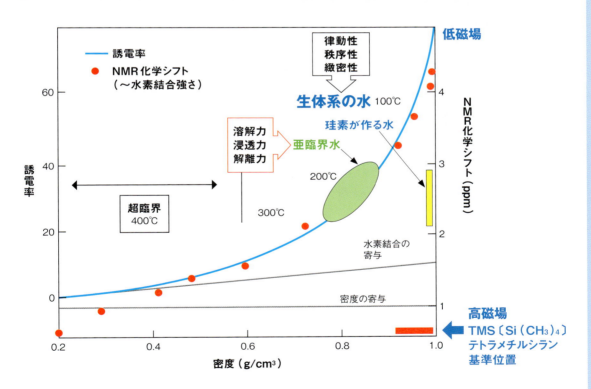

図表5−1：生体系の水の水素結合と誘電率の関連性

さて、純水は温度の上昇変化と共に密度が逆比例して低下し、誘電率は青色線に沿い比例定数に則り連続的に下降している。理論の水の基本形態である。だが、我々がここで云々する水は、コロイダル様態を成す実用の水である。理論の水とどこが違うのか。コロイダルの核となる珪酸の表面陰電荷力がしっかりと働いた水の水素結合を制御している特異性の水の変化である。

珪酸（SiO_4）に制御される状態変化は、NMR化学シフト（核磁気共鳴）の影響力を考慮しなければならない。すなわち、珪酸の影響力が強い水ほど場は高磁場となり、誘電率は低下していく。加えて、珪酸の影響力が強い水ほど水の密度「1超」が維持される。この影響を反映して総合的に組み合わせると、生体系の水、すなわち珪素の支配下にある水の位置を表示することが叶うのである。既存の純水では考えられない「いのちの核」となる生体系の水"コロイダル"の科学変化を整理し、取りまとめてみる。

1) 純水の温度依存の状態変化は、従順に青色線ラインに沿って変化することがわかる。すなわち温度上昇に従い密度は低下し、誘電率も漸減していく。温度上昇につれ水分子の自由な水素結合の動きは熱エネルギーの抵抗にあい抑制を余儀なくされる。
2) しかし、珪素を纏った水は、青色線カーブを辿ることなく垂直方向に下降する傾向を示すことが、抗火石水で実測された誘電率と密度のデータが示している。温度が多少上昇しても密度「1超」の維持が叶い、温度上昇に伴う低下率はわずかである。誘電率も珪素の表面陰電荷力により水の水素結合の動きが抑制され、高磁場側にほぼ垂直で下降する実測データがある。
3) 上記結果により、珪素に纏いついた水は水の科学でいうところの生体系の水そのものの様相を示しているといえる。この結び合う力の水"コロイダル"こそ、細胞に吸引された生体系の水モドキどころか、自己の存在性を発揮し生命誕生の核となり得た本家本元の「いのちの水」そのものである。
4) しかも0℃でも凍り難く、かつ100℃でも気化し難い緻密で秩序ある水ができることを指し示したものである。理論と実践の合致を物語っている。
5) このような水と珪素の生命体絡みの科学的表現に、筆者は未だ出会った記憶が全くない。実用の水を結び合うコロイダル様態だと受け止め、神秘な全体力の意義を求めて初めて見出せる、世界に先駆けた生体系の水の科学的表現ではないかと自負している。

ところで、珪素の化合物テトラメチルシラン〔$Si(CH_3)_4$〕を基準にしたNMR化学シフトという難しい専門用語だが、生体系の水の水素結合と誘電率の関連性（図表5－1）を理解するために、若干の説明を付記して置く。

珪素の存在力による高磁場から低磁場に変化する化学シフトの説明用の資料として、図表5

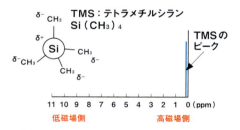

図表5－2：NMR化学シフト

−2を掲げた。もし専門外の方で難しいようでしたら、「結び合う力の珪素の影響力が大きい程、水の誘電率が低下する」ことを鵜呑みにしていただいて、飛ばし読みしても全く差し支えない。

なぜ、珪酸の存在で水の水素結合が制御されるのか。そのカラクリについて説明しておく。愛くるしいミッキーマウス似の顔立ちの水分子（図表5−3参照）を思い出してほしい。水分子ミッキーマウスの大きな耳の部分に当たる水素側の電子は、陰性度の強い酸素の電気的引力で酸素側に引き付けられる。よって水素側に現われる電子の頻度（電子密度）が少なく、電気的にプラスの雰囲気となる。水分子同士の水素結合の動きは、非常に感応し易く動き易くなり結果として水の誘電率は80（20℃）と非常に大きな値となっている。

一方、珪素四面体（SiO_4）の酸素に引力された水分子の水素側の電子は、水分子同士の水素結合の時よりも強く珪酸の酸素側に引力されるため、水分子の水素側に現われる電子の頻度が、水分子のみの水素結合よりも多くなってくる。よって珪酸による外部磁場の遮蔽効果が水分子同士の水素結合の場合よりも強く、誘電分極も誘起され難くなる。すなわち、珪酸が存在する場合は集団の機能維持力が優先的に働き、水分子個々の双極子特性、自由な普段の水素結合の影響力が封じられ、誘電率が低下するのである。珪素四面体（SiO_4）が、水の最も大事な生命機能である結合水機能と自由水機能のバランスを整える手段として"水素結合"の制御を執り行っていると見做せるのである。

最も大事な"いのち"のカラクリの基を成す水と珪素の相互作用の発見というよりも、実用的な科学の"見える化""わかる化"である。淡々と成し遂げられている自然の生命誕生が、場にふんだんに存在する水と珪素の結び合う一心同体の力で成し遂げられているという、シンプルな生命体誕生の構図を思い描くことを可能ならしめた科学的な理論根拠である。

筆者の見聞範囲は極々限られたものであるが、これまでこのような水と珪素の相互作用を生命誕生と結びつけた科学的表現を見聞きすることは全く記憶に浮かんでこない。果して、いかほどの科学者の賛同が得られるかは定かではないが、断言できる確信はぶれることはない。まずは発信することが大事だと考え、世に問うたものだ。結論はこれ位にして、次に結論を導く過程や根拠の要因ついて詳細を著したい。

水の水素結合より珪素の水素結合が強い

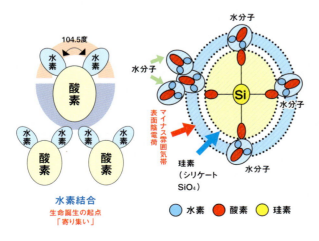

左図：水分子（ミッキーマウスの耳の部分）の水素の電子は、酸素の陰性度が強く水素側の電子はかなり酸素側に引き付けられ、電子の現われる頻度（電子密度）が少なくなる。
右図：珪酸（SiO_4）の酸素に結合される水分子の水素側の電子は、水分子同士の水素結合より強く、珪酸の酸素側に結合されるため、電子の現われる頻度が多くなる。両者の水素結合の動きは、水分子同士の水素結合が速く動き易く誘電率は大きくなり、珪酸と水の水素結合の動きは鈍く、外部磁場の影響を受け難くなり誘電率は低下する。
水分子の水素結合のネットワークが強く2～3μmの大きな集団構成を成し表面張力も大きいが、珪酸と水分子の電気二重層は集団構成が50～100nmと小型化しており、表面張力も純水に比べ低下してくる。ただし界面活性剤並みに小さくはならない。

図表5−3：水の水素結合と珪素の水分子結合力の比較

溶液の実態 "コロイダル"

　"いのちの水"の特異性に関する現状と課題について、元北海道大学教授の上平恒氏は、生物学者のコロイダル論に対峙した客観的な見解として「水の特異性が生命体細胞にとって必要欠くべからざる本質である」と述べ、「水に関する非常に多くの理論が発表されているが、いわゆる水の特異性を完全に説明できる理論はまだない」という。この短いフレーズに触発された。何かを示唆され背中を押されている感じがする。吾が研究の本筋であり、やり遂げねばならぬ課題である。頼もしい使命感を新たに覚えたものだ。

　もう一点、"コロイダル"の支えになる概論がある。元ウエストバージニア州立大学医学部教授の鈴木四郎氏はその共著『入門コロイドと界面の科学』(三共出版)で、実用的コロイド科学の重要性をわかり易く述べている。
　「"コロイド"という言葉は、一般にはあまり馴染みはありませんが、身近にはコロイド状態をしたものが実にたくさんあります。例えば、生物体・食物・衣類や住居の材料にいたる広い範囲にわたる物質系は、すべてその仲間と考えることができます。またコロイド系には表面積が大きいという特徴があります。表面は界面の一種ですから、その境の面でいろいろな現象が生じる可能性が十分に予測されるわけです。自然界のいろいろの変化は、これらの界面で起きる場合が多く、私たちの日常生活と深く関わり合っています。このような理由で、表面とか界面の存在とその影響は無視することはできません」と、著している。

　両博士とも"いのちの水"の根柢なるものの大事な視点"コロイダル"を想定し示唆している。「寄り集いて和し、群れて輪す」の私是を掲げて水を見つめている筆者には、彼らの研究の真髄が、遮るものが何1つなくストレートで伝わり、心地良く体得できている。実用の水こそコロイド状、すなわち結び合う力の水イコール"コロイダル"と見做して初めて、水の本質「万物の根源となる媒体」の神秘的妙味の科学の解き明かしが可能となってくる。この"コロイダル"の存在こそ、溶液の神秘性発祥のカオス(ギリシャ神話の万物発祥処)の場だと筆者は結論付けている。

　現代科学が定義する原子・分子・イオン状の溶液均一論では、液内部での液-液相界面の存在はあり得ない。界面の存在抜きで溶液の妙味を語ることはできない。コロイダルを語る正当性がここにある。筆者のみの見解ではない。上記、上平・鈴木両博士も同一見解をシェアーしている。浅学非才か、怖さ知らずか……。我流の大胆さで始めた"結び合う力の水"の必然的な研究基点への着地でした。

　上平・鈴木両博士の洞察的な実理論は、筆者の水の巨視的な性格の治験結果である溶媒の本質「コロイダル領域論」と、幾重にもシンクロ(相似・同期・同調)することが肌でしっかりと感じられた。水の特異性の理論体系を成してみたい。水の中の界面挙動を語り尽くしてみたい。疑似体験にも似たセレンディピティ(偶然なる触発)とはいえ、凄い課題と示唆を両博士から頂戴したものだ。"水"本来の特異性の成せる業に焦点を当て、そこから見えてくる構造化やコロイダル様、並びにそれらに関する基礎的な科学の概要を著したい。

コロイド(Colloid)とは？
コロイダル(Colloidal)とは？

理化学辞典には、「物質が普通の光学顕微鏡では認められないが、原子あるいは低分子よりは大きい粒子として分散している時、コロイド状態にあるという。その分散系をコロイドあるいは膠質といい、分散粒子をコロイド粒子、あるいは単にコロイドという。コロイド粒子は直径1〜500nmの範囲にあり10^3〜10^9個の原子を含んでいる。普通のコロイドは液体を分散媒とするもので、これをゾルまたはコロイド溶液という。正の電荷を持つものを正コロイド、負の電荷を持つものを負コロイドといい、自然には負コロイドが多い。

高分子はそれ自身でコロイド粒子の性質を持つために分子コロイドと呼ばれる。高分子電解質は多数の固定電荷を持つコロイド粒子を作りポリイオン、またはマイクロイオンと呼ばれることがある。また、界面活性剤などの低分子物質の分子が会合してミセルを形成してできた親水コロイドはミセルコロイド、あるいは会合コロイドと呼ばれる。

自然界にコロイドの例は多いが、特に生物体を構成している諸物質は大部分コロイド状態である。また、溶液のみならず大気中においてもコロイド論が適用されている。コロイド気象学（空気中の微小な塵埃・水粒の存在で空気の気相と異相をなす膠質状の状態で空気なるものを形成している）からの科学識として、電気的立場から界面電気、接触電気に係る局所的電場の影響によるコロイド的気象条件が考慮されている。やはり雷などの集団が成す表面電荷の科学的な現象からの考察がなされている」と、記されている。

しかし現実に科学の世界では、コロイドの名付け親・グレアムは、物質の状態を表す概念として「コロイドとは、溶液内に存在する1nm（ナノメートルと呼び百万分の一ミリメートルの長さ単位）から1μm（マイクロメートルと呼び千分の1ミリメートルの長さ単位）の大きさのモノを指す」としており、単純に溶液内の不純物の大きさのみを限定した状態をイメージし、コロイド状、すなわちコロイダルと概念的に呼んでいるだけである。

さて、筆者が語る「コロイダル」とは、水の理論科学の根幹である"クラスター論"に対峙した実用の水の実相「結び合う結合群化した水の"液-液相"が成す非液晶的階層構造群・団」を表現するために、筆者が思い浮かべ、科学の定義をかなり広義に解釈して名付けた便宜的な私的用語である。もちろん実用の水とて透明で透き通っているが、内実は、例えば牛乳のようなコロイド化学の現象に一番近い液状集団の様相が数多く確認されている。固・液・気が混在して成す階層構造群・団の実用の水の実態を指し示したものである。図らずもそれは物理学70の不思議といわれる「液体二様態論」の有り姿そのものであった。

また、理化学辞典にもある高分子電解質とてコロイド粒子を作り、ポリイオンと名付けられている。生理食塩水（0.9％のNaCl溶液）のコロイダル様実態を位相差顕微鏡で観察（図表1－4）している。「生物体を構成している諸物質は大部分コロイド状態である」と、理化学辞典が謳っていることに驚かされる。医学界の理論より、遥かに現実に見合った科学的解釈といえる。筆者には、心強く頼もしい理論的根拠である。「名は体を表わす」といわれる。コロイド化学の実態に学んだ水の実相"コロイダル"の実用科学である。

もう1つミセルコロイド（会合コロイド）と

いう言葉を本誌は多用している。一般的に洗濯など界面活性効果の泡状態を指してミセル状態と説明されている。泡＝親水性・疎水性のミセルとのイメージが強いのではないだろうか。そのような理化学辞典でいう界面活性剤の様相ではなく、本誌ではミセル＝会合＝寄り集いて輪す……という意味に重点を置いて用いている言葉である。

　すなわち、ミセルコロイドは溶液中で比較的小さい10nm以下のコロイドが水を纏い、数十個ないしは数百、数千個集って結合体というよりは会合体が似合うコロイド次元のものをミセルコロイド（Micelle Colloid）と呼んでいる。この分子の集合体（または会合体）は、決してゲル状固形物化したものではなく、ゾル状以上に液状化したアモルファス状の固液混交物である。ライナス・ポーリングが唱えた水和性微細クリスタルと同じ様相である。コロイド粒子自らの表面陰電荷力でその集合体の構成状態が大きく左右される。超微小コロイドの寄り集い集団単位をミセルコロイダルと呼んでいる。一般的に固液混交の集合体であり、ミセルコロイダルは固体に比べ光の吸収や透過があり、反射輝度の程度差を捉えてその固・液の量的比率状態を、ナノサイト等の最新型計測装置で観察している。コロイダルと呼ぶのに相応しい科学的根拠の勢揃いである。

水溶液"コロイダル"の基礎科学

水の妙味の本質・性格は、コロイダルの界面特性に左右されると前項で述べた。また、水の界面特性については、拙著『水と珪素の集団リズム力』(Eco・クリエイティブ) でも述べており詳細はそちらに譲り、ここでは要点の概略のみを記す。

1.水の界面特性の概念と重要性

コップに水を注ぐと液面は丘のように盛り上がる。この光景は、空気と接する水分子は空気に引き付けられるよりも内部の同僚の水分子により強く引き付けられるために、水玉のように丸くなろうとする現象 (図表3-17) である。分子同士、引き付け合う力 (表面張力) の強い液体ほど大きく膨らむ。空気と液体の接している界面 (気液界面) のみに現れる事象で、界面特性と呼ばれる特異機能の1つである。

物質は固体、液体、気体の内のどれかの状態で存在し、夫々固相、液相、気相を持っている。界面とは、2つの相が接触している境の面のことである。溶液の開放面の気液界面をはじめ、水の中にも微細気泡との気液界面、微細ミネラルとの固液界面、さらに液粒子同士の液-液相界面が存在している。この界面を境にしてその両側の内部性質は当然異なり、互いに接触している表面だけにいろいろな特異現象が起こる。界面の面積の総和が非常に大きい場合には、その界面の性質が溶液全体の性格を支配してしまう。液-液相界面は水の"相"状態とは切っても切れない関係で、はかり知れない界面を演出し、水の性格を取り仕切っている。水を「集団」と捉える意義がここにある。

また、このコロイド粒子径の微小化に伴う表面積増大の"エネルギーの進化"に関して、「コロイド粒子は非常に小さく、それゆえ全粒子は極めて大きな表面積をもつ。茶さじ一杯の粒子はフットボール場よりも大きな面積を持つのでグスターブ・レボンがその『エネルギー進化』の中で語っているのによれば、「物理的および化学的反応に強力な影響を与える表面エネルギー (表面陰電荷) を発生させるのである」と、先の章で既述し、溶液界面の重要性を説いた。

さて、水の中の界面を無視しては、その本質の見極めができない。最も影響の大きいのが、コロイド化学であり、超微細気泡 (ナノバブル) の効用である。だが、何よりも集団の液-液相界面は、微細エネルギー振動の記憶という点では大きく影響する。振動に大きく影響するのは、双極子特性を発揮する集団粒子 (コロイダル) の単位集団の大きさである。その集団同士の界面が液-液相界面そのものである。コロイドも超微細気泡も、この誘電分極を成す集団の大きさの形成に大きく関与することはいうまでもない。水の界面特性とは、水の集団から生み出されている、水の性格そのものといっても過言ではない。次に界面科学の特異性について、多少専門的だが、さわりを紹介したい。ただし文系の方で、何となく波長の合わない方は、飛ばし読みしても構わない。

2.水の界面科学とその初歩知識

先に界面の概念と概要を記した。水の性格を大きく左右する要因なので、界面の電気化学的な基礎知識について、少し整理しておきたい。

*電気的二重層 (シュテルンの溶液内の固定層と拡散層):

溶液中に分散しているコロイド粒子の多くは

正または負の電荷を持っている。溶液中の反対イオンの一部は粒子表面に吸着し（固定層）、残りの反対イオンは溶液中に、ある厚みをもって広がっている（拡散層）。このコロイド溶液に電解質を加えるとイオン（電離物質）によって強い影響を受け、電気二重層の厚さは薄くなる。イオンがコロイドに付着（マスキング）する現象で、"凝析"という事象に通じている。コロイド粒子が電荷を帯びるのは、①溶液中から正または負のイオンを吸着するか、②コロイド自身が電離するか、または、③分散媒と分散相（分散質）の誘電率が異なるとき、誘電率の大きい方（水分子）が正に、小さい方（コロイダル）が負に帯電するとされる。

＊界面動電現象：

電気二重層と密接な関係があるものとして界面動電現象がある。分散系に電場をかけると分散媒（取り囲んでいるもの、例えば水）と分散相（取り囲まれているもの、例えば溶質）の相対運動が起こる。また逆に分散媒と分散相の相対運動によって電場が生ずることがある。まとめて界面動電現象と呼んでいる。その中の1つに電気泳動がある。大多数のコロイド粒子は負に帯電している。U字管に直流電流をかけると負電荷のコロイドはプラス極に移動する現象をいう。ただし、現実的にはコロイドは周りの水を引き付け、一体となりコロイダルとして集団で移動する。

＊コロイドの運動学的性質：

水中で微粒子が絶えず不規則な運動をしている状態がブラウン運動である。アインシュタインらは、動きは外部的なものではなく、また粒子自身が動くのでもなく、微粒子を囲んでいる溶媒の水分子の熱運動によって動かされるとした。ただし筆者は、治験結果に基づき、コロイド自らの表面陰電荷力と場の媒体との電荷の相違による相互作用と見做している。コロイド粒子は原子や分子、イオンに較べれば電気的クーロン力は非常に大であるが、拡散速度はずっと小さい。すなわち、電荷力作用が安定的で格段に大であるといえる。

＊コロイド粒子の電荷と等電点（PH⁰）：

コロイド粒子、金属酸化物、水酸化物の表面では水素イオン（H^+）と水酸イオン（OH^-）が電位決定イオンとなり、系のｐＨ値によって表面電位（ゼータ電位）が大きく変化する。従って、ある特定のｐＨ（pH⁰）で表面電位がゼロとなり、電気泳動などの界面動電現象を全く示さなくなる点を等電点という。

例えば、二酸化マグネシウムは（pH⁰）＝12.4、二酸化マイガンは（pH⁰）＝12.0、石英（固形のシリカSiO_2）は（pH⁰）＝2.2〜2.8、ゾル状のシリカSiO_2は（pH⁰）＝1.0〜1.5である。岩石を溶かすのは強酸ではなく、やや弱い酸類であることがわかる。もう一点、生命の元を成す珪酸（SiO_4）は、かなり水素イオン濃度の幅

物質名	等電点（PH⁰）	物質名	等電点（PH₀）
マイクロバブル	4.0〜4.5	シリカゾル（SiO_2）	1.0〜1.5
ペプシン	2.2〜2.6	石英（SiO_2）	1.8〜2.5
コラーゲン	4.8〜5.3	$Mg(OH)_2$	12.4
血清グロブリン	5.1〜5.5	$Mn(OH)_2$	12.0
卵黄レシチン	2.1〜5.1	WO_3（水和物）	0.5
牛乳アルブミン	4.6	γ—FeO_3	6.7〜8.0
小麦グリアジン	6.5	γ—Al_2O_3	7.4〜8.6

図表5-4：各種物質表面の電荷ゼロ点（等電点）

広い範囲でゼータ電位の発揮が優位であることがわかる。

＊界面活性剤（親水基と疎水基）とは：

界面活性剤の化学的構造は水に対して親和性を有する親水基と、油に対して親和性を示す疎水基とからなっている。親水基の部分がイオンに解離するものをイオン性界面活性剤、解離しないものを非イオン性界面活性剤と呼び、さらにイオン性界面活性剤は解離したイオンの電荷の符号によってアニオン性界面活性剤、カチオン性界面活性剤、および両面界面活性剤に分けることができる。

＊エマルションとは：

水と油のように、互いに溶け合わない液体を混合して激しく振ると一方の液体（分散相）が他方の液体（連続相）中に微粒子となって分散する現象を乳化といい、その結果生成した分散系をエマルション、または乳濁液といっている。

水が連続相で油が分散相である場合を水中油型エマルションまたはO/W型エマルション、逆に油の中に水が分散しているものを油中水型エマルションW/O型エマルションという。一般的に安定なエマルションは2μm前後のものが多い。また、凝集を防ぐには粒子同士を直接に接触させないようにすることで、電気二重層効果、粒子表面の吸着層の形成や水和現象が効果的である。

＊接着力（化学結合力、ファンデル・ワールス力、水素結合力）とは：

接着剤が被接着物をぬらすだけでは接着することはできない。ぬらすことによって接着剤と被接着物の間の結合力が生じなければならない。この結合力には化学結合力、ファンデル・ワールス力、水素結合力の3種類の力がある。

改めてコロイダルの電気化学特性が水の界面特性を司っているかがわかる。しかも、その作用の中心を成すのが珪酸コロイドの表面陰電荷

の電気エネルギーである。この電気的な力が、実は生体エネルギーと同じものであり、集団だから発揮できる力なのである。決して電解質の如き無秩序なイオン力では叶わない。集団自らが演出する全体力であり生命に直結するエネルギーである。

結合力	結合エネルギー（kcal／mol）
化学結合	50～200
ファンデル・ワールス力	1～5
水素結合	5～10

図表5－5：分子の結合力比較

3.コロイド粒子の状態変化と種々の物性値との関連性について

＊溶液の表面張力：

表面張力と接触角について第三章で詳細を既述した。ここではコロイドとその物性値の関連性について理解を深めていただこう。

水の表面張力は水素結合としっかり結びついた物性値であり、生命活動の理論根拠を成す大切な物性値。特に温度依存性が色濃く反映される実態は図表5－6の通り。海水の表面張力は電解質分（イオン物質）が多く存在するのに、なぜか水より強くなっている。塩素、カリウムなどの構造破壊イオンも含まれ、その拮抗したバランスの位置にある。海水は純水の水素結合に較べて、構造体形成イオンの溶質との分子間力が強く働いているといえる。

温度（℃）	y（dyne／cm）
0	74.22
10	74.22
20	72.75
25	72.00
50	67.94
75	63.58
100	58.91
海水20℃	75.0

図表5－6：水の表面張力

＊生体系の水"コロイダル"の表面張力：

フラナガン博士が開発した人工的ナノコロイドの興味深いマイクロクラスター水（シリカ水素化合物）の治験結果を第四章で記した。彼は、フンザの氷河乳の濁りの正体は石英（二酸化珪素SiO_2）ではなく、コロイドの珪酸塩（珪素４面体骨格SiO_4）が発揮する高い表面陰電荷、すなわちゼータ電位の絶対値の高さだと断じている。フンザ氷河乳の表面張力「68ダイン／cm」に着目し、自らのマイクロクラスター水の開発の"目途"とし、表面張力を下げることに没頭したが、ただ表面張力は低ければ低いほど良いと謂うものではないことを経験工学的に見付け出し、ついに38ダインで安定した状態を長期間維持できる水を開発したという。蒸留水で希釈して、理想とされる表面張力55〜65ダインの水を作り出すことに成功したと述べている。

筆者の種々な治験に於いて、触媒能を主とする化学工業用には確かに表面張力は55〜65ダインが適しているが、健常な生物体の酵素能発揮には、表面張力は65〜68ダインが適宜な範囲であることが澤本氏の多くの治験でわかってきた。もちろん、病的状態は重篤な患者さん軽重な患者さん等様々であり、表面張力は重篤の患者さんほど低く、軽重な患者さんほど高く、総じて表面張力は55〜68ダインが適しているとのこともわかりはじめてきている。

＊コロイダル治験データの紹介（１）：
コロイダルのエネルギー進化の過程

筆者らの治験で、コロイドとコロイダルのエネルギー進化の新たな事象がわかってきた。微乾燥顕微鏡観察のコロイダルの形状変遷（図表６−６）の詳細については第六章に譲ることとして、ここでは結果のみを記す。

- コロイドの微細化・微小化には限界があり表面陰電荷力の反発力が閾値以下にならぬよう配慮しなければならない。物質の触媒力が最も強く発揮されるのは1〜2nmの大きさであり、数十個から数百個の分子の寄り集いである。
- 放射線等で超微小化されると、陽イオン等のマスキングが伸展する。電荷の反発力が低下してダマを作り、溶質・溶液の活性化が共に阻害、抑制される。
- 溶液内でコロイドは水を纏い、寄り集い合ってミセルコロイダルとして適宜な表面陰電荷力を発揮し溶液の活性化に寄与している。
- コロイダルの寄り集いが数ナノクラス、数十ナノクラス、そして数百ナノクラスとなり存在するが、それらが場の脈動などの影響を受け800〜1200nmの集団を構成すると、集団内の表面陰電荷力の反発が大きくなりドーナツ型の中空ミセルコロイダルが形成される。それが大きく寄り集うと、中空部分のゼロ場にコロイドが嵌まり込んだ三層型の1.5〜2.5μmのミセルコロイダルが構成され、さらに寄り集い合い、3μmレベルの多重層型ミセルコロイダルができあがる。場の環境、秩序リズムとの協働作用のエネルギー進化である。
- 中空型ミセルコロイダルは化学反応の触媒作用向きであるが、三層型や多重層型ミセルコロイダルは生命作用を司る酵素能に適しているといえる。
- 各段階のミセルコロイダルの状態は、溶液状態に於いても構成されていることが溶液の生顕微鏡観察で確認され、チンダル現象でも簡易に確認できる。

＊コロイダル治験データの紹介（２）：
ナノサイト分析器の数値表示

ナノサイト分析器の溶液治験で、コロイダル粒子の構成状態とその電気的活動の概要を数値化データ、3Dグラフ、そして動画で観ることができる。光学的原理で観察・計測され、コンピュータ演算で数値・グラフ化され結果が表示される。ゼータ電位とコロイド粒子の粒子径と

粒度分布、並びに光の透過輝度を計測する溶液分析器である。観察センサーは光学的原理で、かつ対象が溶液という不確定な構造様態の検証なので、数値データとはいえ定性的な傾向性の概要結果と受け止めるべきデータである。"当たらずとも遠からず"だが、溶液の内実を概ね語りかけてくれる頼れる溶液分析器の1つである。

ナノサイト分析器の概要とデータの読み方を

ゼータ電位と粒度分布：ナノサイト

ナノサイトはNTA（Nano Tracking Analysis）技術により、液中のナノ粒子のブラウン運動の様子をPC画面上で、リアルタイムに観察することができる「ナノ粒子解析装置」。また、ブラウン運動の速度を専用ソフトウエアにより計算することで、粒子径と個数の粒度分布グラフを得ることができるとしている。

* 最大10～1000nm
  （サンプル／溶媒の物性により異なる）
* 粒子のブラウン運動速度から粒子径を算出
* 個数のカウント
  （particles×10^8／ml：数値は1億個単位）
* 粒度分布図（個数のベース）
* 3Dプロット（粒子径 vs 粒子数 vs 散乱強度）

（有）京都オゾン応用工学研究所
廣見 勉 工学博士の紹介

『物質を構成する原子や分子が電磁波を吸収し、放出できる電磁波の波長は、その種類によって異なる。したがって特定の原子や分子は特定の波長電磁波としか相互作用しない。そして相互作用しない物質に対して、電磁波は"素通り"するだけである』との作用原理

溶液内のパルス伝播は下記4通り
- 透過（全く相互作用存在しない時）
- 反射（電離イオンとの散乱による消耗）
- 減衰（電気的抵抗、磁気等による消耗）
- 共振（誘電分極電磁気共鳴吸収による消耗）

図表5-7：ナノサイト分析装置の概要

ナノサイトの測定

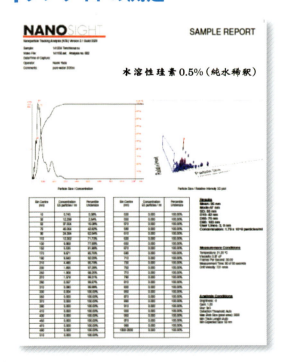
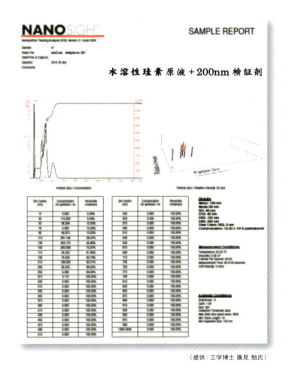

（提供：工学博士 廣見 勉氏）

図表5-8：水溶性珪素の比較用計測データ

図表5－7に、また事例の水溶性珪素の比較計測データを図表5－8に掲げた。データに基いて溶液状態の解析してみる。主として、コロイダルの存在個数と粒度分布に関する考察である。

- 原液（珪素濃度は重量比で約1％）1ccのコロイド粒子の総個数は、粒子径130nmとして約16億個弱である。1ccに130nmの粒子は約45.5兆個存在する。その1％は約4500億個。超概算的に見ればカウントされた粒子個数は300分の1程度である。300倍もの粒子がどこに潜んでいるのかが問題である。
- すなわち、水溶性珪素は、我々が主張してきた水の階層構造の1次集団レベルの大きさ2nmの粒子がベースになっていることの証につながる。
- 同様にいえることは、稀釈するほど個々のコロイド粒子は生かされる。結果として、より多くのミセルコロイドが計測可能レベルの大きさ、少なくとも10nm以上の大きさに寄り集っていると見るのが妥当である。
- 水溶液中の光の透過、反射／散乱は、混入物が多いほど、密度が大きいほど、そして粒子径が大きいほど影響が大きく反映される。計測器は水中の電荷コロイダル粒子の動向を光で追い求めており、その散乱強度（輝度）は水っぽいものほど小さく3Dグラフ上では手前側位置に表示される。なるほど、原液はすべての粒子径の存在位置で奥行き側に棒グラフが位置している。逆に、水で薄められた稀釈溶液は大部分が、手前側に位置している。希釈することにて効率的に水溶性珪素が拡散し個々の機能を発揮する様子が見えている。

ナノサイト分析器の特徴は、コロイダルの固液混合率の推測が可能なことである。コロイド粒子が水をまとっていることの「見える化」であり、証でもある。粒度分布の状況も山形波形で一見でき、溶液のコロイダル状況の概要を推測できる便利な分析器である。光学機器ゆえ、分析レベルに限界があり周囲状況を判断し推測しなければならぬ面はあるが、概ねコロイダル状況の推測が叶う優れものである……。中島・澤本の溶液コロイダル論を支持してくれている大事な根拠データである。もちろん、G・ポラック博士の第4の水の相論文の明快な顕微鏡観察データは、同様に頼もしい似合いの支持者である。

4. 水の界面特性が溶液の神秘性／妙味を演出している

上記夫々の項で、界面の重要性に関し科学的考察を交え述べてきたが、ここでは、ナノバブルの存在（図表5－9）を含めて取りまとめをしておきたい。

- 溶液の構造化は特に界面の電荷状態と吸着性に大きく影響される。この界面特性が凝集に働くのか反発に働くのか、あるいは水の電離作用効果なのか導電性発揮なのか水の集団としての性格に大きく影響を及ぼしている。
- コロイドの表面陰電荷とナノバブルのイオン吸着層の陰電荷とは、構造化に働く電荷的作用効果は、効果度は別として作用の方向性は同一視できる。表面電位として定量的に電気二重層の拡散層のゼータ電位で表示される。
- もう1つ、コロイドとナノバブルの界面特性の大きな違いがある。界面の吸着現象である。気体／液体の界面にはギブスの吸着といわれる溶質の移動現象が生ずる。微乾燥顕微鏡写真の最外殻辺縁部模様で気液界面の状況を相似象的に捉え判断することができる。一般的な水では珪酸塩コロイド粒子が安定的でより強く、かつリズミカルにバランスよく構造化を形成するが、構造化の界面ではイオン性の電気二重層作用の強いナノバブルが効果を発揮する。
- 両者とも、核となる粒子が超微小であればあるほど構造化に寄与し、安定が図られる。しかし、コロイドの表面陰電荷は微細振動で強

微細粒子 "ナノバブル"（インターネット情報）

●特性から考えた時の微小気泡の分類

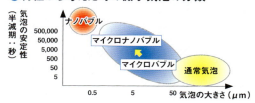

マイクロバブル：水中で縮小してついに消える
マイクロナノバブル：一時的に安定した気泡
ナノバブル：長期に安定した気泡

マイクロバブルは直径が50μm以下の気泡であり、マイクロナノバブルは300nm～3μm、ナノバブルは100nm以下の微小気泡

微細粒子は壊れない "ナノバブル"

ナノバブルは直径100nmで耐圧力30kg／cm²といわれている。もし直径が1nmであれば3000kg／cm²にも耐えられることとなる。いかに微細な安定したWOW型の三層エマルション粒子を作るかが課題である。水、油、界面活性剤の相性と量的バランスと均一混合性が問われる。

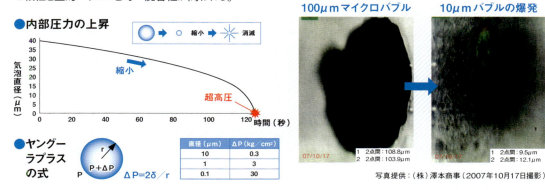

写真提供：（株）澤本商事（2007年10月17日撮影）

図表5-9：界面特性に及ぼすマイクロバブル・ナノバブルの存在

水の界面特性か？量子効果と量子ふるい効果

〈抗火石〉

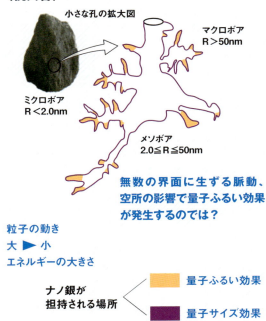

●量子サイズ効果：
流れが大きい穴（マクロボア径が50nm以上）から、径が絞られ（メソボア径が2nm～50nm）小さな穴にながれる時「軌道間エネルギーギャップ」が生じる。小さい粒子ほど0点エネルギーの維持により大きく移動できるエネルギーがあるにも関わらず軌道間がより小さくなるため、そのエネルギーが蓄えられる形になり増大していく熱エネルギーとなり、温度も必然的に高くなる。…殺菌効果あり

●量子ふるい効果：
大きな穴から小さな穴（ミクロボア径が2nm以下）に物質が入っていく時、重いほうの分子を好み、軽いほうの分子を細孔から排除する特性。軽い分子は0点エネルギーがより高いので、その吸着がエネルギー的に不利だからである。水素ガス（H_2）はトリチウムガス（三重水素）より0点エネルギーが高い（エネルギーの振幅が大きい）ので、穴より排除される。…気化（ナノバブル）の可能性あり

図表5-10：量子サイズ効果と量子ふるい効果

くなるが、ナノバブルのイオン吸着層の陰電荷は弱体化するなど環境変化への耐力はコロイドの電荷の方が優れている。

・界面の総面積が多くなればなるほど水の構造化は緻密で強くなる。そして階層構造であればあるほど構造化は維持される。しかし、表面陰電荷力の反発力にはある一定の限界がある。当然だが、コロイドの微小化につれ個々の表面陰電荷も低下する。反発力の限界値以下になると、却ってコロイド同士がダマとなり浮遊物化の様相を示すので注意が必要である。

・溶液内の無限の如き液相界面において「量子サイズ効果」や「量子ふるい効果」（図表5-10）の作用も成されているものと推測される。界面の破壊的活動ではなく、リズミカルな秩序的動作が成す界面特性と考えられる。

5.珪酸コロイド粒子の電気科学特性のまとめ

珪酸コロイド粒子は表面陰電荷の親水力で水の集団秩序を作り、同時に、リズムを演出、触媒的な働き（触媒能）をしている。それは、鉱石（ミネラル）の働きであり、酵素（エンザイム）の働きともいえるものである。この2つのキーワード「親水力」と「触媒能」が、珪酸コロイド粒子の特質である。

「鉱石の最も興味深い特徴は、それらがイオン状でなくてコロイド状で存在している点である」と川田薫博士やアメリカの自然科学者フラナガン博士も、同様の見識を示している。本書が対象としている珪酸コロイド粒子は、マイナスに帯電し、水分子同士よりも強く水分子と結合（水和）をする。水の集団の秩序の立役者である。コロイド同士、同符号は反発しあって水中に分散・分布する。このことが、水や血液の挙動を大きく左右する動作の1つを成している。珪酸コロイド粒子は液状の微細化、均一化を促進し、溶液を緻密化する。溶液の秩序性の向上である。微細化は、同時に液状物が爽やかにサラサラと流れることの要因ともなる。溶液の活性化のエネルギー源である。

コロイド同士が反発し合い、適宜な間隙を維持する表面陰電荷力を確り発揮することが大事である。この場合、界面活性のナノバブルの効用は見逃せない。溶質を微細化・活性化し触媒能を最大限発揮させる特異な代物である。コロイド能とは、適宜な粒度分布で必要最小限の反発力を発揮する表面陰電荷を保持することである。まず、珪酸の基本骨格を成すシリケート四面体（SiO_4）である非晶質型の単分子系コロイド、例えばメタ珪酸やオルト珪酸のようなものの存在である。水溶性珪素は、原料の石英や水晶は二酸化珪素（SiO_2）であり、それを非晶質化するために。2000℃超で溶融し水溶性化しているのである。

何度も話題にしたが、フラナガン博士は地上最後の楽園フンザの氷河乳の濁りの正体は石英（結晶型のSiO_2）ではなく、コロイドの珪酸塩（非晶質の珪素4面体骨格SiO_4）が発揮する高い表面陰電荷であることを突き止め、自らのマイクロサプリメントの開発に活かしている。自然は見事な浄化の合理的な手本を指し示している。海水中に存在する珪素の多くはオルト珪酸（H_4SiO_4）であり、温泉では非解離物質であるメタ珪酸（H_2SiO_3）である。両者とも表面陰電荷力を発揮し易いアモルファス状態の珪酸コロイダルなのである。

水溶性珪素"コロイド"は
"いのち"の基軸である

第五章　生体系の水 "コロイダル" の生命基礎科学

"コロイド"と、耳にして一番先に思い描かれるのはブラウン運動、それとも謎めいた物体ソマチッドだろうか。ところで、これまで本書でなんだかんだと話してきた、この地上で最もありふれた不思議な物体"珪酸鉱物ミネラル"は、ブラウン運動をするのだろうか。また、謎めいた物体ともいかに関わりがあるのだろうか。その実体真相を探ってみたい。

1. 水中で生命体らしき運動するものの根源体は水溶性珪素

ブラウン運動とは、媒質中（例えば水）に置かれた微小粒子の熱運動だ。「1827年、英国のブラウン博士は水中の花粉を顕微鏡で観察中、花粉の微粒子が絶えず不規則な運動をしていることを発見。生命による運動と思ったが、化石の粉から鉱物の粉、煙の粒子など粒子さえ微小なら同様の運動をすることを発見した。当時この現象の原因がつかめずに、外部的な影響による溶液運動とも考えられた。しかしその後、ペランがアインシュタインの論文に導かれて、水分子の熱運動に起因することを明らかにした。第一発見者のブラウンにちなんでブラウン運動と名付けられた」と、理化学辞典にある。

花粉どころか、化石の粉から鉱物の粉、煙の粒子などにもあると記されている。だが、この根幹を成す物質とは、筆者の治験によれば、水溶性珪素コロイダルである可能性が高いことがわかってきた。ナゾの微粒子の気ままな動きは水分子の熱運動に起因するとあるが、今一、腑に落ちない気になることが2つある。

1つは、不思議な動きは時間経過につれ収束し、ある時点で落ち着き安定すると云う秩序の熟成論がある。もう1つは、先に述べたベランの周囲水分子の熱エネルギーに起因する運動様態だと認めていることである。

いずれも、筆者の治験で観察する限り、大型のコロイドで激しく動き回るほどエネルギーを消耗し浮遊物化するが、そう簡単に微粒子の動きの収束は見えてこない。その速さや方向性等の動的な傾向性は、極端な運動エネルギーの消耗は別として、収束・収斂性は覗えない。さらに現象論の解釈とはいえ、浮遊微粒子の物質組成の特定さえ蚊帳の外の様である。そのもの自体が有しているエネルギーも云々されず、単純な"浮遊物"と見做されているようである。

だが、この浮遊物を筆者の珪酸コロイダルに当てはめて見比べると、即座に同一現象という答えが目の前に浮かび挙がってくる。それは単なる浮遊物ではなく、「珪酸コロイド粒子主体の電荷を持った浮遊物」だとすれば、すべてが納得できるから不思議である。様々な媒体中には、様々な表面陰電荷を持ったコロイダルが存在し、それらが互いに反発し合い、寄り集い、ひしめき合っている。溶液内のダイナミカルな姿（図表6-10）を想像してみてほしい。微粒子コロイドのいつまでも続く自由気ままな動きが想像に難くない。ブラウン運動にある謎の浮遊物とは、筆者が唱える"いのちの核"と生り得る表面陰電荷を持った水溶性珪酸鉱物であるとの結論が最も似合っている。

さらに世間には、上記の水中でブラウン運動をする浮遊物の"そっくりさん"が実在していると話題を呼んでいる。その名はマイクロザイマス、プロチット、あるいはソマチッドとも呼ばれ、生命前駆体とまで冠する科学者も現れるほどの謎多き代物だ。筆者はその不思議な正体が知りたく、ソマチッドが仮眠するという2500万年前の地層から採掘された北海道の風化貝化石を取り寄せ分析した治験結果の概要

を、第四章でさわりを次のように綴った。〔予測通り"ソマチッド"なる物体の"初期原形"状態（図表5-11参照）は超微細珪酸鉱物のコロイド粒子と同形態であり、同一作用であることがわかった〕。

結果は、その基本骨格を成しているものが、なんと上記ブラウン運動の主役「珪酸鉱物の微小コロイド粒子」そのものと一致することがわかってきた……。2009年サイ科学会に私見として投稿したもの。次ページは筆者の投稿「ソマチッドと極微小コロイド粒子その無機物的な極似性に関する一私見」の要旨だ。ただし筆者が比較対象としている範囲は図表の第1段階（ソマチッド）からせいぜい胞子、二重胞子（第3段階）までである。第4段階のバクテリア形態以降は不純物が付着し、病態の指標ともされている。残念ながら、筆者は、それらの治験の術を持ち合わせていない。ブラウン運動の範囲外を超えた状態であり、研究対象外であることを、あらかじめお断りしておきたい。

ソマチッドと超微小コロイド粒子との比較（風化貝化石で実験）

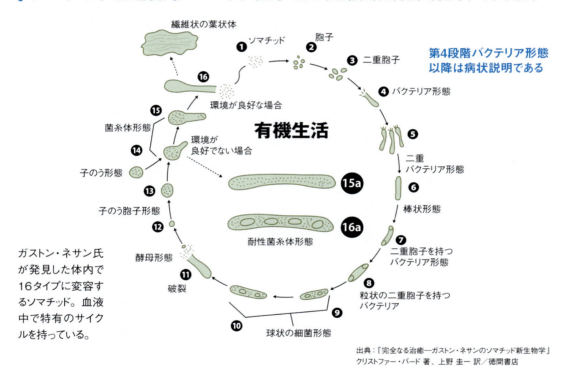

●風化貝化石水微乾燥顕微鏡写真×200倍

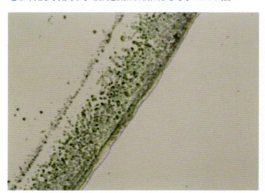

●風化貝化石水微乾燥顕微鏡写真×400倍

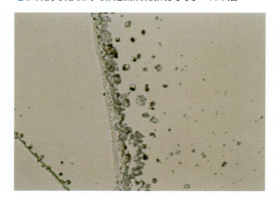

図表5-11：ソマチッドと珪酸微小コロイド粒子

第五章　生体系の水 "コロイダル" の生命基礎科学

（要旨）「生物学者ガストン・ネサーン博士は独自の3万倍の光学顕微鏡ソマトスコープを開発、細胞より小さい極微の生殖する有機体を発見し、それを"ソマチッド"と名づけた」クリストファー・バード著『完全なる治癒—ガストン・ネサンのソマチッド新生物学』（徳間書店）で紹介している。難病患者の進行度合いの検証として、血液中のソマチッド形態と免疫力との関連性を見出し、病状把握の判定にも論及している。

特に興味を引くのは、ソマチッドなるものの特性である。一見して、寄稿者が「極微小コロイド粒子のなせる業かな」との錯覚を覚えた初対面の第一印象である。

著書にはソマチッドの主な特性が下記の如く述べられている。

1) ソマチッドはエネルギーの具現で、生命が最初に分化した具体的な形態である
2) ソマチッドは細胞より小さい生殖する有機体である
3) ソマチッドは生命の基本単位DNAの前駆物質である
4) ソマチッドは多形態サイクル（1〜16）をもつ超極微粒子の集団形態である
5) ソマチッドは如何なる環境においても不滅性である
6) ソマチッドは有機生活で細胞分裂に寄与する
7) ソマチッドの成長には全く周囲の環境は必要ない
8) ソマチッドの核は陽電気を帯び、その外面膜は陰電気を帯びている
9) ソマチッドの初期3形態は免疫力を高める
10) ソマチッドの中・後期の13の形態は免疫力減退の状態を代弁している
11) ソマチッドの最期の16段階目は自爆し、ソマチッド原型の第1段階に戻る

以上のような特質であるが、最も基本となる原点について、なぜか、「ソマチッドはどのようにして、何から生ずるのかはわからない」と結んでいる。

一方、極微小珪酸塩コロイド粒子は、内部は陽電気を帯び、その外面は陰電気を帯びている陰陽電荷の過不足のない表面陰電荷物として存在している。「生命体は極微小コロイド粒子の塊であり、小型コロイドはゼータ電位と呼ばれる最高の持続性を持つ電荷を保持する」との生命科学者の実証論もある。シリカは地球上のあらゆる場所に存在し、蒸留水にも大気にも最終段階に至るまで混在している。珪素は炭素同様、完全な正4面体構造を作れるSP^3混成軌道特性を有する元素である。溶媒としての水の中で、溶質としてのシリカ（SiO_2）は水分子同士以上に強く水分子と結合し、相互作用で触媒能的作用を発揮する優れた特性を有する珪酸塩鉱物の要である。

寄稿者は溶液リズム発生の主因は、微細珪酸塩コロイド粒子の表面陰電荷力と考える。珪酸塩鉱物コロイド粒子とソマチッド原型〜第3段階との無機物的特性の符合はコロイドの電荷力作用の貴重な参考実例ともいえる位に合致している。

本稿は、"極微小珪酸塩鉱物コロイド粒子" が生命体生理機序の根源に寄与する可能性を示唆するものの1つと考えられる。

マイクロザイマス、プロチット、あるいはソマチッドとも呼ばれる代物も、またブラウン運動の対象と目され、水中で不規則な生命体であるかの如き不思議な運動を繰り返す浮遊物も、その構成の根源は同一物であると見做すことができる。すなわち、珪素のコロイド粒子とブラウン運動の主役「水中に浮遊する超微細粒子」も謎の物体ソマチッドの原型も、同一物として取り扱うのがシンプルでわかり易いベストな科学的選択と考えられる。いかに珪酸鉱物のコロイドが生命体の核となり得ているかを、物語るものだ。だからといって、生命科学的に生命前躯体、例えばRNAやDNA、あるいはプリオンな

どと見做せるレベルの段階ではあり得ないと筆者は見做している。

2. "生命コロイダル論"は生命科学の進化の潮流

近年、生命科学の立場で"生命コロイダル論"を唱える現象重視の自然科学者が多くなってきているのが心強い。いくつかの事例を紹介したい。

何といっても、千島喜久男博士の忠実な生命現象の観察事実から帰納した『千島学説』が思い出される。詳細は第一章で縷々述べた。千島学説の血液の基本原理AFD現象が語るコロイドの形成原理とも見受けられる血管を流れる血液の有形成分血球（赤血球、白血球、血小板）と、無形液状成分、すなわち血漿（血清とフィブリノーゲン）の素となるコロイダル状の食物モネラらが、無核赤血球に変遷する観察状況をこと細かに解説している。血漿の90％は水分で、血清内の他の物質と集い合ってコロイダルとなっている。さらに、氣・血・動の調和的流れを生命エネルギーと見做している。すなわち氣のエネルギーを抱く常磁性を有していることを、哲科学的に説いているのである。まさに、8μm大の赤血球は、表面陰電荷を発揮するミセルコロイダルの最もイメージし易いモデルともいえる。表面陰電荷力がしっかり発揮できている赤血球こそサラサラと流れることができ、免疫力をしっかり秘めている血液に他ならない。

血液中に珪酸コロイド粒子は5ppm（ピーピーエム：百万分の1の単位）存在するといわれている。"百聞は一見に如かず"。とても参考になる血液の写真集がある。マリア・M・ブリーカ著『暗視や顕微鏡による血液観察』（創英社）である。その中に正常な状態の血液写真（図表5−12）が掲載されている。7〜8μm（ミクロン）の赤血球に混じり、300〜500nm（ナノ）の超微小粒子が点在している。珪酸塩を主体にしたミセルコロイド粒子であると筆者は見做している。微小コロイ粒子の集合体であるミセルコロイドは、赤血球と同様に表面がマイナス電荷状態であり、血液流動のサラサラ状態の演出に

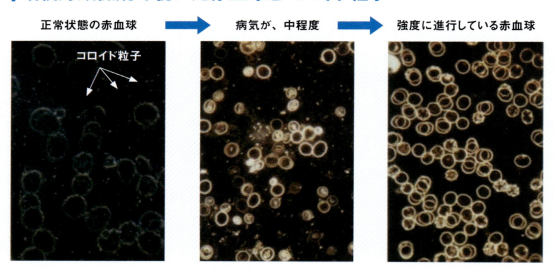

暗視野顕微鏡で覗いた赤血球とコロイド粒子

正常状態の赤血球 → 病気が、中程度 → 強度に進行している赤血球

左写真の如く、良好な血液中には超微細な表面陰電荷のコロイド粒子（矢印）が多数点在している。ソマチッドという人もいるが、筆者は珪酸塩コロイド粒子と捉えている。なぜなら、珪酸塩は血液中に、5ppmも存在している。

出典：『暗視野顕微鏡による血液観察』マリア・M.ブリーカMD 著／創英社

図表5−12：血液中の珪酸コロイド粒子

一役買っている。

　また、自然界に存在するアロフェン（非晶質の超微小珪酸塩鉱物）とよく似た状態の素晴らしい表面陰電荷を持つ5nm（ナノ）クラスの人工の氷河乳「マイクロクラスターサプリメント」を開発したフラナガン博士の人体とコロイドに関する素晴らしいコメントを第四章で記した。

「人体の細胞もそれぞれ一定の機能を果たすよう定められているコロイドからなっている。そして、血球にはアルブミンという蛋白質の保護膜があり、これが血球を負の帯電状態に引きとめ、安定を保ち、凝固しないようにしているのである。何十億個という細胞がくっ付き合わずに互いに分離した状態を維持しているのである」

　このようにフラナガン博士は、「水溶性珪素」に魅せられ、開発に没頭した様子を語っている。すなわち、化学では「触媒能」、生物では「酵素能」の働きについて見解を示し、独自の人工氷河乳を開発作製したものである。見事な人工コロイダルの傑作である。

　珪酸鉱物のコロイダルは自らが発祥する表面陰電荷と氣と感応する常磁性を備えもっており、生命体エネルギーを発祥している。この事実を見事に語りかけているのがリン・マクタガードの一言である。「私たちの究極の姿は、化学反応ではなく、エネルギーを持つ電荷だ」。まさに至言である。

　もう一点、ハロルド・サクストン・バー博士の「生命動電場の活動により、生命体に全体性、組織性、及び継続性が生じる。宇宙とは一種の電場である」との言葉が思い出される。宇宙秩序を図る根幹原理であり、集団構成の原理である。自然の摂理、物理則に他ならない。両博士の現象から帰納した素晴らしい根源論がピタリと中島・澤本のコロイダル領域論とシェアーしている。

　コロイダル領域論が語りかけている事実は、他ならぬ健康学の原始自然への依存・回帰である。第四章で既述した『粘土食』そのものの価値の見直しである。ベンジャミン・H・アショフ博士のNASAの粘土食研究内容の言葉が身に沁みる。「骨を最も強化し健康的に成長させたカルシウム源は、驚くべきことに、カリフォルニア州ブロウリー近郊で産出されたミネラルや微量元素が豊富に含まれる粘土であったのだ。NASAは、粘土の摂取が劇的にカルシウム吸収効率を改善させるだけでなく、たくさんのミネラルが互いに補い合って、骨に関する様々な病気にも効果を示すことに気付いたのだった」として、最後に「骨粗鬆症に悩まされた宇宙飛行士らに対して、最も効率的に骨密度を回復させ、滋養強壮にも貢献したのは、実のところ、まったく何も添加しない天然の粘土であった」と、語っている。コロイダル健康学そのものは、自然の凄さ、素晴らしさに学んでこそ、本懐が遂げられる気がしてならない。

水の集団特性 "構造"と"性格"

　いのちの健康学として、今、最も期待され選択されたのが21世紀の水のフィクション（夢の虚構世界fiction）である。ルルドの泉をはじめとして、確かに何かが潜み、神秘力を顕在化させている事例は数多幾多であり、世界どこにおいても語るに事欠くことはない。これほどまでに科学技術の発展を遂げている世紀の中今なのに、なぜか最もシンプルな素材"水"に多くの期待の視点が注がれている。水は健康を司る第一人者であると、人々は信じて疑わないのである。人は「地球の血液」と崇め、自然の命としている。いのちの場の唯一の媒体なのだから……。その潜在力は、科学的に究明される日も遠くないと誰もが待ち望んでいる。

　だが、多くの科学者は学者であるがゆえに、最後の一線を飛び越える勇気が発揮できず内心モヤモヤするモノを抱え込んでいる。純水ではなく実用の水の科学こそ邪道ではなく、むしろ水の本質を見究める"王道"であると、本書で端的に述べたものである。筆者が、新たな"水"のフィクションを見究めようとして取り組んだ基点は"結び合う力の水"にある。筆者の哲科学の私是『水とは"寄り集いて和し、群れて輪す"……秩序創生の万能媒体である』にあった。

　すなわち、水のコロイダル領域論である。それは現代の水科学の立場で眺めれば、言いがかり的で拍子抜けする何とも奇妙なフィクションに写るだろう。「水の有り姿はコロイダル様相」、たったそれだけの話に過ぎない。だが、この地球上に、いまだ誰一人として、水の構造化の有り姿を『コロイダル』と呼んだ科学者はいない。筆者には現象という"実在の神様"から学び・考え・帰納した研究瑞相の体験随筆、すなわち科学的根拠を具備したノンフィクション（nonfiction）そのものである。これまでの科学の場で論じられている水の構造化について簡易にまとめておこう。

1. 純水クラスター論から、実用の水のコロイダル領域論へ

　水の構造化は、水の機能を大きく左右する集団的状態を指しているにも拘らず、動作原理はあくまでもミクロな原子、分子、イオンの電気化学的作用に基づく範疇を脱していないものが主流である。集団がもたらす新たな水の動作機能は無視されている。水の界面科学の特異性や双極子特性を認識しながらも、平面的で静止画像の電気化学的作用のみに究明範囲が止められている。すべてのものにとって"静止"はそのものの"死"を意味するはずである。"動"の介在する動的秩序こそ存在の原点であるはずだが、なぜか見過ごされている。

　集団とは立体的に動的に構築され、個々の活性と全体の秩序、すなわち宇宙次元の場でバランスさせながら動的秩序を保持し続けているのである。原子や分子では成し得ない、時間的に空間的に物体としての存在価値を発揮できる適宜な目的別のユニットが存在する筈である。

　例えば、60兆個の細胞も臓器器官の目的に適した8〜50ミクロン程度の幾種もの細胞（cell：セル）の大きさがあると同様に、一番似合うすべてを語りつくせるのが、中島・澤本が主張する「コロイダル領域論」である。

さて、これまで水の集団、水の科学といえば、水分子数個から数十個程度の水素結合ネットワークを基点にした"クラスター論"（図表3－10：Nemethy－Scherageの水クラスターモデル図1962年）が広く正当性を得て定着している。一般に自由水と呼ばれている水を指している。だが、生体水を語るには、水単独で語ることは困難であり、親水性物質との関わり方から細胞蛋白質表面に接触しているマイナス80℃でも凍結しない結合水、それに隣接する層のマイナス10℃で凍結する接合水なるものと区分けがなされている。しかし、残念ながらそれは総て水単独、すなわち純水としての理論構築である。

　この純水理論の科学に風穴を開けたのが、川田薫博士のミネラル（構造を持った鉱石）と一体となって存在する水の階層構造論である。「生命体にとって陸地と言う直ぐ側にある物質が生命誕生に関わらないはずがない」との、川田氏の研究企画設定の直前の直感的ひらめきである。川田氏の生命誕生を見据えた水とミネラルの研究成果そのものである。電子顕微鏡観察の画期的な水の3段階の階層構造（図表3－11）の発見であった。この事実こそ、水の科学のパラダイムシフトとなったターニングポイントであろう。川田氏との拙編著書『水の本質の発見と私たちの未来』（文芸社）で、ミネラルの生命的働き方に付いて詳細を語りかけたのは2006年の秋だった。

　あの時からすでに12年余の年月が過ぎた。新たな現象の出会いに恵まれた。川田理論を基点として、水と珪素の結び合う結合群化されている水を、生命体に見合った視点から眺めることで、新たな飛躍的な発見があった。実用の水は"コロイダル"という表現が一番、水の実用科学に似合っていることが、中島・澤本の新たな科学者が見向きもしない分析手段で見えてきた。さらに、この事実を証明してくれているのが最新鋭の溶液粒子状のコロイダルを検証するゼータ電位とその粒子径・粒度分布の計測であり、さらにそのコロイダルの固液混合状態さえも微妙に見分け、観察できるナノサイト分析器である。水の階層構造群・団の新たな理論構築とその特性が、科学の手段を通して見えてきた。

　この新たな事実は、日本物理学会が総じて取り組んでいる物理学70の不思議の1つとされる「溶液二様態論」の解き明かしでもあった。湯川秀樹博士の晩年の宇宙根源の洞察「素領域理論」にヒントを得てなした新たな水の生命基礎科学「コロイダル領域論」である。

2.コロイダル領域論と水素結合の速度過程論の比較

　水の構造化とは微細ナノバブルの溶解、あるいは溶質との水和現象、さらに一番多いのは表面陰電荷を有する鉱石ミネラルによる電気二重層の拘束層である。いずれも水分子の水素結合ネットワークの再編成であり、水分子の配向エネルギーの状態変化を伴う……。これらを一般的に水の構造化と呼んでいる。

　わかり易い水の物理的状態で指し示した指標がある。図表5－13（水分子の水素結合の速度過程と水の振動）である。図表は物理的状態とその振動数の関連である。水素結合の速度過程とは、この振動数の逆数が水素結合の構成再編時間とも見做せるものである。例えば自由水にあっては、1秒間に1兆回もの水素結合の相手が入れ替わることを示している。蛋白質の周りの水さえ水素結合は1秒間に百万回も相手を変えるという。氷の場合は水素結合が固定されており、ほとんど変化しないと見做し得る。「水のクラスターが小さくなったとか、水分子がバラバラになったという話はウソで、むしろ水はネットワーク性が非常に強いものだということがわかる」と、豪語する山形大学助教授の天羽優子氏の水集団のベース的な見解とかぶりあって見える。

　しかし、水分子以外の、例えば鉱石ミネラル

第五章　生体系の水 "コロイダル" の生命基礎科学

が存在するといかように変化するのだろうか。すなわち筆者らが語っている実在の水とは、生体分子の構造的成分や構造化の結合水と同じ性質を発揮する「ミネラルに纏い付いた水分子」のことである。だが、残念ながらこれまでの科学で語られる水素結合の速度過程論には、この

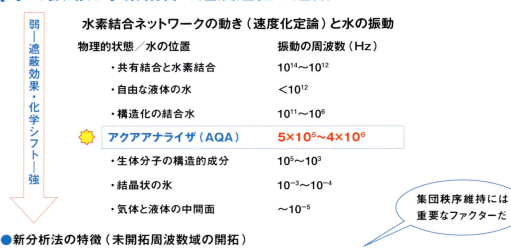

図表5-13：水分子の水素結合の速度過程と水の振動

ような珪素に纏い付いた水の集合体の概念は一切明らかにされていない。表現として生体分子の構造的成分としている。親水性蛋白質等に付随する結合水を指していると思われるが、その詳細は語られていない。そこには、水とミネラルが一体であるというコロイダル様態の溶液存在のイメージが思い浮かばないのである。

少し横道にそれたが、話を元に戻そう。筆者が最も頼りとしている分析器、アクアアナライザ（パルス分光器AQA、第七章で詳述する）の計測振動数がこの周波数域（10^6を中心にした振動域）と一致している。これまでの科学では、無視されていた波長が数十mから数百mの振動域である。溶液の重要な変化、すなわち"水の集団塊"の「第二の誘電緩和」が起こり得る大事な溶液特性を支配する周波数域である。電子レンジの動作原理でお馴染みの分子の配向分極、そして空間界面で行われる界面分極との中間域で発生する界面・配向分極（筆者が新たに名付けた仮名）の存在を世界に先駆けて発表したものだ。

電子レンジ応用の分子レベルの誘電緩和に非ず。コロイダルの数十ナノレベルから数ミクロンレベルの液-液相界面存在の誘電緩和の話である。この位置の特徴的な水とは先の章で紹介した「珪素に纏い付いた水」のコロイダルである。珪素によって水素結合を制御された「結び合う力の水 "コロイダル"」の存在である。密度「1超」を維持しつつ、誘電率が20前後となる亜臨界水機能さえも同時に発揮できる重宝な実用の水である。これまで周囲環境で影響される水素結合の速度過程論ではなく、自らが珪素に纏い付き水素結合を制御しているコロイダルとなって、広大な水の一枚岩的なネットワーク結合をパッチワーク状態に再編し、その機能を

発揮して周囲に影響を及ぼしている結び合う力の水の二様態構造化の話である。

例えば、水のナノバブルを内包した包摂結合を水の構造化と唱えることもあるが、形態は全く異なる。すべてがあくまでも電気二重層的に集合体を構成し、対等的で一体となり群れ合い輪しているのが実体である。ナノバブルとて包摂結合ではなく、一同等のユニット集団と見做すべきである。図表6-10：コロイダルとシュテルンの電気二重層を眺めていただきたい。大小様々な集団塊が存在し、ひしめき合い相互作用し合っている。水素結合のネットワークのみを頼りに水を究める視点とは、次元が全く違う。本誌はその基本概念を旨として、マクロな水の構造化にフォーカスした自前の観察・分析結果に基づき、先達科学に学び整合しつつ取り纏めた水の実相コロイダル領域論である。これこそが、物理学界が捜し求めている「溶液の二様態論」のあり姿そのものである。

3. 水の構造化 "結び合う結合群化したコロイダル" への道のり

各先章で水の構造化の現象や経緯並びに働き方ついて、結合群化した水、あるいはコロイダルとの表現で、その都度述べた。簡易なまとめをしておこう。

先にも記した生体との関わりにおいては、純水同士の結合状態 "自由水" に対して、他物質との水和状態の水を "結合水" とも呼び、ミクロ的な分子レベルを構造化とする説もある。そして、ナノバブルや溶質等を取り囲むようなかご状水素結合ネットワーク包接水和物（ハイドレート）の状態を "水の構造化" と称しているものもある。

さらには、最近になり若干趣旨を異にするが本誌が最も注目してきた、ノーベル物理学受賞のシュテルン博士の帯電コロイド粒子による「シュテルンの電気二重層」論を論拠とした "水

の構造化" の状態を説明したものもある。例えば、2008年、ワシントン大学教授のジェラルド・ポラック博士は親水性のゲルの周囲に数百ミクロン厚さの水の構造化層が構築されるとした論文もその1つといえる。恐らくシュテルンの電気二重層をこれほどまでに「見える化」した研究発表は初めてではないだろうか。

一方、川田薫博士は、水と構造をもった鉱物（ミネラル）との相互作用を究明し、溶液論の原子、イオンレベルの均一性に楔を打ち込み、その上で、特に珪酸コロイド粒子の重要性を説き、水をマクロ的な集団として捉え、宇宙構成の根本原理であるボトムアップシナリオで構築される階層構造と同じであることを電子顕微鏡観察（第二章3項）で明らかにしている。さらには、水とミネラルの構造化とその新たな集団としての振動発生の存在を明言している。水の本質を捉えて、その集団の動的、かつ立体的構造の仕方と度合いを述べた多様な集団対応型の唯一の論文であり、文献である。

筆者は、川田理論に基づき、その階層構造が醸し出す一連の倍音的、搬送波的とも見做せるラジオ中波域の800〜4000kHz域での水に内在する調律的な振動の実在（集団の極性配向分極）をパルス分光器アクアアナライザのスペクトル分析で明らかにした。さらに、水に内在するリズムの活性化はコロイド粒子の電荷力に負うところが大きく、イオンは逆に抑制作用に働くことを、新しい分析手法「アクアアナライザで検出されるダイナミカルなシンクロナイズの存在」と「微乾燥光学顕微鏡観察写真での溶質沈積模様の界面科学的な電気泳動の観察」のデータを用いて論じた。加えて、最近はナノサイト分析器で数値的にコロイダルの内部状態の "見える化" が可能となり、内奥深く見極めている。

水とは水素結合を基本とした階層構造論を、遥かに超えた集団の団結性を維持している代物である。この結び合う姿こそ、コロイダル様態

を構成しながら動的調律リズムを奏でている群知能を発揮する唯一の溶液二様態の構造化理論である。それが、自己組織化の叶う自己触媒の媒体の場の有り姿なのだ。

最近、量子的な立場で水を語る「量子サイズ効果」や「量子ふるい効果」は微細孔（マクロボア径からメソボア径：50nm〜2nm）、超微細孔（ミクロボア径：2nm以下）の存在にてその働き様が顕在化するという。しかし、実際には、ゼロ場の効果としても同様の現象が現れている。中空型のミセルコロイダルの自然の摂理の必然的な形態構成である。生命エネルギーとしての凝集と活性を備えた進化の現われである。これこそが「陰」と「陽」の出会いの場、すなわち中和的な力が働き、「モノを生みいずる場」のリセット作用ではないだろうか。

マクロビオティックの創始者である桜沢如一氏は「核の中の強い結び目と弱い結び目の存在が原子転換の鍵を握る」とルイ・ケルブラン博士に助言している。結び目とは振動の節でありゼロ場の存在であろう。水の場は低エネルギー原子転換には欠かせぬ触媒の場なのである。ギリシャ神話に出てくる「カオス：あらゆる生り出ずるものの素と生成へのエネルギーを内に秘めた生成の場」そのものである。哲科学的な解明が待たれる水が成す最大のミラクルの場のようである。宇宙の恒常性なる場で成される「人為的なゼロにしようとする力と、そうはさせまいとする宇宙の恒常性とが成す作用反作用の相互作用が成す場の交番的な磁性力の働きである」と筆者は考えている。

4.湯川秀樹博士『素領域論』に学ぶ "コロイダル現象"の実相

世界的な理論物理学者 保江邦夫氏の編著書『脳と心の量子論』（講談社）は、もう十数年も前に読み、筆者の研究の指南書ともなったと第二章で記した。彼に再登壇願い、永遠の科学のナゾ"場の本質"を教示いただき、セレンディピティ（触発される偶察力）でコロイダルの本質力、すなわち界面のカオス的な生りいずる場を模索し本章の締めくくりをしたい。

保江邦夫氏は、その著書『ついに、愛の宇宙方程式が解けました』（徳間書店）の中で、湯川秀樹博士が晩年に提唱したままほとんど省みられていなかった『素領域理論』に本気で取り組んだ変人だと自己紹介している。彼は「愛の宇宙方程式」を解く鍵として次のように著している。

「駆け出しの物理学者として若き時代を過ごした京都の大学院で研究し、その後まったく省みることもなかった湯川秀樹博士の『素領域理論』に触れることが最も重要な点となる。そこでは日本人として初めてノーベル賞に輝いた湯川秀樹先生の、哲人としての隠れた秘話について触れておきたい。読者諸賢に置かれては、最後まで読み通されたあかつきには、『空間を友とする』事で空間に護られ、幸運に恵まれるようになったご自分を見出していただけるに違いない。人類の多くが『空間を友とする』ことで、調和と平安に満ちた世界が実現される日も遠くない」とプロローグで語っている。

そして、彼は素領域論の修士論文として「空間や時間の微細構造としての素領域を仮定することにおいて素粒子の運動がニュートン以来の古典物理学ではなく、量子物理学によって記述されると言う明らかな実験事実を純粋理論的に導き出すことができた」と結論付けている。少し長くなるが、彼が解説する湯川秀樹博士の素領域理論の概要を抜粋して記したい。

［素領域理論においては、物質の最小成長要素である電子や光子などの素粒子を空間の最小構成要素としての素領域の内部に存在するエネルギーととらえ、素粒子の生成消滅反応や運動を、そのエネルギーが素領域から別の素領域へと遷移する道程だとする。例えば自分の向かい

に誰かが立っているとして、互いの間には何もない、つまり空間しかないと考えられる。しかし、目には見えなくとも空間は空気という物質や光で満たされ、実際には酸素分子や窒素分子などを構成する電子やクオーク、さらには光子など無数の素粒子が存在している。その様に物質の最小構成要素である素粒子が存在する空間は「連続している」というのが我々の自然な感覚であり、物理学においても長い間盲目的にそのように信じられていた。

　そんな妄信に終止符を打った湯川秀樹博士の「素領域理論」によれば、実は空間は不連続で飛び飛びに「素領域」と呼ばれる構造があり、素領域と素領域の間には何もないというのが「空間」の真の姿となる。そして素粒子はすべて素領域から素領域へと飛び移ることで「空間」の中を運動していくエネルギーである。素領域が飛び飛びに分布するということは、連続しているように見える素粒子の運動も、実は不連続となっていることを意味する。—中略—素粒子同士の間に働く作用は物理的な力と呼ばれ、現在のところ「重力」、「電磁力（電気力と磁力）」、「（原子核の）弱い力」、「（原子核の）強い力」の四種類が実験的に見出されている。これらはあくまでも素領域の間を変遷して飛び交うエネルギーである素領域の間でのみ直接に作用するものであり、素領域の構造そのものに働きかけているわけではない。—中略—湯川博士の素領域理論によれば、物質の構成要素である素粒子は、すべていずれかの素領域の中にしか存在できない。この意味で、身体を含めすべての物質は「霊の中にのみ存在している」といえる。つまり、霊があるからこそ物質でできた肉体が存在するのである、「肉体が霊を宿す」のではなく、「霊が肉体を宿す」のである］

　驚くべき啓示内容である。筆者には『素領域理論』を物理学的に数理論的に解読する素養は持ち合わせていない。だが、感性的に"場の概念"で捉えると、『素領域理論』は、世界が目指す理論物理学の4つの力の大統一理論の真髄を語りかけているように思えてならない。インフレーション理論［ハップルの法則：後退速度（光の赤方偏移）＝ハップル定数×距離］の正当性を証する場の斥力を論じているようにも見受けられる……。なぜか筆者には閃きが走った。すべての存在が自らの適宜な素領域をもって周囲と交わっているという表現こそ、マクロな顕在化した現世の有り姿"階層構造"を言い表すのに一番似合っているのではないだろうか。菱和が成す秩序世界の話である。

「そうだ」！水も同じくすべてが水素結合というネットワークでつながっているという様相ではなく、筆者らが主張する小集団粒子同士の界面（液-液相界面）を介してつながり合っているそのものの様相を語っているのではないだろうか。コロイダル溶液論そのものの実相をピタリと言い表せる"場"の解釈論である。

　確かな関連イメージが湧いてくる。情報世界には欠かせぬ電磁場の電波の伝搬様式を頭に思い描きながら、一字一句に釘付けにされた。変化に対して変化させまいとする大事な宇宙の第一原則ともいえる"宇宙の恒常性"の場の存在である。すなわち、図表4－18：電磁波の伝搬と場のエネルギーの鎖状伝搬を掲げたが、明らかに電波は、電場⇒磁場⇒電場⇒磁場⇒……。それぞれの素領域となる交互の場が介在していて初めて、電波が飛び飛びに鎖状につながりあって伝播していること、すなわち電波の搬送原理を思い描きつつ読み続けたものだ。これまでは単純に電波の鎖状つながりを物理的な決まりごと（前提条件）として鵜呑みに捉えていたが、さらに奥深い原理を学ぶことができた。"場"という概念の神秘さを一層深化する事ができ、ラッキーであった。

　もう一点、先に記したコロイダルのゼロ場の働きの話も界面の介在・存在あっての話である。電場同士、磁場同士夫々のモノポール（単

第五章　生体系の水 "コロイダル" の生命基礎科学

極）が対峙し合い反発し合う消滅ポイントの無電荷・無磁極なる中性点すなわち「ゼロ場」も界面、空間の存在がなければ叶わない話であろう。コロイダル領域論（筆者が名付けた仮名）を、脳裏いっぱいに思い描くことができる。「1～2nmのコロイダルをベースに20nm程度のミセルコロイダル、60nmのミセルコロイダル、100nm前後のミセルコロイドと4段階程度のミセルコロイダルが寄り集い群れている」として描いたのが、図表6－10のコロイダルのモデル図である。参考までに眺めてみてほしい。

夫々の場には、それなりに見合った適宜な界面が存在していることを理解すべきだと受け止めたものである。宇宙の構造の仕方"階層構造"は存在物すべての構成様式であるが如く、素領域理論の宇宙成り立ちの原理はすべてに合い通じている動作様式の原点ではないだろうか。物理学者湯川秀樹博士の哲科学の真髄と心に深く受止めた。

もし筆者の相似象的な受止め方が許されるならば、コロイダル溶液論の妥当性を物語るこれほど心強い理論的根拠はあり得ない。世界的理論物理学者保江邦夫氏の著書に誘われたセレンディピティのお陰である。

読者諸賢には、コロイダルの様相がしっかりイメージできただろうか。

湯川秀樹博士の素領域理論の原理動作は、例えば臓器細胞群の群知能発揮の様相、あるいはコロイダルのグループダイナミズムな様相を語ることのできる原版となり得る頼もしい存在と見受けられる。しかも、この根っこにあるものはリン・マクタガードの「生命体は化学反応物質のイオンではなく、電荷（コロイダル）である」、そしてハロルド・サクストンバーの「生命動電場の活動により、生命体に全体性、組織性、及び継続性が生じる」とした両博士の珠玉の研究結果ともリンクし、完全にシェアーされていることが、様々な角度から検証した上記論旨の整合性の究明でわかってきたのである。

生命の場を成している水と珪素の媒体の場は適宜な大きさのコロイダル粒子群・団の様相を成して寄り集い、群れ合い混在している。均一な"量子調和"よりも、小集団が成す個性が活かされた集団秩序を奏でる"菱和"のあり姿である。集団の個性が活かされた、例えば、会社における小集団活動の活用の場の姿であり、また、家族単位で構成された良き地域社会の有り姿ではないだろうか。目的に見合った適宜な単位集団（ユニット）の存在の必然性が、その場に求められているのである。

筆者が10年ほど前に発表した論文「水の相状態液−液論」、「コロイドの表面陰電荷論」で問いかけた、溶液の液−液相界面の必然性の話であった。

当初申し上げた新世紀の大事な夢である"いのちの元"の「フィクション（夢物語の虚構世界）」を、素晴らしい先達の知見の助けを借りながら、お陰様で筆者は治験の事実から帰納した「ノンフィクション（実話の世界）」としてここに「コロイダル領域論」を紹介することができたと自負している。読者諸賢の厳格な査読を頂戴できれば、ありがたい。

第六章

結び合う命の水 "コロイダル"

抗火石技術と水溶性珪素とのコラボレーション

珪素は生命維持の基点で働くもの

　水溶液コロイダルの働き様があらゆる生命動作の原点であることがわかってきた。現象があり実証で再現性を確認、多くの知見と対峙させ整合性もしっかりと問い正した。見解の相違を解き明かし、わかり易く体系化を図りコロイダル領域論を取りまとめた。土台となったのは、もちろん「水溶性珪素」だ。

　筆者の身近にある水溶性珪素を根幹に据えた澤本抗火石技術の実践と奥義に学んだ体験が、筆者の思考力を育み進化させてくれた。もう一点、研究向きの純粋な珪素四面体（SiO_4）を成す水溶性珪素とのラッキーな出会いがあった。拙著『水と珪素の集団リズム力』（Eco・クリエイティブ）では、治験不足で書き得なかった澤本抗火石技術と水溶性珪素のコラボレーションの魅惑的な結び合うコロイダル機能の実証を、ようやく確信をもって話すことができるようになった。パラダイムシフトさへ見込める程の相乗効果の凄いコロイダル機能の応用事例について著したい。

　澤本抗火石技術の実践と奥義の全容については、すでに第二章で詳細を著した。ここでは、水溶性珪素のトピックスを取り上げ、紹介代りとしたい。

　水溶性珪素は地球生命体の誕生以来、全生命体は自らの生命作用の根源として生まれつき自然の場に希求する自然食の源泉そのものだ。欧米では粘土食として、また日本やアジア諸国では健康・医療・美容の万能サプリメントとして知られるようになってきた。水溶性珪素は、水や空気の如く特に意識されることもなく粛々と生命維持の基点で働き続ける生命必須の代物なのだ。

　健康寿命の合言葉「若返りと美容、そして健康」の土台、すなわち生命体誕生の寄り集いの原型「いのちの核」はもとより、生体物質の保水剤・架橋剤（コラム6－1～3を参照）を担う珪素と水の凄い「生命創出力」が人々の「健康寿命願望」を呼び覚まし注目を浴びるようになってきた。

　人々の根強い"美しく生き永らえたい"という「健康寿命」の願望に触発され、水溶性珪素の愛用者飲間では、誰彼ということもなく自然発生的に互いに「ケイ素ニスト」と呼び合う合言葉さえ耳にするようになっているそうだ。愛飲者の仲間意識と水溶性珪素への感謝がもたらした喜びの「ひとり言」が、"絆"として以心伝心の如く結ばれ、ネットワークが大きく広がりを見せている。

　自然科学者や生命科学者、なかんずく難病患者を診る医学者が、今、最も注目する自然の万能役"珪素"（基本骨格：SiO_4）の働き様に注目している。水溶性珪素の特筆すべき働き様を種々（じゅじゅ）紹介したい。

コラム6-1：水に溶けないものを水溶性にする珪素の働き

小林久隆氏（米国立がん研究所NCI主任研究員）のがん治療法

（2012年オバマ大統領の一般教書演説でこの治療法が紹介された）

がん細胞だけに特異的に結合する抗体を利用。近赤外線によって化学反応を起こす物質（IR700）を付け、静脈注射で体内に入れる。
抗体はがん細胞に結合する。近赤外線の光を照射すると、化学反応を起こしてがん細胞を破壊する。IR700はフタロシアニンという色素で、波長700nmの近赤外線のエネルギーを吸収する。化学反応で変化したIR700ががん細胞の膜にある抗体の結合した蛋白質を変性させ、細胞膜の機能を失わせ1～2分という極めて短時間でがん細胞を破壊する。

この治療法は、副作用はなく、安全性が確認されている。そもそもがん以外の正常細胞には抗体が結合しないので、近赤外線が当たっても害はない。近赤外線はテレビのリモコンや果物の糖度測定などに使われる光で可視光と違って人体をある程度深くまで透過するが、全く無害である。

IR700は、本来は水に溶けない物質で体内に入らないが、中にシリカ（珪素）を入れて、水に溶ける性質に変えている。1日で尿中に溶けて排出されるので、これも人体には無害である。

第六章 結び合う命の水 "コロイダル"

コラム6-2：珪素は細胞の結び役『ムコ多糖類』の架橋剤

珪素はムコ多糖類の架橋剤

- ムコ多糖類とは、細胞と細胞をつないでいるゲル状の物質。関節や皮膚、内臓、角膜など、あらゆるところに存在している。**ムコ多糖類**は、保水性に優れ、肌の健康維持や間接のクッションの役割などをしている。また、ドロドロ血を緩和したり、コレステロール値を低下させるなどの働きもある。**ムコ多糖類**はウナギや魚のヒレなど、ネバネバしたものに含まれており、サプリメントとして市販されているものは、主に鮫の軟骨から抽出されたものが多い。サプリメントを摂取する場合はコラーゲンを同時に摂ると効果的だといわれている。
- 私たちの身体には約60兆個の細胞があり、その細胞の周りには下図のようなムコ多糖類という物質が存在。そこで必要な水分（体液）をしっかりと蓄えている。また細胞に栄養を運んだり細胞から不要となった老廃物を取り出したり、身体の「循環と代謝」を支えている。人間の身体は、約70％が水分でできているといわれるが、身体の中で、この**ムコ多糖類**がこれらの水分の多くを蓄えているからである。しかし、このムコ多糖類は25歳頃から失われていき、それに伴って水分を蓄える力が失われ身体が乾燥化してしまうことが、老化の原因といわれている。
- 珪素はムコ多糖類の架橋剤（表面陰電荷力）となり結合効果を発揮している。

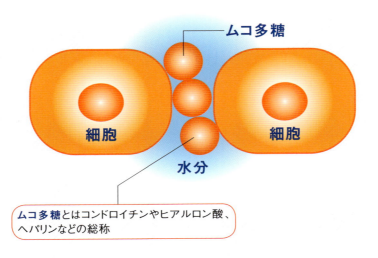

ムコ多糖とはコンドロイチンやヒアルロン酸、ヘパリンなどの総称

コラム6-3：珪素はエラスチンの架橋剤、コラーゲンとヒアルロン酸を束ねる

珪素はエラスチンの架橋剤

- 赤ちゃんのみずみずしさを保っているのはヒアルロン酸やコラーゲン。
- そのコラーゲンを結び付けているのがエラスチンである。
- 肌や血管、肺、そして靭帯などにハリや弾力を与え若々しさを保っている。
- エラスチン（一名弾性繊維）は繊維状の蛋白質で、コラーゲンを結び付け、その網目内にヒアルロン酸を保持。真皮の線維芽細胞によって生成される。
- 線維芽細胞は新しい組織を作り、古い組織を分解して新陳代謝を促す。
- 線維芽細胞は活性酸素に攻撃され易く、肌の弾力が失われてしまう。
- **だが、エラスチンは「水に溶け難い」という性質をもっている。**
- 珪素の架橋剤としての親水性力がエラスチンを水溶性でつなぎ、かつ抗酸化剤として働き、活性酸素を無害化しているのである。
- 珪素は、ムコ多糖類やコラーゲン組織を強靭にしているエラスチンとして寄与しているといわれる所以である。（ミネラル栄養学）…化粧品ではシラノール

＊まとめ…珪素が体内でエラスチンの存在・機能を支えている

- エラスチンとは、主にコラーゲン同士を結び付ける働きをもつ繊維状の蛋白質である。弾性繊維とも呼ばれており、ゴムのように伸び縮みする性質をもち、皮膚の真皮や血管内皮、靭帯などの体内で弾力性や伸縮性が必要とされる組織に存在している…体の内部での弾力性や伸縮性に関わっている成分
- 人間の体内の組織におけるエラスチン含有量は、靭帯で約78〜80％、動脈で約50％、肺で約20％、皮膚の真皮で約5％を占めている。

生命の万能薬
"水溶性珪素"の一事例

　生命科学に疎い筆者だが、水と珪素のコロイダルを見究める初期の段階で、最もシンプルな水溶性珪素の基本骨格SiO_4を具備したミネラルに魅せられ学び、筆者の研究「コロイダル領域論」のエキスとした。生命科学の原点に位置し、鉱石のゼネラリスト的な生命健康作用への自然な導きであり、必然的な学びの場であった。
「水溶性珪素には特定の効果というものがない」と、水溶性珪素の開発者、研究家、専門家の諸先生方は言葉を選び語りかける。もちろん、水溶性珪素は生命体に一切害を及ぼさないとして、厚生労働省は「無害商品に該等する」と公布している。

　そんな間接的な言葉とは裏腹に、なぜか、肉体面、精神面、かつ美容面にと、生命体の全方位での応用実用化が大きく広がりを見せている。しかも巷では、数々の奇跡的現象を目の当たりにしている嬉しい報告事実が山積している。その魅惑的な広範囲の薬理作用を既知の医学的知見で測る適宜な『物指』が見当たらず、特定が叶わぬもどかしさの裏返しが彼らの真意ではないだろうか。

　なぜ、水溶性珪素は生命体全方位の自然役・薬となり得ているのか……。筆者の生命の自然発生観（図表まえがき－2生命誕生の経緯の実相）で眺めれば、誠に単純で恐縮だが、必然的に答えが見えている……。水と珪素が「いのちを生み育む核となり得た」からである。すでにコラムで紹介した如く、生体物質の保水剤・架橋剤を一身に担う珪素の凄い寄り集う生命体創出力の基本動作であり、基本骨格そのものである……。生命科学に疎い筆者がとりわけ最も単純な珪素基本骨格（SiO_4）を具備した水溶性珪素を多として、"いのち水"を見つめたシンプルな初対面の直感であった。

不思議な万能役・薬、水溶性珪素との初対面

　生命体に「親水性・水溶性」の特質は必須である。水に溶けた水晶"水溶性珪素"の素晴らしい親水性・水溶性との衝撃的な出会いについて、6年ほど前に拙著『水と珪素の集団リズム力』（Eco・クリエイティブ）で詳細を著した、凄い自然現象の感動記の抜粋である。

　「水に溶ける水晶がある」との情報を得て早速に入手、実験した。薄いエメラルド色の塊を破砕、5mm程の小片を5、6片、ガラス瓶の水の中に入れ密閉した。2.5ヶ月後の梅雨の時期。サンプル瓶に変化の兆しが。明らかにガラス状の小破片の角が欠け薄く弱々しげに一回り小さくなっているのが肉眼で観察できた。数ヶ月で、ガラス状のものが水に溶けるという驚きの事実。

　サンプル瓶の蓋を開けた時、もう一度びっくり。驚くべき光景が目に止まった。蓋の内側に純白の米粒ほどの薄い皮膜状のものが1つ、中央に付着していた。まさか、カビのはずがない。恐る恐る薬指で触れた瞬間、薄っぺらで絹のような感じが指先に残った。とろけるような感触であった。舐めてみた。無味無臭で舌触りすら覚えないほどの滑らかさ。すべてが透明感覚の中の出来事だった。

　蒸発したものが寄り集い凝集、濃縮されて鍾乳石のようになったものに違いない。だとすれば、水は単分子で蒸発するのではなく集団で蒸発する証の1つであるはずとの思いに浸り、神秘に魅せられた余韻を楽しむ一時であった。

　さて、そんな偶然の水溶性珪素との出会いからもう8年余の月日が過ぎた。ガラス状のクリスタル珪素溶解のサンプル瓶は、今も筆者の本棚の一角に鎮座している。2.5ヶ月程度で破片が、明らかに小さくなっているのが目視でき、溶液を分析すると驚くことに珪素濃度が1万ppmを超えるまでになっていた。ちなみに珪素の飽和濃度は科学的に150ppm前後とされている。化学のイオン化列溶解原理に有無を言わせぬ程の恐るべき溶解力である。さらに2年後には、ガラス状破片がすっかり綿状となり底部にもやもやとした綿状らしきものが浮遊している状態である。微粒子存在の簡易確認である緑色のアルゴンレーザー光で上澄み部のチンダル現象（光散乱現象）を観察すると、見事なまでに緑色光の太い一筋の帯線となってキラキラ輝いて見える。まさしく名実ともに"水溶性珪素"と呼ぶに相応しいサンプルつくりを実感したものだ。

　一般的に植物に由来する植物性珪素のみが細胞膜を通過し、生体に吸収されると多くの人は感覚的に捉えている。だが、実際には、非晶質性の鉱石が生体に吸収されるのは何も植物や動物によってあらかじめ生命的に処理されていなくても吸収されることがすでに科学的に証明されている。

　ましてや科学に頼ることなく人々は「食物繊維が健康に良い」と、先人の生活の知恵を再認識し底堅い健康食ブームとなっている。食物繊維が便通に効果的だというが、全くその通りである。だが、不思議なことに"よく噛んで"が条件であるかのごとく付言される。なぜなら、もう1つの大事な役目が隠されている。セルロースやヘミセルロースなどの食物繊維の核となっている"水溶性珪素"の摂取が本来の目的なのである。植物が岩石を自らの根酸で溶かし、非晶質として吸収した鉱石そのものである。水溶性珪素と同じ無機質そのものである。

　筆者は、クリスタル水晶が水に溶け、かつ、水と共に蒸発するという水溶性珪素のはかり知れない魅力について究めたいと、今も、万能溶

媒として生命関連外の分野においても様々なコロイダル様態の治験を積み重ねている。

　ところで、コロイダル領域論の共同研究者である澤本氏は、自らが手がけ開発した種々の抗火石技術（0.4ppmの珪酸塩の溶出）を手にしながらも、さらに強力なコロイダルの必要性に迫られ、水溶性珪素の活用を思いつき、技術開発に着手している。機械工作用のクーラント加工液（別項で後述）の応用新技術の開発にも着手、様々な難題を克服して成功にこぎ着けている。

　しかも、驚くべき事実が潜んでいることが判明した。"まさか"の山よりも大きな猪の出現である。コロイダル領域論は機械工作のみの応用範囲に止まることなく、広く潤滑工学、並びに伝熱工学の基礎理論にも大きく影響する要素を秘めている事実を、熱貫流の大幅改善データが語りかけてくれている。詳細は後段の項で著したい。溶液のコロイダル領域論がすべての存在の相互作用のベースになっていることの証であることが、さらに一段と明確になった。水溶性珪素は抗火石技術とのコラボレーションでもてる素質を十二分に顕在化させ、発揮することが叶い実行部隊の先陣を切って走っている。

水溶性珪素の開発・実用の経緯

　純度の高い水晶・石英（結晶状のシリカ：二酸化珪素SiO_2）を、2000℃超の高温で溶融、気化して分子間の結晶状態を切り、非晶質のアモルファス状態の水溶性としたものである。自然界にあるアロフェン（非晶質の超微小鉱石モンモリナイト）、あるいは深層海水に多く含まれているオルト珪酸（H_4SiO_4）や温泉水に含まれるメタ珪酸（H_2SiO_3）と同類の性質のものである。あくまでも非解離物質であり。決してイオン状態ではなく、物体表面に陰電荷が集中しているコロイドである。水中では水をまといコロイダル状態となっている。

　水溶性珪素の開発源泉は、中国4000年の歴史にあったといわれている。水晶岩石100個のうち1〜2個の岩石内部には水晶エキスの存在するものがあり、その水晶エキスが胃腸や大腸炎、難病の治療用のほか、安心立命の秘薬として処方されてきたという漢方の歴史的智慧に符合しているとのことである。

　文明の至宝「水溶性珪素」の真の働き方を求め、2008年8月「日本珪素医科学学会」が、金子昭白氏の音頭により多くの方の賛同を得て設立された。そこには彼らの10数年にも亘る、自主責任で臨んだ水溶性珪素のすばらしい実践治癒力の実績が多々あったからに他ならない。もちろん、金子氏自身も余命数ヶ月の肺がんとの医師宣告を受けての自己責任による水溶性珪素にすべてを託した闘病克服の経験者である。その"経験ありき"が社会貢献を押し進める金子氏の活動源泉となっている。

　水溶性珪素が水の秩序を整えている。水の溶解力範囲を拡大している。そして、細胞の活性化「若返り」、すなわち、保水力と架橋作用で生命体の初期化現象を助成している。確かな免疫力の向上である。いのちを拒む老化や病気の元凶ともいわれる「活性酸素」さえも表面陰電荷力で引力し無毒化してくれる。水溶性珪素は水と共に人類の健康・幸福・繁栄を下支えしてくれているのである。ものは言わぬが、自然が成した温泉水のメタ珪酸や海水のオルト珪酸に代表されるアモルファス珪酸同様に真摯に地球の命と健康を守り育てる立役者であると、金子氏は自らの経験を重ね、過去を振り返り力強く語りかけている。

　時宜を得て金子氏は、急速に拡大する水溶性珪素の応用市場に対して、利用者の立場から考える安全と安心を確保するための研究機関「日本珪素応用開発研究所」、さらには「日本珪素医療研究会」の設置にも尽力している。

　生化学・医学分野での水溶性珪素の神秘な未解明機能の解き明かしを目指し、専門研究機関等との共同研究も始まっている。次々と応用研究の成果が発表されている。それらの実証と言うか、現象を生じさせる水溶性珪素の源泉力・作用機序を追い求めている筆者には、ありがたい疑似体験そのものである。自然が求める健康医学に最も寄与する可能性を秘めた水溶性珪素の働き様について、「どうしてなんだろう？」いう素朴な疑問が湧いてくる。そんな水溶性珪素の不思議な力や作用機序の謎を科学の力を借りながら紐解いてみる。

溶液内の水溶性珪素の基本化学式はSiO₄・4n(H₂O)

大方の科学者は、開口一番「水溶性珪素の化学式は？」と問いただされる。もっともな質問である。だが、「海水の化学式は？」と尋ねられて、応えることができるだろうか。「一番多い物質はNaCl」と答えるのが精一杯ではないだろうか。ニガリ成分のマグネシウムもあれば、カルシウムもあり、一概には言い尽くせないのでは……。溶液なるがゆえに複雑多様である。筆者は、実用の段階、すなわち水溶液として、含有されている夫々の溶質がいかような状態で働いているかを問い正すのが筋論ではないかと考えている。

99％を越える高純度の結晶状態の二酸化珪素（SiO₂）から成る水晶を原料として作られる水溶性珪素は、他の鉱石ミネラルに比べて最も純粋な珪素を主体（SiO₄）としたシンプルなミネラル（鉱石）である。製造者が公開している性状分析表（図表6－1）に基いて、筆者なりの原則的筋論としての見解を記したい。

水溶性珪素は溶質量が約1.5％（15000ppm）であり、その組成の99％が珪素とナトリウムで構成されている。組成分析表で判断する場合、問題は、構成物質が水溶液の中でいかような構成状態をしているかが、その働き様を知る上で最も大事な視点となる。まず、食品として配合できる珪素の含有量は食品衛生法で定められている。二酸化珪素で2％以内であり、珪素換算では930mg/100gr（9300ppm）となっている。水溶性珪素も法令遵守で、これを上限として調合され商品化されている。ちなみに、超濃縮水溶性珪素の原液は、珪素の濃度は15000ppmを超えている。筆者のクリスタル水溶性珪素の溶解実験と同程度の溶解である。まさに親水性の極みといえる。

イオン化列の大きいもの程、水と出会い解

水溶性珪素の性状分析表

試験項目	単位	
性　状		無色透明な液体
比　重		1.015～1.025
水素イオン濃度PH		10～12
ケイ素	mg／100g	837～930
ナトリウム	mg／100g	587
リン	mg／100g	28.6.
鉄	mg／100g	0.44
リチウム	mg／100g	0.02
マグネシウム	mg／100g	0.1
マンガン	mg／100g	0.01

図表6－1：水溶性珪素の性状分析表

離（電離）してイオン状態で水に囲まれ、水和された安定状態（図表6－2参照）を維持している……。電解物質の溶解の原理法則である。だが、本章の主役である水溶性珪素は、イオン状態ではなくアモルファス状のコロイドとして水中に存在していることを考慮しなければならない。溶液とは原子やイオン状で均一に混ざり合った状態ではなく、第二の誘電緩和を発祥させる集団ユニットのコロイダルの混在状態で菱和していることを直視し、溶液の本質を見極めるのが筆者流の究明思考法である。

水溶性珪素の解析・考察で取り上げられる要素は、珪素でありナトリウムである。わずかだがリンの存在も無視できない程度であるが、他はここで特段考慮するほどの量ではなく、三要素に限って考察してみたい。

珪素（シリコン：Si）の大部分はシリケート四面体の基本骨格SiO₄を維持している。水（H₂O）との出会いで表面陰電荷の引力で水を引き付け珪酸水和物としてSiO₄・4n（H₂O）の状態、すなわち、コロイダル状態で水と和している。

無機イオンの水和

水和：水中の無機イオンは水分子に囲まれ水和されている。水は極性分子であるから、陽イオンの周りには水の双極子の負側（O）が配向し、陰イオンの周りには正側（H）が配向する。これがイオンの水和と呼ばれる現象である。イオン半径の小さい正の水和（構造形成）と大きい負の水和（構造破壊）がある。

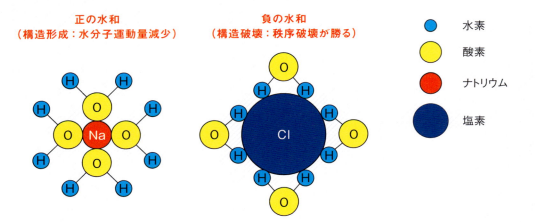

疎水性水和：メタンやエタンの炭化水素は疎水性物質であり、「無極性」で水には非常に溶け難い。1～10万個に水分子中に1分子溶解する程度であるが、溶解した疎水性物質の周りの水は構造性（秩序性）が増加しており、疎水性水和と呼ばれる。水中に複数個の疎水性分子が存在すると、それらの疎水性分子は水との接触を避けて集まってくる。この時疎水性分子間に働く相互作用は疎水性相互作用と呼ばれる。疎水性相互作用は水素結合の1/10程度と弱いがミセル形成などに大きく関わっている。

図表6-2：無機イオンの水和現象

水溶性珪素の正体とは？

水溶性珪素の構造式？
　　　……最近、問われることが多い
Si：8370ppm、Na：5870ppm、
P：29ppm、Fe：0.5ppm、Mg：0.1ppm
NaやPはイオン状で水に抱かれ、珪素は非晶質で水を纏っている
水溶性珪素（珪酸）の基本骨格：
　　$SiO_4 \cdot 4(H_2O)$
温泉中のメタ珪酸「H_2SiO_3」、
海水中のオルト珪酸「H_4SiO_4」
シュテルンの電気二重層型：
　　⇒ $SiO_4 \cdot 4n(H_2O)$
ナトリウム水和物：$NaOH \cdot H_2O$
珪酸ナトリウム水和物：$Na_4SiO_4 \cdot n(H_2O)$
リン酸ナトリウム水和物：$Na_3PO_4 \cdot n(H_2O)$
炭酸ナトリウム水和物：$Na_2CO_3 \cdot n(H_2O)$

＊NaはKと対峙して細胞内外の電解質濃度の大事な調整剤
＊Pはミトコンドリア発祥のエネルギーの媒介物ATPの大事な素材

図表6-3：水溶性珪素の正体とは

また、ナトリウム（Na）は水中で物質的に電離状態の水酸イオン（OH^-）と結び合って水酸化ナトリウムの水和物$NaOH \cdot n(H_2O)$となっている。珪素と結び合う珪酸ナトリウムの水和物$Na_4SiO_4 \cdot n(H_2O)$、そしてリンと結び合うリン酸ナトリウムの水和物$Na_3PO_4 \cdot n(H_2O)$、さらに空気との出会いで二酸化炭素と結び合い炭酸ナトリウムの水和物$Na_2CO_3 \cdot n(H_2O)$の状態で水中に浮遊しているといえる（図表6-3：水溶性珪素の正体とは参照）。

だが、ナトリウムイオンは、イオン化列がカリウム、カルシウムに次いで大きく水の存在でイオンになり易い。海水等でご存知の通り塩（NaCl）として水の中に存在しているが、実際にはナトリウムイオンと塩素イオンとして、夫々が最も安定した状態を維持するために電離して、水に抱かれ水和状態で存在している。塩素イオンは水分子の電気的プラス雰囲気にある

水素側と、ナトリウムイオンは水分子の電気的マイナス雰囲気にある酸素側と結びついて水和され、自らは最も安定した状態（図表6－2参照）を維持しているのである。

当然だが、水酸化ナトリウムは、水に水和され水酸イオンが電離した状態となり、溶液は、水素イオン濃度（pH）が10～12とアルカリ側に遷移した状態となっている。炭酸ナトリウムも炭酸イオンとナトリウムイオンに電離し、炭酸イオンは血液の酸・塩基平衡に関わる大事なイオンの働きを成す重炭酸陰イオン（HCO_3^-）として水和されている。そして、燐酸ナトリウムは電離し燐酸陰イオン（HPO_4^-）とナトリウムイオンに電離し、夫々が水和し安定状態を維持している。燐酸陰イオンは細胞内のアデノシン三燐酸（ATP）構成の重要な陰イオンとなる。

さらに、珪酸ナトリウムは珪酸とナトリウムイオンに乖離し、珪酸SiO_4はシリケート四面体の骨格となり水分子4n個と強く寄り集ってシュテルンの電気二重層のコロイダルを形成する。ナトリウムイオンは構造形成イオンであり、溶質の小集団構成のつなぎ役でもあるが、大部分は、細胞外液の血液の成分「血奨」の重要な陽イオンであり、細胞内液のカリウムイオンと対峙し、生体内の浸透圧調整を図る物質として重要な働きを成している。

上記の如く、水溶液内で水溶性珪素の主体である珪素は、珪酸水和物であるシリケート四面体の基本骨格$SiO_4・4n(H_2O)$の状態で水を纏って存在していると、筆者は見做している。コロイダル領域論の基本要素として理論体系を成している。例えば、先にも述べたが深層海水に多く含まれているオルト珪酸（H_4SiO_4）の元を成すものである（図表6－4：水溶性珪素はオルト珪酸の元を成す参照）。あくまでも非解離物質でイオン状態ではなく、物質表面に陰電荷が集中しているマイナス電荷を帯びたコロイドであり、水中では水と共にありコロイダルを構成している。中島・澤本のコロイダル領域論の基本要素である。この溶液内の事象を念頭に置いて、下記内容を査読していただければ幸甚である。

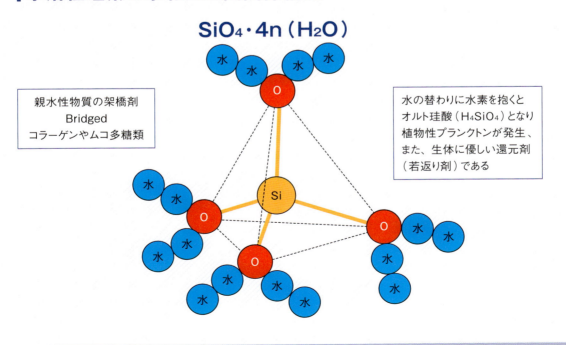

図表6－4：水溶性珪素はオルト珪酸の元を成す

表面陰電荷力を発揮する水溶性珪素コロイド粒子とその改質

水溶性珪素のミセルコロイド粒子の集い方が振るっている。水溶性珪素は、大部分が2nm以下の大きさの$SiO_4・4n(H_2O)$の寄り集いのミセルコロイドである。水中でそれらが寄り集い水を纏ってコロイダルを形成している。ほとんどがコロイドの寄り集った50〜100nmのミセルコロイダル状態である。これを乾燥させるとコロイダル同士がさらに寄り集い、脱水が始まり凝集を重ね大きくなる。8年前に水溶性珪素と初めて出会った時、倍率1000倍の光学顕微鏡で撮った微乾燥顕微鏡観察の写真、並びに寄り集いのモデル図が図表6-5である。

この写真をよく見ると、ミセルコロイドの中央部が空所となりドーナツ状となっている。大きさは直径800〜1200nmである。これら1個1個が手書きで描いた超微細なコロイド粒子の集まりである。コロイド夫々が表面陰電荷力を有し、互いに反発しながらファンデル・ワールスの力（質量のある物質同士の間には互いに引き合う力が働く）で寄り集っている。集団の大きさが200〜300nmでは中央部に空所は見受けられないが、凝集が進み500nm辺りの大きさになると形状がドーナツ状となってくる。集合体内部の電気的反発力の対峙関係で、必然的にドーナツ型になるのである。コロイドの表面陰電荷の成せる業である。

水溶性珪素　ミセルコロイド粒子（微細コロイド粒子の集合体）

ドーナツ状とは表面陰電荷力が強く、生命体に無害である証

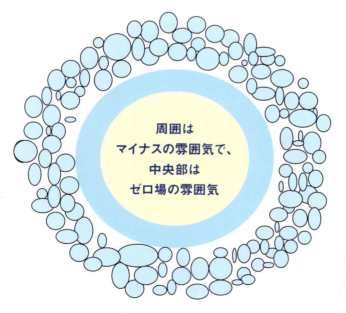

外形300nm〜1500nmのミセルコロイド粒子の集合体の想像図
各エレメントの大きさは、5nm〜50nmと推測される。

乳酸菌発酵熟成エキスの200nmろ過膜精製テスト結果、ミセルコロイド粒子であることが実験結果で明白となった。

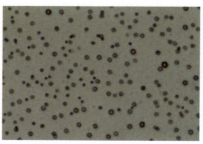

図表6-5：水溶性珪素のミセルコロイド状態

さらに、水溶性珪素のミセルコロイド集団が1200〜1800nmの大きさになると中央の空所に500nm以下の粒子が存在し三層型の紋様となる（図表6-6）。すなわち、ミセルコロイド集団が大きくなると互いにマイナス電荷の反発し合う力が強くなり、必然的にドーナツ状の構成となる。個々の表面陰電荷力が弱い場合は、中空型粒子は生じない。さらに表面陰電荷力が強くなり三層型粒子になるのは、中空部分で陰電荷力同士が互いに反発し合い「ゼロ場」となるからである。

50〜500nmの珪酸コロイダルが作る液-液相界面の無数のゼロ場雰囲気が、さらに媒体の触媒能を進化させ、低エネルギー原子転換さえも起こさせる誘因の可能性が「大」といえる。小さなカオスの場といえるのではないだろうか。

水溶性珪素の過剰な過飽和状態も自らの表面陰電荷コロイドの成せる業であろう。さらに、後章で解説する、分析機関とわたり合い何度も分析をやり直した焼成牛骨粉の水溶解の不思議な原子転換の結果が、筆者の推論を力強く後押ししてくれている。

現実の結果を基に論理的な類推をもう少し重ねたい。珪酸塩コロイド粒子に表面陰電荷の状態が生まれない限り、上記のような現象は生じない。問題は分子オングストロームレベルの大きさのゼロ場ではない。集団が、しかも、水という媒体の数十〜数百ナノレベルの脈動の中で、節の如くゆれ動かないが、常時周囲はエネルギーが交番的に変化する極点「ゼロ」の部分、すなわちカオスの極点があると考えられる。低

第六章 結び合う命の水 "コロイダル"

微乾燥顕微鏡観察における
ミセル（寄り集い）コロイドのエネルギー進化の様相

ミセルコロイド粒子（ミセルコロイダル）は、液状の中でほぼ2nm以下のコロイドの集いである。99％が10nm以下のコロイドで乾燥につれ寄り集い群がる。粒子寄り集いで全体の表面陰電荷反発力で中空型ドーナツ状となり、これが寄り集い三層型ミセルコロイド粒子が形成され、さらに凝集が進むと肥大化し多重層型が構成される

形 状	●	◎	◉	◎
大きさ	400〜1000nm	800〜1200nm	1.0〜2.5μm	2.5〜4.5μm
呼 称	ミセルコロイド	中空型ミセルコロイド	三層型ミセルコロイド	多重層ミセルコロイド

水溶性珪素

濃縮水溶性珪素

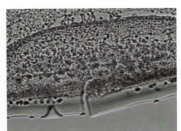

抗火石水＋水溶性珪素5000分の1添加

図表6-6：ミセルコロイドのエネルギー進化状態

コロイダル状態の水溶性珪素

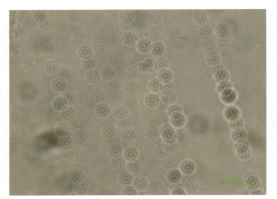
生（液状）撮り光学顕微鏡倍率1000倍写真

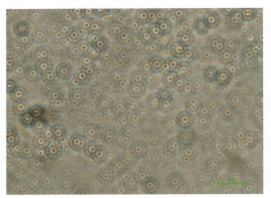
微乾燥光学顕微鏡倍率1000倍写真

左写真は水溶性珪素の生状態（液状態）の光学顕微鏡観察
右写真は、同水溶性珪素に意念を印加したサンプルをプレパラート上に一滴滴下、
微乾燥して光学顕微鏡で観察したものである。
1～2％前後の溶液だが、生状態でもコロイダル状態になっている。
微乾燥すると、ミセルコロイドとなり、かなり密に寄り集っている。
溶液状態でも既にミセルコロイダルの様相を見せている。
溶液がコロイダル状態であることの証である。

図表6-7：水溶性珪素のミセルコロイドの生（溶液）撮りと乾燥撮りの比較

エネルギー原子転換に通じる媒体の場の脈動ゼロ場の話である。

だが、多くの科学者が唱えるミクロな分子オングストロームの素粒子、原子レベルとするには腑に落ちない点がある。オングストロームレベルならば、あらゆるところで平均的に起こり得るはずである。現状は特異点的に、かつ不均一的に見受けられる現象である。決して、普遍的な事象とは言い難い。マクロ的に数十～数百ナノレベル、さらには数ミクロンレベルの集団大きさで捉える方が、順当な気がする。現象が顕在化するにはある特定エネルギーレベル（閾値）を飛び越えなければならない。結集した集団力が必要である。実用の水は珪酸コロイド粒子と一体となり、既存科学の範疇を遥かに超えるマイクロナノレベルの大きさで集団活動していることが観測されている……。このことを物語るのが、コロイドの粒子径とゼータ電位の関連データ、並びにコロイダル状態を覗き見るナノサイト分析器のデータである。

なぜ、素粒子的微細な動きに疑念を感じたかといえば、第九章で述べる生命体活動には「地球大気の鼓動であるシューマン周波数が必須だ」という仏国のノーベル賞受賞医学者リュック・モンタニエ博士の論文が厳然と存在している。すなわち、超長波長の場の"氣"のゆらぎを生命体は感応しつつ、DNA同士が相互の電磁気交信をしているのである。素粒子レベルの氣がエネルギー源として当然の如く絡んでいるが、生体波レベルの信号波、すなわち平常心とも謂われる脳波のアルファ波やシータ波レベルの周波数が、これを変調しつつ情報交換を成しているのが実体であるといえる。この事実を無視した単純な素粒子レベルのゼロ場の話に、筆者は何となく疑念を覚えるのである。

さて、図表6－6に掲げた微乾燥顕微鏡のミセルコロイドのエネルギー進化の様相を参照願いたい。2nmレベルのコロイド粒子が寄り集って様々な形状で顕在化した微乾燥顕微鏡写真の代表的な紋様である。中島・澤本はこの紋様状況から溶液のエネルギー進化（コロイドの表面エネルギー進化）の状況を推測している。我々が見ているのは10nm以下のコロイドの寄り集って成す100nmを越えるミセルコロイドが大部分であり、様々な形状のものが形成されているといえる。

　これらの模様は、溶液の静止状態の模様ではなく微乾燥時に溶液対流、脈動、振動の相互作用で構成された紋様である。乾燥時の自己組織化した様相であるが、そうとばかりはいえない。驚くべき現象も確認できている。乾燥前の溶液状態で既にミセルコロイダルが形成されているものさえ確認されている。図表6－7を見比べていただきたい。溶液内の秩序性や活性を物語る調律振動の違いが、結果として表現されている。実体のミセルコロイドは自らの表面陰電荷力に端を発し、周囲の物理化学的な振動を得て拘束力が開放され、さらに表面陰電荷が発揮し易くなり中空型粒子へとエネルギー進化する。化学反応の触媒能には中空型ミセルコロイドが適しており、何にでも使える素材である。生命に適したものは三層型ミセルコロイドや多重層ミセルコロイドである。治験結果と実践の場の結果をフィードバックし、照合で見出した判定基準である。

水溶性珪素添加コラボの
エマルション切削油（クーラント）の改質

日本はモノづくり立国として世界に大きく羽ばたき、経済発展を遂げた。そのモノづくりの原動力となったのが、旋盤やフライス盤、ボール盤などに代表される種々の機械加工用の工作機である。業界では、製品の加工精度・加工効率に止まることなく、さらに省資源化・省エネルギー化の環境問題などにも積極的に取り組んできた総合的な技術開発のお陰である。加工を機械とツールだけに限定してみるのではなくシステム全体で見て、改良・性能向上へと取り組んでいる。

中でも最も大事な機械加工を支える要素は、「潤滑」と「冷却」そして「洗浄」を担っている「クーラント工作液（水と油のエマルション）」と言っても過言ではないと、その影響力のシビアさが認識され始めている。実は、クーラント工作液の役目は「単に冷やす」ことや「切り粉」を流すことが主目的で、製品の加工精度を左右する重要要素だとはいずれの関係者も認識していなかった。だが、最近は状況が一変、クーラント工作液の良し悪しが、機械加工の最大の技術力の決め手だと、多くの関係者は熱い視線を向けている。

改質エマルジョン切削油の事例

微乾燥光学顕微鏡観察写真……CE800改質エマルジョン切削油（撮影：澤本三十四）

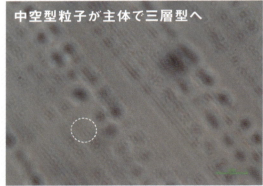

改質1　油2％＋K1　88％＋K3　10％

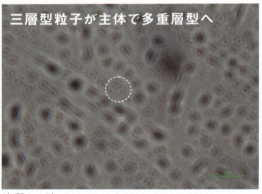

改質2　油4％＋K1　86％＋K3　10％

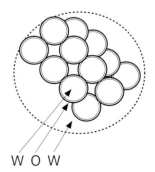

WOW

両者の破線部の拡大スケッチ図を参照願う。左は改質1のオイル2％で、右は改質2のオイル4％の破線内のコロイドの拡大だ。
改質1オイル2％の粒子径は1μmで単層粒子がベースとなっている。WOW型エマルジョン（複合水中油滴＆油中水滴型）である。改質2は内部に700～800nmの核を成し、2～3μmの外縁殻を持っている。OWOW型エマルジョンの複合水中油滴ダブル型である。
コロイド粒子の働きは、改質1のオイル2％が緻密で均一性に働くといえる。改質2のオイル4％は油分同士のつながりがやや強固になりコロイドが大型化している。改質1オイル2％と改質2オイル4％のゼータ電位と径は改質1の方が粒子径は小さく、ゼータ電位も若干低下するだろうが粒子の個数は3倍位多くなっている。すなわち触媒力が優っているといえる。
なお、改質1オイル4％も改質2オイル4％と同じ形態である。

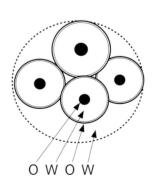

OWOW

図表6－8：改質エマルション切削油（クーラント）の実例

クーラント工作液は90数％以上が水である。澤本氏はいち早くクーラント工作液の改質に取り組んでいる。もちろんエマルション形成の土台となる水の特異性を100％活かした改質である。産・学・官等々との共同研究において、顕著な技術開発に貢献している。その根拠を物語る改質エマルション切削油の顕微鏡観察写真が図表6－8である。中空型粒子と三層型粒子、多重層型粒子夫々のミセルコロイダル粒子の存在である。機械加工用の切削油は4％の油に水96％添加したもので如何に添加油を少なく、かつ大小安定した粒子のエマルションが存在するかが切削精度と刃物（工具バイト）寿命に大きく影響を及ぼすことを突き止め、今では、水98％で油2％のクーラント工作液を実践に供している。

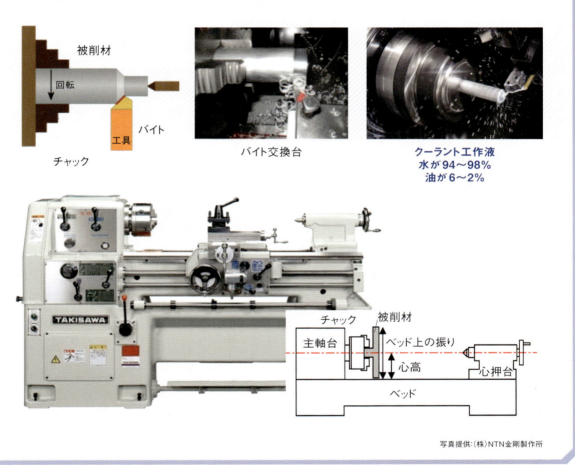

機械工作機（クーラント工作液）

写真提供：(株)NTN金剛製作所

図表6－9：機械工作機（クーラント工作液）の実例写真

そのクーラント工作液の内実の様子を画いたのが図表6－10のコロイダル状態のモデル図であり、シュテルンの電気二重層のモデル図である。ノーベル賞受賞のシュテルン博士は「コロイド粒子の電気二重層」と呼ばれる溶液動作について「マイナスを帯びたコロイドは、その外周部の周りに負イオンの二重層を形成する」と論じている。

コロイドはイオンではなく、イオンに比べ質量が大きく大量の表面陰電荷をもつ電気的に安定した荷電体である。水分子は電気双極子であり、コロイドと共にシュテルンの電気二重層のコロイダルを形成する。さらに、コロイダルの大部分がミセル状態であるという現実も見逃し

てはならない。

　ゼータ電位は核となる荷電体が小さくなれば当然小さくなるが、全体のコロイダルの界面総面積が粒子径に反比例して大きくなる。しかし、コロイド粒子が過剰に小さくなると同時にイオン物質は活性化し、コロイドのマスキング現象が急速に発達する。ある閾値以下になると、イオン物質のマスキングでダマを作りはじめ浮遊物化する。却って開放・微小化し過ぎると、コロイドのゼータ電位効果は減退し逆効果を招来するので注意が必要である。

　バランスがすべての基本であることを忘れてはならない。コロイドの新たな表面陰電荷の付加の工夫が求められる。手頃な効果的対策として澤本造水器で作ったK1水やシューマン周波数域のタップマスターの微弱律動と電磁波の組み合わせでエネルギー進化の改質効果を確認している。

コロイダルとシュテルン電気二重層

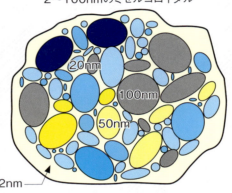

左図はミセルコロイダルを核として、その周囲に水分子等が水素側を核に向け寄り集っている電気二重層型のコロイダルである。右図はそれらの種々の大きさのものが群れて輪している集団である。すなわち、1～2nmのコロイダルをベースに20nm程度のミセルコロイダル、40nm程度のミセルコロイダル、50～80nmのミセルコロイダル、100nm前後のミセルコロイドと4～5段階のミセルコロイダルが寄り集い群れている。ゼータ電位計測器の粒度分布で観察されている。だが一般の水は2～3μmの大きな階層構造群・団を構成し、珪酸コロイドの効いた水では50～80nmのミセル集団が非常に多くなっている。

図表6−10：コロイダルとシュテルンの電気二重層

　また、コロイダルの大きさが接触角に大きく影響を与えている。機械加工切削・研削には少なくとも3段階程度の粒度分布が必要である。加工品には表面粗さ「凹凸」がある。よってコロイダルは切削物と刃物の間に楔状に入り込み、できる限り表面凹凸に対応した潤滑を成すと同時に発熱した熱量の吸収・除去が求められる。機械工学では、すべり摩擦は転がり摩擦に比べ桁違いに大きいといわれている。コロイド粒子性の必要性がここにあり、また切削過程において表面粗さのムラが大小存在するため、すべてに対応できるようコロイダルの大小の存在、並びに緻密性が求められるのである。

　コロイド粒子の粒度分布とゼータ電位の関連性を見てみよう。

　図表6−11は計測値の一実例である。計測は光学原理の応用であり、光の回折現象は避けられず10nm（ナノメートルと呼び百万分の1ミリの単位）以下のものは計測不可である。すべての粒子が計測されている訳ではなく精々1％以下の計測に過ぎないが、概ね全体の傾向性を示しているのも事実である。水の状態がこれまで云々されてきたクラスター状態というより、明らかに一桁も二桁も大きいな階層構造の群・団を構成する集合体であることが読み取れる。

サンプル名	水道水	水道水セラミック処理	従来型切削液	新型改質切削液
ゼータ電位 mv	−16	−17	−67	−36
平均粒度分布 nm	2398	672	283	62
粒度中央値 nm	33447	7033	829	68
表面張力 mN／m	70.8	69.9	55.5	67.9
接触角°	68.7	70.4	67.5	62.4

図表6−11：水道水、抗火石水等のゼータ電位等の測定値（提供：豊国石油株式会社）

　コロイド粒子の径とゼータ電位の相関性について実例を参考に検討してみる。コロイド粒子径とは固形物としての単体コロイドまたはミセルコロイドの外径である。またゼータ電位とは、単体コロイドやミセルコロイドが水を纏って成す電気二重層の電位差のことである。従来型切削液と新型改質切削液のコロイド粒子径の平均値比較は、283/62である。単純計算で新規切削液コロイド粒子の個数比は、約90倍にもなる。新規切削液／現行切削液のゼータ電位比は36/67＝0.54だが、総表面積比は4.6倍であり、新規切削液コロイド粒子の総ゼータ電位は、最小に見積もっても現行切削液の約2.5倍になっている。こまめに自分自身の結合・親水性を高めていることがわかる。また、夫々のコロイド粒子径の大小のバラつきは、現行切削液は829/283で2.9倍である。新規切削液は68/62で、1.1倍程度とほとんど均一状態で差異は大きく異なっている。新規切削液が格段に均一的溶液であり緻密性が維持され、機能発揮していることが数字的に示されている。

　上記実践結果を奥深く解析すれば、次なる改善策も自ずと明らかになってくる。「コロイド粒子を適宜な粒径・粒度分布状態に維持し、数多く緻密に個々の表面陰電荷力をフルに発揮できる状態にする」ことに尽きる。なぜなら、しっかりとしたコロイダルは切削・研削接触面においてボールベアリングもどき働きを成す。転がり摩擦力は滑り摩擦力の数分の一程度が予測され、発生熱は大幅に減少するはずである。
　また同時に潤滑面の被膜形成というよりは、顆粒転がり接触により境面被膜の熱伝達率が格段大きくなり、熱貫流率の大幅な改善も見込まれる。微細溶液粒子の潤滑・冷却機能の正当性を考慮すれば、自ずと筆者らが注目し主張する溶液コロイダル機能の妥当性、重要性が真っ当に評価されることだろう。

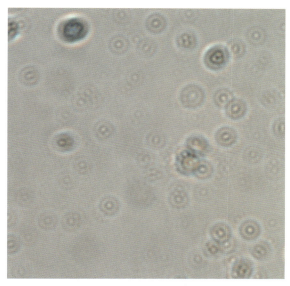

写真6−1：クーラント現行液

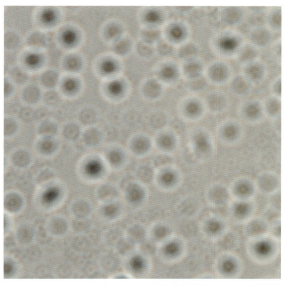

写真6−2：水溶性珪素添加クーラント改質液

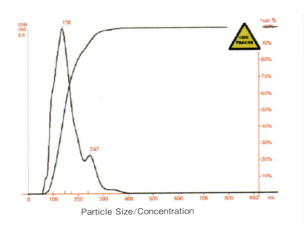
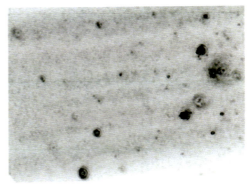
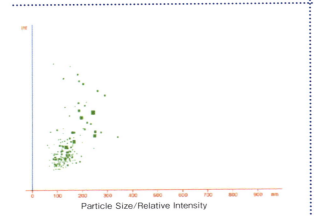
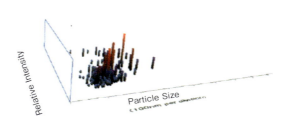

*クーラント現行液1000倍希釈
- 平均粒子径：158nm　　・最大個数位置：138nm　　・粒度分布偏差値：54nm
- カウント個数：1.31億個　・管内流速：306nm／s
- 3Dグラフの様相：粒子径にバラツキがあり、やや含水率の少ないコロイダルが多くなっている。
- 動画の様相：安定した大きさの粒子の脈動が目立っている。

図表6－12：クーラント現行液1000倍希釈

　澤本氏は、コロイダル形成のしっかりした水溶性珪素の機能を見越しての採用実験を試みることにした。

　実践の数値的根拠データの整合性を示すことができた。その内容は一通過点に過ぎない。さらに、澤本氏は機械加工の世界的なメーカーの研究者らとクーラント加工液の改質を目指し、独自の感性を活かし貪欲に取り組んでいる。コロイダル溶液論の水さえキチンと作れば、極上の改質エマルション溶液の実現は叶う。原理は間違っていないのだから、できるはずだと自信の程を覗かせる。

　「クーラント工作液の水は、何が何でも純水」という業界の既存セオリーの常識に真っ向からの対峙である。異業種交流で知り得た水溶性珪素を使い、クーラント工作液エマルションのコロイダル化を飛躍的に伸展させている。澤本氏が、ずばり思い描いた通りの様相である。

　まずは、生溶液の顕微鏡観察写真6－1と6－2を見てほしい。比べてみると一目瞭然だ。クーラント工作液の二大使命「潤滑」と「冷却」を全うできる究極の技術ではないだろうか。世界に先駆けた開発技術であり、パテント申請も必要なので詳細は語れないが、要点のみを若干著したい。

　クーラント工作液に用いられる水は、防食性、清浄・分離性、非化学反応性、吸熱性、潤滑性、そしてエマルション構築性が求められて

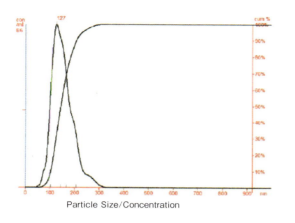

Particle Size/Concentration

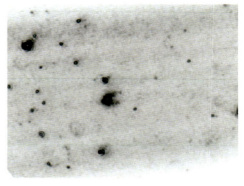

Sample Video Frame

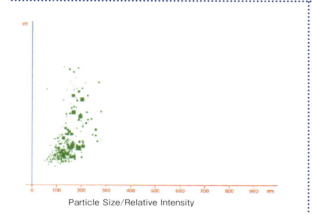

Particle Size/Relative Intensity

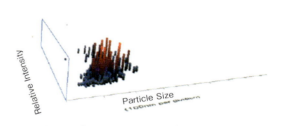

Particle Size/Relative Intensity 3D plot

```
＊クーラント改質液1000倍希釈
・平均粒子径：151 nm　　・最大個数位置：1278nm　　・粒度分布偏差値：42nm
・カウント個数：1.97億個　・管内流速：211nm／s
・3Dグラフの様相：粒子径にバラツキが少なく、やや含水率の多いコロイダルが多くなっている。
・動画の様相：粒子が多く緻密で微細な粒子の均一的な脈動が目立っている。
```

図表6-13：クーラント改質液1000倍希釈

第六章　結び合う命の水 "コロイダル"

いる。水の上辺のみの作用を眺めれば、誰が考えても安定・安全第一に「純水」という答えが最善策だろう。当然の成り行きで、これが機械加工業界の常識であり、クーラント工作液の絶対的な技術対策である。水とは水素結合で結ばれた均一な化学物質であるとの理論の上に構築された、限界の絶対セオリーである。我先にと、純水処理技術が開発され応用されている。これが、業界正統派の現状なのだ。

だが、水の本質は「コロイダル」であるという中島・澤本のコロイダル領域論こそ、実用の水の有り姿だとすれば、話が大きく変わってくるはず。この大前提を念頭に置いて、読み進めていただければ、ありがたい。

顕微鏡観察、並びにナノサイト分析器において、明らかに水溶性珪素を0.023％添加しただけの改質液は、コロイダル粒子が50％も多く形成され、かつ均一化している。その上、表面陰電荷力を発揮していることが顕微鏡観察に顕われている。溶液の生状態で、コロイダルがしっかりと構成されているのがわかる。また、水を上手に抱いているものも多くなっていることが、ナノサイト観察の3Dグラフに顕われている。

改質クーラント工作液を実用の場で試行した結果が凄い……。予測をはるかに超える"まさか"のデータが実測され、関係者一同大いに

A社クーラントに水溶性珪素添加テスト
(30Lに7cc：0.023%)……A社の報告書抜粋

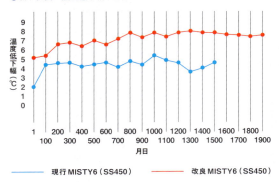

●加工表面の温度低下幅の推移

加工表面の温度低下幅とは、下記の測定温度を差引いた時の値である。

(前加工4号機)
ドライ切削加工後の製品表面温度 －
(後加工5号機)
ミスト切削加工後の製品表面温度

温度低下幅が大きい程、加工時の冷却効果が大きい油剤である。
現行MISTY6（SS450）より、改良MISTY6（SS450）の方が、冷却効果に優れている。
また、エマルジョン粒子が複層粒子として多く存在している改良MISTY6（SS450）の方が冷却効果に優れている。

まとめ

今回のミスト切削試験では、ミスト噴霧量を多くして評価した。その結果、現行MISTY6では、4～5℃の温度低下であったが、改良MISTY6は、表面温度が最大で8℃まで低下が確認された。
また、改良MISTY6でミスト切削した後の製品表面温度は、20℃以下の安定した加工表面温度で推移することが確認された。
今後は、改良MISTY6で、得られた結果の再確認が必要と考える。
また再現性が得られた後には、チップ寿命延長による生産性改善効果の確認も希望したい。
【評価方法】前加工（4号機）のドライ切削での製品表面温度と後加工（5号機）のミスト切削での製品表面温度の差を測定した。

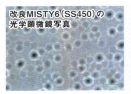
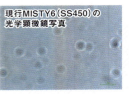

現行MISTY6（SS450）、加工表面温度の推移

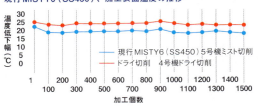

前加工（4号機）のドライ切削の加工温度に対し、現行MISTY6（SS450）のミスト切削では、4～5℃の加工温度低下で推移する事が確認された。

改良MISTY6（SS450）、加工表面温度の推移

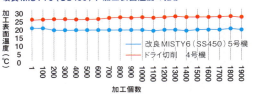

前加工（4号機）のドライ切削では、加工表面温度が25.5℃から28.0℃に上昇したのに対し、改良MISTY6（SS450）のミスト切削では、20℃以下の安定した加工表面温度で推移する事が確認された。

【加工条件】
加工機…4号機、5号機
加工製品…外輪ベアリング（材質Suj-2）
製品形状…φ30×φ26×巾7mm（シール溝有り）
【試験実施日】
2017年10月25日

図表6-14：A社クーラント工作液に水溶性珪素0.023%添加の実践テスト報告書

驚き、感嘆したものである。（図表6-14：A社クーラント工作液に水溶性珪素0.023%添加した実践テスト報告書を参照）。工作機械取り扱い技能者にとって、最もわかり易いデータは加工品の表面温度差の大小である。現行溶液では加工表面の温度差がドライ切削に較べて4～5℃であるが、改質溶液では8℃もの温度差が計測された。機械加工の発熱を抑制し、かつ溶液の吸熱機能を増した結果の顕われだった。クーラント工作液の水改質のみによる「潤滑能」と「冷却能」の大幅な改善結果である（図表6-15：転がり摩擦とすべり摩擦、並びに図表6-16：境膜の熱貫流率の改善を参照）。いかに物理則に叶った効果的な潤滑・冷却理論であるかの実証である……。潤滑・冷却の被膜理論から顆粒転がり理論へのパラダイムシフトである。

工作機械の大事なツール「刃物：バイト」が格段に長持ちし、かつ製品加工面の精度が一桁向上、クーラント工作液の劣化防止、さらにシナジー効果として作業能率の向上による稼働時

発生熱を抑える「転がり摩擦と滑り摩擦」

運動摩擦には2種類あり、
2つの物体が接触してすべる時を"すべり摩擦"
一方が他の物体にそって転がる時を"転がり摩擦"
転がり摩擦はすべり摩擦に比較して
10～30倍も小さい

もし、切削油も研磨油もコロイド状エマルション油であるならば、すべりというよりも転がり状態といえるのではないだろうか？
摩擦係数は減少するはず？

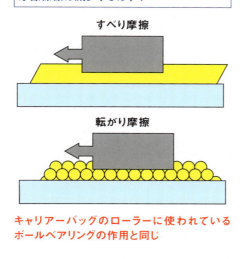

キャリアーバッグのローラーに使われているボールベアリングの作用と同じ

図表6-15：転がり摩擦とすべり摩擦

熱貫流率の改善とスケールの付着防止

$$dQ = K \Delta t dF$$

$$\frac{1}{K} = \frac{1}{h_h} + \frac{\delta}{k_w} + \frac{1}{h_c}$$

dQ：伝熱量　　　dF：伝熱面積
K：熱貫流率　　h：熱伝達率（境膜伝熱係数）Δt：温度差　　　　k：熱伝導率、δ：物体の厚さ

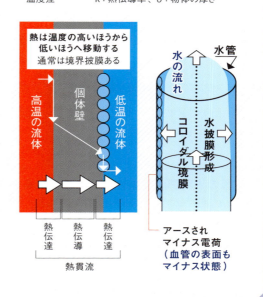

図表6-16：境膜の熱貫流率の改善

間が短縮される等々の凄い実績が積み重ねられ始めている。よって、職場環境3K（きつい、汚い、危険）並びに新3K（給料が安い、休暇が少ない、カッコ悪い）の改善が達成されるという嬉しい結果も見えている。また、最大の目的である精密機器製品の加工精度が10μmの許容誤差範囲をさらに大きく一桁も改善することが叶い、応用精密機器の精度向上、並びに寿命が倍増するという現実の凄いシナジー効果の発揮が現実性を帯びてきている。工業化社会を必須とする地球生命場環境の中今の改善への大いなる貢献である。

大事な余談話をもう少し記しておこう

上記、クーラント工作液の伝熱倍増効果の現象は、我々が主としている生体系の水、特に脳内の水の特質を代弁しているものと受け止めることができる。水溶性珪素のわずかな添加で発揮されるコロイダル水の凄い伝熱性機能をいっそう確信した。脳内に存在する90％もの水に最も求められる、脳細胞の情報処理に伴う発生熱の速やかな除去作用の可能性を示唆した素晴らしい実験データと見做すことができるからである。沈着冷静に判断できる脳の場の環境を整えているコロイダル水の浸透効果、伝熱効果の特質と判断される。

さらにいえることは熱エネルギーと運動エネルギーのあらゆるエネルギー交換の場において、水を介して伝熱作用を成すすべての場で適用される可能性を秘めている凄い出会いに、確信を深め大いに満足したものである。

水溶性珪素のヒーリング効果
「氣の感応・収受量を支える珪素の働き」

最近は、健康のベース的作用は珪素に由来するとの研究発表や、実践実証効果が示され、医学・医療応用の道が広く開拓され活況を呈している。日本珪素医科学学会や日本珪素医療研究会は、「水溶性珪素には特定の効果というものがないが、なぜか不思議なことに数々の奇跡を起こしている」として、珪素の生体内でのゼネラリスト的作用（心身の総合健康作用）について次のように述べている（珪素療法研究会『病気にならない健康生活』からの抜粋）。

1）叡智の供給源『松果体』を活性化する働き

脊椎動物には、光にさらされると松果体で酵素、ホルモン、ニューロン受容体に連鎖反応が起きるものがあり、この反応が概日リズム（サーカディアンリズム）の規則化を起こしていると考えられる。松果体は性機能の発達の調節、冬眠、新陳代謝、季節による繁殖に大きな役割を果たしているようだ。

2）免疫の司令塔『胸腺』を活性化する働き

水溶性珪素を毎日摂取することで、本来持っている自己治癒力や自然治癒力が高まり、免疫力向上による様々な奇跡を起こしてきたと考えられる。

3）エネルギー生産器官『ミトコンドリア』を活性化する働き

全身のあらゆる細胞に関わる栄養素であり、細胞レベルで身体の機能を修復したり回復したりして、人間の力（エネルギー源）を蘇らせる。

4）神経、血管を含む全身細胞を再生させる働き

血管年齢という言葉もあるほど、血管は健康と直結し生命体健康を支える土台となっている。珪素は、血管（動脈、静脈、毛細血管）を太く丈夫に、かつ修復、若返らせる効果が大であり、スムーズに細胞の新陳代謝が行われる。

5）有害物質で汚染された全身細胞を解毒する働き

珪素は有機物分解を促進し、さらに腸内細菌善玉菌を支援し整腸作用を整え、腸を元気付ける。腸から吸収された珪素は表面陰電荷力で有害物質である重金属、並びに活性酸素の陽イオンを吸着し、無害化し体外へ排出する。

目立つのは、氣の感応・収受量を支える珪素の働き方が1番から3番までにランクされていることである。世間一般的な観方では、珪素の働き様はフィジカル的（肉体的）な生体構成への寄与が主役であったが、日本珪素医科学学会や日本珪素医療研究会は、さらに生命体健康の原点に目を向けメンタル的（精神的）な健康の重要性を取り上げている。

大正・昭和の言論界の大御所と畏敬された財団法人天風会の創始者中村天風師は「生命の元は如何に多くのVril（ブリル：氣）を受入れ生命を強く、長く、広く、深く生かすかが一番の大根大本になる」と喝破している。

上記、該学会や該研究会は、医学的見地から自然との一体感で得た体内時計と称される概日リズムを司る「松果体」、自然治癒力の自己免疫司令塔「胸腺」、さらには生命体原動力産出のミトコンドリアには、なぜか、珪素が特に多く含まれているという……。これら生命体の根源作用が常磁性を有する珪素の特性と大いに関わっていると見受けられる。加えて水溶性珪素は、珪素は珪素でもコロイダル構成能力に長け、生体液の秩序性と振動情報の記憶性に特に寄与していると見込まれる。まずは、生体機能から見ていこう。

松果体、胸腺、そしてミトコンドリアに珪素が多い訳とは

1.松果体とその働きについて

　松果体は、脳の一番奥に存在する小さな内分泌器で松ボックリに似た形をしている。松果線とも呼ばれる。脳内の中央、2つの大脳半球の間に位置し、間脳の一部である2つの視床体が結合する溝に挿みこまれている赤灰色で、ヒトで8mmほどの大きさである。第六感を働かせる、別名、第三の目ともいわれている。

　主な働きとして、1つは光と磁場を感知して人体の体内時計の働きをする概日リズム（サーカディアンリズム）を正常に保つ役割である。もう1つの働きは、私たちの意識に深く関係する脳内ホルモンのメラトニンを分泌して、生殖腺の機能を抑制する役割と、夜と昼の人体のモードの切り替えスイッチの働きである。昼は活発に活動して、夜は眠る自然のサイクルに合わせて、自律神経である昼のホルモンと交感神経、夜のホルモンと副交感神経を働かせて、朝の光を感じ取って体内時計を切り替えているという。

　もう1つ注意を要する大事なことがある。松果体は電磁波の影響を受けやすく、加えて重金属の汚染やストレス、睡眠不足で血中および松果体の中のメラトニンの濃度が抑制されると言う報告もある。すなわち、松果体の機能が弱くなると健康のみならず、直感力をも鈍らせてしまうとのことである。

　このような大事な働きを司っている松果体を構成する重要な成分が珪素である。骨と同じように、珪素は触媒として重要な働きをしている。松果体の中には「脳砂」と呼ばれる砂状のカルシウム層がある。この脳砂は骨と同じ成分でカルシウムだが、生成する過程でコラーゲンと珪素が関わっているという。

　松果体は、なぜ、脳内奥深くにありながら、動物の如く見えない光を感じ取ることができるのだろうか。我々が目で見ることができる可視光線は、電磁波の中でも、ほんのわずかな微小な範囲でしかない。その両側に膨大な電磁波の領域が広がっている。そう、赤外線もその一種だ。

　松果体は、現代人にとっては退化してしまった「第三の目」のことだが、自然や宇宙と調和しながら生きていた古代の人々は、この第三の目が開いていたという話もある。古代より松果体は、身体の内分泌腺に相当するチャクラの重要なエネルギー中枢であるともいわれている……。氣の感応力が人一倍優れている超能力者や気功師、さらには匠の意念エネルギーと深い関わりがある気がしてならない。なぜなら、筆者の意念エネルギー印加実験に参加いただいたすべての方々が「無欲なる平常心の成せる業である」と、一様に話していたのが印象深く脳裏に残っている。すなわち、自然や宇宙と調和しながら一体で生きる気取らない姿から生れ出る

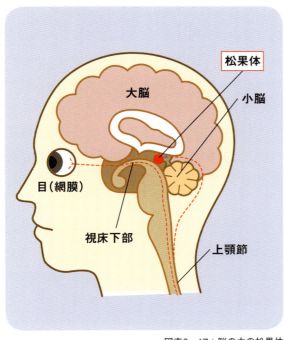

図表6-17：脳の中の松果体

特別な共鳴交信の感性だと筆者は感じたものだ。

先にも述べた如く、科学者の研究でも、松果体はホルモン分泌の正常化や、交感神経と副交感神経のバランス、細胞の物質代謝の促進、またこれらの働きが、メンタル面、精神面へ深い関わりがあると証明されている。加えて、松果体はヒーリングにより活性化し、大人になって硬くしぼんでしまったものが、柔らかく大きくなり、ホルモン分泌が活発になって細胞が再び若返ったとの報告もあるそうだ。偉大な発明や、芸術、予言、テレパシー、遠隔透視、ヒーリングなどの超自然能力は、まさに宇宙からのエネルギー受信機である松果体の活性化した所以であると考えられる。驚くことに、なぜか、この松果体は珪素でできているといわれている。

人と人、ヒトとモノ、物とモノとの会話は振動数の共鳴現象と受け止めることができる。珪素の持つ振動数こそ、自然のベース振動ではないだろうか。さらにそれは、ほのかなエネルギーのような超微弱な磁気の振動であり、かつ脳波というゆらぎではないだろうか。珪素（珪酸：SiO_4）の特質"常磁性"を活かした、見えないものを"見える化"する変換・変調機能を発揮する松果体の見事な働き様そのものと、筆者は受け止めている。

2.胸腺とその働きについて

胸腺は、肋骨の後ろで心臓に乗るように存在しているハート型をした臓器である。20歳まで成長し、以後、歳を重ねるにつれ萎縮してしまい、40歳頃で50％、70歳頃で10％以下になるそうだ。このことから「胸腺は寿命を決定している」ともいわれる程の生命維持の大事な臓器である。さて、胸腺において、血液細胞の元になる細胞の幹細胞が骨髄から移って、急速な分裂と増殖を繰り返している。この幹細胞の分裂と増殖の結果からできた細胞がリンパ球で、中でもTリンパ球（T細胞）は免疫システムにおいて最も重要な働きをしている……。免疫力とは、体内に侵入してきた細菌やウイルスと戦い破壊することによって身体を守る作用である。これらの働き方も半世紀前までは謎に包まれていたそうだ。

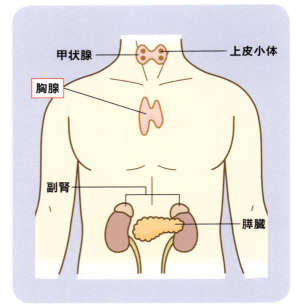

図表6－18：体の中の胸腺

免疫力は、血液内の白血球やマクロファージなど数多くの免疫細胞による作業で行われる。中でも免疫系の一種であるT細胞の前駆細胞が胸腺で成熟・増殖してT細胞（Tリンパ球）となり血液中に放出され、身体のボディーガードとして重要な働きをしているという。すなわち、リンパ球を教育する学校のような働きをしている臓器が胸腺である。胸腺でTリンパ球は、100日かけて訓練され「免疫の司令官」ともいうべき働きをしている。自らの蛋白質（自己）なのか、別の異質なもの（非自己）なのかを見分ける働きである。異質なものとは戦い破壊することで身体を守っている。従って胸腺は、免疫機能の中枢を担っている臓器といわれている。

さて、最近の研究では、珪素を補給することで、毛細血管を正常化し、胸腺の老化を遅らせることがわかってきている。さらに、胸腺細胞を回復させるには、胸腺の辺りを軽くたたいて振動与えると良いといわれている。同時に、胸

腺の主要成分は珪素だということも明確になっている……。珪素の表面陰電荷力で血管内スケールとなる活性酸素や陽イオンのカルシウムを無害化デトックスする働きがあり、さらに血液サラサラの働きで動脈硬化を予防し、血管を柔軟に維持している。もう一点、常磁性による育成光線との共鳴現象で場の振動効果と加温効果が見込まれるのではないかと筆者は推測している。体温が1℃上昇すれば、免疫力が30％も向上するとの凄い医学の知見が知られている。

3.ミトコンドリアとその働きについて

私たちの体は60兆個の細胞でできている。ほぼすべての細胞の中にミトコンドリアが存在している。ミトコンドリアは1つの細胞に数百から数千個も存在している細胞もある。大きさは1〜5μm（1ミクロンは1000分の1mm）の極小の器官である。細胞内の小さな器官の1つだが、ミトコンドリアは私たちが生きるための非常に重要な器官である。まず、私たちが活動するためのエネルギーのほとんどはミトコンドリアが作り出している。ミトコンドリアは、細胞内の"エネルギー生産工場"ともいわれている。動物細胞のミトコンドリアの図（図表6-19）を参考に、読みすすめてほしい。

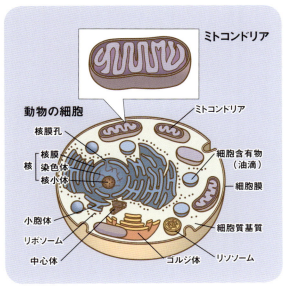

図表6-19：動物細胞とミトコンドリア

生命体は細胞の中に二重螺旋構造のDNAを擁した細胞核を持っている。不思議なことに細胞内に存在するミトコンドリアは、細胞核のDNAとは異なるリング状の構造をしたDNAを擁している。すなわち、細胞内に寄生している微生物の一種なのだ。生命の根源に遡る生きる術の妙技が込められていのである。

まだ地球大気の酸素が非常に希薄な35億年ほど前、生命体が地球上に誕生し、鉱石（ミネラル）などを栄養源としていた嫌気性細菌のシアノバクテリア（藍藻）などが光合成により産出した酸素が徐々に増し、好気性細菌が優位に存在するようになってきた。原核生物（核が核膜を持たない生物）であるシアノバクテリアは他の細菌リケッチャーに近い単細胞生物などと共生し真核生物（核が核膜を有する生物）となって、自らの命の存続を図ったのである。この真核生物は多細胞生物に進化、微小生命体に進化してやがては陸上に棲息するようになった。私たち人間（赤血球のみは細胞核もミトコンドリアも存在しない特殊細胞）をはじめとする多種多様な生命体が、幾多の自然環境激変にも耐え、馴致・進化を重ね現在の生態系を構成している。真核生物の細胞内ミトコンドリアのルーツを辿れば、細胞内に異質なDNAが存在し共生し合って生きている命の絆"仕組み"も"なるほど"と合点できる。

さて、これらのミトコンドリアは細胞の中で呼吸をしてエネルギーを生産している。我々が肺から取り込んだ酸素（O_2）は、血液によって体内の細胞に運ばれ取り込まれ、ミトコンドリアによって糖や脂肪を燃やす燃料として使われている。燃やすといっても生化学的に糖などを分解していく過程でエネルギーが発生するわけで、我々はそのエネルギーを利用して体温を保ち運動して生きている。すなわち、我々が毎日食べている炭水化物や、動物性蛋白質、脂質などを分解し、アデノシン三燐酸（ATP）というエネルギーを細胞に供給しているのである。

このアデノシン三燐酸というエネルギーなしに細胞は活動することができないのだ。

この様子を、内的iPS細胞論を熱く語った医師の細井睦敬氏は、その著書『再生医療を変革する珪素の力』（コスモ21）で次のように解説している。
「車に例えてみましょう。いくらガソリンが供給されても燃焼させないことには車は走れません。発火現象が起ってガソリンが燃焼することで初めて、車はエネルギーを得て走ることができます。これと同じことがミトコンドリアのTCAサイクル（クエン酸回路）内で行われているのです。このような生命維持に重要な働きを果たしているミトコンドリアの働きに欠かせないのが珪素なのです。それは、ミトコンドリアの先祖が30数億年前のシアノバクテリアであったことと関係しているかもしれません。まったく餌がなかった時代、無機珪素だけ食べて生命を維持していたという記憶がミトコンドリアに今も引き継がれているのでしょう。珪素が不足してミトコンドリアの働きが低下すると、正常細胞の安定性が失われ、低体温症や免疫力の低下、さらにがん細胞の死滅（アポトーシス）誘導作用に重大な影響を及ぼすことが報告されています」

藻から誕生したミトコンドリアを構成しているのは珪素であったと、先祖がえり論で説いている。ミトコンドリアがATPを作るためには水素が必要であることが最近の研究でわかってきている。つまり、糖、脂肪から取り出している水素を、外からそのまま供給することでATP生産を効率的に行うことが可能だといわれている……。だとするならば、筆者らが唱えている、4～14ミクロンの育成光線と共振・惹起する珪素と水のコロイダル、すなわち、界面特性が活かされた解離し易い生体系の水が細胞内液として存在すれば、まさにミトコンドリアが希求している水そのものであるといえる。

抗火石技術と水溶性珪素の
コラボで成す「人工の氣」

　コロイダル領域論の共同研究者である澤本氏は、自分の意念と同じような事象を誘導・招来させることができないだろうかと、必要に迫られ常々考えていた。「氣」とも目されるフリーエネルギーを活用するには、「氣」を抱く常磁性物質の存在とシューマン周波数の平常心（意念波）が必須であることを各種治験で思い至り、彼ならではのシンプルでユニークな「人工の氣」の治験を試みた。

　彼はがん患者用にと、多くの人が愛飲している水溶性珪素に自らの意念を印加した。さらに、抗火石セラミックスとタップマスター律動の組み合わせを考案、自らの意念印加と同様・同等の改質効果の獲得を目指して実験を試みた。筆者らの溶液分析手法で、サンプル水を比較検証・考察してみると、予期以上に改質された定性的な方向性、定量的な傾向性を得ることが叶った。治験データ等の詳細を示し、実態の検証・考察の概要を著したい。

1. 改質水溶性珪素のナノサイト分析データの検証・解析

分析項目	単位	水溶性珪素原液	澤本意念印加	タップ振動印加
平均粒子径	nm	187	188	180
粒度分布偏差値幅	nm	83	65	76
カウント粒子個数	億個/ml	0.98	3.42	2.76
粒子の管内流速	nm/s	842	633	286

図表6-20：水溶性珪素改質ナノサイト分析器の計測データ

ナノサイト分析器のデータの読み方、見方について

粒度分布のグラフ
横軸：0～900nmの粒径
縦軸：粒度分布個数多さ
所々山の粒径表示あり
矢印線：粒度個数の総数％表示
例えば50％位置（D50）が111nmの位置である

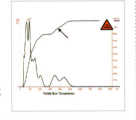

溶液コロイダルの動画表示
計測管内のコロイダルのブラウン運動を動画で表示している。コロイダルの数の多さ、大きさ、そして動きの速さが見える。黒っぽいもの程、密集が多く大きいもの程粒子の集合が広がっている。俗にいうソマチッドの微小体の激しい動きも見えている。

コロイダルの粒径と輝度関連
コロイダルの粒径と輝度関連
横軸：粒子径0～900nm
縦軸：光の反射輝度（強度）
光は、固体ほど反射輝度は大きく、液体ほど透過が強く反射輝度は小さくなる。コロイダルの固液気の混交状況を推察できる。

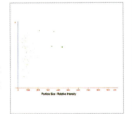

3Dグラフ
コロイダルの粒径と輝度関連
横軸：粒子径0～900nm
縦軸：粒子の数
Z軸：光の反射輝度（強度）
手前に存在するほど反射輝度が小さく液状態で、奥側に位置するほど反射輝度が大きく個体状態を表す。

ナノサイト分析器のデータの基本的な見方

1. ナノサイト分析器の原理は、光を当ててその物質の電荷の動き（電気泳動）を光で追いかけ、その反射輝度等を元に粒度とゼータ電位の強弱を演算的に算出し、データ化しているのである。ところが光の性質には粒子性と波動性が存在し、光の干渉や回折現象は付きものであり、ナノサイト分析器も対象物が10nm以下より小さい物は光の回折で検出不可能であると機器製造者は注意書きを添えている。
2. 数値はあくまでも分析器の限界範囲（10～1000nm）であることを念頭に判断すべきである。ナノサイトで計測できる粒子数は、全体の0.1％以下であることを念頭に置いて解析しなければならない。また、何度も対象物に赤色レーザー光線を当ててキラキラするものを視認しているが、いざ計測すると全く計測カウントが検出されていない場合もある。粒子が計測限界外の大きさと受け止めるべきであろう。
3. 平均粒径とは、検出全個数の平均値である。ゼータ電位とも連動し変動するが、表面陰電荷力が顕在的に発揮されるのは数十～数百nmレベルの2次粒子ミセルコロイドが主である。また、粒度分布偏差値とは、粒度径の大小の広がり状態を示し、小さい値ほど均一化状態で単調だが秩序性に優れているといえる。さらに、粒度分布50％位置（D50）とは、その数値以下の粒子径個数が50％存在する位置のこと。小さい数値ほど微小コロイドが多く、計測限界以下の粒子が多い傾向がある。逆に大きい数値ほど顕在化粒子が多い傾向にあるといえる。

図表6-21：ナノサイトデータの基本的な読み方

3検体とも平均粒子径は180nm前後である。ナノサイト分析器と同様の原理で計測されるゼータ電位計で計測した一般的な水の集団大きさは2～3ミクロン単位の集団隗が多い。それに比べると、水溶性珪素溶液のコロイダル粒子径は10分の1以下の大きさである。もちろん、ナノサイト分析器は1μm以上のモノは計測不可であり、ミクロン単位の隗がゼロとはいいがたい。そして、粒度分布の幅（偏差値）は原液に較べて改質したものは65nm前後と粒子の均一化が伸展しているのがわかる。なお、ナノサイト分析器の計測データの読み方の詳細は図表6－21を参照願いたい。

　図表6－22～24にナノサイト分析器の計測による粒度分布のグラフ並びに3Dグラフを掲げた。水溶性珪素原液（図表6－22）のグラフと澤本意念印加の改質水溶性珪素（図表6－23）を較べると明らかに粒子径が小さくなり粒度分布領域も狭くなっている。タップマスター振動印加の改質水溶性珪素も同様の傾向を示しているが粒子径の300～400nmのものが多く存在している。各右図表3Dグラフの比較では改質したものの粒子数が格段に多くなり、含水率の高いものも多くなっている様子が窺える。

　ナノサイト分析器の計測データで、粒子が均一的に揃い、含水率の多いものが目立つのは澤本意念を印加したものである。次いでタップマスターとセラミックスの組み合わせ装置の改質である。改質することで格段にカウント可能な粒子数が多くなり、かつ、表面陰電荷力も維持されコロイダルが振動する様子が左図表の動画で確認できている。改質したもの同士に多少の差異は見受けられるが、原液との差異に比べれば、大した差異ではないといえる。

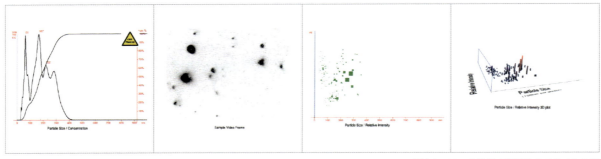

図表6－22：水溶性珪素原液ナノサイト分析

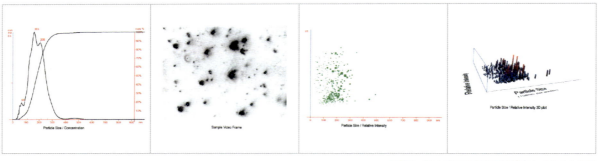

図表6－23：意念印加水溶性珪素ナノサイト分析

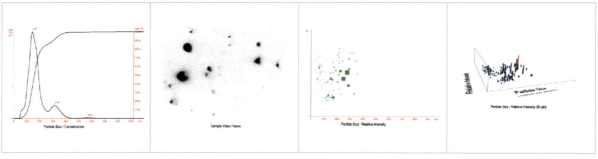

図表6－24：Tap印加水溶性珪素ナノサイト分析

2.改質水溶性珪素の微乾燥顕微鏡観察データの検証・解析

水溶性珪素原液の顕微鏡写真（写真6-3①）は、多少まばらな感じだがほぼすべてが2000nm（2μm）の三層型のミセルコロイド粒子である。安定した状態である。また、澤本意念エネルギーを印加・改質した水溶性珪素の微乾燥顕微鏡観察（写真6-3②と③）では、膜状から粒子模様に変身、800～1000nmの中空型ミセルコロイド粒子が非常に多く存在し、一部多重層型の小集団構成が見られる。多重層型ミセルコロイドは、これまでの治験事例で生命体適応型のコロイダル様相であることがわかっている。また三層型粒子が結合し合って7～10μmの多重層型粒子に変身する行程途中のモノが見えている。さらに、タップマスターで改質した水溶性珪素の微乾燥顕微鏡観察（写真6-3④）では、800～1000nmの中空型ミセルコロイド粒子が非常に多く存在、密になっている。

初期の頃の水溶性珪素の倍率千倍の顕微鏡写真が写真6-4である。800～1000nmの中空型のミセルコロイドと400～600nmのミセルコロイドが混在しているが、改質したものは中空型コロイドが一段と明確化している。個々のコロイド粒子のエネルギー進化の証である。澤本氏の意念エネルギー印加、あるいは抗火石セラミックスを伴ったタップマスターの律動印加で、コロイド粒子のエネルギー進化が叶うことが微乾燥顕微鏡観察でも明らかである。

もう一点、澤本氏はタップマスターの振動9Hz×5分間を選択し同様のセラミックスを載せ垂直振動を水溶性珪素に印加したところ、溶液模様が抜群の変化を見せた。まさにコロイダルの典型的なモデル様態、写真6-5である。1000nmの中空型ミセルコロイド粒子がベースとなり、それらが寄り集い2～3μm（2000～

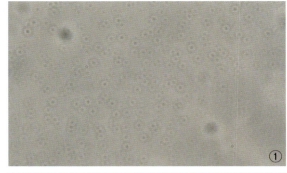
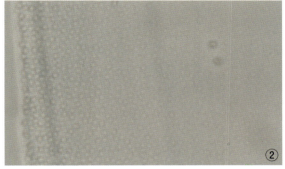
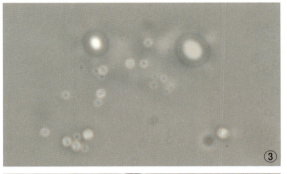

写真6-3：水溶性珪素の原液及び改質写真：微乾燥顕微鏡観察の倍率1000倍の光学顕微鏡観察の写真。
①は改質前の原液写真、②並びに③は澤本意念エネルギー印加したもの。④はタップマスターとセラミックスで改質した水溶性珪素

3000nm）の三層型のミセルコロイドが非常に多く存在している。さらに、4～6μmのダブルドーナツ型、並びに多重層型ミセルコロイドも点在している。中には最も安定した形状のヘキサゴン（六角形）状態のものまで存在している。凄いエネルギー進化の状態である。コロイダルと水の分離、切れが良く、かつ各コロイドの電荷力がしっかりと発揮された様相である。

クーラント工作液が希求する最適のコロイダルとなっている。シューマン周波数領域の僅かな周波数の変化と印加時間の長短組合せで、かくも水溶性珪素溶液に大きな変化が見受けられるのは驚きである。生命体とシューマン周波数域とが如何に生命体の仕組みや活動に絡み合い作用し合っているかが類推される。

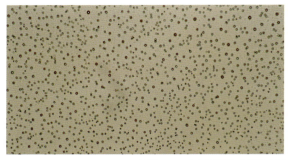

写真6-4：初期の頃の水溶性珪素

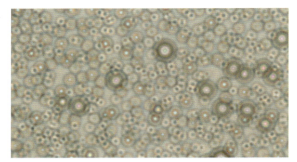

写真6-5：Tap処理（水溶性珪素9Hz×5分間）

鉱石ミセルコロイダル（小集団ユニット）の作り方

コロイド：1～1000nmの水中浮遊物
コロイダル：固体と液体の混合コロイド

1. 水溶性珪素等の添加＆改質コロイダルの核となる珪素の補充＆改質
2. 切れの良い鉱石水等の使用で、水の粘性、表面張力の低下（水質浄化）
3. シューマン周波数の利用（タップマスター）：密度の違う物質の混合には物理的振動が必要である
4. セラミックスの電磁波利用（遠赤外線活用）：RC＆GOボールで"氣"の収集
5. 意念エネルギーの存在を知る：信頼し切ることの大切さが肝心である

ウォーターサーバー
天の水

タップマスター
垂直律動器
（5～13Hz×振幅1mm）

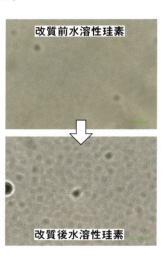

改質前水溶性珪素
↓
改質後水溶性珪素

図表6-25：鉱石ミセルコロイダルの作り方および改質の仕方事例

また、この水溶性珪素の改質結果は単純な機械加工の場においてのみ適用されるものではなく、医学・生理学の分野においても最も希求される様体である。コロイダルの表面陰電荷力発揮のモデル的様相なのである。水溶性珪素の素晴らしい素質をいかに活かしきるかがさらなる発展の鍵となるであろう。しかもそれは「氣」のエネルギーと密接に関連し、かつ平常心とも連動していることがわかってきたのである。水溶性珪素自身、持ち味を常時100％発揮できる様態に仕立て上げられることが市場サイドから希求されるであろう。市場要請に応えられるよう切磋琢磨で品質改良の目覚しい進展が早期に達成されることが期待される。

3.改質水溶性珪素のアクアアナライザ波形図の検証・解析

AQA分析波形図（図表6-27）の③緑色波形の水溶性珪素はがん患者用に、④桃色波形の濃縮水溶性珪素Rはパーキンソン病患者用に、⑥黄緑色波形の濃縮水溶性珪素Yは脳梗塞患者用にとの思いで、澤本意念エネルギーが印加されたものである。三検体とも、改質前波形

図（図表6-26）に較べて波形の立ち上がり線が一度乱高下し最大波高部となっている。最大波高部の山の高さは0.1ボルト高くなり、平坦部幅が3分の2程度に狭くなっている。さらに2800kHz以後の高周波数域では全く波形の存在は見当たらない。

典型的な矩形型波形への変節であり、溶液のコロイダルが均一で中型の大きさのものが非常に多く存在していることの証である。中でも水溶性珪素の改質品はその傾向性が一段と顕在化しているのが目に付く。

澤本氏のわずか数十秒間程度の意念エネルギー印加で、これ程までに変化するとは驚きである。微弱な超低周波数の信号で搬送される場の「氣」のエネルギー（フリーエネルギー）との相互作用としか考えられない。上述の微乾燥顕微鏡観察、並びにナノサイト分析器の計測データとの改質の整合性とも一致している。

澤本氏の意念エネルギー印加で水溶性珪素の活性度が大きく伸展している。非常に濃度が濃い水溶性珪素ではあるが、人の意念エネルギーや大気の鼓動エネルギー（シューマン波）を容易に抱きやすい物質といえる。素晴らしい常磁性体の機能発揮である。すなわち微弱エネルギーとの感応性が優れているといえる。

だが、この改質は誰にでもできる可能性を秘めている。水溶性珪素の効果的な活用策を啓示している分析結果であろう。欲得なしの平常心で感謝を込めて「効く」と信じて用いれば何方にもそれ相応の効果が得られることを物語っている。余命いくばくもないとの医師宣告を受け、水溶性珪素を信じて愛飲した開発者の金子氏をはじめ、元気に活躍している幾人もの方々が居られる。すべてのものに存在する意味があり、そのことに対する畏敬の念を抱き感謝して用いることの大切さを語りかけている現実の神業であろう。神の手と呼ばれる名医の神業執刀があるように、神の御心ともいわれる自然との一体心を誰もが内に秘めているのではないだろうか。決して、単純なプラシーボ効果と侮り見過ごしてはならない……。物言わぬ大事な自然の極意であり「掟」が成す妙味である。

水溶性珪素の原液および改質液の比較確認

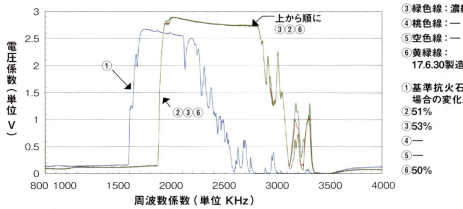

図表6-26：各種水溶性珪素のAQA波形図（8月5日）

改質各種新水溶性珪素の比較確認

AQUA ANALYZER WAVE-W 17.8.20 水溶性珪素改質テスト2
2017／08／20

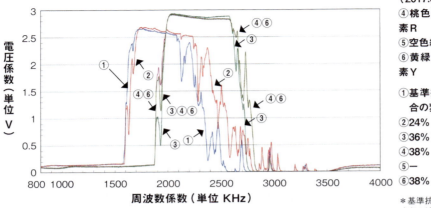

③緑色波形の水溶性珪素はがん患者用に、④桃色波形の濃縮水溶性珪素Rはパーキンソン病患者用に、⑥黄緑色波形の濃縮水溶性珪素Yは脳梗塞患者用にとの澤本意念エネルギーを印加したものである。
3検体とも、改質前に較べて波形の立ち上がり線が一度乱高下し、最大波高部は0.1ボルト高くなり、平坦部幅が3分の2程度に狭くなっている。さらに2800kHz以後の高周波数域では全く波形の存在はない。典型的な短形波形であり、溶液のコロイダルが均一で中型の大きさのものが非常に多く存在していることを示している。中でも水溶性珪素の改質品はその傾向性が一段と顕在化している。澤本氏の数十秒間程度の意念エネルギー印加で、これ程までに変化するとは驚きであり。微弱な超低周波数の信号で搬送される場の氣のエネルギー（フリーエネルギー）の働きと考えられる。詳細の微乾燥顕微鏡観察、並びにナノサイト分析器の計測データと突き合わせ、整合性を図り考察することとする。

図表6-27：各種改質水溶性珪素のAQA波形図（8月20日）

4.改質水溶性珪素は物心の良き仲介者

　澤本抗火石技術で改質した水溶性珪素は、人の意念や大気の鼓動（シューマン周波数）と鋭敏に感応する……。夫々の分析結果が雄弁に物語っている。驚くのは先の各項で、改質された水溶性珪素のコロイダル形成力の素晴らしさが秀でていることである。水溶性珪素には確かなコロイダル形成の素質がある。

　さらに、まさかの「人工の氣」の実験結果である。予期以上の分析結果に内心ホッとすると同時に、為せば成る「人工の氣」の確かな働きぶりに驚きは隠せない。抗火石技術と水溶性珪素のコラボレーションは、まさに「物心の仲介者」の名に相応しい働きぶりを披瀝してくれている。自然の摂理で眺めてみれば、「宇宙という『天の氣』と大地（珪素）という『地の氣』が対峙し合って、人というゼロ場で新しい電磁気信号波『意念の氣』を発祥させている」と、言い換えることが叶うのではないだろうか……。この事実こそ、プラシーボ効果の大事な根拠を明示してくれているといえるのではないだろうか。科学のロマンともいわれている未だ未解明の「氣のエネルギーの存在と仕組み」に関する科学的検証に大きな一石を投じる澤本氏の治験結果である。

　中島・澤本のコロイダル領域論を一段と確かなものとしてくれている治験結果であった。しかも、予期以上にコロイダル領域論の活用範囲が広がる可能性が目の前に見えている。工学的な潤滑・伝熱理論はもとより、生命体にもそのまま適用される溶液の効能発揮の原理論であ

る。特に血液サラサラ、血管壁の付着物（スケール）の抑制、さらには脳内の情報処理発生熱の速やかな除去をはじめとする生命体の新陳代謝や免疫力の向上の可能性を秘めていることが透けて見えている。

「水溶性珪素には特定の効果というものがない」とする関係者の真意に対する謎解き……。水溶性珪素の万能薬・役としての素質を100％開眼させることで見えてきた。作用機序の原理基点の解き明かしであった。水と共にある水溶性珪素の働き様を究明すれば、水の魅惑的なすべての事象の謎解きが叶う。水と珪素が成す"命の核"作り、"生体内物質間の結束役"いずれも珪酸コロイダルの表面陰電荷力の引力頼りであり、水と珪素のコロイダル領域論そのものの働き様であるとの自信をいっそう深めた。

なぜコロイダル領域論だと、これ程までに溶液の機能向上が図られるのだろうか。やはり一番は、しっかりとした秩序の調律リズムを奏で記憶できる溶液構造であり、それが溶液の緻密性を維持できる調律的な様態で密度を常時「1超」に保持できるからである。何といっても自らの活性化"個性発揮"で対外的環境変化への耐力は維持しつつ、めっぽう微弱なサトルエネルギーやサイエネルギーに鋭敏に感応できる常磁性と独自の誘電率制御機能を具備しているからに他ならない。まさに、ライナス・ポーリング博士が、キセノンで全身麻酔の原理を紐解いた「水性相理論」そのものの覚醒された現代版といえるだろう。

また、溶液の素晴らしい溶解力発揮といわれる亜臨界水の溶解力、浸透力（加水分解）、そして解離力をも常温常圧で、しかも密度「1超」を保持した状態で発揮が叶うという代物である。まるで魔法の溶液といわれる「結び合う力の水イコールいのち水」そのものの素質を秘めている。この「いのち水」と成さしめているのが植物由来のものであれ、無機物由来のものであれ、共に水分子と共棲し合える水溶性の粒子状の珪素なのだ。表面陰電荷力をしっかりと発揮でき、小集団コロイダルを形成できるもの程、重宝される。まさに期待されている水溶性珪素の形態とは、水溶性珪素（SiO_4）の素質が十二分に発揮された暁の状態「オルト珪酸環状六量体オリゴマー：$Si_6O_6(OH)_{12}$」そのものといえるだろう。

第六章　結び合う命の水 "コロイダル"

第七章

結び合う命の水 "コロイダル" の新しい評価法

新しい水の評価方法が必須

　一秒間に一兆回も結合相手を替える水の水素結合の特異性、すなわち強い結合力と奔放さを駆使し、どこまでも幾何学的均一な連携を保ち縦横無尽にネットワークを広大に張り巡らすのが、他ならぬ純水"H_2O"の本質である。科学の理想の水"純水"の姿こそ水の原初の基底安定状態（必要最小限のエネルギーで自らを安定維持）の有り姿であり、現実的な時間感覚で眺めれば、山形大学の天羽優子氏がいう「動的平衡」を遥かに超えた安定状態そのものである。

　一方、自然界の水は多種多様な物質と共存・共棲の環境下にあり"溶解力"を発揮、様々なモノを溶解・抽出して水和・包摂し合い菱和的な個性を発揮している。無垢な水を万能な媒体に仕立て上げているのが腹心の友"珪素"である。水分子同士の水素結合を制御し、適宜なコロイダル状態、例えばライナス・ポーリング博士の水和性微細クリスタル説のアモルファスの様相で"水の力"を発揮している。珪素と共に生命体の核を構成、宇宙普遍の"氣"を抱き生命体を生み育む"結び合う命の力"そのものである。そのような力を発揮する実用の水を見ずして、"水"本来の万能力"神秘性"を語ることはできないであろう。

　"結び合う力を発揮する水"、集団の秩序、活性、再生を行いながら基底安定を図る実用の水の有り姿を先の各章で哲科学的に縷々述べた。数個や数十個の分子の小さなクラスターレベルの集団でもなければ、自由水ごとき1兆分の1秒という超瞬間的変化を捉えているものでもない。数千万個から数億個の分子が成す菱和的な個性を発揮する小集団活動の集合体ユニット群・団である。すべては観察・実測の結果の証である……。シュレーディンガー博士がその著書『生命とは何か』（岩波書店）で語った至言「量が質を生み育む」に導かれ、ようやく辿り着き見究めることができた生命場の水の実相「コロイダル領域論」である。

　いかような手段で水のコロイダル状態を見究めたのか。その作用機序なるものの科学的な動作原理と根拠がいかなるものか。その真偽の判断を読者諸賢に仰がねばならない。分析手段の概要は、拙著『水と珪素の集団リズム力』（Eco・クリエイティブ）に譲るとして、本書ではコロイダルの具体的な観察・計測を行った3つの手段（パルス分光器AQA観察、微乾燥顕微鏡観察、ゼータ電位と粒度分布計測）の原理と読みかたに的を絞り、要点を解説したい。特にAQAは水溶液の第2の誘電緩和現象を基軸にしており、コロイダル溶液論の理論体系の基本原理を語る手段である。だが、溶液の解離状況、エネルギー凝集の繊細な見極めは微乾燥顕微鏡観察が群を抜いている。そして、科学的な傾向性の裏付けとなるナノサイト計測器の数値化データは万人にわかり易く有効である。順を追って解説する。

パルス分光器アクアアナライザ（AQA）が物語っている真実とは

1.電磁波スペクトルの基礎的な知識

　溶液"コロイダル"の実体を科学的に「見える化」して読み取るには、電磁波スペクトルが最適である。溶液のスペクトル観察分光器、各種顕微鏡観察、さらにはゼータ電位と粒度分布、個液混交状態のナノサイトの観察・計測は、すべて電磁波に委ねられている。電磁波スペクトルの基礎知識を見てみよう。

　分光器AQAは、既存の紫外可視光分光、近赤外線分光、赤外線分光、マイクロ波分光、さらにはCTスキャンやMRIなどの分光法も仲間の1つである。分光法とは、光（電磁波）と物質との相互作用（共鳴現象）によって生じる光の強度やエネルギー変化を調べる分析法である。呼び名が示す通り、夫々のスペクトルの計測振動数域は桁数がまったく異なる。分光法は観察する対象相手が電子だったり、原子だったり、分子だったり、あるいは集合体だったりとその大きさが桁違いに異なる。小さなものほど超高周波数、大きいものほど低周波数の振動域で共鳴する。スペクトルと呼ばれ、横軸に光の振動数（Hz）、縦軸に光の強度（吸光度、散乱強度、透過率）で表わされている。

　分光法を理解するには、まず電磁波の周波数特性を知る必要がある。電磁波とは？　放射線とは？　光とは？　赤外線とは？　電波とは？　長波とは？　生体波とは？　これらはすべて電磁波と呼ばれる仲間の一員であり、周波数が異なるだけである。使用目的により、夫々わかり易い最適な名前が付けられている。少し電磁波の基礎的な事項を再確認したい。

電磁波振動の周波数と波長とエネルギー
光も放射線も可視光線も赤外線も電波もすべて電磁波

$$周波数 F(回／秒) = \frac{光速30万キロメートル／秒}{波長}$$

$$周波数(ヘルツ) \times 波長(メートル) = 3億メートル$$

例えば1秒間に百万回変化する周波数1000kHzの波長の長さは300メートルとなる

> 高周波数ほど波長が短く、エネルギーは強い
> 低周波数ほど波長は長く、エネルギーは弱い

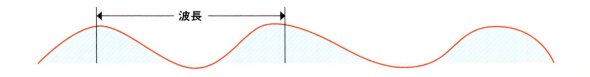

図表7-1：光も電波も、すべては電磁波の一種

電磁波の区分表

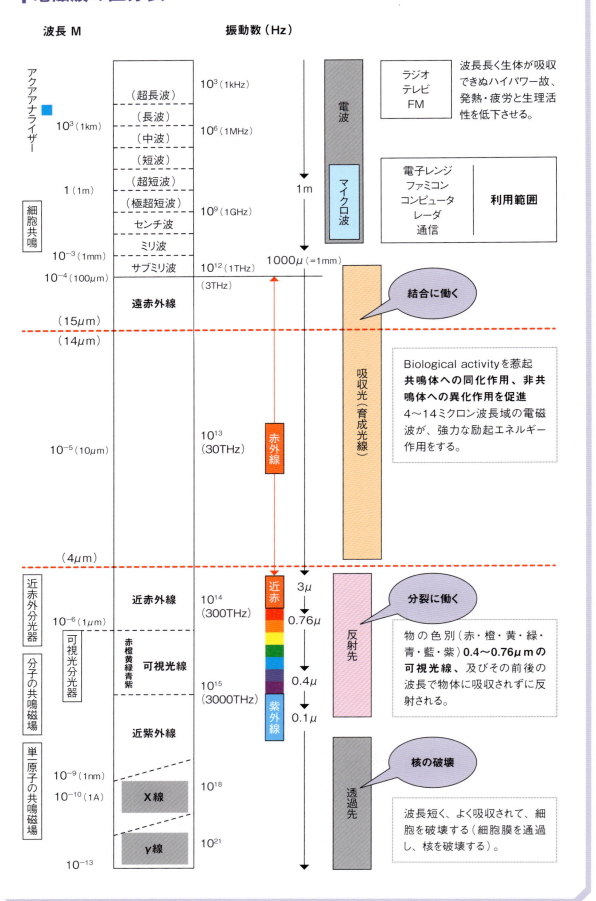

図表7-2：各種電磁波の区分表

生命体になくてはならない光は、1秒間に地球（1周4万km）を7回り半すると中学生の頃に教えられた。光は一秒間に30万km走る。どのような種類の電磁波であっても、すべて一秒間に30万km走るのだ。周波数とは1秒間に電磁波が如何ほど振動しているかを表している。波長とは電磁波の波形の山から山、または谷から谷までの距離のこと。だから、電磁波の基本は、周波数×波長＝30万km（基準は真空状態）という公式が成り立つのだ。

テラヘルツ、電波分光器の電磁波基準位置

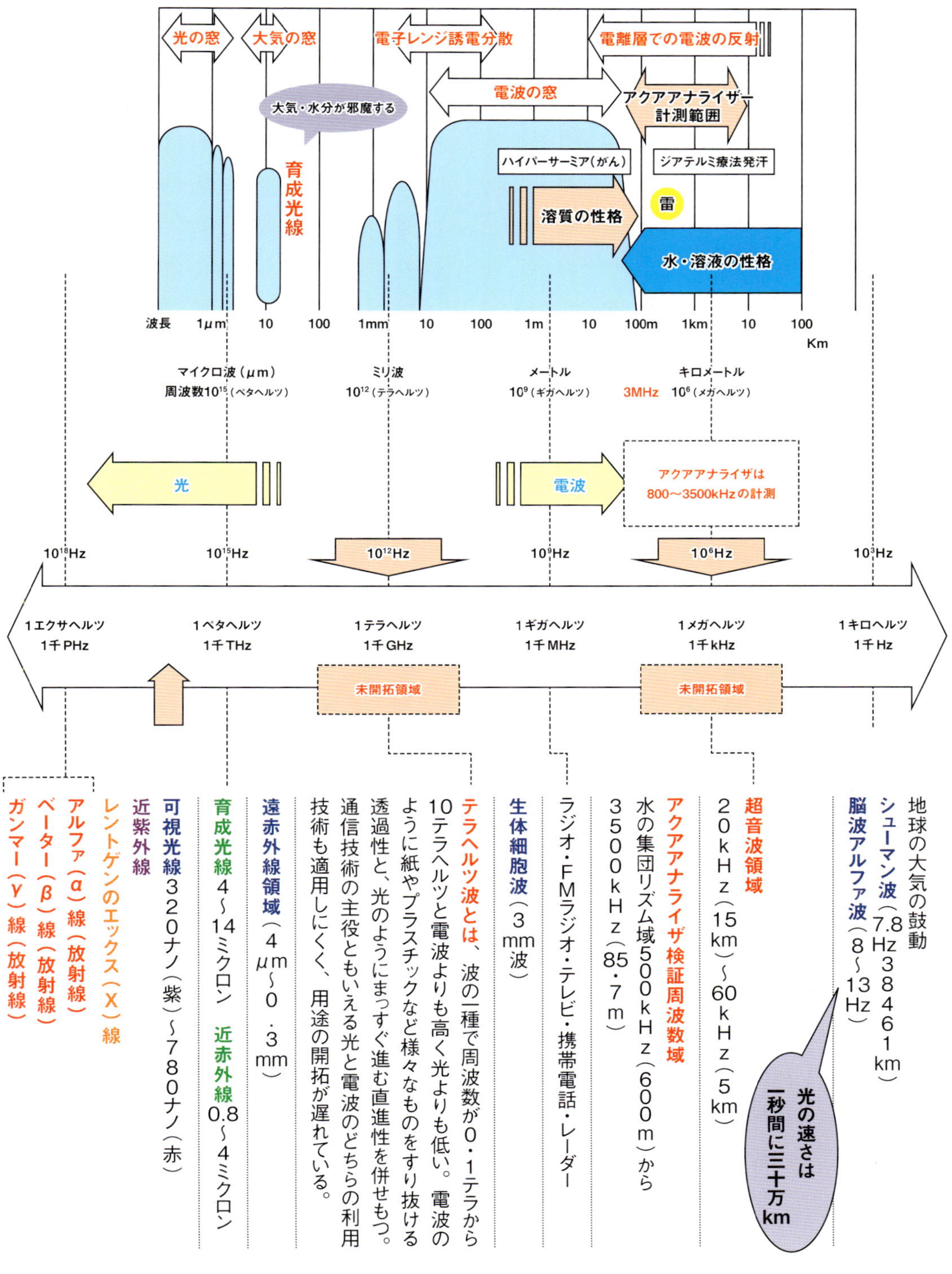

図表7-3：電磁波の詳細区分表

電磁波の働き様は周波数により大きく異なる。図表7−2、7−3に、必要とする主な電磁波の区分け例を記した。一般的な参考事例は次の通り。

- AQA計測器の振動域は$10^{6\sim7}$（1〜10MHz域）
- ラジオ放送は10^6（1MHz域）、
- テレビ放送は10^8（100MHz域）
- 通信衛星は$10^{10\sim11}$（10〜100GHz域）
- バイオフォトンといわれる波長3mmの生体波は$10^{10\sim11}$（10〜100GHz域）
- 最近医療用で賑わっているテラヘルツは$10^{12\sim13}$（1〜10THz域）
- 赤外線の範疇である生命体育成光線は$10^{13\sim14}$（10〜100THz域）
- 海底ケーブル等の光通信は$10^{14\sim15}$（0.1〜1PHz域）
- 可視光線は10^{15}（1PHz域：　赤色波長は770nm、紫色波長は380nm）
- X線は$10^{17\sim19}$（0.1〜10EHz域：波長は0.1Å〜10nm）
- γ線は$10^{19\sim}$（10EHz以上域：波長は0.1Å以下、ちなみに水分子は約3Å）
- 注（K：キロ、M：メガ、G：ギガ、T：テラ、P：ペタ、E：エクサ）（nm：ナノメートル、Å：オングストローム、10Å＝1nm、1000nm＝$1\mu m$）

2. AQAの計測周波数域は水溶液の第2の誘電緩和域

コロイダル観察の基本原理を究めるきっかけとなったのが、AQAとの出会いである。AQAの周波数域は既存の分光分析器の周波数域とは全く異なる低周波数域800〜4000キロヘルツ（0.8〜4×10^6Hz）を対象域としている。電子レンジ応用（$10^9\sim10^{10}$Hz）のマイクロ波に比して4桁も低い低周波数域である。すなわち、誘電緩和対象となる集団の大きさが1万倍も違うことを意味している。

筆者には驚きというか、幸いというかAQAの低周波数域は、科学の具体的メスが未だまったく入っていない周波数域である。すなわち、水の特異性発揮の元を成す集団ユニット（コロイダル）の本質解明は皆無に近い研究開発の新天地だったのだ。液−液相界面特性の機能発揮がもたらす突然変異現象"閾値"の発祥域であった。水の科学のパラダイムシフトさえも担える新たな『水溶液の第二の誘電緩和域』である。見過ごされていた水のミラクルの本質発見を秘めた価値多き周波数領域との出会いであった。

AQAと各種電磁波との物性及び周波数域の位置関係を示したのが図表7−4である。多くの先達の各種知見を組み合わせ、かつ筆者の治験結果を附加し取りまとめた図表である。いかに電磁波スペクトルが多くの特異な個別事象と関連しているかが想起される。

1) 共鳴吸収／誘電緩和吸収では、全体集団⇒団・群⇒小集団⇒分子⇒原子⇒電子と大きさが小さいもの程、高周波数域で共鳴・誘電吸収することがわかる。

2) 人の脳波：数Hz〜数十Hz、地球大気の鼓動シューマン波：7.8Hz、骨折などの超音波療法：20〜60kHz、温熱療法（ジアテルミ療法）：200〜800kHz、がん治療ハイパーサーミア：6〜8MHz、電子レンジ応用マイクロ波領域（配向分極）0.1〜10GHz、赤外線領域（イオン分極、原子分極）：1〜10THz、紫外線領域（電子分極）：0.1〜10PHzが示されている。

3) 上項に対して、AQAの計測領域は0.8MHz〜4.0MHzで、これまで科学のメスがまったく入らない領域であり、その両脇にジアテルミ療法とハイパーサーミア療法の医療機器の振動域が控えている。両機器とも作用機序は不明と謳いながらも実効果が確かめられ実用の場で活躍している。ジアテルミ療法は細胞・細胞集団をゆすり、ハイパーサーミア療法は細胞膜・内液のゆすり

水分析器AQAの周波数の位置関係
アクアアナライザ共鳴吸収周波数と各種電磁波との物性及び周波数の位置関係

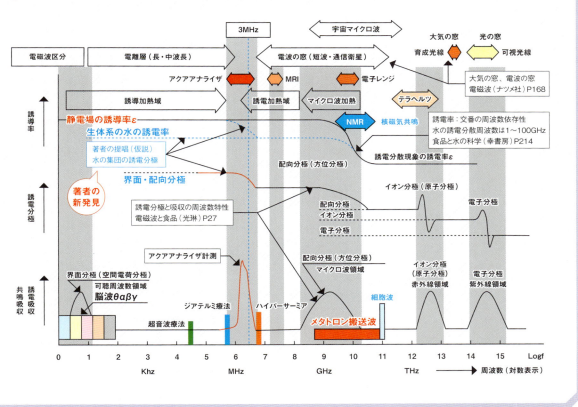

図表7-4：AQA周波数域とその他事象の周波数位置関係図

誘電緩和による摩擦熱の発熱効果作用と類推することができる。

4） 極性（双極子、ダイポールとも呼称される）の内在で発生する誘電分極に関し、既存の科学では電子分極、イオン分極（原子分極）、配向分極（分子集団の配向）が示されているが、AQA分析周波数域の分極は蚊帳の外である。溶液が均一な状態で溶質と溶媒が混ざり合っているとした科学の定義があり、溶液のコロイダル状態が存在しないとして、意識的に取り扱われたものと考えられる。だがAQAのスペクトル波形図、微乾燥顕微鏡観察、そしてナノサイト計測器のコロイダルの数値分析結果では、溶液はコロイダル状態であることが確認され、筆者は新たに界面・配向分極と名付け赤線で印しておいた。

5） 誘電率の波形図は電子分極や原子分極に於いて誘電緩和現象という大きなエネルギー変化はなく電子雲等の誘電分散現象に伴う誘電率とされている。また、配向分極では水の水素結合の存在が大きく影響し誘電緩和現象が見受けられる。水素結合ネットワークの影響が従順に追従できる周波数域では大きな誘電率が計測されるが、誘電緩和現象域内で水分子は水素結合の強い抵抗でスムーズに周波数変動に追従回転できず、エネルギー吸収となり誘電率が急激に降下している。ところが既存の科学では、その誘電緩和位置よりも低い周波数領域では、コロイダルを無視し誘電緩和を生ずる可能性はまったくないものと見做して静電場の誘電率と同一であると表記されているのである。

6） 筆者のAQA測定位置で、なぜ、大きな共鳴現象が起きているかを見落としてはならな

い。スペクトル分析に示された共鳴現象の波形こそ誘電緩和現象が派生している真っ当な根拠である。一般的な水でも数ミクロン並みの集団構成がゼータ電位計の粒度分布からも計数表示がなされている。

当然、AQA周波数域とマイクロ波領域との間では、これまでの静電場の誘電率（20℃で80）とは異なる数字が計測されることが類推される。いくつかの類推根拠が身近にある。水の温度上昇につれ熱エネルギーに邪魔されて誘電分極し難くなり誘電率が低下する事実からも推測できる。100℃では56となっている。さらに、面白いことに誘電率は0℃の水で102と示されているが、氷になると水素結合が氷結で停止状態になることを受けて、急転直下、氷の誘電率は3となる。

また、珪素により特殊なコロイダル状態に構築された水（生体系の水もどき状態）は、これまでの自由水並みの水素結合ではなく、電気二重層型に構築された状態であり結合水並みの水素結合状態となっている。従って水溶液は誘電分極し難い状態といえる。珪素に制御された水の静電場の誘電率は大きく低下すると考えるのが自然な形であろう。正当な図表を描く必要性に迫られ、当初は仮説として描いていた。奇しくも、2016年5月に抗火石水の誘電率が14～20（25℃）と実測されたのである。当然な結果として誘電率の低い油とのエマルション形成も非常に良好な状態を示している。この事実こそ"生体系の水の誘電率"と名付けた筆者の仮説の正当性を物語る大事なエビデンス（根拠）である。

7) 趣旨は異なるが、図表6－4に電気化学的な特徴が、2点見受けられる。1つは電気的な加熱方法の誘導加熱（伝導方式の抵抗熱）と誘電加熱（電子レンジの振動摩擦熱）の変節点。もう1つは「電離層」と「電波の窓」の変節域、すなわち波長の長い電波は電離層で反射されるが波長の短い電波は透過できる境目でもある。光の波動性と粒子性の効果演出の変節域なのだろうか。

8) 例えば、電磁気エネルギーの粒子性と波動性の影響の差異、すなわち、その変節域とは、粒子性、波動性という両者の同等の影響力が及ぼされる周波数域前後の範囲ではないだろうか。場のエネルギーとも共鳴し易い振動域のようで、微弱エネルギーの効果もしっかりと顕在化する領域である。

9) 筆者の水集団の研究対象周波数域800 kHz～4000 kHzは、研究開発の効果が大いに期待される領域である。実に不思議な水の本質ともいえる『第二の誘電緩和』の振動域である。少なくともこれまでの溶液のイメージをガラリと変える"コロイダル領域論"の科学的根拠そのものである。新しい溶液コロイド化学の真相解明の呼び水になるものと期待されるところである。

3.AQAの動作原理

AQAは世界初の溶液の本質"集団の動的作用"の振動域を捉えている。従来の分光分析機器では溶液の特性を左右する界面特性、すなわち、内在するコロイダルの実体は観察周波数位置が桁違いに異なるため測定が適わない。溶液の神秘な力とは、溶液の結び合う粒子集団（コロイダル）の誘電分極・誘電緩和を伴う振動特性である。集団の誘電分極、すなわち配向分極と界面分極の混在している作用状態をチェックし、溶液の本質、性格を観察している。

水の不思議さ、神秘さ、その記憶持続力もしっかり見届けることができる測定器である。溶液の機能改質度合いはいかほどか。どのような作用機序で成され、如何なる状態で記憶されているのか。その見えない"神秘性"の電気的変位度の総決算を"見える化"したものだ。

AQAは発信側のパルス（5ボルトの矩形波で1～4000kHzを1kHz毎に1分間で計測）と受信

●パルス分光器アクアアナライザ

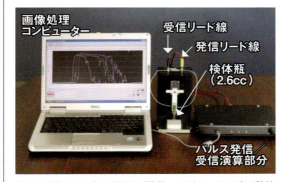

水の本質である水の集団の振動、リズム、ゆらぎの動的エネルギー状態を覗き見るものであり、我々はこれを"水の性格分析器"と呼んでいる。アクアアナライザは世界で初めて水の本質、すなわち、見えざる潜在能力を見える形で表現した水の神秘エネルギー視覚化測定器だ。

図表7-5：アクアアナライザ計測装置

側のパルスの電磁波エネルギーの差異を計測している。その差異がいかほどなのだろうか？発信側から水中に印加されたパルスは水といかように相互作用して受信側に到達するのだろうか。電磁波と水の相互作用を見てみる。図表7-5と7-6はAQAの装置、全容並びに検出回路の概要関連図。

電磁波と水の相互作用に関する原理原則を図表7-7～9にまとめた。水をはじめとした通常の物質は誘電性（電気を蓄える性質）と導電性（電流を流す性質）を合わせもっている。すなわち、電気が通る回路（電流の流れ難さの指標が"抵抗"）と電気を溜める回路（コンデンサーの蓄電"キャパシティ"）が存在する。特に電位がプラス・マイナスと交互に変化する交番電磁気力（交流）は、周波数の差異で蓄電作用が大きく変化する。

また、電波の放射とは、電子の振動が空気中に、水中にと電磁気的な振動で伝わることである。電波の最も特徴的なことは、大気中であれ、水中であれ波長の共振・共鳴が生じない限り電波は素通りするだけだということである。ただし、低周波数域では電離イオンによる散乱や電気的抵抗の減衰により電磁気エネルギーは消耗する。電磁波とは電磁場（宇宙普遍の場）を電界、磁界と交互に相手を誘起（誘導起電力＆誘導起磁力）し、つながり合う電気・磁気の連鎖である。人工衛星との交信や携帯電話等の通信原理です。第4章の図表4-18電磁波の伝搬と場のエネルギーを参照願う。

電波は誘電物体と対峙し振動数が一致、ある

●アクアアナライザ動作原理の概要

周波数毎の発信パルスと受信パルスの差異を検出、溶液の集団誘電分極と印加パルスとの共鳴吸収現象を捉えている。溶液の集団振動に照準し回路及び溶液には外部ノイズを避け、印加パルスと溶液の誘電分極との同調の正確な検出に工夫を凝らしている。

印加電圧は5ボルト、検波可変周波数は$1×10^3$～$5×10^6$Hzの1kHz刻みプラス矩形波を用い、約1分間でスキャンしている。

また、溶液のイオン性とコロイドの電荷との存在状態を見極めるため、装置自身の自己誘導高周波交番磁界の利用も下図C点とD点の接続替えで計測できる。自己誘導磁界の印加方向がセンサー針間の印加パルスとは方向が90度異なり、活性度が読める。

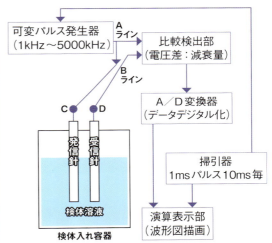

図表7-6：AQA動作原理の概要

●電磁波パルスの溶液内透過現象

「物質を構成する原子や分子が電磁波を吸収し、放出できる電磁波の波長は、その種類によって異なる。したがって特定の原子や分子は特定の波長電磁波としか相互作用しない。そして相互作用しない物質に対して、電磁波は"素通り"するだけである」との作用原理がある。

溶液内でのパルスの伝播（相互作用）は下記4通りが想定される。

- ・透過（全く相互作用存在しない時）
- ・反射（電離イオンとの散乱による消耗）　　導電現象
- ・減衰（電気的抵抗、磁気等による消耗）
- ・共振（誘電分極電磁気共鳴吸収による消耗）— 誘電現象

アクアアナライザは矩形のプラスのパルスを使用している。パルスは溶液の電場の誘電分極現象（双極子）を主とし配向分極、界面分極の共鳴吸収現象を捉えている。

図表7-7：電磁波パルスの溶液内透過現象

いは近接する場合は共鳴現象やうなりで相手方を電気的引力で追従させ、エネルギーが消耗（誘電分極損失）する。誘電緩和と呼ばれている現象である。筆者の注目は、静電場に近い状態ではなく、誘電緩和現象の周波数域を想定した電磁波の振動と水の吸収、散乱現象に関することである。特に水分子自体は双極子特性を有している特殊な誘電体であり、かつコロイダルという大型で力のある極性をも有した誘電体（コロイダル）が対象である。

図表7－8は既存の水科学の誘電緩和域である10ギガヘルツ（GHz）前後の水分子レベルを対象とした電場印加時の誘電率と誘電損失のスペクトルの様子である。だが、AQAはその数百倍から数万倍レベルの大きさのコロイダル誘電体が対象である。0.8MHz～4MHz振動の新たな誘電緩和域の話である。

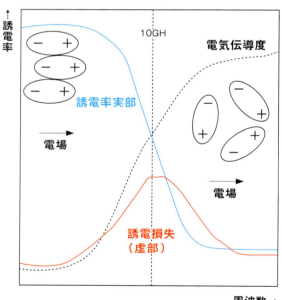

図表7－8：誘電緩和現象

そもそも誘電分極・緩和はパルス分光器アクアアナライザ（AQA）の主原理であると筆者は提唱し、その波形変化の解析を行っている。当然ながら、これまで科学が見落としていた低周波数域800kHz～4000kHz（0.8～4MHz）での水の構造体コロイダルの誘電分極・緩和である。分極形態は電子の電子分極（～10^{15}＝PHz）、原子のイオン分極（～10^{13}＝10THz）、分子配向分極（～10^{11}＝100GHz）、そして界面分極（可聴周波数領域：20Hz～20KHz）が知られていたが、AQAの計測周波数域は科学の対象外であった。実用の水は階層構造を成し多かれ少なかれ珪酸を含有している。その表面陰電荷力で強く水分子を引き付け、小集団を構成している。集団の全体リズムを優先させて水分子個々の動きを制御している。わかり易く別の言い方をすれば、自由水並みに動く水素結合の変化（10^{12}Hz）ではなく、結合水並みの水素結合の動き（10^6Hz）である。

AQAは5ボルトの矩形パルスを使用した分光器の一種である。液－液相集団が成す誘電分極体の誘電緩和現象を矩形パルスで捉えた誘電吸収（誘電損失）主体のスペクトル表示である。横軸は印加周波数、縦軸は電圧損失の強度である。AQAの波高の存在感が増すほど共鳴周波数位置の誘電分極体の個数が多いことを示すものである。当然ながら溶液の電気伝導の抵抗要素もあり1MHz以下の低周波域では、電解質イオンが多いほど電気は通り易く波高は低くなる傾向が見えている。AQAの基本原理である誘電緩和について、概要を若干述べたい。

誘電緩和とは……物質の誘電率は周波数によって値が変わる。誘電率の周波数依存性は物質に瞬間的に変化するステップ電場をかけたときに、物質の分極が指数関数的に変化する（時間応答に遅れを生ずる）ところから出てくる。図表7－8の誘電率実部の青色線波形が急降下している周波数域の話である。最も遅い分極の変化、時間領域で指数関数的に変化することから、この場合の誘電率の周波数依存のことを誘電緩和と呼んでいる。該図表の赤色線波形である誘電率の誘電損失（虚部）のことである。

誘電緩和が発生する前は水分子の方向は印加電場の変動に対してスムーズに追従することができその極性の方向は、該図表の左上の如く揃っている。だが誘電緩和領域を過ぎた周波数

域では、電場の方向変化が速過ぎてまったく追従できず、分子の双極子は該図表右上の如く「われ関せず」といった様相の勝手気ままな無秩序の状態となっている。すなわち、電波が素通りしているだけの証である。周波数が誘電緩和域を越え高周波数になれば、もはや水の分子回転運動とは共鳴することはあり得ず、電気的な分子内結合の伸縮や水素原子の電子雲のゆらぎへの共鳴現象のみとなり、誘電率は大きく低下するのである。

　誘電率とは……例えば水のような絶縁体ではあるが、極性を持った誘電体に電場を印加した時にどれくらいの双極子の分極が形成されるのかという指標である。低周波数領域では、交流電場を加えたとしても、静電場（直流の場）を加えた時と同じ程度に分極が形成されるということを意味している。分極の形成には有限の時間がかかるが、ゆっくりとした電場の変化であれば、余裕をもって追随し、分極形成には遅れが生じない。徐々に周波数が上がっていくと、分極の形成が外からの電場の変化に追いついていけなくなる。これからが、誘電緩和の領域の話である。

　この領域では、追従に遅れを生じ始め少しずつ分極形成が不完全となり、静電場を加えた時よりも分極の値が小さくなってしまう。「右を向け」と外部電場に指示をされて右を向いたと思ったら、もう次の瞬間には「左に向け」といわれて慌てて、左に向かなければならない。そうしている内に分極の形成がきちんと完了する前に次の指令がきてしまい、分極形成が少しずつ不完全になっていく。高周波領域では、もうほとんど外部電場の変化に反応できず、水分子の配向による分極の寄与は全くなくなってしまう。最終的に残っている誘電率の寄与は、電子分極と原子分極によるものである。先にも述べたが、電気的な分子内結合の伸縮や水素原子の電子雲のゆらぎのみの誘電分極状態である。この分極は瞬間的に形成され、どんなに外からの電場の周波数が激しく変化してもきちんと対応し、これらが寄与した誘電率が残るのである。

　もう一点、誘電率の虚部とは複素誘電率、あるいは熱的誘電損失ともいわれる。交流電場がかかった時の分子の回転運動から生じる摩擦熱のエネルギーの損失度合を表したものである。低周波数領域では、交流の周波数変化に追従できるので、ほとんど摩擦熱は生じない。しかし周波数が上昇すると、「右に向け」と外部の電場から指示があって、右を向きかけたときには、「左に向け」という別の指示がきてしまうような状態になってくる。徐々に交流電場に対して中途半端な追従となり無駄な動きが多く熱的な摩擦が出てくる。前述したように水では10GHz近辺で水分子が不規則・不完全に振り回され、摩擦熱としてのエネルギー損失が大きくなる……。電子レンジの発熱の原理である。

　だがしかし、実用の水において、熱的損失の程度差はあれ、これと同じような現象がAQA分析の周波数"1MHz"前後の周波数帯で生じていることが観測されるのである。すなわち、最終収束の誘電率は氷の水素結合固定の"3"であるが、珪素が制御する結合群化した水で、我々は誘電率が25℃で14〜20との実測を経験している。もちろんこの数字は静電場における計測値である。だとすれば、既存科学の水の静電場の誘電率80（20℃）と誘電緩和後の誘電率3の間にもう1つの誘電緩和域があることの根拠でもある。誘電緩和でその溶液の構造形態や大きさ並びに拘束性などが見えてくる。測定周波数の増加と共に誘電率も減少する現象を定量的に解析することによって試料（例えば水）の内部構成状態などの詳細な情報が得られる。筆者はこの誘電緩和現象をAQAの波形で読み解いている。すなわち、コロイダル溶液の具体的な性格概要が見えてくる。AQA分析の意義とは、『第二の誘電緩和域』の検証なのだ。

4. AQA波形の原則的な解析基準

　第2の誘電分極緩和域の電気的な応答を踏まえ、実用の水の定性的な性格を読むことができる。原則的な解析基準は下記の通り。図表7－9のAQAのモデル波形図を参照し、読み進めてほしい。

　なお、計測装置の使用部品の機能有効範囲が800kHz～3500kHzであり、波形に現われる正当な範囲は該域に限定して読み取っている。

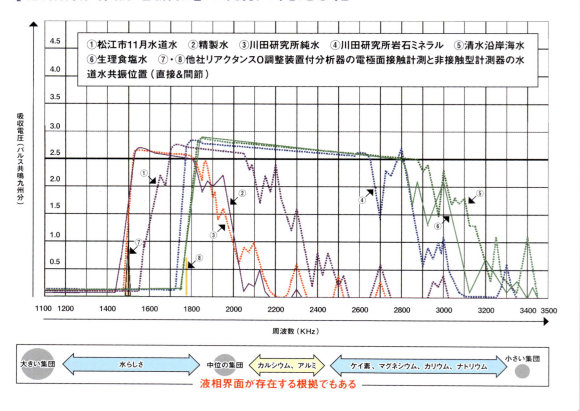

図表7－9：AQAのモデル波形図

- 波形は完全吸収で波高は5ボルトに達する。逆に、完全非共鳴では0ボルトで波高は現れない。これまでの治験で完全吸収、完全非共鳴の検体の経験はない。普通の水溶液で50～60％（波高が2.5～3ボルト）程度の吸収が多い。
- 部分的に眺めれば、1400kHz以下の低周波数域では、パルスの減衰・反射による0.2ボルト程度のエネルギーロスは常時あり、2500kHzより高周波域では誘電性が優位となり完全に零ボルトの非共鳴部分が多くなる。
- また、海水や生理食塩水、さらに、ミネラル溶液はイオンや、コロイドによる微細集団が多く、高周波数域でも波高が顕れる。誘電分極の集団の大きさの変化とその存在量の変化の現れである。
- 波形が低周波数域に偏ると水の大きな集団（表面張力が大きい）の性格が強く、高周波数域に偏ると溶質の性格が強い（微細なコロイダルが多く表面張力が低下する）といえる。個々の誘電分極体の集団の大きさの存在個数の影響である。また、波高が高い程、同質で同一の大きさの集団が多いといえる。
- 波形全体の形態は、下記の如く原則的に輻輳する定性性を現している。
  ＊波高は、溶質量×コロイド電荷度を表し、

溶液相振動強弱の度合いを表す。
＊波幅は、溶質の種類数×コロイド電荷度とイオンの相互作用結果を表す。
＊波形凹凸変化の激しさは溶液活性度を示し、激しい変化ほど触媒能が強い。だが、イオンのマスキング作用による電気的相殺で波形は単純・単調化する。
＊波形が単純な矩形に近い波形ほど、単調な溶液か、あるいは特殊拘束エネルギー（特定振動数エネルギー）の強い溶液である。また、波形が高周波数域に偏向し単純な矩形に近い波形ほど、溶質の機能が強い溶液といえる。

また、AQA分析は現実的な溶液コロイダルの総合結果であり、広義な配向分極と界面分極を含む複雑多様な混在物質の計測である。これらが複雑に入り混じって相互作用を成し、様々な大きさの誘電体を構成している。この現実を考慮しながら、水の性格の定性性の評価判定を、抽象的な言葉で表現している。特に、多用する用語の原則的な意味は下記の通り。

・水らしさとは、1500kHz（波長200メートル）付近の共鳴吸収の始まり位置の急激な波形の立ち上がり部分が、周波数1000kHz（波長300メートル）側に寄り表面張力が増す傾向性を指している。
・溶質らしさとは、周波数1800kHz（波長167m）付近から3500kHz（波長86m）間の波形の多い存在感をいう。カルシウム塩は大き目の集団で2500kHz前後の波形に影響し、珪酸塩は微細な集団で2500〜3500kHz間の波形に影響を与える。
・秩序性とは、階層構造の粒子状態が揃っている様子、均一性をいう。
・活性化及び触媒能とは、最大波高の平坦部の幅が狭く、激しく凹凸を繰り返す波形を活性化といい、かつ2500〜3500kHz間の波形が存在し同様の凹凸を繰り返すものを触媒能の特性を有すると経験則からの判定である。

・カルシウム・アルミは凝集性に働き、2500kHz前後の波形に現われる。
・珪素、マグネシウム、カリウムは溶質の分散、分布力に働き2500〜3500kHz前後の波形に現われる。特に表面陰電荷力の強い超微細な水溶性珪素は3000〜3500kHzの波形の存在に働く。
・ナトリウムは構造形成イオンで凝集性に働くが、イオン性が強く上項同様の周波数域の波形に現われる。ただし他の溶質と拮抗作用で逆作用もある。
・当然だが低周波数域の1000kHzの粒子集団のコロイダルは大きく、高周波数域の3500kHzのコロイダルの粒度は小さい。
・サンプル7と8は他社製品（英国）の周波数影響をゼロに調整した分析器で計測した英国の水道水データである。サンプル7はセンサー接触型で1470〜1500kHz、サンプル8は非接触型で1800〜1900kHzで共鳴している。すなわち蓄電性の影響力を完全に払拭できるピンポイント位置での凸型波形である。

溶液は一筋縄の定量的判定は困難である。AQAとて溶液の電気的な総合結果の1つであり、内部詳細まで見極めることには無理がある。より正確さを見極めるための定量的な傾向性を求めねばならない。実際の治験では溶液の総体的な性格を誘電分極のAQAに、電気泳動現象の詳細が現われる微乾燥顕微鏡観察、さらに溶液粒子集団コロイダルの直接的な光学観察・計測のナノサイト計測器データを組み合わせ、その総合的な整合性の検証を経て考察し、最大公約数的な評価をしている。

原理的な見地に立てば当然のことだが、ナノサイト計測器データとAQA波形データは互いに整合性があり、かなり共通した溶液の性格を示している。AQA分光器とナノサイト計測器は、お互いに不明確な部分の詳細を確認し合える、好都合な互いの補完計測器同志であるといえる。

微乾燥顕微鏡の沈積模様が物語っている真実とは

1. 微乾燥顕微鏡の取り扱い概要とその推移

　微乾燥顕微鏡観察とは、スライドガラス（プレパラートの作成）に被検体の水を一滴落して、弱火でスライドガラスが破損しないよう微乾燥（微生物のグラム染色観察法の乾燥工程と同一だが、乾燥直後の真水洗浄は行わない）させ、被検体を作成する。被検体は加熱乾燥されるにつれコロイドやイオンが電気泳動を始める。表面陰電荷力の強いコロイドほど気液界面に移動し最初に沈殿する。イオン物質で水に水和され共にあるものは、最終乾燥地点付近まで水と一緒に移動する。溶液の性格の概要を観るには、沈積模様全体を立体的に観る倍率4倍から40倍程度の実体顕微鏡観察が適している。また、詳細な液内部の様相を推察するには沈積模様を倍率百倍から千倍の光学顕微鏡観察が適している。図表7－10は微乾燥顕微鏡観察風景と山間の水の実体顕微鏡写真。

　この微乾燥顕微鏡観察の手法は、筆者の仕事仲間であった三浦信義氏が長年独自の手法で水処理の実用に供していたもの。彼の側らで顕微鏡をのぞき、臨場感を満喫、模様が眼に吸い込まれる時の興奮は快感そのものだ。なぜなら、新理論の根拠となり得る可能性を秘めた代物だから、達成感もひとしおである。できあがりの写真とは一味も二味も違う。パノラマの動画的迫真力を感じる。生き物そのものを実感しながら、写真一枚一枚のシャッターを切ってもらったものだ。この実感というか、余韻が伴わないと、写真の科学的解析力の幅が狭くなる。彼が現役を退いてからは、コロイダル領域論の共同研究者である澤本三十四氏が自身の不思議な勘を活かし顕微鏡観察を行っている。

　少し寄り道したい。"微乾燥顕微鏡観察"とは、筆者がある会社の該特許申請書の作成に携わっていた時、便宜的に名付けた造語である。科学用語ではなく特許庁審査官の納得が得られず、超法規的に現場で微乾燥実演を見ていただき、納得を得たものだ。もう十数年も前の話である。

　同様の手法で水の分析をしているという第三者を見聞きしたことはない。日本では、微乾燥顕微鏡観察手法は普及していないのだ。もちろん、水がコロイダル状態であるという理論さえ皆無。不確定要素が多過ぎ、定量化は困難なのか、興味が注がれることはないようだ。

微乾燥顕微鏡観察

実体顕微鏡写真は矢印Aの最終乾燥視点と、矢印Bの最初沈積の最外殻縁辺部の模様に注目する。イオン物質は最後まで水と存在しようとする性質を持っている。逆に、珪酸塩等のコロイド粒子は、表面にマイナスの電荷が寄り集まり（表面陰電荷）、気液界面に集合する性質（電気泳動）がある。水の中を移動する物質の電気的状況を視覚的に覗き見ることができる。
光学顕微鏡は数百倍に拡大した沈積模様を観察する。珪酸塩コロイド粒子や集団模様の大きさ、密集の仕方で表面陰電荷の強弱を判断する。過密に集合すれば表面陰電荷力が弱く、粒子が微小で分布性が良好なら表面陰電荷が強いといえる。拡大して400nmより大きなコロイドの形態が判定できる。

谷川の水の微乾燥実体顕微鏡写真

左：実体顕微鏡、右：光学顕微鏡

図表7－10：微乾燥顕微鏡観察風景と山間の水の実体顕微鏡写真

もしかしたら、筆者らの説得力の不備、不足による"食べず嫌い"の如く、価値観の理解がまったく伝えられていないのかもしれない。

だが、欧米の医療分野では対象物こそ異なるが、血液を乾燥し、その様相を解析し治療に役立てている。該乾燥血液写真で病名を特定し、その原因までを見定め治療を行うことが一般化しているとの情報を、ある講演に参加されていた眼科医の先生から「参考に」と手渡され頂戴したものを参考に描いたのが図表7－11である。血液は生体内では代表的なコロイダルの一種。一般の溶液の性格検証にも十分通じる価値ある簡易な方法であると頼もしく、大いに連帯感を覚えたものだった。

顕微鏡観察「健康な血液とミネラル欠乏の血液」イメージ図

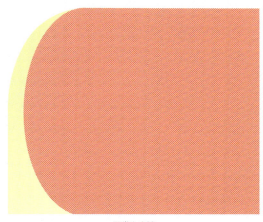
正常な血液

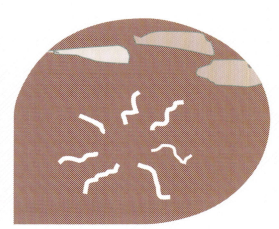
ミネラル不足の血液

●微乾燥血液分析テストの顕微鏡観察写真

欧米で1920年代以来、科学者は2滴の乾燥血液を見るだけで栄養素、機能不全身体システム、毒素や人体の腸内などに関連する毒素に血液中の異常を明らかにすることができるとし、血液中の隠された秘密を研究している。
左上図は正常な血液。右上図はミネラル不足、ミネラル同化不良の血液である。中央矢印部分のスポーク状がその現れであり、また右上の色の薄い長く延びた部分は低ミネラルやPH不均衡などの現れを示すという。

ミネラル不足は溶液の「結びの力"絆"」を衰退させている

図表7－11：乾燥血液の顕微鏡観察事例

話を元の被検体作成方法に戻す。溶質濃度が薄い水溶液はやや強火で、また、有機物含有や溶質濃度の濃いものは被膜で水分を包摂しないよう弱火で時間を掛けて乾燥する。経験的な取り扱いの勘が沈積模様の出来・不出来を大いに左右する。当然だが、沈積模様の広がり程度や形状も表面張力や秩序性、均一性を見極める大事な要素だ。滴下量は同一サイズのスポイドで静かにゆっくりスライドガラス上に滴下というより載せるという感じが必要となる。溶液の総合的なアナログ的性格を見極める効果的な検証方法といえる。微乾燥顕微鏡観察の概要がイメージしていただけただろうか。

2.微乾燥顕微鏡沈積模様の原則的な見方・読み方

筆者は水の分析依頼を受けた際、初めての方には、微乾燥顕微鏡解説の頭書に必ず次の一文を掲げ、ご理解を深めていただくことにしている。

- 実体顕微鏡写真を見れば溶液の大まかな性質が見える。
  コロイドとイオン物質の電気泳動現象の奇跡が見える。特にコロイドと界面の特性が絡み合い、溶液の内情が見えてくる。コロイドが大きいのか、小さいのか、表面陰電荷力が強いのか、弱いのか、ミセルコロイド粒子の会合体がいかなる状態で編成されているのだろうかという概略的な状況判断が可能である。秩序性、波動性、エネルギー活性、表面張力の推測が可能である。治験件数が多いほど解析力が向上する。
- 微乾燥光学顕微鏡写真は、溶液のマクロな性格を溶質が織り成す沈積模様で見ることができる。コロイド粒子の集合塊状態、電荷力、水との共存・共棲性、秩序性（リズムに支えられる動的秩序）など、主として界面科学の特殊性を読み取ることができる。従来、物質性に隠れていた溶液の波動性が、ファッションやデザインや芸術品を見ると同様の美的感覚や感性で読み取ることができる。加えて、物性値分析の理論負荷や界面科学の特殊性と波動性の知識が豊富な程、観察眼が研ぎ澄まされ、確かな溶液の性格判定ができる。
- 微乾燥顕微鏡写真の定性的な判断は、次のような考察基準を設けている。

溶液微乾燥時の溶液粒の蒸散、凝集収束、振動、表面張力、スライド面との親和力、熱伝達速度と対流の関連等など複雑多枝な様々な集団の力作用が働き、さらには気液界面の界面分極のコロイド粒子帯電性等の電気泳動の影響など、水の動きと溶質の絡みの相互作用の結果としての"イオン性"と"コロイド性"の相互作用を読み取ることができる。

- イオン性の強い溶液ほど最終乾燥地点での放射状沈積模様が見られ、コロイド電荷の強い溶液（電気二重層の大きいもの、ゼータ電位の絶対値が大きいもの）ほど、最初沈殿の最外殻辺縁部にミセルコロイド粒子状の沈積模様が偏在する。溶液の種々の界面特性が強く顕在化するのである。
- 特に最近の環境汚染による放射線のエネルギー凝集は青紫色、赤紫色を伴い溶質の凝集・密集、マスキング現象を招来し、汚染の強弱を見分けることが可能である。
- また、PM2.5やモータリゼーションによる鉱物油の植物への混入も黒っぽいリング状で現出され、容易に見極めができる。

3.治験の統計的判定で気付いた原則的な解析・読み方

- 実体顕微鏡の読みどころは、水の気液界面分極によるコロイド粒子の電気泳動現象の影響と水の存在で成り立つイオン物質（電解質）と水との連動である。イオン性物質は飽和濃度になるまで、水と結合した水和安定状態を維持しようとしている。だが、コロイド、ミセルコロイド、さらにはコロイダルの表面陰電荷の強いものほど気液界面特性の電気泳動を発揮する。この２つの異なる電気的特性が沈積模様に反映されている。
- イオン性物質の多いものほど、また超微細で適宜な表面陰電荷力を保持したコロイド粒子が多いものほど最終乾燥地点付近にまで、放射状で薄膜状の模様が多く存在することとなる。
- 反面、コロイド、ミセルコロイド、さらにはコロイダルの表面陰電荷の強いものが多いものほど、最初に沈積する外周辺縁部（沈積模様の最外殻部）に帯線状に寄り集い、粒子模様として偏在する。
- また、沈積模様の濃淡は溶質量を示すのは当然だが、同一溶質量の水でも霧状の薄膜模様と微細線模様の多いものは、超微細な均一粒子によるものであり、活性化が強くやや表面張力の低い触媒能の水といえる。
- 反面、厚膜状で白濁感の強いもの、さらには沈積の際が明確な太線状模様の多いものは、やや大きい粒子で表面張力の高い粘性力のある水といえる。

- 電解物質の多い溶液のマスキング作用にて、被膜が含水率の多いコロイダルを内包した時には光の透過が良く、その沈積模様の撮影は困難である。できるだけ弱火で時間を掛け、被膜が焦げることのないよう乾燥に注意が必要である。血液などは、自然乾燥が適している。
- 逆に軟水等は自然乾燥状態だと、ほとんど沈積模様は見えない。溶質は水分子と共に自然蒸発してしまうので、やや強火で乾燥すべきだ。

4.微乾燥顕微鏡沈積模様の科学的な基礎知識

微乾燥顕微鏡観察は、水滴が加熱され溶質の飽和濃度が限界に達し凝集沈殿すること、並びに気液界面の電位差による電気泳動が大きく影響し、その結果として様々な沈積模様がスライドガラス上に痕跡・軌跡として残される。溶液内物質のイオン性、電荷性、無電荷浮遊物性、粒度分布性等が沈積模様の形成に大きく影響を及ぼしている。コロイダルの気液界面への電気泳動の様相を図表7－12に模式的に示した。

電気泳動とは、溶液中で電位差により高分子やコロイド粒子が移動する現象をいう。移動の方向および速度は粒子界面における界面動電位の符合および大きさによる。電解質が吸着されると界面電位が変化するので、液中の電解質の種類や濃度により影響される、と理化学辞典にある。

図表7－12を参照し、読み続けてほしい。溶液内のイオン物質は最後まで水と存在しようとする性質をもっている。液滴の中央部に移動するようになる。逆に、珪酸等のコロイド粒子は表面にマイナス電荷が集り、表面陰電荷の状態となっている。電解質やコロイドが多様に存在する溶液では、表面陰電荷力の強いものは陽電荷物や陽イオン電解質を吸着する。

液滴が加熱されると内部には渦流や対流など複雑な流れが生じ、電荷物質は動き易くなる。界面との電位差が大きいもの程素早く電気的に引き合い、プラス雰囲気にある気液外周界面（沈積模様の最外殻帯線）に移動・集合し、沈積することとなる。すなわち、表面陰電荷力の大きいものほど速く気液界面に移動し、沈積模様の最外殻帯線（図表7－13矢印B部）となる。このような水の中を移動する電荷物質の移動状況を電気泳動と呼んでいる。

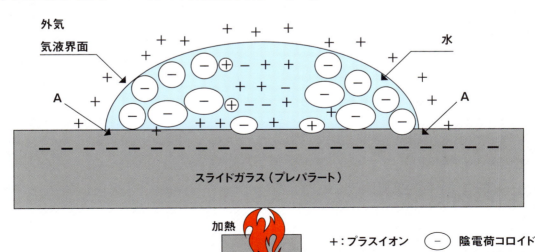

図表7－12：コロイダルの気液界面への電気泳動

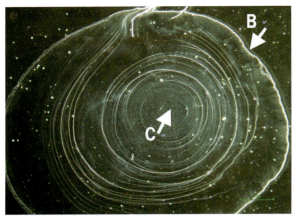
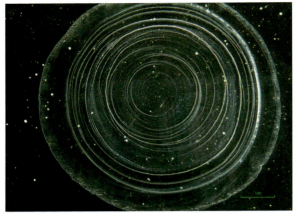

図表7－13：実体顕微鏡コロイド粒子の微細化作用の視覚化データ（電気泳動の軌跡）

　図表7－13は、澤本抗火石水のエネルギー印加程度の変化を見極める確認用の実体顕微鏡観察の写真である。同じ水だが、左側は生体に適した酵素能発揮の模様である。適宜な大きさで表面陰電荷をしっかり発揮する模様の事例である。また、右側は、左側の水にさらにエネルギーを印加して作成した化学反応の触媒能に適した水で、コロイド粒子の微細化が伸展し、溶液の均一化・活性化が伸展した様相、すなわち粒子性から薄膜模様に変化している様相が覗える。

　微弱なエネルギーの印加に対する溶液の変化さえも、的確に捉えることが叶うのである。特に溶液の解離平衡の状況は、電気的には相対的な上辺のみしか計測できないが、微乾燥顕微鏡観察では溶液内部の構造の仕方、変化を読み取ることができるのである。

　一般的に電気泳動現象は、図表7－14のU字管にコロイド溶液を入れ、直流電場下で実験を行う。その性質（形や荷電状態や分子量等）に応じて、自分の電荷とは反対の電極へ移動する。表面陰電荷のコロイドはプラス側に移動。移動速度が、物質によって異なることで各々が分離される。もちろん、表面陰電荷力が同じでも小さな物質は速く、大きな物質は遅く移動し、分子量に応じた分離が可能。すなわち、表面陰電荷が大きく、粒子径の小さいものほど速く移動するのだ。

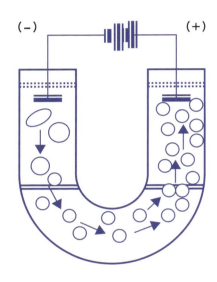

図表7－14：U字管に電極を設置、電気泳動現象を確認。〇は表面陰電荷コロイド粒子が陽極側に移動している

コロイダルのゼータ電位、粒度分布、固液状態検出原理は電気泳動

第七章　結び合う命の水 "コロイダル" の新しい評価法

　科学の進歩は分析学の進化に委ねられているといっても過言ではない。水溶液とて例外ではなく、急速に発達を遂げている。ありがたいことに、溶液のコロイダルの内部実態を詳細に数値評価が叶うゼータ電位計測器、並びに粒度分布状態計測器が開発され、さらには、コロイダルの固液混交状態の観察を可能とするナノサイト分析器（イギリス製）なども開発されている。

　各計測機器とも基本的な計測原理は"電気泳動"そのものである。概要がわかり易い事例として図表7−15にナノサイト分析器（イギリス製）の概要を掲げた。計測可能範囲や表示方法には各メーカーに差異が見られるが、一致している大事な原理・原則がある。

　最も大事な視点は、「光には回析という特性があり、ある一定の大きさより小さなものに対して"光"は回りこみながら直進する」という自然現象がある。ナノサイトでは10nm（ナノメートルと呼び100万分の1ミリメートル単位）以下の大きさのものは正確な計測が適わないと謳っている。最大計測粒子径は各社でかなりの差異があるが、ナノサイト分析器では1000nm（1μm:マイクロメートルと呼び1000分の1ミリメートル単位です）が計測の上限大きさとなっている。日本製のもので数十μmの計測が可能と謳ったものもある。

　さらに、これは各社毎に差異はあるが、動的物質の、しかも反射輝度を主体とした光学的観察方法であるがゆえに、内容を100％観察表示しているのではなく、せいぜい全体の0.1％以下のものを検出した計測レベルだと筆者はみている。表示された粒子個数から逆算すると容積的にまったく整合性が取れていないのである。もちろん、計測不可能な過小なもの、過大なものも存在することを考慮しなければならない。

　しかし、粒子的にはわずかな計測とも受け止められるが、実態として溶液の性質・性格の全体的な方向性というか傾向性の概要、すなわち定性的な性格は表現されていると見做すことが叶うのである。このような事実を念頭に置いて物性値と対峙し、その深読みに努めている。特にナノサイト分析器の粒度分布状態、並びに固液混交状態のデータは、概略とは言え、AQA分析データとかなりの部分でシェアーしていることがわかってきている。今では、頼もしい溶液コロイダル領域論の根拠データ作成の重要な助っ人でもある。

ナノサイト（NANOSIGHT）分析器の概要

ナノサイトはNTA（Nano Tracking Analysis）技術により、液中のナノ粒子のブラウン運動の様子をPC画面上で、リアルタイムに観察することができる「ナノ粒子解析装置」です。また、ブラウン運動の速度を専用ソフトウエアにより計算することで、粒子径と個数の粒度分布グラフを得ることができるとしている。（カタログより抜粋）

- 最大10〜1000nm（サンプル／溶媒の物性により異なる）
- 粒子のブラウン運動速度から粒子径を算出
- 個数のカウント（particles×10^8／ml：数値は1億個単位）
- 粒度分布図（個数のベース）
- 3Dプロット（粒子径 vs 粒子数 vs 散乱強度）
- 蛍光標識した粒子の観察（蛍光タンパク／量子ドット）

● 電磁波パルスの溶液内透過現象

「物質を構成する原子や分子が電磁波を吸収し、放出できる電磁波の波長は、その種類によって異なる。したがって特定の原子や分子は特定の波長電磁波としか相互作用しない。そして相互作用しない物質に対して、電磁波は"素通り"するだけである」との作用原理がある。

溶液内でのパルスの伝播（相互作用）は下記4通りが想定される。

- 透過（全く相互作用存在しない時）
- 反射（電離イオンとの散乱による消耗）
- 減衰（電気的抵抗、磁気等による消耗）
- **共振**（誘電分極電磁気共鳴吸収による消耗）

では、計測器の測定原理の根幹を成すブラウン運動とはいかなることなのだろうか。

広辞苑には「微粒子に、液体または気体の"分子"が各方向から無秩序に衝突することによって起る不規則な運動。1827年、R・ブラウンが水中に浮遊する"花粉"の観察から発見。後に"分子"が実在する決定的な証拠となった」とある……。

イギリスの植物学者ロバート・ブラウンが、花粉を水の中につけておいて破裂した花粉の中から出てきた微粒子を顕微鏡で眺めると、まるで生き物としか思えない動きをすることを発見。しかも、枯れた植物の標本や石炭などの死んだ植物からもこの微粒子の運動が観察されたとの事である。植物の中には永遠に不死の『生命の原子』なるものが存在し、それが運動する現象を観察できたと考えられ、『ブラウン運動』と名付けられた。少々話が大きくなるが、世界の科学者がその事実に注目した。かの世界的著名な量子物理学者のアインシュタイン博士やシュレディンガー博士をも巻き込んで、その動作が云々されたブラウン運動の主、超微細な浮遊物質の話だ。アインシュタイン理論を用いて、ブラウン運動は『単なる浮遊物が周りの水分子から熱エネルギーを得て動いている』と結論している。

だが、筆者は自らの水溶性珪素の治験で「それは単なる浮遊物ではなく、珪素のコロイド粒子主体の電荷を持った浮遊物」だと、思いを巡らしている。表面陰電荷を持った珪酸塩コロイド粒子集団隗が、互いに場のクーロンの電気的反発力で反発し合いながら、不規則に水中を生きものの如く動き回っていると見做している。その類似物と目されるモノを「生命前駆体：ソマチッド」と呼ぶ人もいる。

最終的には、ブラウン運動を成すナゾの「小体」の本筋「正体」を明かすには、それら集団『隗』の粒子径とその表面陰電荷力「ゼータ電位」の絶対値の大きさの観察が必要だ。ナノサイトの観察は一歩手前の重要な「コロイダル状態の観察」と筆者は位置づけている。

図表7−15：ナノサイト分析器の概要

コロイダルの構造化、破壊化、そしてバランス化を見極める

1. コロイダル構成の4つの背景要因を探る

コロイダルの解析・考察の深読みに当たり、『物性値分析の理論負荷や界面科学の特殊性と波動性の知識が豊富な程、観察眼が研ぎ澄まされ、確かな溶液の性格判定ができる』と、述べてきた。「水はあまりにも複雑な内部の絡み合いにもかかわらず、全体秩序の素晴らしいダイナミズムを醸し出す万能触媒溶液の特性」である。どこをどのようにして区分けすれば、最も定性性に近似した簡易な科学らしさの大分類が叶うのだろうか。すなわち、寄り集いの意義という大意を見失うことのない必要最小限度の大分類が求められる。

だがこのような大分類は、分科することでモノの理や本質を見つけ出そうとする科学の主旨にそぐわず、学術的には邪道と見做され敬遠されがちである。筆者は"命の力"を発揮できる実用の水の必要最小限度の"集団隗"の存在を仮定し、"コロイダル"と銘打って「実践と理論」に取り組んでいる。溶液とコロイダルのつながりをより深く理解していただくために、本章の集約的なまとめとして本項を設けた。もうしばらくお付き合い願いたい。

「菱和」というコロイダル同士の絆を成し遂げている液−液相界面介在こそ、科学者泣かせの水のミラクルなのだ。筆者が水分析の業務に携わり分析データのみならず、検証・解析・考察、さらに根拠の補完となる知見を付記し、報告書として取りまとめる基準体系である。科学の表現が叶わない部分は、哲学的な表現でカバーした。そして、具体的に辿り着いた結論が実用の水を"コロイダル"と見做すことだった。私語をどうすれば"科学用語"として認知していただけるのだろうか…。今も腐心が続いている。

● コロイド粒子の凝集性、分散性、分布性に寄与する要因の現象的な事例分類

	凝沈、凝集性に係るもの	拡散、分散性／小集団に係るもの	分散性／単分子化に係るもの	水の難解・ナノバブルに係るもの
1	ニロイド表面陰電荷と粒度の関係 粒度がコロイド同士の表面陰電荷反発力の閾値以下に過小化した時あるいはマスキングやエネルギー凝集が働いた時	コロイド表面陰電荷と粒度の関係 粒度がコロイド同士の適宜の表面陰電荷発力の閾値以内に維持している時。溶液内で生命体が吸収可能な大きさで存在（水溶性）	コロイド表面陰電荷と粒度の関係 コロイドの微小化が行き過ぎると逆にコロイド同士の表面陰電荷が反発力を失い凝集性に働く逆効果の閾値がある	場の複雑な物理化学反応相互作用ナノバブル（表面陰電荷状態である）が閾値以下の大きさで溶液内に存在が維持可能な時。だが、マイクロバブルは脱泡挥散し易い
2	浮遊物化、被覆作用、凝析作用	同化作用&異化作用のバランス：酵素能（生命反応、物理作用）	開放、分解、異化作用：触媒能	触媒能（化学反応に適している）
	溶液の飽和・過飽和現象 構造化形成イオン	拮抗作用&閾値の存在に注意 構造化形成&破壊イオン	拮抗作用&閾値の存在に注意 構造化破壊イオン	水の解離現象：水素H_2、酸素O_2発生…特殊な物理化学反応か？
	模様はNa、Ca水和隗で連なり、Cl、Kが乾燥方向に弾き飛ばし、Mgが模様を広げる。珪酸塩SiO_4は模様の分散と分布で過密凝集を抑制する **構造形成イオン：F^-、Li^+、Na^+、Mg^{2+}…正の水和（容積減）、構造破壊イオン：Cl^-、Br^-、I^-、K^+、Rb^+、Cs^+負の水和（容積増）**			
3	過剰なアルミニウム、過剰な硫黄、過剰な鉄、重金属類 セシウム135、137、カリウム41等の同位性放射線物質のエネルギー凝集作用（γ線、β線）	恒常性発揮物質：珪素は生命に都合が良いように生命体が吸収できる適宜の大きさを維持するよう働いている…生命の恒常性に働いている ：澤本抗火石造水機&技術 ：水溶性珪素 ：γG7等のゼロ磁場演出機器 ：オゾンナノバブル等	遠赤外線 テラヘルツ 低線量放射線ホルミシス テラファイト（対峙形磁気処理機） 澤本抗火石セラミック オゾン α線⇒ラジウム温泉等の開放性ラドン（トロン：原子番号86のラドンの希ガス元素Rn-220の別名）	マグネシウム⇒水素 ストロンチウム⇒水素 硼素（水素化硼素ナトリウム）は水と反応水素発生、同位元素ホウ素Bはα線を発生しリチウムに転換する。 炭酸系塩化物⇒水素発生⇒アルカリ化 硫酸系塩化物⇒水素発生⇒アルカリ化
4	低周波電磁界⇒印加時間に注意 …一概にはいえない 倍音の要素を含める必要あり すべては経験則によるのが一番	高周波電磁界⇒印加時間に注意 サトルエネルギー⇒生命エネルギー（意念、無、祈り、気） いかに上手に電荷エネルギーを取り込むことができるかが鍵	超高周波電磁界⇒印加時間に注意 …ただし印加時間、共鳴共同、うなり同調の範囲以外は素通りする	γ線、β線⇒低線量は開放性 ⇒高線量は凝集性 近紫外線…ただしこれらは照射強度で激変する。程度に要注意である
5	不思議な生命体の意念ゆすりエネルギー：生命体エネルギーとは、人の意念エネルギー、すなわち生命体が意図する情報信号である。この信号を場の氣の磁気エネルギーを変調し、搬送波として体内、体外へ送信される。受信場で搬送波は復調され、信号を取り出し活用しているのである。場の気のエネルギーを変調するには一工夫が必要のようである。無欲・無心が必要条件のようでもある。生命の恒常性として働き常磁性の珪素四面体（SiO_4）の働きと似ている。超低周波数の触媒能、酵素能の働きを成すが、すべては情報信号によりコントロールされているようでもある。			

図表7−16：コロイド粒子の凝集性、分散性、分布性に寄与する要因

自己触媒の場を成すコロイダルの内情を深く正しく見つめてもらうために、多少とも科学らしく取りまとめたのが、コロイド粒子の凝集性、分散性、分布性、そして水の電離・解離性に寄与する要因（図表7－16）でした。理論物理学者保江邦夫氏の著書『ついに、愛の宇宙方程式が解けました』（徳間書店）に導かれた湯川秀樹博士の素領域理論に学び、共感を覚えネーミングした「コロイダル領域論」をベースに取りまとめたもの。これまでの幾多の治験を踏まえ、未だ研究の途上段階で拙速も否めないが、具体的事例を踏まえて作成した。主な要因の解説を若干試み、本章の結びとする。

　溶液"コロイダル"を構成しているのは、1つは粒子部分の分散相または分散質（例えば珪酸等のミネラル）であり、もう1つは、粒子を囲んでいるもので分散媒（例えば水）と呼ばれているものである。これらが寄り集い群れて輪して1つの集合体ミセルコロイダルを構成しているのである。この珪酸を核とした会合所帯の"顔"を成す相互作用、すなわち"性格"を演じている各要素がいかように関わり合いコロイダルを構成しているのだろうか。ざっくりと次の4つの基本動作別に分類して、図表7－16に簡易な早見表としてまとめた。

①凝沈、凝集性に関するもの：各溶質機能を拘束し不活性化する働き
②拡散、分散性／小集団に関するもの：小さくもなく大きくもない適宜で効率的な生命活性集団
③分布／単分子化に関するもの：分子化、原子化で化学反応促進の触媒の働き
④水の解離・触媒に関わるもの：溶質微細化、ナノバブル等の界面活性化の働き

　本来、哲科学的に宇宙の三原則に従えば陰（例えば受動的で消極性、開放遠心力）と陽（例えば能動的で積極性、凝集求心力）、そして第三の力（中和的な力：例えばモノがなりいずる中庸の場、酵素能小集団）となるのだろうが、これはあくまでも分散質（溶質）の立場で捉えたものだ。

　だが、大事なのは分散媒（水）の立場で、水は決して受動的立場に甘んじている訳ではなく、自らが激して分散質に働きかける最も影響力がある触媒力を施す大事な場を成す媒体そのものなのだ。大きな溶解力を生み出す場の触媒力を見過ごしては、片手落ちとなる。従って、4分類として原則的に大別した。ただし、陰と陰、陽と陽の出会いによっては拮抗等のバランス相互作用が働くことも念頭に置いて読み進めてほしい。

2.コロイダル形成に関わる水の解離特性について

　まずは、溶解力に最も影響する水という触媒の大事な電気解離特性の基礎的な科学を模索する。いかにして電気解離現象が生じるのか、電気解離水とはいかなる有り姿で、コロイダル論といかように関わっているかを見てみよう。

　化学では水分子の電気解離のイオン化現象を略して"電離"（$H_2O = H^+ + OH^-$）、水分子の原子状の解離現象を"解離"（$2H_2O = 2H_2 + O_2$）と区分けされている。一般的には電離も解離も区分けなく、電離の意味で使用されることが多い。

　さて、「水の解離指数は溶解力を大きく左右する」といわれても、何のことかピンとくる方は稀だろう。水の解離指数という化学用語の意味は小難しい。若干意味合いは異なるが、溶液の一般的な電離現象をわかり易く取り扱いできるようにと仕組まれたものが「水素イオン濃度（pH）」である。「酸性」なのか「アルカリ性」なのか、あるいは「中性」なのかという物質の身近な性質を現す指標として、生活の場でごく一般的に使用される化学用語なのだ。自然な環境下で水は、分子の数でわずか6億分の1程度（10^{-7} mol/L）だが、水素イオン（H^+）と水酸イオン（OH^-）に解離（電離）している状態を表現したものである。なお、水の解離現象に関

して第三章11項でも既述したものだ。水と電離した水素イオンと水酸イオン（図表3−21）を参照し、下記読み進めてほしい。

水の解離現象は溶解力に多大な影響を及ぼすことが科学されている。その実体について知見を参考に解析・考察してみたい。大坪良一著『水のエネルギー』（リム出版新社）に水の解離特性が縷々解説されている。次に掲げるのは、筆者が該著書の要点を抜粋し要約したものだ。
「塩化ナトリウムのような電解質が加わると解離指数（イオン積）は14から13.5〜13.0に遷移する。解離度が10倍も多くなった状態である。このように水分子の解離が進むと超臨界水（解離指数は11）に近づくこととなる。指数が1違うとエネルギー量が100倍ほども違うとも言われる。解離した水は、溶解力や解離し難いものへの解離促進に働く。

水は解離度（図表7−17参照）が大きい程（イオン積の数字が小さくなる程、例えば14から12になる程、解離度は増すことになる）、また温度が高い程溶解性が高いといわれている。電場、磁場などで水にエネルギーを印加すると解離がさらに伸展し溶解度が増す。酸中和した電解生成水（例えばアルカリイオン水）が生体に適すると世に広く出回っている所以である。─中略─解離水の本当の姿は、物性を失い、エネルギー相に相転換する時に水分子は素粒子になる。解離した水が生命には不可欠である。

生命場の水は、通常の分子集団による水素結合が切れて、いわゆる解離していると考えられる。─中略─電子が自由に動き回れる水は自由水であり、生命維持に不可欠な生理作用のほとんどは細胞内で進行する。自由水が多いほど細胞内生理作用の活性は高く、細胞内の溶媒は自由水と考えればよい」と、著されている。

大坪氏は解離水の効能に関し、超臨界水を引き合いに出しエネルギー発揮効果を簡易に科学的にまとめているが、水分子の電子の動きを生命現象に直結させて論じているところが気になり、どこか違和感を覚える。自由水とは水の水素結合の速度過程論で論じられる10^{-11}〜10^{-12}秒の極超高速度で入れ替わっている水の有り姿であり、解離度ではない……。生命体活動で最も大事なのは水の単分子の動き云々より、生命体構成の最小集団（ユニット）の誘電体としての動きに視点を置くべきだと筆者は考える。細胞に付着する生体系の水は、体内の水の15〜20％を占めている。全体の様相がコロイダルと称する自然科学者が多い。緻密で秩序維持し調律的であるという機能そのものが優先されるからである。

もう1つの疑念は、解離水の本当の姿は素粒子と大坪氏は述べている。水の解離（$2H_2O = 2H_2 + O_2$）としての分子から原子化への遷移のことを指しているのだろうか。真意の程は皆目見当つかない。何となく元九州大学の高尾征治博士が唱える「量子水学説」が思い出される。通常の分子水から解離し易い状態の原子水になり、さらに低エネルギー原子転換場を支える「量子水イコール氣」とした高尾学説と結びついているのだろうか。実世界と虚の世界の論理展開の様態は似ているように見受けられるが、原理となっているのは、大坪理論は電気分解作用での化学反応のようである。高尾理論はゼロ場の螺旋運動が対峙（拮抗）する物理反応である。表面的解釈で恐縮だが、同舟異夢と見受けられる。

さらにもう1点、細胞内での解離水の必要性は、ミトコンドリアのプロトンエネルギーの必要性を考慮すれば、当然のこととして理解できる。だが、その事象は単純な電気化学反応を捉えたものであり、世界的な医療のトップジャーナリストであるリン・マクタガードがいう「複雑多様化した生命体のエネルギーを持つ電荷の働き、すなわち振動・脈動の物理的働き」を無視しては生命の動きは語れないはずである……。見解の相違といわれればそれまでだが、筆者らのこれまでの治験結果とはかなりかけ離

れた論理展開であり、相容れないものである。

なぜなら、そこには溶液の原理論という大問題が絡んでいる。水を単純な水素結合の分子連結の原子やイオン状の均一なものと見做すか、あるいは物理学会も、理論は不明としながらも認めざるを得ないコロイダル状の二様態溶液論の存在がある。コロイダルとしての電荷、すなわち液－液相界面の存在の活動と見做さざるを得ない原理論との間の根本的な差異の存在である。

水の電離と水素イオン濃度PH

- 水は水素イオン（H^+）のモル濃度10^{-7}と水酸化物イオン（OH^-）のモル濃度10^{-7}に電離している
- 水素イオン（H^+）＝水酸化物イオン（OH^-）＝10^{-7}
- 水素イオン（H^+）×水酸化物イオン（OH^-）＝10^{-14}
- 両者のイオン積は一定で、25℃ではイオン積＝10^{-14}
- 25℃ではPH7は中性、PH＜中性、PH＞アルカリ性
- PHの値が「1」違えば、水素イオン濃度は10倍違う
- また中性の水のPHは温度によって変化する
- 電離は温度上昇で多くなり、中性点は温度が上がれば「7」より小さくなる
- 純水は空気中のCO_2を吸収しやすく炭酸となりPHは「5.6」で弱酸性

温度（℃）	イオン積	中性点	温度（℃）	イオン積	中性点
0	14.52	7.26	40	13.54	6.77
10	14.94	7.47	50	13.28	6.64
20	14.16	7.08	60	13.04	6.52
25	14.00	7.00	80	12.62	6.31
30	13.84	6.92	100	12.26	6.13

図表7-17：水の電離と水素イオン濃度

超臨界水の比誘電率、イオン積、密度の関係

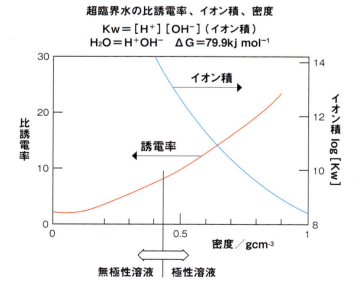

●京大名誉教授梶本興亜氏情報
超臨界水、亜臨界水に見受けられる水の解離状況のイオン積を密度、並びに比誘電率との関係をグラフ化したものである。

水は通常の1気圧25℃でイオン積は14で1千万分の一が水素イオンと水酸イオンに解離している。だが、高温高圧状態の超臨界水はイオン積が大幅に小さくなり、8に近付いてくる。例えばイオン積が10ということは、水分子の十万分の一の水素イオンと水酸イオンに解離していることとなる。当然ながら誘電率も低下し10以下となり、反面水の密度は0.5以下となってくる。例えば密度1を維持した水ほどイオン積は小さくなり、解離状態の水が多くなる。

図表7-18：超臨界水の比誘電率、イオン積、密度

なぜ、単純な水素結合の速度過程論より、誘電体の誘電率を優先するかを考慮しなければならない。京大名誉教授梶本興亜氏提案の超臨界水の比誘電率とイオン積と密度との関連図（図表7−18）を用いて、これらの基本的な関わりについて若干述べておこう。

梶本氏の図表はあくまでも純水を念頭においたものであり、我々がいう珪素を核とした密度「1超」を維持するようなコロイダルには適用できない。だが、水の特異性の原理や判断基準としては非常に参考となる。亜臨界水に近付くほどに密度は低下し誘電率も低下する。密度低下によりイオン積は大きくなる。すなわち密度が小さくなると電離濃度の比率は少なくなる。コロイダルは、この臨界水の密度低下を抑制する働きを成しており、図表とは異なる現象傾向を示すのである。詳細は第五章の生体系の水の水素結合と誘電率の関連性の既述を参考にしてほしい。

上記状況を勘案して、次に掲げる筆者らの解離平衡に関する実践の場から帰納した事例を読み進めていただきたい。

中島・澤本は水の誘電率と密度の観点から、珪素が成す結合群化した密度"1超"の緻密で秩序ある生体系の水が亜臨界水の溶解機能をも発揮する事実をエマルション形成の実践現場の現象から論及し、溶液コロイダル領域論を論じている。自己触媒の場が成す密度「1超」を維持しつつ、適宜な水の解離発生の雰囲気作りの様相である。水の水素結合は生命維持に欠かせないベース特性であり、これを維持し、如何に解離機能を併せ発揮し得る"バランス的な水"の構造理論が求められる。この条件を満足し得るのが、水のコロイダル領域論である。

解離した水素イオンはオキソニウムイオンとして、水酸イオンはヒドロキシルイオンとして水分子に抱かれている。しかもこれらイオン性が弱体化したものはコロイダルに引力され易く、単なる集団の一員として埋没状態となっている。図表7−18から類推すれば密度「1」を維持しつつ、しかも誘電率20を発揮する水は、イオン積11というより12に近付くものと類推される。すなわち、水素イオン、水酸イオンはオキソニウムイオンとヒドロキシルイオンとしてイオン性を大きく弱体化させて存在する必然性が高いことを物語るものである。しかし、いざという時は、我先にと解離状態になり得る可能性を秘めているといえる……。すなわち、水分子単独の動きではなく、エネルギー発揮が可能な小集団力と、その界面特性が成すゼロ場もどき状況下の相互作用の結果として生ずる、水の解離現象との両輪の働き様と筆者らは実践から帰納したものである。広大な水の水素結合ネットワークのパッチワーク様の分割現象は、分子レベルの電気エネルギー印加に拠る全面単分子化現象ではなく、界面特性を発揮し得る無数の小集団コロイダルの棲み別けに起因しているといえる。例えば、細胞同士が結合・癒着することなく細胞外液、ムコ多糖類に包まれて適宜な間隔をもって存在し合っている様相そのものである。

ところで、「単分子水」と銘打って販売した水が、消費者庁の「御用」となった事実を思い出してほしい。水のみでは有り得ない話だが、もし生命体の水が亜臨界水もどき解離状態の単分子レベルの水と見做すならば、生命体という集合体の維持は一瞬とて適わないだろう。生命実体の密度「1」の必要性を無視した水溶液であり、細胞をはじめとして蛋白質などの有機物は、例外なく浸蝕破壊されてしまうはずだ。さらに困ったことに無機物のイオン化は叶わず、電解質の存在は激減してしまう。水の単分子化（自由水に非ず）の行き過ぎの結末は、生体内バランスを破壊し断末摩の様相をきたすことに他ならない。だからこそ、誘電率の低下と密度「1」維持の併存が可能となる複雑多様性の維持に対応し切れるバランスを整えた生体系の水

の特質が求められるのである。

　すなわち、水の単分子化は、ダイナミズム（力本説ともいい、自然界の根源を力としこれを物質・運動・存在・空間など一切の原理であると主張する立場）の基盤が構築できないのだ。ヒトという生命体とは"単純な一本の木に非ず"である。合理的に複合し合う種々多様な樹木・草木の一団"森"の実体と相似象だ。これが60兆個の細胞で構成され、群知能を発揮するヒト生命体、すなわち動的秩序体の実体なのだ。

　いのちとは、自らが生きるために必要とするものは場に在るものを駆使して生み出す、自然の摂理に叶った最も合理的な働きそのもの。溶液がコロイダル状態であるとして、始めて言及できる水解離の場の科学であると筆者らは見做している。コロイダル領域論の実体こそ、自然の摂理を踏まえて叶えられた最も合理的な溶液の有り姿であろう。まえがきで紹介したリン・マクダガード女史がいう「生命体は化学反応ではなく、電荷の働きである」とした驚くべきシンプルな結論と筆者の治験との完全な100％のシェアーである。

3.コロイダル形成に影響する構造形成イオンと構造破壊イオン

　イオンに最も近接する位置の水分子は、イオンの電場によって水の四面体配位構造（水分子酸素側に2個、2個の水素側に1個ずつ計4個の水分子がくっ付いている正四面体三角錐の立方体を構成）が破壊され、水分子の運動性も増加する。一方、水分子の双極子特性が大きいため、同時にイオンへの配向（正の水和）も生じることとなり、そのため水分子の運動性は減少する。この両者の程度によって、破壊効果が勝る場合は負の水和（容積増加）と呼ばれ、形成効果が勝る場合は正の水和（容積減少）と呼ばれている。図表7-20構造形成イオンと構造破壊イオンを参照願いたい。

構造形成イオン（結合水化）と構造破壊イオン（自由水化）

生体水の3/4は細胞内液で、陽イオンの65％が構造破壊イオンK^+、また構造形成イオンNa^+も数％存在する。残りの1/4は細胞外液で構造形成イオンNa^+が最も多く、陽イオンの90％を占めている。
NaClやKClの電解質水溶液では、イオンの廻りの束縛された第一水和殻とイオンの電場の影響が及ばないバルク層との間に構造破壊効果をなす領域がある。イオンへの配向効果が大きいものを「構造形成イオン」、破壊効果が勝るものを「構造破壊イオン」と呼んでいる。イオン半径の大きいものほど構造破壊イオンとなる。

構造形成イオン：F^-、Li^+、Na^+、Mg^{2+}…正の水和（容積減）
構造破壊イオン：Cl^-、Br^-、I^-、K^+、Rb^+、Cs^+ 負の水和（容積増）

海洋深層水

0.9％生理NaCl水

模様はNa、Ca水和隗で連なり、Cl、Kが乾燥方向に弾き飛ばし、Mgが模様を広げる。珪酸塩SiO_4は模様の分散と分布で過密凝集を抑制する。

イオン	イオン半径Å
Si^+	0.42
Al^+	0.51
Ca^+	0.99
Li^+	0.60
Mg^{++}	0.65
Na^+	0.95
K^+	1.33
Rb^+	1.48
Cs^+	1.69
F^-	1.46
Cl^-	1.81
Br^-	1.95
I^-	2.16

出典：『これでわかる水の基礎知識』久保田昌治、西本右子 著／丸善

図表7-19：構造形成イオンと構造破壊イオン

陰イオン、陽イオンともイオン半径の小さいものは構造形成（正の水和）に働き、イオン半径の大きいものほど構造破壊（負の水和）に働く。もちろん、陰イオンは水分子の水素側と、陽イオンは水分子の酸素側と結び合い水和されている。だが、コロイドと比べてその質量が大きく異なる。コロイドの微小単位といっても、少なくても水の1次粒子並の大きさ2nm程もある。水分子が240個あまりの集団の大きさと同じであり、その表面陰電荷力は電気力として格段に差がある。大きな集団動作に支配されるが、個々のつながりや解離の動作は互いに影響し合い存在している。構造形成イオンのナトリウムはいつまでも水と共に存在し構造形成・凝集に働く。また、構造破壊のカリウムは水を弾く性質があり構造破壊・開放に働くといえる。これらのイオン動作は、次に述べる珪素の生命活動への手加減や忖度の器用さ、すなわち"恒常性"は一切なく、一方向性のみの力であることを忘れてはならない。

4. 適宜な小集団構成の"恒常性"に働く水溶性珪素

　高分子有機物の分解に対し、可溶性珪酸は触媒として働く。タンニン酸、アルギン酸、多糖類等の縮合・重合の高分子物質の鎖を切る力が大きいと、京都大学名誉教授の高橋英一はその著書『ケイ酸植物と石灰植物』（農山漁村文化協会）で述べている。

　食品加工工場の添加物や高分子物質の多い難排水処理の現場において、いかに難分解有機物を微細化、低分子化・単分子化して水溶性の有機物にするかが問われる。排水処理を左右する最大の鍵である。初期分解の嫌気性微生物処理の工程が軽減され、好気性微生物での処理が直接可能となり微生物処理環境が大きく改善されるのである。我々は実践の場において、珪酸を用いることで難問題を解決している。多くの実績を積み重ね、好評を得ている。このことは珪素を食することで消化を良くし腸内環境を整え、結果として便通が良く悪臭も軽減できるとの医療実績にもつながり報告されている。生命体の消化工程の反応系も、微生物が有機物処理する異化作用も同じ反応系の働きである。生命体も地球も難儀な有機物分解には珪素が欠かせないのである……。珪素原子本来の開放力という『陰』の働きである。

　さて、"水はいのち"、"いのちの水"は珪素が作ると一貫して謳ってきている。珪素が水を纏って"いのちの核"となる。そこに有機物等が表面陰電荷の引力で引き付けられ、生体の前駆体ともいえるモノができあがる……。ジョン バーナルの生命誕生の粘度説とのシェアーである。液滴（コアセルベート）の元となる結び合う力の水"コロイダル"の形成である。"いのち"とて「寄り集いて和し、群れて輪す」物質創生の意義そのものを地で行っているのである。珪素が最小集団ユニットとなり凝集力という「陽」の働きを成すのである。

　各先章でしつこいくらいに何度も書き記したものである。もうおわかりだろう。珪素はいのちをつくり支え育むために、ものを適宜に微細化、微小化させてもののエネルギー進化を図っている。反面、水と共にあり結び合ってものの顕在化を図り、生命体創生につなげている。コロイダルの形成である。この相反する正反対の動作を生体構成の最小ユニットを基準として自然界で同時併行的に粛々と臨機応変に行っている。珪素の自然活動"恒常性"の話である……。珪素原子の開放力『陰』と珪酸集団の凝集力『陽』を駆使して全体のバランス触媒力『中和・中庸』の働きを成し、物性の活性化を行っているのである。

　コロイド、そしてコロイダルについては、先章で詳しく述べたところである。若干整理を兼ねて科学的見地から整理しておこう。図表7－20に掲げたコロイダルの凝集、分散、そして

分布の様相と電気的関連性を見てほしい。コロイダルとは、筆者が固・液・気の混交集合体を指して命名した私語であることは前章で述べた。コロイダルの素であるコロイド粒子はブラウン運動によって絶えず互いに衝突したり、液の対流によってかき回されているが、その際に凝集力、例えばファンデル・ワールス力、表面陰電荷の引力によって粒子同士が集合し結合するならば粒子は次第に大きくなって何時かは沈殿するはずである。この現象を凝析または凝結という。

ところで、安定なコロイド状態を保つためには、粒子同士が結合しないようにしてやればよい。その方法として1つは、第四章で紹介したフラナガン博士のマイクロクラスターサプリメントの如く粒子が帯電していることである。コロイド粒子がすべて同じ種類の電気を持てば、粒子同士接近しても電気的反発力によって、粒子は過剰に結合し合うことはない。また、粒子と分散媒との親和性が強ければ、例えば水と珪酸の如く粒子は分散媒を自分の近くに強く引き付けて他の粒子の接近を妨げることができる。これがコロイダル形成の原点であり、溶媒和というが、分散媒が水の場合は水和と呼ばれている。当然だが、珪酸コロイドは表面陰電荷が特徴であり、カルシウム、ナトリウムなどの陽イオンを吸着する。陽イオンが過剰に多い場合は表面が陽イオンで被われ（マスキング）、無電荷状態の浮遊物と化すのである。

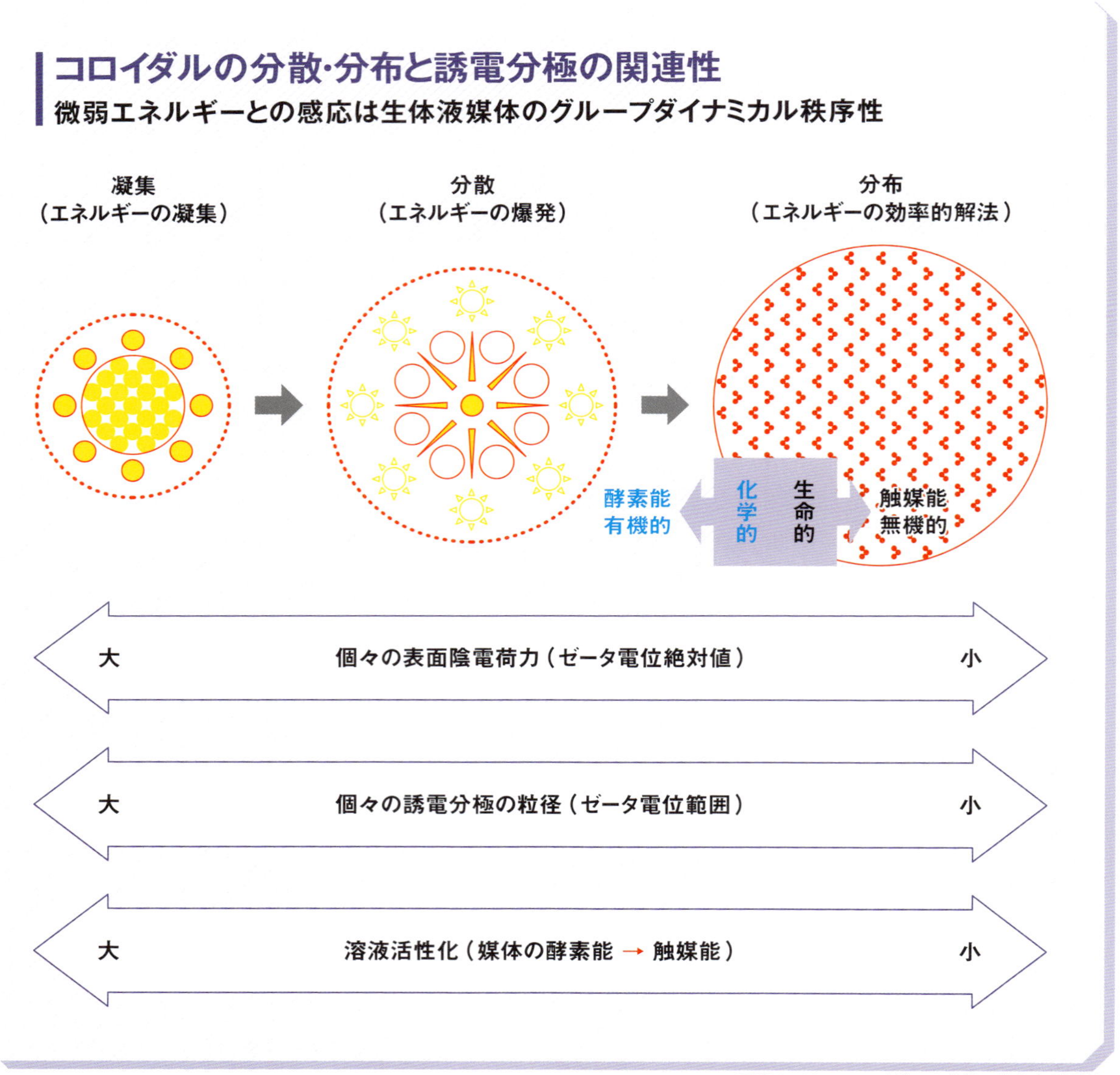

コロイダルの分散・分布と誘電分極の関連性
微弱エネルギーとの感応は生体液媒体のグループダイナミカル秩序性

凝集（エネルギーの凝集） → 分散（エネルギーの爆発） → 分布（エネルギーの効率的解法）

酵素能 有機的 ← 化学的 生命的 → 触媒能 無機的

大 ← 個々の表面陰電荷力（ゼータ電位絶対値） → 小

大 ← 個々の誘電分極の粒径（ゼータ電位範囲） → 小

大 ← 溶液活性化（媒体の酵素能 → 触媒能） → 小

図表7-20：コロイダルの分散・分布と誘電性

分散とは、「バラバラに散らばること」と広辞苑にある。コロイドが広い範囲に、例えば溶液全体マクロ範囲に行き渡る状態を分散と表現している。また、分布とは、「分かれ広がること」と広辞苑にある。コロイドがさらに微細化・微小化して、例えばミクロ範囲の近隣媒体に拡散する状態を指している。粒子が小さくなり過ぎては遠くに飛んでいく分散力はなくなり、粒子が大きくなり過ぎては分布力が減退し、溶媒との混ざり合いができなくなる。

　自然界では一般に、水と共に存在するコロイドは珪酸が主体である。ところが、このコロイドは表面陰電荷を有し、その結晶構造や周囲物質との結合構成にて電荷力が異なる。最も電荷力を発揮するのが珪素四面体（SiO_4）である。前章でも述べた水溶性珪素の典型的な姿である。珪酸コロイドは微細化する程ある時点までは表面陰電荷は増す。だが、小さくなるに従い個々の微細コロイドの表面陰電荷は小さくなるが、全体の表面積が増すために総合的な電荷力は増す結果となる。ところがある閾値以下の大きさになるとコロイド粒子同士の反発力が小さくなり過ぎて寄り集いダマを形成することとなる。

　上記原則論に加えて、現実としてミセルコロイダル現象が溶液の実体である。コロイド粒子の小集団活動である。水の階層構造のような構造体としての実在である。位相差顕微鏡観察やナノサイト計測器でも溶液のコロイダル状態が画像化され確認されている。場の集団リズム力（自己触媒の場）の影響力が、超微小なコロイドの集合状態模様として顕在化される。超微小コロイドが寄り集ったミセルコロイド粒子の構成（自己組織化）を左右しているのである。

　図表6－6に掲げた、微乾燥顕微鏡観察のミセルコロイドのエネルギー進化の様相をもう一度参照願いたい。2nmレベルのコロイド粒子が寄り集って様々な形状で顕在化した微乾燥顕微鏡写真の代表的な紋様である。中島・澤本はこの紋様状況から溶液のエネルギー進化を推測している。我々が見ているコロイド粒子は10nm以下のものの寄り集いが大部分で、様々な形状のミセルコロイダルが存在している。これらの模様は、溶液の静止状態の模様ではなく微乾燥時に溶液対流、脈動、化学振動の相互作用で構成された紋様である。乾燥時の自己組織化した様相だが、そうとばかりはいえない。驚くべき現象も確認できている。乾燥前の溶液状態で既にコロイダルが形成されている。図表6－7にその実体写真を掲載したので、見比べていただきたい。

　多くの治験でミセルコロイド粒子とイオン状超微細粒子が成すバランス状態、イオンでいえば解離平衡状態の複雑性や妙味が溶液の性格、総意を成す最も重要な要素であることがわかってきた。定量性は無理としても、まずは定性性の認知のため、集合体が成す総意の動的リズム力（自己触媒）をアクアアナライザで、個々の溶質活性機能をコロイドの電気泳動現象を微乾燥顕微鏡で可視化すべく努めている。最近、物性値ゼータ電位や粒度分布、さらにはコロイダルの固液状態の確認も、ナノサイト分析器で計測して信憑性向上に努めている。

　コロイド粒子の分布・分散・小集団状態が、溶液能（自己組織化）を左右するといえる。すなわち、溶液の最も大事な顔とは集団リズム力と界面特性に他ならない。ここでいうところのコロイド粒子とは、珪素四面体（SiO_4）が核となり水分子と共にある水溶性珪素のことである。水にいのちを与える唯一の物質"珪素"の適宜な小集団構成力の働きがモノをいう。筆者は、これを"珪素の恒常性"と呼んでいる。集団がある閾値より小さ過ぎてはイオン物質のマスキングにより全体の電荷力が創出できず、また、表面陰電荷力が弱く凝集が大きくなり過ぎては活動力が鈍く浮遊物化する。表面陰電荷力が最大限発揮できるよう働くのが珪素の"恒常

微乾燥顕微鏡観察：
カルシウムとマグネシウムの働き方を珪素で確かめる

●珪酸カルシウムの模様

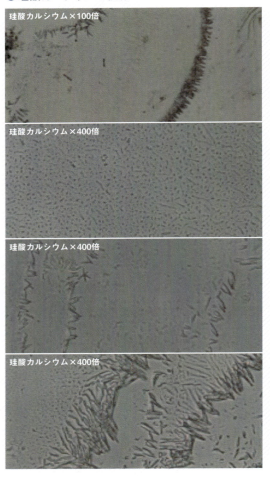

●珪酸マグネシウムの模様

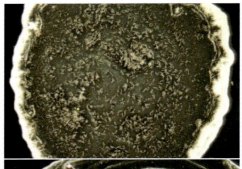

●珪素とカルシウム、マグネシウムとの相互作用の比較

左上写真は珪酸カルシウム（濃度18％＝Mg5.4％＋Si12.6％＋水72％）、左下写真は珪酸マグネシウム（濃度は珪酸カルシウムと同程度）の微乾燥実体顕微鏡写真である。

珪酸は表面陰電荷で陽イオンのカルシウムやマグネシウムとイオン結合する。カルシウムの凝集性とマグネシウムの開放性は互いに相反する性質を有し、珪素との相互作用にも相反する変化が現れている。カルシウムは凝集性で珪酸塩と手を結び、コロイド粒子が密集し、凝析傾向を招く恐れもある。肥大化して最外殻帯線部にコロイド粒子の多くが集中し密集状態となっている。

マグネシウムは開放性を有し、珪素と手を結び、珪素の小集団活動を抑制し、コロイド粒子の微小化、ミセルコロイド粒子の微細化作用を一段と伸展させる。最外殻の沈積模様は少なくなり、超微小な分子状となったものは最終乾燥付近に薄膜状となって多くが沈積する。この両者のバランスが大事でありマグネシウム系が強い場合は触媒作用、カルシウム系とマグネシウム系の中間辺りが生命作用に適した状態である。

図表7−21：珪素の働き方"凝集力"と"分散力"の事例

性"、すなわち中和触媒作用なのだ。

　例えば、図表7－21珪素の働き方"凝集力"（陽の作用）と"分散力"（陰の作用）の事例を見ていただきたい。カルシウムの凝集性とマグネシウムの開放性は互いに相反する性質を有し、珪素との相互作用にも相反する変化が現れている。珪素はカルシウムと手を結び、できる限りカルシウムの凝集性を抑制し開放するよう働きかけている。珪素の力が強いと最外殻帯線はさらに広がり密集度が軽減される。また、珪素はマグネシウムと手を結び、マグネシウムの分布開放性を抑制し小集団を助長するように働きかけている。珪素の働きが強いと最終乾燥部の沈積模様が減少し、最外殻帯線が太くなる。目的別に応じた珪素のバランス力（中庸力＝恒常性）である。

5. 微細気泡ナノバブルの
　　溶液活性作用について

　最近巷で水素水が、「水素が若返りの還元作用、かつ病気・老化の元凶とされる活性酸素をも無害化する」としてブームを呼び起こしている。理論的に考えれば、当然といえるが、筆者には、生命体の実験は叶わず口を挟む余地はない。だが、その機能について種々な水を使い、いかように変化するかを見極めている……。といっても、酸化還元電位（ORP）や活性酸素抑制酵素（SOD）を観察・計測しているわけでもない。「何だ、そんなレベルか」とガッカリしないでほしい。

　別途、筆者分析手法で検証する限り、媒体となる水の触媒能を高める働きがあることが確認できた。水素ガス（水素は常温で気体）のナノバブルの存在である。気液界面の電気泳動現象の誘導に拠る溶質活性を成し、触媒能を効果的に発揮する事実を水との実験で確かめることができた。治験の概要を著します。

　水素水そのものではなく、珪素の溶出を兼ねた水素発生源を開発・販売している会社があるという。いかなる物か、自分の目で確かめてみたいと興味が湧き、同社の協力を得て、サンプルを水道水で試してみた。爽やかだと家族の弁であった。筆者も試飲したが同感であった。早速に数種類の水を使い分析を試みた。結果報告書に下記の如く総括的な考察を述べたものだ。

① 組成分析ではなく、溶出物の確認はしていない。また、発生水素の化学変化、すなわち酸化還元状態で何が変化したかも確かめていない。
② 一番気になるのは、これまで科学的に誰も指摘していない水素のナノバブルの影響が大きく作用していることがわかった。ナノバブルは肉眼では全く見えない。もし煙状に見えるなら、それはナノバブルではなく、マイクロバブルと呼ばれる数十ミクロン以上の大きさのモノである。
③ 本件のナノバブルは数ナノメートルから数十ナノメートルの大きさと推察され、表面陰電荷を持った珪酸のナノコロイダルの界面特性とよく似た働き、すなわち溶液活性化の触媒能に働いていることがわかった。溶液の混合均一性、秩序の単純化、エネルギー進化の界面特性向上等である。溶媒の種類・状態により溶液の一方的開放性もあれば、溶液の再編凝集性も見受けられる。確かなのは微細混合化と触媒能の向上である。

　マイクロバブルとは10ミクロンから数十ミクロン程度の大きさで、水分子の階層構造群・団の通常の大きさ2～3ミクロンに較べて大きく、水分子との共存状態にはない。気泡の圧壊、合泡・揮散が発生、長時間液体中に存在できない。これに比べ、ナノバブルは数ナノから数十ナノの粒度であり、水分子との共存はかなり許容される。コロイドと同等の界面を有し、表面はマイナス電荷を帯び機能を発揮している。筆者らの治験で得たコロイドとナノバブルの関連は下記の通りです。

- コロイドの表面陰電荷とナノバブルの陰電荷とは、構造化に働く電荷作用の働き方は同一視できる。ナノバブルは触媒力を大きく左右する。
- 両者の大きな違いは、コロイド粒子の表面陰電荷は粒子表面そのものが電気二重層の固定層と見受けられることが多く、ナノバブルは吸着イオン層が電気二重層の固定層となっている。この電気二重層の構成の相異が両者の大きな溶液特性の違いを演出している。
- コロイドとナノバブルの界面特性の違いがある。界面の吸着現象である。気体／液体の界面にはギブスの吸着といわれる溶質の移動現象が生ずる。微乾燥顕微鏡観察で最外殻辺縁部の模様を相似象的に捉え判断している。
- 水は、珪酸塩コロイド粒子が安定的でより強く、かつリズミカルにバランスの良い構造化を形成する。
- 両者とも、核となる粒子が超微小であれば構造化に寄与し、安定が図られる。コロイドの表面陰電荷は微細振動で強くなるが、ナノバブルのイオン吸着層の陰電荷は弱体化するなど環境変化への耐力はコロイドの方が優れている。
- 水は帯電性を有するマグネシウム、カルシウム、アルミニウム、ストロンチウムなど岩石に含有するミネラルに接触して微細気泡（水素）を発生することが知られている。例えば、次のような事例が一般的に謳われている。
  $Sr + 2H_2O \rightarrow Sr(OH)_2 + H_2$
  $Mg + 2H_2O \rightarrow Mg(OH)_2 + H_2$
  両者とも水がOH^-とH^+に電離し、反応して水素ガスが発生する。
  水素ガスの還元反応ばかりが科学されているが、水素ガスのナノバブルの働きこそ、語られぬ最も大事な物理的な働きといえるだろう。

6. ミネラル不活性化を成す放射線の見えないエネルギー凝集作用

　自然界での被爆量は、世界平均で年間2.4ミリシーベルト（人体など生体への影響を表す放射線量、1Sv＝1000mSv）といわれている。多くは大気中のラドン（半減期が3.8日）や食べ物からで、宇宙からは約0.4mSvとのことである。自然界には放射線はいつ、どこにでも多かれ少なかれ存在している。

　植物も動物もそして人間もその放射体の仲間内の一人である。一般的にヒトは放射線強度3000〜4000ベクレル（Bq：毎秒1個の放射線を放射する能力を表す単位）の放射線の発信源ともいわれている。生命体の大事な要素、すなわち細胞内に最も多く存在する電解質元素カリウム（K）の同位体が一番の発生源である。ちなみに細胞外には電解質元素ナトリウム（Na）が一番多く存在し、細胞膜のイオンチャネルを通して両者は細胞内外のイオン濃度のバランスを図り、生命の新陳代謝が行われている。そんな大事なカリウム39だが、同位体のカリウム40と43が自然界に存在する。カリウム1grの放射線強度は30ベクレル、体重60kgの大人（Kを120gr含有）で3600ベクレル（年間被爆線量はおよそ0.15 mSv）になると理論的に科学されている。

　世界を激震させた3.11東日本大震災は、今なお人々の記憶に深く、鮮明に刻み込まれている。中でも、福島原子力発電所の燃料棒メルトダウンという大惨事による放射線汚染が今も色濃く人々の生活を脅かし続けている。遅々として進まぬ破損原発の廃炉作業、汚染物質の処理に加えて、放射能2次汚染源のセシウム135と137の同位元素が風に乗ってどこかしことなく飛来している。不気味な存在である。世界唯一の被爆国での大惨事に思いを馳せ、多くの人々の間には、原発イコール"絶対悪"との恐怖感が色濃く潜在している。本当は怖い放射線と怖くない低線量放射線ホルミシス作用については、拙著『水と珪素の集団リズム力』（Eco・クリエイティブ）で詳細を既述した。そのような

中でも、低線量放射線ホルミシス作用の働き様について、声高に異議を申し述べたものだ。低線量放射線ホルミシス効果についての図表7－22を参照し、読み進めてほしい。

低線量放射線ホルミシスの効果メカニズムは「低線量放射線による水分子の電離作用による電子、イオンの活性効果」と、定説化している。すなわち、低線量放射線が細胞に照射されると⇒細胞内の水がイオン化（水素イオンと水酸イオンに電離）⇒そうすると、細胞内に活性酸素が瞬間的に大量に発生⇒身体は本能的に活性酸素を消去するため、抗酸化酵素を作る遺伝子のスイッチを"ON"⇒よって、抗酸化酵素が徐々に発生して活性酸素を除去する。後には抗酸化酵素の有用効果がしっかりと発揮され、新陳代謝機能が助成されるとした健康増進の作用機序だ……と、医学並びに原子力に携わる科学者がこぞって唱えている。

なぜなのだろう？　違和感を越え拒否反応を覚える。なぜなら、反面教師的な電離作用に基く抗酸化酵素の活性説が正当ならば、病気・老化の元凶"活性酸素"こそ、健康・長寿の神様と呼ばれるべきではないだろうか。何かが間違っている。上記理論は筆者の治験結果とは真逆であると、前著で厳しく糾弾したものだ。要約して結論のみの記載だが、今なお、下記の筆者の治験に基いた推測持論を訂正しなければならない必要性は、全く見当たらない。

放射線エネルギーは、粒子エネルギーとして水の集団コロイダルの微細化にまず消耗され

精製水を低線量放射ホルミシス処理

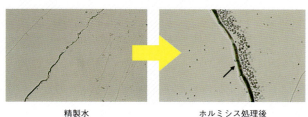

精製水　　　　　　　　ホルミシス処理後

右側の写真は精製水を低線量放射ホルミシス処理したもの。微乾燥顕微鏡写真（倍率400倍）を比較すると、低線量放射ホルミシス処理でコロイド粒子の線状部分の集合性がすばらしく、かつ個々の粒子の存在感が明確化している。特に矢印帯線部分は1本の太い帯線ではなく、流れに沿った並行に走る多細胞の集まりである。

コロイド個々の表面陰電荷力が伸展、溶質の機能が十分に発揮された状態である。具象的に表現すれば、低線量放射線ホルミシスの開放力による特定の振動リズムで溶液構造の整列秩序化が進展、コロイド粒子の表面陰電荷力が増強、個々の溶質機能を効果的に活性化した現れといえる。低線量放射線のホルミシス効果は「程よい溶液秩序」と「溶質の活性化」が図られることである……その生体の作用機序は、定説となっている水分子の解離が一等最初の反応ではなく、水とミネラルの集団構造の開放再編がまず行われる証である。水集団の必要以上の拘束性が生体活動を抑制している。この不具合を解消する働きがアルファ線の低線量放射線の分布性開放力の働きである。水の解離⇒活性酸素の誕生⇒抗酸化剤の活性というシナリオは間違いと言わざるを得ない……ガンマ線、ベータ線は分散性の線状開放力でイオン性が増し微小化し、コロイダルへのマスキング作用で再凝集性に働き、コロイドは不活性化する。

●低線量放射線のしきい値（閾値）
ラッキー博士と、マラー博士の低線量放射線の作用度の比較概念図

ラッキー博士の閾値有益論概念

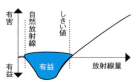

マラー博士の直線的有害仮説論概念

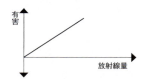

ラッキー博士は、宇宙飛行士の検診結果で放射線を浴びた場合にゼロから量を増やしていくと身体によい効果が現われる。閾値を超えて浴びすぎると害が出てくる。さらに多量に浴びると死に至るとしている。

マラー博士は、ショウジョウバエのX線照射実験で、当てた放射線量と発生した染色体異常の数は比例したとの実験に基づいて、直線的有害説の仮説を発表した。

ラッキー博士は低線量放射線被線閾値を「一人当たりが受ける自然放射線の年間世界平均2.4ミリシーベルトの約100倍、200ミリシーベルト程度なら無害であり、むしろ健康効果が得られる」と論じている

図表7－22：低線量放射線ホルミシス効果について

る。次いで、水の水素結合や電気二重層の結合力に働きかけ、微細化を推進する。最終の段階で初めて、最も結合力の強い水素と酸素の共有結合の解体、すなわち解離（$2H_2O＝2H_2＋O_2$）に働きかけているはずである。

それは、ある一定の限界を超えた放射線量を受けたときにのみ、起こるはずである……。粒子エネルギー作用は、集団の解体は外郭側、界面、そして弱いところの結ぶ目から始まり、順次、内側へ、かつ強い部分の結び目を解き、分子になり、イオンになると、考えるのが自然ではないだろうか。

さて、その後の治験でわかってきたことだが、未だかって語られることのなかった放射線の見えないエネルギー凝集作用、すなわちミネラルの不活性化作用について触れておきたい。なぜなら、原子力とは物質の分解・開放・破壊の原子化・素粒子化を成す素材化還元作用である……誰もがそう思い込んでいる。

そんな先入観とは裏腹に、最近、水の分析治験で目に付く厄介な現象が気になっている。セシウム133（輝線スペクトルが青色）の同位体135、137のγ線、β線によるエネルギー凝集作用である。溶質ミネラルを拘束、溶液活性を大きく阻害している。これは抗癌剤や重金属のエネルギー凝集作用と同じ顕微鏡模様を呈している。

低線量放射線の構造破壊とエネルギー凝集の仕方は、線種によって違うことがわかってきた。放射線には中性子線、X線、γ線、β線、そしてα線が存在するが、現状ではまとめて放射線として取り扱われている。夫々に作用形態が異なり、ラジューム温泉、ラドン温泉の呼称で親しまれている温泉健康効果にはα線が作用し、緩やかなほぐし効果を発揮する。

だが、福島原発で生じたセシウムの同位元素135や137はγ線、β線は逆にエネルギー凝集でミネラルを拘束してしまう。新たな地球規模の放射能環境汚染現象と捉えておくべきだろ

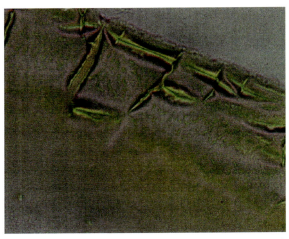

写真1：K市の水道水（倍率400倍）

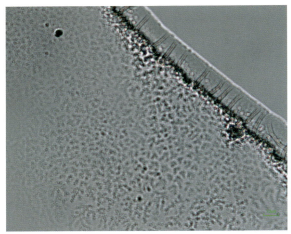

写真2：Y市の水道水（倍率400倍）

う。微乾燥顕微鏡観察の沈積模様とその色合いのみでの判定だが、珪酸と生体意念を駆使して、エネルギー凝集の解除が可能であることも併せて治験している。

微乾燥顕微鏡写真で沈積模様の膜状凝集の強いものはエネルギー凝集であり粒子状模様はコロイダル性の強い溶液である。特に凝集性模様で青色はセシウム133であり、青紫色はセシウム135、そして赤紫色はセシウム137の特徴的な色模様である。しかもエネルギー凝集が強いほど色濃く黒色化していくことが一般に知られている。セシウム140になると無色化するといわれている。写真1はK市の水道水であり、写真2はY市の水道水である。一般的に水道水はY市の水道水の模様であるが、K市の水道水模様はあまり見かけることはない。

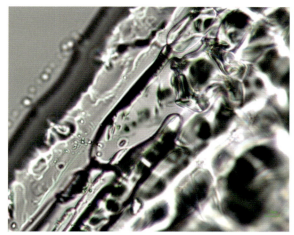

写真3：死海の水（倍率400倍）

写真4：改質した死海の水（倍率400倍）

セシウム133には同位体として134、135、そして137がある。しかし自然界では同位体は存在していないが、何らかの核爆発等の産物として存在している。

セシウムはリチウム、カリウム、ナトリウムなどのアルカリ金属の仲間であり、分光器で確認できるスペクトルは青色である。酸化物には様々な組成と異なった色をもつものが知られている。例えばCs_7Oは青銅色、Cs_4Oは赤紫色、$Cs_{11}O_3$は紫色、CsO_2は橙色といわれており、単純な比較は困難であるが凝集の仕方が尋常でないことを見届けながら判断している。最近は、水の分析でセシウム同位元素135や137の弊害で様々な難題を突きつけられることが多い。目的とする水のコロイダルがセシウムのエネルギー凝集作用で、ミネラル機能の発揮が阻害され、適宜な排水処理の管理維持には苦労し

ているところが多い。その都度、水のチェックを行いながら適宜な処置が求められる。

問題は、有害な放射線の分解する力が強く物質の解放・分解・原子化・素粒子化である。この強烈な開放・分布力作用によりコロイド粒子は超微小化され、個々の表面陰電荷力は極端に小さくなり過ぎる。しかもイオン性物質が活発化しそれらにマスキングしてくる。粒子同士の互いの電気的反発力が低下し、ダマをつくり凝集する。しかもその凝集体の密度が大きく周囲物質をも引き付けてより濃密化するものと考えられる。

写真3は中東のイスラエルとヨルダンの国境にある湖"死海"の水である。死海の水の特徴は、塩分濃度は約30％で、通常の海水の10倍にものぼり、身体が簡単に湖面に浮くことで有名だ。また、海水のカリウム含有量はナトリウムの8分の1だが、死海の水のカリウムはナトリウムの4倍も含まれている。

写真4は死海の水に澤本氏の意念エネルギーを15秒間程度印加したものである。凝集性のもの、膜状のものの解消が伸展し、粒子状模様が多く現れてきている。粒子状模様とは、溶質個々の機能が発揮される状態を物語るものである。

本項では、コロイダルの構成にいかように放射線が影響するかを検討した。怖い放射線は、エネルギー凝集によるミネラルのダマつくりに働き、溶液を不活性にすることがわかってきた。一部、微弱なα線は怖くない放射線として働き、溶液の適宜な秩序化と活性化の作用が同時に進展、溶質のコロイド粒子表面陰電荷の活性化を増す働きがあることがわかってきた。低線量放射線ホルミシス作用はα線に限り特定して語られるべきである。怖くない放射線とは低線量のアルファ線に限定されるべきである。だが、限度を越えれば、いかなる放射線もすべて怖い放射線であることを肝に銘じておかねばならない。

コラム：7-1

コロイド粒子の凝集性、分散性、分布性、そして解離に寄与する作用要因

1. 水の電離・解離：
- 水の電離は[$H_2O = H^+ + OH^-$]であり、水の解離は[$2H_2O = 2H_2 + O_2$]のことである。
- 水の電離は、25℃でpH14であるが、何らかの要因で電離が1000倍に増すとpH11となり、電気伝導度は向上し活性化する。
- 水の解離は、亜臨界水の気液界面で演出される特殊状態である。珪酸水では亜臨界水と同等の誘電率が可能となり微小なコロイダル構成の溶液状態が演出される。すなわち水オンリーの集団に比べて、集団個数が数倍も微細化され増大する。その表面積の合計は数倍となり界面活性が増長される。緻密で密度1に限りなく近い状態だが、亜臨界水並みの界面接触の活性が見込まれ、水の解離も伸展していると推測される。

2. 構造形成イオンと構造破壊イオンの働き：
イオンへの配向効果が大きいものを「構造形成イオン」、破壊効果が勝るものを「構造破壊イオン」と呼んでいる。イオン半径の大きいものほど構造破壊イオンとなる。構造形成イオン：F^-、Li^+、Na^+、Mg^{2+}・・正の水和（容積減）。構造破壊イオン：Cl^-、Br^-、I^-、K^+、Rb^+、Cs^+負の水和（容積増）・・・模様はNa、Caは水和隗で連なり、Cl、Kが乾燥方向に弾き飛ばし（拡散）、Mgが模様を広げる（分布）。なお、恒常性機能を発揮する珪酸塩SiO_4は模様の分散と分布で過密凝集を抑制する。

3. 珪素の力「恒常性」何故、非晶質（アモルファス）状態のアロフェンなのか：
シリカ(SiO_2)の結晶状態では他と電気的結合をする手がない。その結晶の結合が切れて非晶質型になることにて表面陰電荷力を高めることができるのである。表面陰電荷力に最も優れているのが、非晶質型の骨格を成すシリケート四面体(SiO_4)である。常に適宜な表面陰電荷を発揮できる粒度分布を成し、水の水素結合を制御し、いのち水を作り上げている。シリケート四面体(SiO_4)は適宜なコロイダルを作成する核である。温泉水はメタ珪酸(H_2SiO_3)、海水はオルト珪酸(H_4SiO_4)の姿で存在する。

4. ナノバブルの粒子作用「界面特性」：
マイクロバブルとは十ミクロンから数十ミクロン程度の大きさで水分子の階層構造群・団の通常の大きさ2〜3ミクロンに較べ大きく水分子との共存状態にはなく、気泡の圧壊、合泡・揮散が発生、長時間液体中に存在できない。これに比べ、ナノバブルは数ナノから数十ナノの粒度であり水分子との共存はかなり許容される。コロイドと同等の界面を有し、表面はマイナス電荷を帯び機能を発揮している。

5. 低線量放射線の構造破壊とエネルギー凝集：
放射線には中性子線、X線、γ線、β線、そしてα線が存在するが、まとめて放射線として取り扱われている。だが、夫々に作用形態が異なり、ラジューム温泉、ラドン温泉の呼称で親しまれている温泉健康効果にはα線が作用し、緩やかなほぐし効果を発揮する。だが、福島原発で生じたセシウムの同位元素135や137はγ線、β線は逆に原子状破壊でエネルギー凝集、ミネラルを拘束してしまう。低線量放射線（ラッキー博士は年間200ミリシーベルトを挙げている）ホルミシス効果は、現在のところα線に留め置く方が無難であろう。

6. 適宜なコロイダルの物理的作用＆集団の動的リズム力の物理的作用：
電気二重層のコロイダルの界面特性並びに振動、脈動の働きによる溶解力である。例えば亜臨界水の浸透力であり、ナノバブル作用であり、接触界面皮膜破壊作用による「ものの溶解、溶出」と推測される。これまでクラスターが小さい水の機能とうんぬんされていた作用が、亜臨界水機能であり、実用の水においては、この数ナノから100ナノ程度のコロイダル作用に他ならないのである。すなわち、水の水素結合を制御できる珪酸コロイドの表面陰電荷作用で成し得る水の神秘力、妙味に他ならない。

7. ほのかなサトルエネルギーと電磁波の作用：
電磁波の作用には周波数により開放にも働き、凝集にも働き、熱エネルギーにも働き様々な作用が働きかけられる。すなわち対象物体が素粒子？、原子？、分子？あるいは集合体かで作用スペクトル範囲が大きく異なるのである。最も不思議なのは意念エネルギーがコロイド、コロイダルに水を介して働きかけていることである。振動リズムエネルギーである例えば水道水やAWG印加浄水器水、さらには死海の水に澤本会長の意念エネルギーを印加した。微乾燥顕微鏡観察のみの結果だが、水道水は絶妙な生命体に適した中空、三層型、ダブルドーナツ型のミセルコロイドの様態を整える。あるいは、構造形成イオンのナトリウムの網目模様がなくなり、小集団模様、粒子模様が主体となっている。溶質ミネラルの活性が発揮された状態である。死海の水は、カリウムの放射線凝集エネルギーを分散開放し、分厚いマスキングの開放に働いている。粒子の小集団化が伸展したものと見受けられる。電気的エネルギーが果たせない働きである。超能力者的生体エネルギーこそ場の氣のエネルギーである。強引なショートパスエネルギーではなく、ゆったりした超低周波数の全体に行き渡るゆすりエネルギーと考えられる。

8. 炭酸カルシウムの影響：
炭酸ガスが抜け、カルシウムが分離・沈降、溶液全体はアルカリ性を呈する。スケールに大きく影響する化学反応である。

コラム7-1：コロイド粒子の凝集性、分散性、分布性、そして解離の作用要因

第八章

不思議な治験事例に学ぶ "コロイダル領域論"

アクアポリン通り抜けの"いい水"に学ぶ

　実用の水"結び合う命の力の水"を探る3つの分析手段を前章で著した。自然水はもとより機能水、お茶類、生理食塩水に海水、人の汗、そして温泉水等など、あらゆる分野の水や水溶液の"性格"、すなわちヒトの"味"のようなものの見究めであった。さらに、注力したのが、ヒトの感情やこころの内、そして精霊とも謂われる氣や言霊・音霊を記憶する水の有り姿の「見える化」だった。結び合い命を宿す"特異点の水"、すなわち"身体にいい水"、科学でいうところの"生体系の水"の構成の仕方とその働き様の原理を示すことが叶った。

　他方、最近の水の科学の広場で、たいへん理に叶った興味深い"身体にいい水"の新手の研究手法に出会った。医学・生理学の分野から見極めた異色の水の研究だ。秋田県立大学名誉教授の北川良親氏は、著書『アクアポリン革命』(梓書院)で、"いい水"の唯一の科学的検証方法は「水のアクアポリン通過能」だと述べている。細胞膜のアクアポリンの存在を突き止め、2003年ノーベル化学賞を受賞した米国のジョンポピキンス大学のピーター・アグリ教授と共同研究を重ねていた北川氏は、「アクアポリンをよく通る水があり、この水を飲めばヒトは健康体を保てる」との研究成果を発表している。"なるほど"、誰が考えても納得がいく検証方法である。北川氏の貴重な分析実例を遡上に、まずは、筆者の治験との整合性を求めて比較検証してみたい。

1.アクアポリンとは

　「細胞に通り易い水が"身体にいい水"」と断言する北川氏の実践論には、生身の命の重みがある。アクアポリンは、何分にも生命体細胞内への水の唯一の通用門と見做されている。細胞が吸収できない水、すなわち、アクアポリンを通過できない水をいくら飲んでも私たちの身体は水不足を感じるという。

　該著書のいくつかの治験事例を参考にしながら、新たな視点で筆者の治験データを突き合わせ、生体水の本質を深堀してみよう。まずは、「アクアポリン」とはいかなるもので、いかなる働きをしているかの概要を、該著書に学び著す。

　細胞内への唯一の水の経路であるアクアポリンとは、図表8－1のような細胞膜にある開いた孔であり、蛋白質で構成されている。水はアクアポリンを通って細胞内に移動する。細胞膜

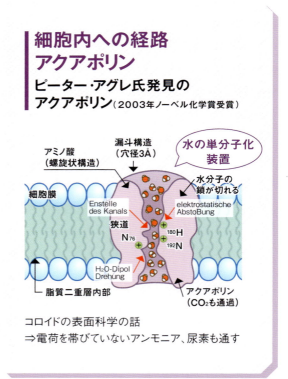

図表8－1：アクアポリン

通過の、いわば関所みたいなところである。水分子が周囲のアミノ酸等の陽イオンに捕捉され分子間結合の水素結合が切断される。一番狭い3オングストロームの処で単分子化され、数珠状に連なり合って通過するという。アクアポリンにはいろいろな種類があり、人には13種類のものが存在する。

主なものとしてアクアポリン1は全身の組織・細胞に分布し、最も水透過性が高い。アクアポリン3は大腸、皮膚、腎臓に多く分布し、最近わかってきたことだが水の他にアンモニア（NH3：水分子と同程度の大きさ）やグリセロール（アルコールの一種で化学式は$C_3H_8O_3$、水分子の2.5倍程度の大きさ）も透過するという。また、アクアポリン5は涙腺、消化液線、粘液線のある器官に多く存在し、アクアポリン1に次いで多く水が透過する。そして、アクアポリン7は水も通すがグリセロールも通すという。脂肪組織や精巣、腎臓に多く存在、どの組織でもグリセロールを通すという重要な働きがあるとのことである。

アクアポリンを透過した水がいい水？①

- アクアポリンの透過性で水の良し悪しが調べられる（蛙の培養卵母細胞使用）唯一科学的分析と述べている
- アクアポリンは蛋白質でできており、13種類の遺伝子が分離されている。AQP1は全身、3は皮膚に多く、5は分泌腺に多く、7は脂肪が好き（分解）
- 細胞に吸収しやすい水は体にいい水
- 凍結乾燥機で水分だけをトラップから回収し被検体水を作成、卵母細胞で実験を行う。下図の如く大きさを計測
- 大分県玖珠町の珪素含有の多い水を逆浸透膜でろ過して、ろ過されなかった高濃度珪素水と原水を比較実験したところ同じ結果であった。また、ろ過された純水も同じ結果であった。

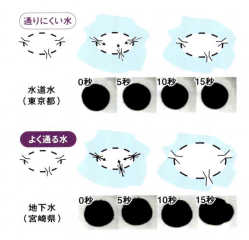

出典：『アクアポリン革命！』北川良親 著／梓書院

図表8-2：アクアポリンを透過した水がいい水（1）

アクアポリンを透過した水がいい水？②

❶ 大分県玖珠町の逆浸透膜ろ過水

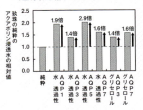

❷ 大分県日田天領の水

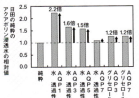

❸ 長野県分杭峠 ゼロ場の水

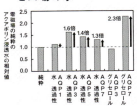

❹ フランスピレネー山麓 "ルルドの泉"

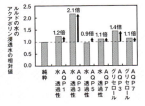

❶玖珠町の水は原水も、逆浸透膜の透過水も、さらに濃縮水も同じアクアポリン透過性状態である

珪素は水分子同士以上に強く結びつきAQPを通り抜けることが可能である根拠といえる

❷日田天領の水は、ルルドの泉と同じ活性水素が多い水ともいわれるAQP1の透過性が優れている

九大白幡教授の活性水素（原子状水素）の話だが、活性化された珪素の多い水といえる

❸分杭峠のゼロ場の水はAQP7の脂肪分解性が優れている。低線量放射線の分布力の性である

ラジューム温泉などのアルファ線の低線量放射線ホルミシス作用による局所分布能に優れている

❹ルルドの泉はAQP3の皮膚の吸収性に優れている

ルルドの泉には珪素の優れた素質と、祈り精神性の生体リズムがあることを考慮しなければならない

＊溶液のコロイダル性、解離特性、集団調律リズムの動的電荷力等総合的な判定が必要である。

出典：『アクアポリン革命！』北川良親 著／梓書院

図表8-3：アクアポリンを透過した水がいい水（2）

2. なぜ、東京都の水道水はアクアポリンを通り抜けないのか

アクアポリンの通りが悪い事例として東京都の水道水が図表8-2に挙げられている。拙著『水と珪素の集団リズム力』(Eco・クリエイティブ)で、東京都の水道水は一晩汲み置くだけで見事なミネラルウォーターになると述べた。水道水は遠距離送のため殺菌効果の持続性が求められ、日本では一般に次亜鉛素酸ソーダなどの滅菌剤が添加されている。次亜塩素酸ソーダのナトリウムイオンは構造化形成イオンとも呼ばれ、ミネラル等の凝集作用に働く。写真8-1は採水直後の水道水⇒24時間静置開放後⇒次亜塩素酸ソーダ6ppm添加後⇒ミネラル(鉱石)添加した後の治験の微乾燥顕微鏡写真である。24時間静置開放でミネラルの凝集性が解消されている。だが、次亜塩素酸を6ppm添加すると、採水直後よりも強くミネラルは凝集している。そこに、新たにミネラルを添加すると、ナトリウムの構造形成作用が抑制される。すなわち、東京都の水道水も、残留塩素が揮散すれば容易にアクアポリン通過が可能な素晴らしいミネラルウォーターとなるはず。北川氏は採水直後の水道水を用いて実験されたものと推察される。撹拌棒で左右掻き混ぜれば表面張力も緩み、しっかりアクアポリン通過が叶うはずだ。

3. なぜ、玖珠町地下水の原水、ろ過水、濃縮ろ過水は同じ結果なのか

大分県玖珠町の水の実験結果は、筆者の研究の有益な根拠資料となり得る。図表8-3で取り上げた4つのデータの中で、玖珠町の逆浸透膜処理の地下水は、グラフを見る限り最良の水といえる。しかも、原水も逆浸透膜でろ過できなかった濃縮原水も、ろ過水とほぼ同等のグラフ状態だと記されている。玖珠の水は珪素の含有量が多いのが特徴だと、わざわざ但し書きも付記されている。

さて、北川氏はろ過した水は純水であり蒸留水と同じだとして、「水の性質は含まれているミネラルではなく、水分子そのものの構造で決まる」と結論付けている。恐らくホメオパシー効果と位置付けているものと推測される。

水道水の次亜塩素酸、ミネラル透過の影響

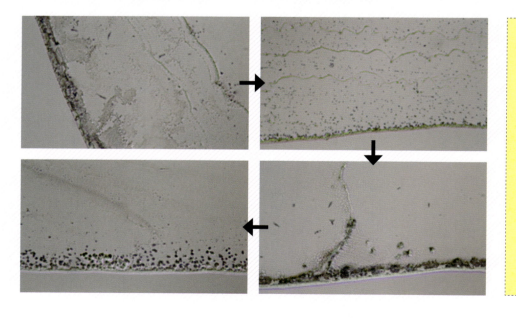

塩化ナトリウムNaClイオンがミネラル作用(触媒)を抑制する。

写真8-1：水道水の次亜塩素酸とミネラル

太古の水（左：原液、右：澤本意念エネルギー印加）

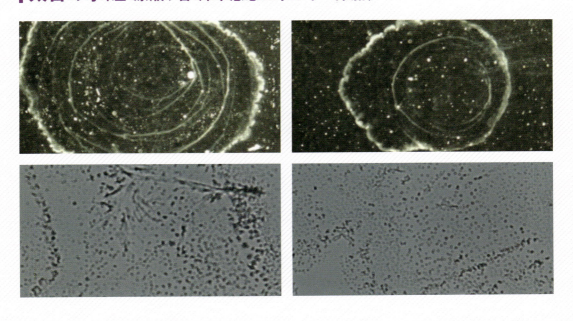

写真8-2：時間を掛けた蒸発水 "太古の水"

　だが、逆浸透膜や蒸留方法でも容易に純水は作れないとする、筆者の治験結果とは見解が異なる。なぜならミネラル（主体は珪素骨格SiO₄）は水分子同士の水素結合よりも強く、水分子と結びつき水を纏っているのが実体だ。水分子と珪素はそう簡単に切り離しができない。逆浸透膜にしても、さらには蒸発蒸留にしても、最後まで水の中に残っているのが珪素であることは科学的実験で確かめられ、原因云々は明らかにされていないが現象として認められている。

　写真8-2は、非常に長い時間を掛けて蒸発させたという"太古の水"の微乾燥顕微鏡観察写真である。上の写真は実体顕微鏡観察、下は光学顕微鏡観察の倍率400倍の写真である。"太古の水"は彗星捜索家で著名な木内鶴彦氏が作っている水である。彼がいう時間を掛けた蒸発とは、低温蒸発と見受けられる。なぜこれ程までに、低温蒸発の蒸留水にコロイドが混ざっているのか、不思議である。

　微乾燥顕微鏡観察で、いかに加熱すれば溶質と溶媒の分離が上手に成されるかが問われる。溶質の少ない蒸留水ほど、強火で乾燥し、溶質の多いものや有機物を含む水はできる限り弱火で時間をかけ乾燥させている。強熱の方が溶質と溶媒の分離に優れている。だが、溶質が多く、また有機物を含むものは、強熱乾燥では被膜形成が速く水を覆い抱き込むので、弱火の乾燥となる。血液のように有機物の多いもの程、自然乾燥が一番である。逆に、通常の水道水など自然乾燥するとほとんど溶質の痕跡は認められない。温泉水で蒸留水を作ってみた。100℃、68℃、そして45℃で蒸発させた蒸留水である。筆者の当初の予測に反し、低温ほど水は溶質を抱いて蒸発することが確認された。

　このような事例を経験している筆者には、アクアポリンにおいても、同様に水分子と珪素は一体となってアクアポリンを通過していると考えている。血液にも5ppmの珪素が含まれている。すべてのものは外部から細胞を介して体内に取り込まれている事実は否定できない。アクアポリンの働きも水分子のみ、しかも単分子でしか通過できないとする原則性はあるのだろうが絶対とはいえないのではないだろうか。それとも、すべての細胞には、小腸トランスポー

ターの如き栄養の吸収と異物バリアーや解毒の役目らしき機能が具備されているのだろうか。でなければ、細胞内の非解離物質の実在の説明が叶わないのである。細胞内のミトコンドリアに珪素が多いという話もつじつまが合わなくなる。アクアポリンとて多くの研究の余地が残されていると筆者は考えている。

また、逆浸透膜の孔は1nmレベルであり、それ以下のものの透過は当然なことであるが、必ずしも1nmが限度でないことも、また事実である。なぜなら、もし逆浸透膜装置で、1nm以上のすべてのものの捕捉が叶うなら3nmクラスの放射線汚染物質は完全に除去できるはずである。現実には、有り得ないはずの福島第一原発事故現場のおびただしい貯水タンク群が雄弁に実情を語っている。

玖珠町の実験データは、濾過水自体にも珪素そのものが実在しているはずだ。アクアポリンが水溶性珪素をも透過させる可能性を示唆している重要な実験だと受け止めている。玖珠町の水の実験データの事実こそ、筆者のコロイダル領域論の貴重な根拠事例でもある。ラッキーな出会いであった。

4.パワースポット「分杭峠」のゼロ磁場の水

図表8-4に示したのは、癒しの場として観光客、特に女性に人気を得ている日本の代表的パワースポット（癒しの場）の分杭峠。日本最大で最長の巨大断層地帯である中央構造線の真上に位置し、かつ日本列島の南北の会合地帯フォッサマグナに接する諏訪大社の直ぐ南側に位置している。2つの地層がぶつかり合うという理由から「エネルギーが凝縮しているゼロ磁場であり、世界でも有数のパワースポットである」と紹介されている。だが、心理効果や暗示効果などを考慮してのことなのか、こうした考えは科学的に解明されたものではなく、疑似科学の1つと見做す少数意見もある。なお、ゼロ磁場というのは、N極とS極の正反対の磁極が打ち消し合っている場所のこと。磁力の高低の変動が大きく全体的に磁気が低い状態、ゼロに近い状態に保たれている場所を指している。

さて、北川氏のデータ、図表8-3では、分杭峠の水は、アクアポリン7のグリセロールの透過性が他のサンプルよりも抜群に優れてい

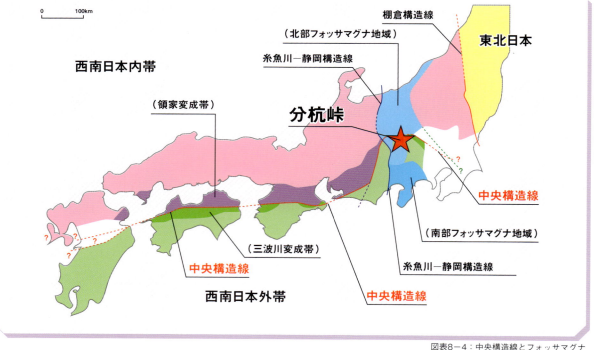

図表8-4：中央構造線とフォッサマグナ

る。直感的に、なるほどと思い当たるサンプルが浮かび上がってくる。筆者は大分県臼杵—熊本県八代の中央構造線上にある高千穂山系で採れる天降石や近場の美水、天照石水、ゼロ水等などの分析を行っている。ホルンフェルス鉱物と呼ばれ、地殻変動等により高圧高温の接触変成作用を受けた変成岩が多く存在し、微量の天然放射性元素を持つトロン原石（原子番号86のラドンの希ガス元素Rn－220の別名）を含有している。低線量放射線ホルミシス作用でコロイド等の開放分布力に優れ、水と油の混合であるエマルション形成に優れていることを確認している。油脂の分解性能が優れている点では、中央構造線の大断層破砕帯が、ゼロ磁場にこだわるより、『ゼロ場』としたすべてのエネルギーの消滅地帯と見定めるのが実体に即していると筆者は考え、思い付いたものだ。

分杭峠の解説に、ゼロ場のエネルギーは素粒子の回転運動スピンに影響を与え断層付近には、放射線の強い部分や地磁気変化の激しい場所があるという。実験によると、サイエネルギー（PSI：氣、パワースポット、念力等の超常現象）はラジューム等の放射性物質に働きかけ、より安定なラドン等になる性質があるといわれている。筆者の治験との整合性がしっかりと見えている。

余談を少々。ネオガイアジャパン株式会社会長の上森三郎氏からゼロ磁場を演出するというテラファイトを借用し、様々な実験を行った。テラファイトとは、写真8－3の如く数千ガウスの永久磁石をいろり型に組み合わせ、対辺に同極を対峙させている。右写真の如く、テラファイトに磁気シートを当てるとゼロ場の様子が中央交点に現われてくる。筆者宅の水道水と浄水器水を用いてテラファイトの効能実験を行った。結果は図表8－5の通り。

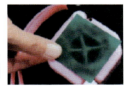

写真8－3：ゼロ磁気装置テラファイト、右はゼロ磁気確認シート（中央交線部分）

■筆者中島宅の水道水／浄水器水のテラファイト処理AQA波形図

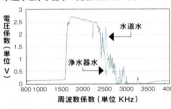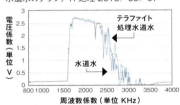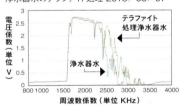

●水道水と脇取り浄水器水のテラファイト機能実験

1. 浄水器はフィルター式を2年交替で新換えしている。水道水より含有溶質量が減少、並びに実感では残留塩素臭も減少している。
2. 使用したテラファイトは携帯用である。浄水器蛇口パイプにはきちんとセットできた。しかし水道水蛇口は大きくセットは不自然な状態であった。……テラファイトの中心を水が流れるのが効果的。
3. 水道水はテラファイトを1回通過するだけで、確かな変動を見せている。全域で波高が高くなり溶質の活性化が見受けられる。
4. 浄水器水でも水道水と同じ傾向を示しているが、その傾向は非常に顕著に現れている。セットの仕方の正確さの差異と見受けられる。
5. テラファイトが成すゼロ場は、飲料水に対して『触媒能』的な秩序活性機能を向上させる。ゼロ場で水の階層構造の均一化、分子方向性の整列化がなされ、全体としてのエネルギーの方向性が揃い、より確かな生命電磁エネルギーが発せられると推察される。
6. テラファイトの作用は、「水構造体の秩序性と分子個々の活性化が成す相互作用で全体の調律リズムを伸展させる」と考えられる。

図表8－5：水道水＆浄水器水のテラファイトの実験

水道の蛇口、浄水器の蛇口にテラファイトをセット、図表8－3の右写真の交点を水が流れるようにして実験を行った。サンプル水は瞬間的に通過したにも関わらず、かなりの活性化と秩序性を伸展させている。不思議なことに浄水器水の方が水道水よりも大幅に変身している。恐らく、水道水の方が残留塩素（写真8－1水道水のミネラル凝集参照）の拘束力解消にエネルギーを消耗したものと推測される。ゼロ磁場の働きの確かな模擬テストである。図表7－22の精製水と低線量放射線ホルミシス作用印加の写真を比較してみてほしい。明らかに最外殻帯線の開放性と粒子再構成の様相がしっかりと見受けられる。

5. ルルドの泉のデータの比較検証

　ルルドの泉の詳細は、本誌の最も大事な特別事例として第二章2項で筆者のルルドの泉の治験結果のすべてを述べた。北川氏のルルドの泉の実験報告には、どことなく親しみとありがたさを覚えたものだ。

　北川氏のデータ（図表8－3）で、ルルドの泉はアクアポリン3（大腸、皮膚、腎臓に多く分布し、水の他にグリセロールも透過する）の透過性が最も優れているとの結果が示されている。北川氏はサンプル瓶開封後いかほどの時間内で検証したかは定かではないが、恐らく開封直後の検証と推察される。何分にもルルドの泉は、素質の素晴らしさに加えて、祈りのエネルギーの特殊な脈動か印加されている神秘な水なのだ。時間経過につれ、湧出の初期安定状態に遷移することもまた自然の倣い（なら）いである。できることならサンプルの開封直後と開放1週間後との比較検証があれば、さらにルルドの泉の秘めた祈りの本質が科学されたのではないかと、少し残念な気がしたものだ。

　筆者の治験と不思議な符合が覗き見える。ルルドの泉では"心が癒され安らぐ"と、訪れた多くの方々の感想だとか。筆者の治験でも、祈りの記憶の証なのかコロイダルの素晴らしいネットワーク構造が見えている。ライナス・ポーリング博士の水性相理論の非晶質液晶水が想い出されます。それは、脂とエマルションし易い水なのだ。脂質の多い脳グリア細胞に入り易い水であることが、アクアポリン3のグリセロールの透過能に顕われているのではないだろうか。また、富山県小矢部市の精神医療施設M病院での、コロイダル水で精神が癒され落ち着くという実話を序章で紹介した。祈りと精神の安らぎが相通じて、水を介して心に働きかけている証ではないだろうか。

　さて、アクアポリン3とは、大腸という水を体内に採り入れる大元であり、かつ、腎臓という水を一番多く体外に排出するところに多く存在するそうだ。しかも、皮膚からの水分蒸発は体温調節の最も大事な作用である。アクアポリン3が多く存在するという大腸、腎臓、皮膚とは、素人目にも最も寛大に水の吸収・排出を行っている生体の基礎部分だと見受けられる。しかも、脳内では上記の如く、珪酸コロイドの働きによるシビアーな作用効果が大いに期待できる状態だ。しかしこのような解析は、単純にアクアポリンの水分子1個ずつの透過を判定基準としていては、解明は叶わないであろう。溶液のコロイダル領域論を特定し、複眼的に眺めることで初めて微妙な問題が解明されるものと筆者は考えている……。以上、北川氏の貴重な、しかもダイレクト生命の働きを成す現場を模したアクアポリンの水の透過実験データのお陰で、筆者の実用の水分析がより確かに生命体の実体に適していることがわかってきた。

電離水「アルカリイオン水」とは、どんな水なのか

通称「電解水」と呼ばれるアルカリイオン水には、モノを溶かす溶解能力や素材の味を引き出す抽出力があるという。膨潤作用により、モノを柔らかくし、素材の中へ染み込む浸透力があり、酸化を防止する効果、すなわち還元作用があるという。原理は、水の電気分解時の酸化還元作用と同じであるという。だが、その謳い文句に関する科学的な作用機序は一切示されていない。

一時、厚生労働省は「アルカリイオン水の効能は確かな根拠がない」とする見解を発表したが、最近は再び、何ら「理」も示さず黙認、是認するような姿勢を示している。体内の活性酸素が、病気や老化の元凶として取り扱われ、何もかもすべて還元作用を「善」とする風潮が根強く人々の信頼を捉えている。

水とて例外ではなく還元水、イコール「身体によい水」として受け止められている。だが、「善」というには疑問が残る。特に日本の医学界で長年珪素の存在が無視、または軽視され過ぎてきた。その結果、電解水を無条件で「善」としているのではないだろうか。もし、珪素が、生命発祥のコア（核）を成しているなら、話は別であろう。なぜなら、還元水は陰極側の水であるが、表面陰電荷の珪酸コロイドは陽極側に電気泳動し、還元水から除去されるはずである。最も生命発生に寄与しているミネラルの王様「珪素」をなぜ除外するのだろうか。我が目で電解水を確かめもせず、無条件で賛成という訳にはいかない。

実際に、東京都内のあるホテルのアルカリイオン水（電解水）を筆者自らが分析して、新たな事実に気がついた。なぜか珪素の減少幅は危惧するほどのことはなかった。分析報告書に、次のようなコメントを記した。

「残留塩素の拘束力が解除された状態である。均一性・秩序性を若干増した状態といえる。珪酸コロイドも予想外に存在しており、電解作用でも解体されない珪酸カルシウム、珪酸マグネシウムとしての存在も考えられるが、何といっても水分子同士以上に水分子と強く水和した珪素のコロイダルは相当な水を纏っている。そう容易く完全除去は困難であることがわかる。危惧課題が1つ解消された状態であった。そして、もう一点、生命体にとって水中の溶存酸素も必要である。活性酸素ではなく、人間も酸素は肺から、皮膚から、そして水から体内にエネルギー源として取り入れている。電解水は、世間が評価するほどに諸手を上げて賛成するには、今一科学的根拠の表示が不十分である」

東京都の水道水の大半は、秩父山系を源流とする浄水場からの水が主体である。日本の平均的水道水の総蒸発残留物量として表示される溶質量80～120mg/Lに比べ、東京都の水道水は200mg/L前後と多い。オゾン装置や生物活性炭処理の高度処理装置が付加され、殺菌用残留塩素の課題以外は、ほぼ完全にクリアーされている。東京都は浄水地から各家庭までの配水管工程が長く殺菌用の残留塩素は、やむを得ず高目（0.5～1.0ppm以上）である。残留塩素は、ミネラルの拘束性が予想外に強く、水本来の浸透性、溶解性、抱合性、リズム性が抑制阻害されている。一晩程度の開放、静置で容易に解除できるが、時間と場所、そして手間隙が掛かり現代人にとっては今一の処方箋の様である。電解水は水道水の欠陥である残留塩素の弊害を解消している水であり、需要が多いのも頷ける。

さて、「和食は水だ」と語るのは『匠』と呼ばれる鉄人シェフである。調理素材の本来の力を引き出し活かすのは"水"であるという。料理の味の決め手は「だし」。その「だし」の風

味や料理の出来を左右するのが「水」であると断言する。匠は自らの思いを媒体"水"に以心伝心し、素材に語りかけ、働きかけ一体となって素材本来の素晴らしい潜在力を引き出すのが調理人本来の仕事であるということを超一流ホテルの総料理長から聴き、感動したことが思い出される。ならば、水道水やアルカリイオン水を凌ぐ水は簡易にできないかと、都内にある有名ホテルの水道水と電解水（飲料用）を用いて、簡易な実験を行った。図表8－6にデータの概要を取りまとめた。一読願いたい。

都内ABホテルの分析データの概要（平成26年11月24日作成）

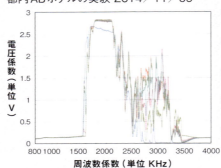

上写真は（株）澤本商事での水分析／簡易実験の風景である。都内のABホテルで採水されたサンプルのペットボトルと簡易な形の抗火石、およびセラミックスを浸漬した改質テストである。ビーカーに抗火石と陶器セラミックスを入れ、浸漬させたものである。右側は水道水テストであり、飲料水と同様の改質サンプルに加え浸漬したサンプルである。

上図表はAQA分析波形図である。②赤色線の水道水に較べて⑤空色線のアルカリイオン水は2500～3000kHz域の波高が低下し、3300kHz～3500kHzの波高が高くなり、溶質の活性化で水の触媒能が向上したことを示している。また、⑥黄緑色線のアルカリイオン水の改質したものは極端に触媒能が増した化学反応用の水に変身しているが、④桃色線の水道水の改質したものは適宜な触媒能、酵素能に適した波形状態となっている。この詳細部分の見分け方は、微乾燥顕微鏡観察の写真模様判定で説明する

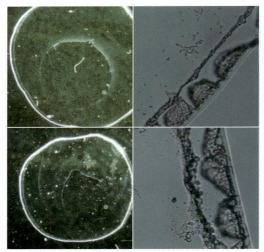

上写真のアルカリイオン水は微細になり過ぎて再凝集し一部ダマ状態の形成し、溶質不活性となっている。下写真の抗火石改質ではさらに微小化が伸展し若干ダマ状態の形成が見受けられるが微小化開放も伸展している。だが、溶質の拘束が解除されていない様相である。

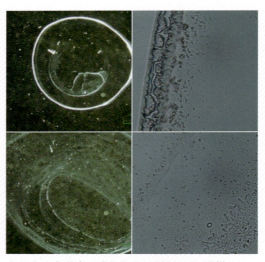

上写真の水道水は残留塩素の影響もあり模様はやや凝集気味である。下写真の改質水は拘束力が開放され溶質個々が活性化し模様も拡大し表面張力も適宜な状態と推測される。生命体に適した小集団模様が多く形成されている。

図表8－6：都内ABホテルの水道水と電解水およびその改質水の分析

結果として、電解水はコロイド粒子が超微細化（陰極まる）され分布状態が非常に進展している。マスキングが強まり個々の粒子の表面陰電荷は、小さくなり過ぎたものが寄り集いダマ状態の形成が見受けられ、分散性が今一伸展できず一極集中型（陽極まる）の傾向を示している。電解アルカリイオン水は非常に改質が困難な状態になっている。むしろ水道水の方が改質し易く、生命体に適した小集団構成のコロイダル状態がしっかりと形成されている。写真8－4は水道水の改質水の1000倍の微乾燥光学顕微鏡写真である。ミセルコロイダル粒子の多くが中空型ミセルコロイダル粒子となり、エネルギー進化の様相を示している。水道水の方が生命体に適した水に改質されている。電気分解の水は、表面張力の強い不活性化された様相であり、還元力はあるものの、あまり褒められた水とは言い難い水といえる。

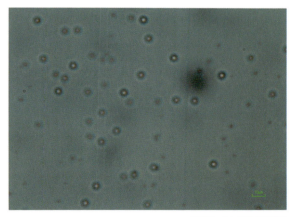

写真8－4：水道水改質水

病気にならない白湯健康法

もう4年ほど前の話である。暑さ真っ盛りの夏の日に知り合いの医師、今は亡き細井睦敬先生から『病気にならない「白湯」健康法』（PHP研究所）という本が送られてきた。自らも試し、患者さんにも薦めてみたが結構便通改善など良好な状況であるとの添え書きがあった。「お前さんの分析で、その所以が何であるかわかるかもしれない」との期待感を込めた情報提供であった。細井先生が推奨するからには、何かがあるのかもしれないと、何となく心に引っかかるものを感じた。

「白湯」といえば簡易な軟水化であり滅菌効果ではないかと、ありきたりの常識論が一瞬脳裏に浮かぶ。筆者の単純な先入観である。だが、該著書を読み進めていくほどに"まさか"の疑念が頭をよぎり始めてくる。まさかが重なるが反論するほどの治験のエビデンスは特に持ち合わせていない。ほどなくして、"もしかしたら"の興味が湧いてきた。「やってみよう」、義理分析の感はもはや消え失せてきた。「今の科学では説明しきれないかもしれません」との著者である蓮村医師の言葉に、妙に自尊心がくすぶられた。

やかんに水を入れ、火にかけ沸騰させる。沸騰したら弱火にして、やかんの底からボコッ、ボコッと気泡が出る程度で15分間おいて火を止める。白湯の温度が80℃程度に下がった頃

白湯の力

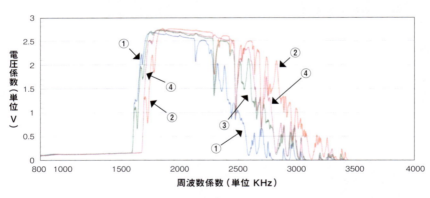

白湯つくり：強火で沸騰させ、弱火でとろとろ15分間煮沸

①青色線：基準水／100％
②赤色線：白湯（室温）／62％
③緑色線：水道水／76％
④桃色線：白湯（50℃）／72％

「なぜ白湯は体に良いのか」という、科学的根拠は示されていなかったが、顕微鏡による分析結果では、水道水（写真左）の形に較べて白湯（写真右）の形は明らかに模様が均一で、真円に近付いている。これはミネラルや酵母の力が発揮し易い状態の水であり、飲用すると、体内の水も同調してリズムが整う。その結果、免疫力が向上したり、血液がサラサラするなど、健康効果が期待できるのだ。

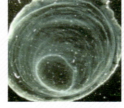
水道水の実体顕微鏡写真

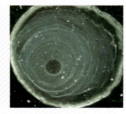
白湯の実体顕微鏡写真

さらにアクアアナライザの分析では、50℃の白湯よりも、室温の白湯の方が、酵素的機能は発揮され易いことがわかった（グラフ参照）。体が冷えないよう、熱めの白湯を飲む人もいるが、私は20℃くらいで飲むことをお勧めしたい。上記パーセンテージは基準波形に対する単純な変化度合いを示すもの。

図表8-7：白湯の分析結果

が飲み頃だという…。著者である医師・蓮村誠氏提唱の正しい白湯の作り方である。

蓮村医師は開口一番、「正しく沸かした白湯は、ポットで沸かしたお湯や中途半端に温めたお湯とは、明らかに違う」と、著している。「"白湯の持つ軽さ"がからだに入ることで、弱っていた胃腸機能が復活し、消化力が高まる。結果として、体内に溜まっている余分なものが燃え、からだ全体が本来の機能を取り戻す」と喝破している。「白湯を飲み続けると、からだはもちろん、心も軽くなって気分が爽快になる」と経験を語りかけている。
「目に見える結果が出ている……。それでも『科学的な根拠がないのでは？』と疑う方もいらっしゃるかもしれません。しかし、実際のところポットで自動的に沸かしたお湯と、正しく沸かした白湯では便秘の改善具合やからだの温まり具合が違う。白湯を飲み続けることで、便秘をはじめ、睡眠障害や冷え性、不安やうつ傾向など、様々な症状が改善した人を、クリニックで何百人と診てきた。結果が出ているということは、具体的な作用があるということである。目に見えないものですし、今の科学では説明しきれないかもしれませんが、白湯の心身への効果は、多くの方の体験から実証された事実です」と著している。

「百聞は一見に如かず」。"見える化"された科学的根拠を模索すべく早速、東京都の水道水、埼玉県の水道水、岡山県鴨方のある人生道場のお水等、手近にあるサンプルの実験を行った。中島・澤本らの集団コロイダル論の分析手法で取り纏め報告書としたものです。もちろん、蓮村医師のひとり言『科学的な根拠がないのでは？』に報えるような結果であった。図表8－7を参照願いたい。

「白湯」の提供情報に魅せられ、その科学的作用機序を追い求めた。その底力の治験結果は想定外に上出来であった。蓮村医師は"白湯の持つ軽さ"だと表現している。軽さとは、これまでの科学者がいう"クラスターが小さい"を指しているのだろうか。哲科学的表現の「軽さ」の意味が今回の中島・澤本らの科学的検証で、その真髄が見えてきた。蓮村氏が唱える80℃前後の温度帯よりも、むしろ室温レベルの方が白湯の力が際立って発揮されることがわかった。密度から想定される軽さではなく、むしろ緻密で秩序力のある凄さが科学の本筋論である。軽やかさという真意とは、動的観点からのコロイダルの爽やかで機敏な敏捷性、並びに周囲との和みの柔らかさ、そして均一化の場づくりの活性、すなわち触媒能であることがしっかりとデータから読み取れている。

身軽で機敏な、かつしっかりとした力のある優雅な動きに加えて、共に交わり合えるコロイダルの微細化、微小化に伴う水の階層構造が持つ適宜な誘電分極機能であり、その集団律動と秩序性が成す生命体への適宜な小集団活動と考えられる。蓮村医師の"白湯の持つ軽さ"の真意を科学することができた。

医学・医療に関わるプロの先生方に、筆者の私見の是非を検証していただきたいものである。会う人ごとに、「白湯の健康法」を薦めている。白湯は、最も経済的で簡易にできる底力のあるベース的健康維持法である。純水は身体には不向きだが、白湯は一次硬度と呼ばれる炭酸カルシウムや炭酸マグネシウムは若干程度減じるが、百益あれど一害無しである。読者の皆さんも、安心してぜひ試してみてはいかがだろうか。

低エネルギー原子転換の場に水は必須

1. あり得ん話の稀有な結果

　水に溶かした2つの成分に原子転換が起った。1つは貝化石中の珪素の増大であり、もう1つは焼成牛骨粉中のナトリウムと珪素の増大である……。あり得ない話のはずなのに？　あり得ん摩訶不思議な事象の稀有な治験結果である。2007年には「焼成牛骨粉の水溶解の不可思議な事象について」、また2008年には「ソマチッドと極微小コロイド粒子その無機物的な極似性に関する一私見」を、日本サイ科学会で論文、並びに一私見として発表したものだ。

　なぜ、"あり得ん話"なのか、稀有なのか？　その背景にあるものとは？　現代科学の原点を成す物質創造の物理則の厳然としたセオリーがある……。宇宙には様々な物質がある。素粒子や原子、判明している物質はほんの4％程度に過ぎない。しかも、人類叡智の総力で知りえたそれらは、すべて想像を絶する超高温・超高圧の超エネルギー場、すなわち太陽を遥かに超える超巨大新星の星々の中で生まれたとされている……。該物理学のセオリーは科学者の粋を集めた科学である。だが、果たして自然を説明し切れるほどの"絶対"なのだろうか。

　今なお、人類も科学も発展途上であり未完成である。未来永劫、人類は「完成」という日の目を見ることは"絶対"にないであろう。自然の中には、まだ説明（科学）し切れない現象が多々ある。己が常時成している好事例がある。生命体自らが命を活かし続ける最も大事な作用"低エネルギー原子転換"である。原子転換とは、ある原子が別の原子に変わるという奇跡とも呼べる現象のことだ。近年では、フランスの生物学者ルイ・ケルブランが、生体内で原子転換が行われていることを実験で証明し、ノーベル賞にノミネートまでされた……。すでに前著書『水と珪素の集団リズム力』（Eco・クリエイティブ）で、筆者の治験結果を踏まえ詳細に既述したものだ。

　だが、本件はもう一度著しておかねばならぬ程の大事な話なのだ。なぜなら、筆者は治験の事象結果を正しく把握し、「低エネルギー原子転換には、水の存在が必須である」との新たな見解を提唱している……。世間広しと謂えども、中島・澤本だけではないだろうか。実は、ルイ・ケルブランもこのことには言及していない。彼は微生物の関与だと説いている……。だが、筆者は微生物の普遍的関与に疑念を覚える。特定の微生物は普遍の存在ではなく限定された局在の存在でしかないはずである。普遍の作用機序の成せる業に限定すべきであろう。生化学作用以前の物理作用である水の触媒作用が理に叶っていると考える……。水は珪素と共に命の核を成し得た。その命の維持のために、傍に在る利用可能なモノをして必要とする最小限のモノは命自らが作り出していると考えている。その最たる現象が"低エネルギー原子転換作用"である。

　最も身近な例を挙げてみよう。

　今、地球上に70数億人の人がいる。生体の組成はほぼ同じといっても過言ではない。だが、食するものは十人十色、百人百色で皆違う。生体内原子転換作用が働かない限り、そのような同一組成体は起り得ないはずである……。あくまでも筆者の現象から帰納した逆説的論証である。

　低エネルギー原子転換が起り得る大事な条件があることを、上述した筆者の2つの治験で発見した。貝化石も焼成牛骨粉も粉末状態である限り、幾年据え置いても原子転換はまったく行われていない。だが、水に浸けたら、たったの

一晩で大転換が行われている事実に出会った。別途材料でも、別途違う治験者でも同様の治験結果の傾向性が示されている……。「低エネルギー原子転換には、水の存在が必須である」。世紀の大発見いえるほどのシンプルな筆者の治験結果のエピソードの一幕であった。

2. 驚嘆する2つの治験「焼成牛骨粉」と「風化貝化石」の水溶液

人間の骨に近い組成である焼成牛骨粉（第3燐酸カルシウム：アパタイトという）の水溶解の治験結果に関する凄い実話である……。筆者の治験の中で最も魅惑的で、しかも一時は予想を遥かに裏切りドギマギさせられた焼成牛骨粉の水溶解の治験である。当時、筆者は技術顧問をしていた会社の新製品「ミネラルバランス」のトクホ申請用のデータ収集に携わり、種々な機能テストを行っていた。原料となる焼成牛骨粉が、水溶解でいかなる成分がいかほど溶解・抽出されるかの確認です。水道水を逆浸透膜で処理し、さらにオゾンガスでバブリング処理した水（以後活性水と呼称）に焼成牛骨粉を投入し、1分間に50回程度の回転で約15時間撹拌した水を9時間静置。上澄み液のみを採水して、分析専門機関でサンプル水溶液の各物性値や含有物質の組成分析を実施した。

組成分析表の分析結果を見て、蒸発残留物の組成分析データが原料の焼成牛骨粉とは全く別物の如き数値構成であった。カルシウムとリンが激減し、ナトリウムと珪素が激増している。信じられない数字であり専門機関が他所の別検体の報告書と取り違えたものと判断し、その旨を専門機関に連絡、取り替えるよう依頼した。だが、専門機関は依頼された物件検査報告書に間違いないとの返事であった。あり得ない結果であり、なぜこのような結果になるのか、分析手法や物質変化の正当性の理論的解説を迫ったものだ。専門機関の担当責任者自身も、まったく現実に有り得ない結果に疑問を抱き、分析ミスでは？　と思い、再度検査を行った。慎重に再々の検査にも関わらず、いずれもまた同じ結論であるとの回答が、再度寄せられた。

名称	Na	Si	K	Al	S	Ca	Mg	Mn	P	Fe	Sr
焼成牛骨粉	-	0.99	-	-	0.56	69.1	-	-	29.2	0.06	0.04
活性水蒸発残留物	40.0	30.7	12.1	5.47	4.37	2.68	2.27	1.36	-	-	-
純水蒸発残留物	41.8	33.9	7.89	1.98	4.59	5.53	3.51	-	0.06	0.14	-

図表8-8：焼成牛骨粉、活性水と純水の蒸発残留物の組成分析表（単位：%）

ミネラルバランス（焼成牛骨粉水溶液）

写真1：精製水に抽出液3を2000ppm添加の実体顕微鏡写真（約5倍）
写真2：同上400倍光学顕微鏡写真
写真3：抽出液3（ミネラルバランス）実体顕微鏡拡大写真（約50倍）
写真4：同上400倍光学顕微鏡写真
写真5：同上400倍光学顕微鏡写真

写真1・2●微小コロイド粒子が水と相互作用し階層構造体を形成している。溶質量は非常に少ないが、きれいな集団模様を描いている。生理活性には最適である。
写真4●ミネラルバランスの原液は辺縁部の沈積模様がキノコ状波状模様となっており、コロイド粒子の電荷保持力が非常に強いことが伺える。これは珪素系物質が主体であるコロイド粒子のファンデンワールス力がしっかりと発揮される特異現象である。
写真5●また、円周方向状の同心円模様に対して、直径方向の無数の微細ナイフ状模様が見える。これは、塩素不在のときのナトリウムの独特の模様である。電解物質の働きよりもコロイド粒子の電荷力で溶質の均一溶解分析・分散力を発揮している。

図表8-9：焼成牛骨粉水溶液（ミネラルバランス）

牛骨粉溶液の不思議現象に学ぶ骨を作る根幹は珪素であった

NASAが最も注目する骨の健康は骨芽細胞にある。骨芽細胞&骨繊維を作り育てているのは珪素の働きである。

●ミネラルバランスの物質変動

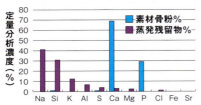

●ミネラルバランスの物質変動比較

	Na	Si	K	Al	S	Ca	Mg	P	Cl	Fe	Sr
素材粉骨%	0	0.99	0	0	0.56	69.1	0	29.2	0	0.06	0.04
蒸発残留物%	41	30.7	12.0	6.6	3.8	2.7	2.3	0	1.4	0	0

牛骨粉（第3燐酸カルシウム）は98.3％がカルシウムとリンで構成
（人骨は燐酸カルシウム85％、炭酸カルシウム10％、燐酸マグネシウム1.5％）

図表8-10：焼成牛骨粉水溶液の組成分析

　それでも筆者は腑に落ちず、原料の焼成牛骨粉にサンプル作成要領書を添付し、専門機関に送り届けた。専門機関自身が、常時検査用に保存しているJIS規格A4グレードの純水を用いての再分析を依頼した。今度こそ、あり得ない事実のしっかりとした原因を突き止めることができるものと期待していた。

　結果は、活性水の総蒸発残留物量は245ppmで、純水の164ppmに較べて約1.5倍と強力な溶解性であることがわかった。だが、蒸発残留物の組成分析は図表8-8に示す通りで、比率的に大差はなかった。専門機関の分析の正当性を認めざるを得ない結果である。逆に、この現象の真実を語る論理展開を迫られた。

　粉末では「第3燐酸カルシウム（アパタイト）が99％」であった。水に溶解して一晩おいた上澄み液では第3燐酸カルシウムは5％に激減した反面、「ナトリウム40％、珪素33％」と激増している。また、ルイ・ケルブランのいうナトリウムとカルシウムの原子転換時（図表8-11：生体内の原子転換図参照）の中間物質であるカリウムとマグネシウムがしっかりと存在感を示している。まさに驚きである。これまでもいくつかの原子転換の実例データに出会ったが、中間物質やその周辺物質の顕在化も含め、これほど明快な数字の差異は初めてである。

自然界&生体内原子転換図

生命力とは必要物質を自力で補う様を言うのでは？低エネルギー原子転換は生体系の水の存在が必須である

●ルイ・ケルブランの
　Na⇔Ca原子転換構造図

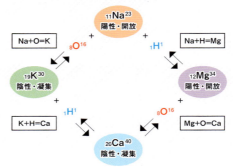

出典：『生体による原子転換』L.ケルヴラン 著、
桜沢如一 訳／日本CI

●原子転換付記事項
・炭素と酸素を融合すると珪素ができる。
・珪素と炭素でカルシウムができる。
・リンからマグネシウムとリチュウムができ、リチュウムと酸素でナトリウムができる。
・ナトリウム、カリウム、マグネシウム、カルシウムは私たちの肉体的体質を作るベースであり、リンと硫黄はこの間にあって精神的体質を作るベースになっている。
・MgとCaの中間にSがあり、NaとKの中間にPがある。
・珪酸塩鉱物は水素結合で水和する（鉱物と有機物の結合や水素の安定剤でもある）
・Si同位元素は28が92％、30が3％、29が5％自然界に存在する。
・質量31のリンに質量1の水素が結合すれば、質量32の硫黄となる。
・水と空気の存在で質量28珪素が、質量27のアルミに転換するとルイ・ケルブランは説いている。

図表8-11：生体内の原子転換図

ルイ・ケルブラン原子転換の質量等価の算式

23＋16＝39 … Na＋ O ＝K
39＋ 1 ＝40 … K ＋ H ＝Ca
23＋ 1 ＝24 … Na＋ H ＝Mg
24＋16＝40 … Mg＋ O ＝Ca
14＋14＝28 … N ＋ N ＝Si
12＋16＝28 … C ＋ O ＝Si
27＋ 1 ＝28 … Al＋ H ＝Si
28＋12＝40 … Si＋ C ＝Ca
7 ＋16＝23 … Li＋ O ＝Na
7 ＋24＝31 … Li＋Mg＝P
16＋16＝32 … O ＋ O ＝S
31＋ 1 ＝32 … P ＋ H ＝S

●筆者の治験結果では

焼成牛骨粉のリンとカルシウムはどこへ、何に転換したのだろうか？

リンはマグネシウムとリチウムに、また、リンは水素を伴い硫黄に転換。
リチウムは酸素を伴いナトリウムに、またリチウムは硫黄を伴いカリウムに。
カルシウムはカリウムと水素に、またカルシウムは酸素とマグネシウムに転換カルシウムは炭素と珪素に転換する。
珪素は水素とアルミニウムに、また珪素は炭素と酸素に転換する。
マグネシウムはナトリウムと水素に転換。
カリウムはナトリウムと酸素に転換。

図表8－12：原子転換の質量等価算式

なお、図表8－12に原子転換の簡易な質量等価の算式事例を掲げた。原子転換は質量の加減方式で推測が可能である。なぜなら、この世の原子と呼ばれている物質は、すべて水素原子に端を発した寄り集いからできている。水素が重水素となり、重水素が寄り集ってヘリウムやリチウムが誕生する。これらがまた、1つの集団となり、さらに質量の大きな原子となって誕生するのである。図表4－2の規則性ある周期律表を振り返り、もう一度眺めてみてほしい。

続いて、貝化石の治験結果について簡易なまとめをしておこう。

ソマチッド（超微小生命前駆体と呼称する人もいる）なるものが2500万年前の化石にも含まれているという。とりわけ多く含んでいるのは、北海道八雲町で産出される「風化貝化石」との評判である。早速に日本ソマチッド学会から購入し、治験サンプルを作成し専門機関で分析した。すると、焼成牛骨粉の分析結果と同じような傾向性の結果（図表8－13参照）であった。やはり、そうなのかという思いで、分析表を感慨深く見つめたものだ。

風化貝化石の粉末は、98％強が貝殻の主成分の炭酸カルシウム。そして残りの2％弱がいくつかの微量の成分だった。しかし、この粉末を水で溶かしその上澄み液を分析すると、カルシウムが69％に激減、なんと珪素が18％も含まれていた。分析専門機関に質したところ、前回の焼成牛骨粉の分析と同様に何度も確認分析を行い珪素が18％という割合を確認し、分析証明書に押印したとの報告を受けた。仮に貝化石中の1％に含まれていた珪素がすべて溶け出

名称	Na	Si	K	Al	S	Ca	Mg	Mn	P	Fe	Sr
風化貝化石	0.34	0.08	0.01	-	-	39.3	-	-	-	0.06	0.04
	＊上段の数値には炭素、水素、酸素、窒素の気体分子は表示されていない ＊炭酸カルシウムとして98.3％、二酸化ケイ素として0.18％含有している										
水溶液蒸発残留物	4.75	18.2	1.20	1.22	1.13	68.7	1.20	-	-	0.08	0.36
	＊カルシウム分は炭酸カルシウムとして表示：98.3％が68.7％に低下を意味している										

図表8－8：焼成牛骨粉、活性水と純水の蒸発残留物の組成分析表（単位：％）

したとしても、これほどの割合にはならない。「原子転換」の結果以外に思い当るモノは見当たらない。いかにして珪素が顕在化してくるかがわかるルイ・ケルブラン提唱の原子転換の方程式は次の通りである。

- カルシウムCa（40）＝珪素Si（28）＋炭素C（12）
- 珪素Si（28）＝炭素C（12）＋酸素O（16）
- 珪素Si（28）＝窒素N（14）＋窒素N（14）
- 珪素Si（28）＝アルミニウムAl（27）＋水素H（1）
- 窒素N（14）＝リチウムLi（7）＋リチウムLi（7）
- リンP（31）＝リチウムLi（7）＋マグネシウムMg（24）
- 硫黄S（32）＝リンP（31）＋水素H（1）

前段の、焼成牛骨粉の分析に続いて、またも同じカルシウムから大量の珪素が原子転換しているという確かな事象に出会うことができた。これら一連の事象について、もう少し掘り下げ、内実を見極めてみたい。

3. 2つの治験結果の秘めた真意

生体内等での原子転換の事実を明かしたルイ・ケルブラン博士は、マクロビオティック（大生命論）の創始者桜沢如一氏の助言を得て、原子核の"核のむすびの強弱"の存在、陽子・中性子の集団単位行動（水素や酸素やヘリウム、リチウムの原子核集団）を想定し、自らの原子転換の実験の合理性・正当性の理論構築を発表している。図表8－11にルイ・ケルブラン博士考案のナトリウム／カルシウムの原子転換図を示し、参考となる備考を付記した。見比べていただきたい。

筆者の実験結果は単純なカルシウムとナトリウムの増減変化のみならず、転換過程の中間産物であるカリウムとマグネシウムの確かな存在が目立っている。何よりも、それら周辺で想定されるリン、珪素、硫黄の大きな変化もすべて現れている。リンと硫黄は生命の重要な元素であり、水素を介して結ばれている。質量31のリンに質量1の水素が結合すれば、質量32の硫黄となる。自然はこの元素が欠乏したときに融通し合っていることをルイ・ケルブラン博士は実証している。筆者の実験データのリンの減少と硫黄の増大とも符合している。またアルミニウムも増えている。ルイ・ケルブランは空気と水と微生物の存在で珪素がアルミニウムに転換されると述べている。

もう1つ、生命誕生の根幹に関わる大事な珪素の存在がしっかりと浮き彫りにされている。カーライル博士の骨化論文の実験結果「骨組織中の珪素の行方不明の実態」の謎の解き明かしをほのめかしている。それは珪素のカルシウムへの逆原子転換である。その転換の可能性を実験データが語りかけている。

物理学者ラザーフォードはアルファ粒子線で窒素2分子が炭素と酸素に解体する事実を実証した。だがケルブラン博士は微弱エネルギーや微生物の作用で2つの窒素が酸素と炭素に転換することを実証例で示した。窒素2個の質量は28、珪素の質量も28。さらに珪素の質量に炭素の質量12を加えると40となる。質量40の元素とはカルシウムである。ケルブラン博士は珪素がカルシウムになる大量の生体実験データを携え論じている。それは骨化における珪素とカルシウムの重要な関係を示唆している。筆者の実験データとの稀有な傾向の一致である。

だが、1つだけ条件を異にしている。筆者は微生物の存在を検証していない。とはいえ、これ程までに様々なデータが単純な1つの実験で一同に顔をのぞかせている実例も見当たらない。むしろ、すべては水という媒体の場で、物質構成の結び目の強弱に働く"振動"という不思議な触媒能の働きを得て、原子転換が自然に成されたと解釈する方が理に叶っていると筆者は考えている。

4.低エネルギー原子転換の常在性

　想像をはるかに超える高温高圧の条件でしか起こり得ないとされる原子転換が、水の存在で、しかも容易に自然界で、生体内で起きているという可能性を示唆する事実と作用機序の推論を述べた。生命体全体がその構成物質を、欠乏元素を融通で賄い合い、生命体の維持を図る根本的な「いのちする道筋」、すなわち、"生体内原子転換"の黙示録と考えられる。

　単純な実験だが、見事に生体内原子転換を類推するに足る具体的物質の盛り沢山の例が物語っている。何が縁でこのような稀有な結果を得ることができたのだろうか。すべては水の存在にある。水を構成している酸素と水素の存在が、そして何よりも水の集団の場の調律リズムという振動、すなわちコロイダルの触媒能的な働きのお陰である。"水のはたらき"以外に、大本で生体内原子転換をコントロールしているものは、筆者には思い浮かばない。

　生命体は種別毎に同じものを同じだけ、いつでも食している訳ではない。原子転換が生体内で生じないならば、すべての生命体の組成分析は無限にまちまちのデータを示している筈である。そのようなデータ、あるいは理論に出会うことはない。種別に分類すれば、同種は同種同士、皆すべて同じ細胞組成分析のはずだ。何ゆえ科学は、生体内原子転換が"否"なのか。筆者には理解できない。

　もう一度、筆者の不思議な実験結果を簡易にまとめてみたい。

　カルシウムとナトリウムの原子転換途中の中間物質のマグネシウムにカリウムの存在、さらには周辺物質の珪素、硫黄そしてアルミニウムの存在も明確に顕在化している。もはや「低エネルギー原子転換は、水と云う触媒の存在を得て物理化学現象として必然的に起り得る」という確信を深めることができた。

　また、生体内原子転換を実験で明らかにしたルイ・ケルブランは、微生物の存在を必須として論じている。だが、生命体が生まれながらに獲得遺伝子並みに体得しているとするならば、生命という生化学作用の前段階である物理化学反応の存在を考えざるを得ないのではないだろうか。

　すなわち、消去法的ではあるが、最終的に低エネルギー原子転換は水という、しかも水と共にある珪素とのコロイダルの存在が必須であり、助成を成すとの結論に落ち着く……。生体内では常温・常圧の環境下で核融合・核分裂に相当する反応が常時起きている。驚くべき事実である。まさに生体内で集団となって動く『水を纏った珪素』の成せる業であろう。結び合う結合群化した生体水の「いのちの動力源：触媒能」そのものであるとした治験結果のまとめであった。

不思議ないのち水 "温泉"の事例紹介

　日本は世界でも有数の温泉保養国である。日本人は入浴好き、温泉好きの国民である。開湯が西暦705年という、ギネス社が「世界最古の温泉宿」と認めた1300年の歴史を誇る山梨県の西山温泉「慶雲館」をはじめ、由緒ある温泉宿が全国各地、火山帯や地溝帯に付随してたくさん存在している。古来、温泉は自分自身への慰労の場であり、人の輪の癒し・懇親の場として、さらには延命の究極の湯治の場である。誰もが平等に上下の分け隔てなく、衣を脱ぎ裸の付き合いがなせる最良の場である。人々は何かにかこつけては、温泉場に足を運んだ。最近は、湯宿の雰囲気をとり込んだスーパー銭湯が大賑わいをみせている。海外にさえも大きな広がりをみせている。

　なぜ、これほどまでに人々は温泉に身も心を開き、いのちを預けるのだろうか。温泉は、いのちの水に一番近いからではないだろうか。温泉とは、生命誕生の最初の場とも目されている海底の熱水噴出孔、すなわち海底の温泉ともいえる熱水鉱床の場と同じく大事な "いのちの水" そのものであることを第二章3項で詳述した。いずれも水が周囲の熱エネルギー（94℃以上）を得て岩石を溶解・抽出して微細な鉱石（ミネラル：ナノシリカ）を抱いている。

　ところが鉱石の骨格を成す珪素は、温泉の泉質や温泉療養の主要な要素として表舞台で取り上げられ、云々されることは皆無と謂わざるをえない。ただ、地下水の中にメタ珪酸（$H_2SiO_3 = SiO_2 + H_2O$）が50mg/kg（ppm）以上存在すれば、温泉の仲間入りができる条件の1つとして温泉法で定められている。

　温泉の大事な基点である "いのちの水" という視点で捉え、温泉の機能発揮効果を云々してみたい。珪素は温泉ではメタ珪酸（H_2SiO_3）、海水ではオルト珪酸（$H_4SiO_4 = SiO_2 + 2H_2O$）の形態で存在しているといわれている。決して電離状態ではなく、非解離物質である。いのちの水の立役者である非解離物質 "メタ珪酸" に焦点を当ていくつかの治験事例を紹介したい。なお、温泉効能の詳細は、夫々の湯宿の担当者の方にお問い合わせ願いたい。

1. 西山温泉慶雲館（Na・Ca硫酸塩・塩化物泉低張性アルカリ性）

　西山温泉は、日本列島を横断する大地の裂け目「フォサマグナ」地溝帯の一角に存し、太平洋プレート、北アメリカプレート、ユーラシアプレート、フィリピン海プレートの複雑なせめぎ合い拮抗によるゼロ磁場エネルギー『低線量放射線』のホルミシス作用を成すパワースポットに位置している。西山温泉『慶雲館』はラドンが多くα線の低線量放射線ホルミシス効果がある。ラドン量は1.73マッヘ＝23.3ベクレルであり、三朝温泉（20.38マッヘ＝274.2ベクレル）には遠く及ばないが、玉造温泉（0.83マッヘ＝11.2ベクレル）の2倍強を保持している。低線量放射線ホルミシス作用は開放力となり溶質の微細化、微小化に働き、浸透性、溶解性を増す。微乾燥顕微鏡観察の膜状模様の均一化に顕れている。ラドン機能消滅半減期は3.8日とあるが、三朝温泉の治験では揮散のため1日程

度の持続力である。だが、慶雲館温泉はかけ流しの温泉なので何ら問題なく、かつ揮散しても空気より重く部屋の底部の方に存在するため室内、付近の大気中にも存在し、温泉浴同様のラドン効果があると考えられる。

西山温泉慶雲館の1階と4階の源泉微乾燥顕微鏡観察

●慶雲館1階源泉模様

慶雲館1階源泉模様：最外殻に大きなミセルコロイド模様が多く存在している。表面陰電荷力を有し、かつ低線量放射エネルギーを含みナノバブルを抱合しているのかイオン状がなす流れ模様が全周に幅広く存在している。ラドン、炭酸水素、硫酸のガス化の影響と見るべきであろう。写真には赤褐色の600～800nmの珪酸コロイド粒子がベース状に見えている。その外側には薄い膜状があり、超微細コロイド粒子の存在である。しかしその集団間隙部はかなり赤紫が強く低線量放射線の存在を示している。

 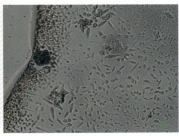 

●慶雲館4階源泉

慶雲館4階源泉：全域がベッタリ感の膜模様で席巻されている。写真の帯線に沿って紫色の線状模様が併走している。低線量放射線の影響である。赤褐色の800～1000nmの微小珪酸コロイド粒子がベースとなっている。それらが寄り集った大きな4～8μmのミセル集団がある。その周辺に800～1000nmの粒子が存在し、乾燥方向に沿い粒子径が小型化し600～800nmの粒子ミセルコロイドが共棲している。

図表8-14：西山温泉「慶雲館」の微乾燥顕微鏡観察

慶雲年間に開湯し1300年間、なおも湧き続ける西山温泉『慶雲館』等の泉質分析テストおよび考察

各種泉質の物性値（分析：各温泉提供分析表からの抜粋）

項目	慶雲館1F	慶雲館4F	きずの湯	万病の湯	鬼の湯
蒸発蒸留物	1130		3854	706	1882
Naイオン	235	283	833	31	277
Clイオン	201	221	1803	15	784
Cl／Na	117	128	216	48	283
Mgイオン	—	1.2	41	8	91
Mg／Na	—	0.4	4.9	25.8	32.9
Caイオン	106	160	194	39	154
Ca／Na	52.7	56.5	23.3	125.8	55.6
Kイオン	13	12	74	10	25
HCO₃イオン	50	164	—	0	363
SO₄イオン	432	515	432	309	33
非解離成分	—	—	520	265	213
溶存ガス成分	—	—	0.3	196.6	82.5
泉温（℃）	45	46	66.6	48.5	56.2
密度	0.9994		1.0013	0.9992	0.9994
備考 泉質 珪素含有量 （H₂SiO3） 下は珪素量	Na・Ca硫酸塩・塩化物泉低張性アルカリ性（PH9.36）高温度線電気伝導度：1690μs／cm ラドン：1.71マッヘ ラドン：1.73マッヘ 23.3ベクレル		酸性－含硫黄塩化物－硫酸塩泉 312 （112）	酸性－含硫黄鉄－塩化物－硫酸塩泉 264 （95）	Na・K－塩化物泉中性低張性高温泉 150 （54）

　西山温泉の溶存物質総量が1130ppmと日本に多い低張性（等張性とは、体液濃度9000ppmに見合うものをいい、およそ8000ppm以下より低い値を低張性といい、なお10000ppm以上のものを高張性という）の温泉。

　もう一点、硫酸イオンが非常に多いのが特徴的である。「硫化水素（H₂S）は還元反応で酸素を引き抜いたときに生じる無水硫酸が脱水反応にも働くようで、還元反応と脱水反応を同時に起こすことができる、素晴らしい還元剤なのである。このような二重の働きをする還元剤は他に見当たらない。つまり生命誕生の一翼は、硫化水素にあったといっても良いだろう」と京都大学の藤永太一郎氏と海洋化学研究所の紀本岳志氏は研究発表している。即ち、凝集作用と拡散作用のバランスのよい機能を兼ね備えているといえる。

　本書が注目するメタ珪酸は残念ながら泉質分析表には表示されていない。しかし筆者らの分析結果図表8－14の微乾燥顕微鏡観察からは、やや大き目の中型の膜状にマスキングされた隈が見受けられる。硫黄分の凝集性による4～8μmのミセルコロイドであり、このベース核になっているのが珪酸ミネラルである。600～1000nmのミセルコロイドを多く含有していることがわかる。結果として格段に溶質が均一に分散、分布力を発揮し特定の振動領域を有し触媒能を高めているといえる。尚、図表8－15は、各温泉が開示している組成分析データをまとめたものである。参考にしてほしい。

　生命誕生の場とされる海水と子どもが宿る母親の羊水、並びに生体液である血清とのミネラル含有率比較を図表8－16に掲げた。温泉の塩素／ナトリウム比率を見比べてみよう。

2. 三朝温泉（単純弱放射線温泉低張性弱アルカリ温泉）

　三朝温泉の温泉効能は、やはり、ラドンがかなりの影響力を及ぼしている。溶存物質総量が

単位：ppm（mg／Kg）（黒数字）&％（赤数字）

美肌の湯	湯の里温泉	志楽の湯	三朝温泉	玉造温泉	尖石温泉	海水
1211	1300	29590	609	1830	2578	33000
59	150	9410	178	475	658	11000
106	69	16490	207	229	340	18900
180	46	175	116	48	52	180
10	40	174	6	0.1	41	1320
16.9	26.7	1.8	3.0	—	6.1	12.0
20	260	535	30	172	81	430
33.9	173.3	6	16.0	36.0	12.3	4
8	4	453	6	12	77	380
—	1300	413	155	3	439	140
441	検出せず	4	76	913	963	2648
215	140	168	64	88	121	—
40.4	1573	20.9	2.2	—	31.2	
58.6	20.1	34.5	49.3	62.8	53.2	—
0.9991	0.9998	1.0098	0.9991	0.9998	1.0007	1.030
酸性―含硫黄塩化物―硫酸塩泉	CO2Na・Mg―塩化物・炭酸水素塩冷鉱泉	Na―塩化物強塩泉、中性高張性温泉	単純弱放射線温泉低張性弱アルカリ	Na・Ca硫酸塩・塩化物泉低張性	Na―硫酸塩・塩化物泉中性低張性高温泉	世界最大の漁場ベーリング海の溶存珪素は300ppm
188（67）	107（39）	134（48）	60（22）	82（29）	110（39）	

図表8-15：各湯宿の源泉泉質組成分析表（各湯宿提供分析表の抜粋）

少なく、鉱泉基準となる1gr/kgには達していない状態である。溶存物質は人体の浸透圧（溶存物質が8.8gr/kg、生理食塩水と同等）と等張するには至らず、その十分の1以下レベルの低張性となっている。だが、珪素の含有量は、驚くことに蒸発残留物の10％（60ppm）を占めている。水溶性珪素の機能発揮が十分成されている。生命に最も関係ある珪酸の働きが如何様にデータに示されるのだろうか？ 療養に良いとされている湯の里温泉は8％である。第一滝本館の万病の湯や美肌の湯に次ぎ比率が大である。この比率が大きいほど温泉に含まれるミネラルは触媒的に活性化するのである。

顕微鏡観察では塩素の影響なのか、かなりの凝集性が見られる。珪酸の模様もあるが塩素の影響模様も見受けられる。だが、塩化物温泉のような激しい刺々しい大型の模様はまったく見受けられない。珪素の働きがしっかり効いている。アクアアナライザの波形では蒸発残留物量が600ppm程度にしては2700kHz以後の高周波域の波形の存在感は抜群である。特に3000kHz～3500kHzの波形は、珪素の含有率が多いことと、放射線によるミネラル活性力の影響といえる。

海水・羊水・血清のミネラル重量比

	塩素	ナトリウム	カリウム	カルシウム	マグネシウム
海水	60.1	33.4	1.2	1.3	4.0
羊水	53.2	42.6	2.8	1.1	0.3
血清	51.2	44.6	2.2	1.4	0.3

出典：『自然海塩の超健康パワー 海洋ミネラルで体も心も甦る！』ジャック・ド ラングレ 著、原 悠太郎 訳／徳間書店

図表8-16：海水・羊水・血清のミネラル重量比

三朝温泉、玉造温泉の微乾燥顕微鏡写真

●三朝温泉

模様が小集団を成しやや透明感を漂わせている。その内側に存在するガス体の空所の影響を受けているのではないだろうか。ラドン、炭酸水素、硫酸のガス化の影響と見るべきであろう。右写真には赤褐色の珪酸コロイド粒子が見えている。中央写真は中間帯の膜状模様。緑色がやや強くカルシウムが被覆した粒子模様だが分布、均一性が非常に優れている。

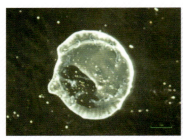  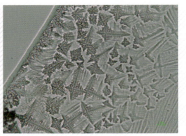

●玉造温泉

中央写真には粒子模様に赤褐色の珪酸塩模様が多く見える。右写真には微細粒子模様は緑色が強い。カルシウムが被覆した粒子模様である。なぜか大型にならず微細状態で分布、均一性が優れている。溶質の濃度が1000ppmを超えているにも関わらず写真5の最外殻の帯線は均一集合状態で、分布性にも優れている。溶質が十分に機能を発揮できる状態といえる。触媒力の優れた温泉水の様相だ。

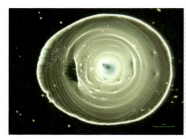 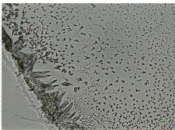 

図表8-17：三朝温泉と玉造温泉の微乾燥顕微鏡観察

3.玉造温泉（Na・Ca硫酸塩・塩化物泉低張性）と各温泉のAQA波形図

日本に多い低張性の温泉で、特に塩素イオンがナトリウムイオンに比べ含有比率は低く療養に良いとされる湯の里温泉、尖り石温泉と同比率レベルである。他温泉に比べ硫酸イオンが非常に多く温泉の触媒能を高めている。詳細は西山温泉の項で既述した。水溶性珪素の含有量は中準レベルであり、機能発揮が成されている。波形図の概要は、図表8-18で述べた。西山温泉の慶雲館の1階と4階の源泉は様相がかなり異なる。物性値では、4階の炭酸水素イオンが3倍位多い。溶質がかなりこなれた状態で

西山温泉と三朝温泉&玉造温泉との比較 AQA 波形図
9月25日開封直後の計測

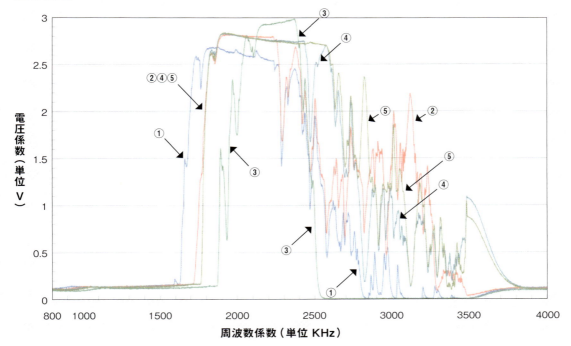

①青色線：基準抗火石浸漬純水 ②赤色線：慶雲館1F ③緑色線：慶雲館4F
④空色線：三朝温泉 ⑤黄緑色：玉造温泉

溶質的には慶雲館と玉造温泉は類似している。だが、慶雲館1Fの泉質は、触媒力の強い波形状態である。また、三朝温泉も含有溶質量に比べ波形の存在感が玉造温泉とそれほど遜色はない。珪素とラドンの効用と推測される。ところが、同じ慶雲館の1Fと4Fの物性値で見る限り溶質的にもそれほど大きな差異は見受けられないが、波形は大きく異なっている。4Fの波形が、非常に均一的で秩序性を有した特異触媒能を秘めた波形である。かなり強力な集団秩序力が働いた状態である。緻密でビッタリ張り付いた膜状の微乾燥顕微鏡写真と見比べれば肯ける。ミセルコロイド粒子径が600～800nmでしっかりと表面陰電荷力を発揮している。この均一的大きさの特徴的なコロイド状態（コロイダル）が、同一レベルの誘電分極の姿として波形そのものに顕現されていると考えられる。

図表8-18：西山温泉、三朝温泉、玉造温泉の比較アクアアナライザ波形図

均一化され、マスキング作用が非常に強くなっているのが微乾燥顕微鏡写真に現われている。予想外にナノバブルの働きがコロイダルの微細化に働いている。電荷力もあり、表面張力に打ち勝って沈積模様は大きく広がっている。波形は粒の揃ったコロイダルである。波形幅が非常に狭くなっている証である。また、三朝温泉の波形は、玉造温泉の波形に較べて3300～3500kHz間で波高が優位となっている。全蒸発物量が三分の一程度なのにかなりの溶質活性で波形が触媒能の様相を色濃く表している。ラドンの開放・分布力の働きの証である。

湯の里の温泉「銀水」とまきばの湯の経年劣化と改質

●高野山「湯の里」の湯

炭酸水素イオンの多い湯の里温泉の写真である。炭酸水素、硫酸水素のナノバブル影響で下左実体顕微鏡写真は乾燥が早く乾燥方向に模様が流れている。中央写真（倍率200倍）楕円破線円内に見受けられる放射状短線型の模様は炭酸水素イオンやナトリウムイオンの影響であり、溶液の活性化を発揮している。炭酸水素イオン等はナノバブル作用と同等の機能を発揮する。写真右（倍率1000倍）のコロイド粒子状模様は水溶性珪素と同じ模様である。珪酸コロイド粒子とナノバブルの特性が上手に発揮されている。

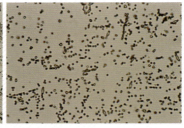

●まきばの湯の経時劣化と改善

塩化物温泉源泉はNaCl含有量が多いほど顕微鏡模様は生理食塩液に近づく。左写真は掘削当初の噴出湯、空気に曝され変質する。除々にツクシ状（下段中央写真）模様へと変化する。1年間という長期間放置した温泉源泉に相性のよい鉱物ミネラルを添加すると温泉が賦活し当初の模様（下段右写真）に近づき、鉱泉として源泉機能発揮に戻すことができる。下記3枚の顕微鏡写真を比較すれば納得いただけることでしょう。（まきばの湯の蒸発残留物：6957ml、メタ珪酸塩25mg）

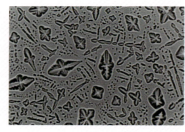

図表8－19：湯の里の温泉「銀水」とまきばの湯の経年劣化と改質

4. 湯の里温泉（CO_2Na・Mg・塩化物・炭酸水素塩冷鉱泉）とまきばの湯

　図表8－19の上段の写真が湯の里温泉の微乾燥顕微鏡観察写真である。コロイド粒子が、乾燥最終地点方向に向かって流れている。コロイド粒子が、炭酸水素イオンに抱かれ移動しているのである。炭酸水素イオンがない場合には、コロイド粒子の界面特性の電気泳動で最初乾燥部の最外殻辺縁部に大量の沈積模様が集中するのである。1000倍の写真では水溶性珪素と同じ中空型のミセルコロイドである。エネルギー

進化したコロイダルである。

また、図表8-19の下段の写真は"まきばの湯"の温泉水の経年変化と改質の様子を比較したものである。掘削時の出だしの温泉は凄い塩化物温泉とは思えないほどの綺麗な文様である。このサンプルを1年間放置したものがツクシ状模様となっている。ところが、これにミネラルを添加すると、ツクシ模様が星型模様に変化する。これが珪素の微細化並びに小集団構成の恒常性の働きである。温泉効能には如何にメタ珪酸の存在が大きく影響するかが覗える。

蓼科尖り石の湯と川崎志楽の湯の微乾燥顕微鏡観察

●尖り石の湯（ナトリウム−塩化物硫酸塩）

炭酸水素イオン及び硫酸水素イオンの多い活力ある温泉。実体顕微鏡写真の微細線模様は左渦流を成している。中央写真（倍率200倍）微細粒子、ナトリウム塩が過密集合せず分布性が非常に良好である。さらに倍率400倍の右写真のコロイド粒子は水溶性珪素と同じ模様である。珪酸塩コロイド粒子及びその集団が十分な機能を発揮している。触媒能発揮の良好な温泉である。珪素と炭酸水素イオン、硫酸水素イオンの素晴らしいハーモニーの温泉である。

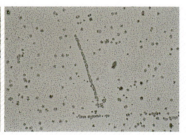

●志楽の湯（ナトリウム−塩化物強酸塩）

海水並みの塩分濃度で濃い高張性の温泉写真（倍率100倍）である。模様は観葉植物シダ類状の様相を呈し寄り集まっている。海水独特の模様である。深層海水に比べ珪素の含有が5～10倍と非常に多い。入浴の際、肌に傷があってもNaCl独特のチカチカするような刺激性はまったく感じられない。さらに写真右の小集団のやさしい模様も存在している。長い年月を経て熟成された珪酸塩コロイド粒子集団の表面陰電荷機能が上手に発揮された状態を示している。

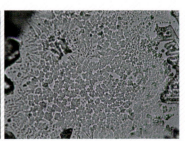

図表8-20：蓼科尖り石の湯と川崎しらくの湯の微乾燥顕微鏡観察

5.尖石温泉（Na-硫酸塩・塩化物泉 中性低張性高温泉）

　長野県八ヶ岳山麓の縄文遺跡で有名な蓼科には、ミツバチが群れ戯れるいこいの場でもある日本では珍しいシリカ・サルフェートの尖石の湯がある。驚くほど顕微鏡の光の透過がよい。図表8-20上段の写真を見ていただきたい。溶液の溶媒と溶質がべったりと混合した場合は光の透過が悪く、最外郭辺縁部は微細網目模様にはならず白濁あるいは大きな結晶状態が観察される。本検体は溶質と溶媒がつかず離れずの絶妙なバランスで溶け合っている。また溶質の拘束力を発揮する電解質部分の含有率も、その他のミネラルの含有に押され気味で絶妙なバランスを維持しているものと推察される。溶質の沈

沖縄糸満沖の海水模様（表層海水、中層600m海水、深層1200m海水）

沖縄糸満沖の海水の微乾燥顕微鏡写真で上段は実体顕微鏡写真である。下段は倍率200倍の光学顕微鏡写真である。左から表層海水、中央が中層海水（水深600m）、右が深層海水（水深1500m）の実体顕微鏡写真と光学顕微鏡写真である。辺縁部の白っぽい部分は塩の結晶である。内側の部分で沈積物が薄い膜状となり様々な模様を見せてくれる。表層、中層に見える黒い部分は全く沈積物がないところである。沈積模様の白い部分を光学顕微鏡200倍で撮った顕微鏡写真である。表層、中層、そして深層になるに従い沈積模様は集団構成が小さく、かつ粒子状で均一化が成されている。一番大きな差異は、表層海水には珪酸塩がほとんど無く、深層に多く珪酸塩が存在している。海水にも珪酸塩の秩序性が発揮されており、かつ生命に最も寄与している事実が現れている。

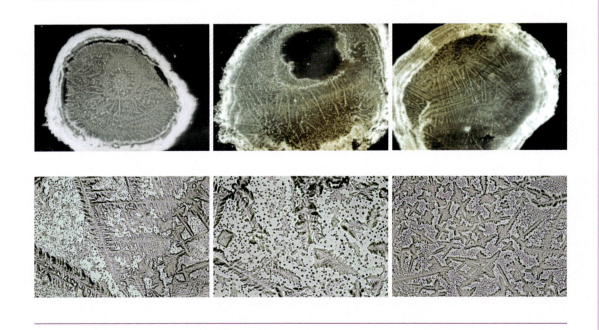

図表8-21：沖縄糸満沖の表層、中層、深層の海水微乾燥顕微鏡観察

積模様が線状で寄り合い膜を形成し、溶媒と溶質が均一に溶け合っているが"練られた"という感じではなく、溶質と溶媒の特質が夫々に活かされた感じである。程よい溶質濃度で効果的にミネラル機能が発揮され、汚れを抱き難い泉質を感じさせる。溶質の活性、すなわち珪素のコロイド電荷力の発揮であり、濃度以上の湯治効果が期待される。硫酸ナトリウム（乳白色）は温まりが良く、湯当たりが柔らかく、お肌がしっとりするそうである。

　珪素は人の組織と組織を束ねる架橋剤の役目をするミネラルである。玄米をはじめとして、珪素が多く含まれている食物繊維をできるだけ食するよう医学関係者は食の改善を訴えている。もう少し正確にいうならば、筆者が唱える、珪素の恒常性が成す小集団の構成そのものにあることを、再度、認識願いたい。

　また、含有ミネラルバランスが良く"飲料用"に適しているといえる。濃度的には濃く、薬用的処方が必要であろう。数十倍程度の希釈がベターである。温泉としては絶妙にイオンのバランスの取れた、溶質夫々の存在感がしっかりと活かされている"芸術的温泉"といえるだろう。

6.志楽の湯（Na‐塩化物強塩泉、中性高張性温泉）

　大都市のあちこちでさえも天然温泉として地下1000～2000mも掘削している。日本では最も多い泉質の塩化物温泉がほとんどである。だが、そのような塩化物温泉とはひと味も二味も違う珍しい古代の海水そのものといった"化石海水"の温泉がある。川崎市矢向にある縄文天然温泉"志楽の湯"である。図表8－20の下段微乾燥顕微鏡観察写真を見て、読みすすめてほしい。

　かなりヤリ状模様が強く現れているが、長さがそれ程でもなく、どちらかといえば深層海水の様相を呈している（図表8－21糸満沖の海水

模様参照）。右端写真の模様は海水には見受けられない模様であり、電解質のNaClより他のミネラル、すなわち珪素（メタ珪酸）がしっかりと性質を発揮している模様である。深層水に近い、小集団構成のコロイダル領域の演出をしている。なお、分析表でメタ珪酸は134ppmとなっている。海水中ではオルト珪酸の形態で存在するが、ここでは、その分析は行っていない。

　成分比率でも、羊水の比率傾向を示し、かなり熟成された海水と見受けられる。別途アクアアナライザの検証では、酪農尿尿も数年間熟成させると、波形図全体が高周波域に移動し、且つ3000～3500kHzの波形がかなり現れてくるのに似通っており、海水の熟成と推測される。

　一般的に体験する海水風呂のとげとげしさはまったく感じられず、筆者には入りやすい温泉だった。どちらかといえば、ぬる目の温泉が好みであり、湿疹等の皮膚の弱さもあり、等張性・低張性の温泉が好みである。しかし、高張性の温泉なのに、違和感がまったくないのが不思議であった。

7.登別温泉第一滝本館

　登別温泉第一滝本館には7つの源泉があるという。限られた敷地内にまったく源泉を異にする7つもの泉湯があるとは驚きである。紙面の都合上一部はカットしたが、組成分析値を見てかなりの差異に驚きである。

　図表8－22と8－23を参照し下記結果の概要を読み進めてほしい。これまでの治験で経験したことのない凄い事例との出会いであった。抽象的に説明してきたカルシウムの凝集作用（含有量の度を越した場合の活性化阻害作用）、珪素の表面陰電荷作用による活性化作用、さらにはナノバブルによる溶媒の触媒能の相乗作用が見事に演出された事例との出会である。お陰様で、より一層の溶液の集団リズム力の解析の内容を深化させることができた。

溶液の集団機能「性格」をより確かに把握するには、物性値の機能別グループ化が必要である。筆者は溶液の神秘性を見つめるために、より実体に副う機能発揮集団、すなわち液相とその界面特性に注視し研究を進めている。判定手段がパルス分光器アクアアナライザの集団振動、すなわち溶液集団の誘電分極・緩和作用の観察であり、微乾燥顕微鏡観察のイオンとコロイドの電気泳動作用である。その特徴的な現象と考えられる4つの作用に着目し、物性値をグループ化、指標化して、温泉の性格の検証・考察を行っている。

登別温泉第一滝本館のキズの湯と万病の湯の微乾燥顕微鏡観察写真

●きずの湯

硫黄、ナトリウム塩化物硫酸塩泉の写真である。実体顕微鏡写真模様は表面張力が低く広がりを見せ、全域で切れ目のない均一的な同心円模様を成し、最終乾燥地点まで模様が存在する。イオン特性並びにナノバブル作用の働きといえる。倍率100倍中央写真に見られるNaと塩素が成す若干の軟らかいシダ類状の模様が見える。倍率400倍の右写真模様はしっかり茶褐色を呈し、珪酸塩の存在とCa減少の影響が見えている。硫酸塩と珪酸塩が成す電荷力のある触媒能発揮の活性的泉質といえる。

●万病の湯

硫黄、鉄、−硫酸塩泉の写真である。最外殻部にコロイド粒子がボケ状に集中している。中間帯にもしっかりしたボケ状膜模様があるが、最終乾燥地点は大きく空所である。溶存ガスのナノバブルの影響で乾燥地点の熱に誘われ早急な乾燥の結果であろう。倍率100倍中央写真に見受けられる落ち葉状の模様がある。ナノバブルの影響で分散分布を成しバランスしている。倍率400倍の右写真の柳葉模様はNaClの程よい存在を示す。泉質の均一性が維持され溶質の機能が発揮される状態である。

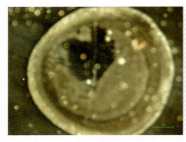

図表8−22：登別温泉第一滝本館のキズの湯と万病の湯の微乾燥顕微鏡観察写真

①溶質のイオン性とコロイド性物質（珪酸）の働きとその相互作用。
②カルシウムやナトリウムを主体にした凝集、集合作用とそれに対する珪素、マグネシウムを主体にした微細化分布、分散性の作用。
③ナノバブルの可能性を有するガス成分、及び化学反応にて炭酸ガス（CO_2）や硫酸ガス（H_2S）そして水素ガスのナノバブルを発生する物質の存在。
④低線量放射能線ホルミシス作用の存在である。ラドンやラジュウムはつとに知られているが、カリウムも硼素も同位元素が自然界に存在する。特に硼素は同位元素が20％も存在しアルファ線を出している。低線量放射線ホルミシス効果とは、媒体の触媒能の向上の働きである。だが、注意が必要なのは原発事故などで発生したセシウム133の同位元素135や137などのガンマ線、ベータ線の放射線種は、エネルギー凝集作用に働き、溶質の不活性化を招じるので注意が必要である。

第1滝本館のAQA波形図

●第一滝本館の癒しの湯、きずの湯、熱の湯のAQA波形の検証

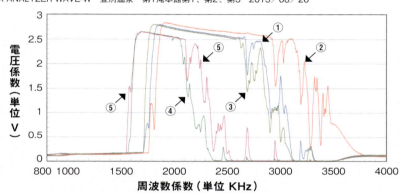

- これまでのアクアアナライザの水溶性分析では見受けられない現象である。蒸発残留物の量で見るならば、癒しの湯と熱の湯の波形は、かなりきずの湯の波形に近い位置に存在しなければならないはずだ。
- だが、癒しの湯も熱の湯も、蒸発残留物に対するカルシウムの存在量がかなり多く、特に熱の湯は美人の湯と共に多い。
- きずの湯は珪素の量も適宜で、ナノバブル発生要素も適宜であり、残留蒸発物に見合ったレベルの波形となっている。

●第一滝本館の万病の湯、鬼の湯、美人の湯、美肌の湯のAQA波形の検証

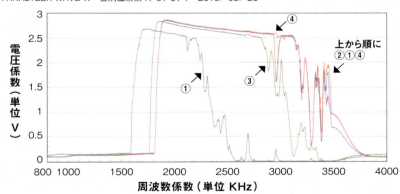

- 第1、第2、第3温泉同様、美人の湯は蒸発残留物に対するカルシウムの存在量が一番多く波形が縮小し、低周波域に遷移している。
- 蒸発残留物が少ない万病の湯と美肌の湯は、カルシウム量が少なく、珪素の量が目立って多い。カルシウムの作用と珪素の作用の違いが明確に表れた実例に出会い意を強くしている。万病の湯は珪素量が少なく溶質の個性が十分に発揮された状態でもある。
- 鬼の湯も、蒸発残留物の量が美人の湯の三分の一程度だが珪素の量が多く、炭酸水素イオンが多くナノバブルの効果が現れたのか、波形が激しく活性化している。美肌の湯は珪素量が多く硫酸塩のナノバブルが功を奏し、触媒能を非常に高めているといえる。

図表8-23：登別温泉第一滝本館の7つの湯のアクアアナライザ分析波形図

アクアアナライザや微乾燥顕微鏡観察夫々の分析項目別結果について、都度解説を付記した。この度の検証結果とこれまでの筆者の分析手法の経験的判例を参考に、登別温泉「第一滝本館」の泉質に関する検証のまとめである。

- 温泉の一番大事なことは、汚れにくく、清掃し易く、機能効果発揮力維持できる源泉泉質ではないだろうか。それには温泉源泉が常に爽やかな微振動状態を維持することが欠かせない。これが物理的効果、すなわち、微振動がこの3つの大事な作用を司る基本原理だからだ。これを成すには十分な珪酸の存在、十分なナノバブルの発生要素の存在、溶質凝析の抑制が欠かせない。
- 泉質分析表の特徴は、溶質全体に対する塩素の存在比は万病の湯以外の源泉は海水よりも高く、大昔、海水が地殻変動で閉じ込められ影響したものと推察される。万病の湯は泉脈が他泉と全く異なる地層からの湧出と推測される。
- カルシウムの凝集性の影響が強く現れている癒しの湯、熱の湯、美人の湯は、溶質の機能を一部潜在化させている。特に美人の湯は、凝集性がやや重い。希釈水を増した方が今以上に温泉効果を向上するのではないだろうか。
- 万病の湯と美肌の湯は、相当に低い低張性の温泉なのに、その触媒的活性力には目を見張るものがある。珪素の含有率が抜群である。表面陰電荷の微細なコロイド粒子が成す秩序性と活性化を同時に果す、素晴らしい触媒能の働きである。両温泉とも、触媒能を高めるナノバブル発生の要因「硫酸イオン」を多く含有している。その相乗効果が奇跡的な触媒能を創出しているはず。
- 鬼の湯は炭酸水素イオンにより、また、きずの湯は硫酸イオンにより超微細な気泡"ナノバブル"の溶質活性化の機能を大いに発揮し、温泉の触媒能を高めている。この触媒能の働きを支えているのが潤沢な珪素の存在である。その相乗効果に他ならない。
- 熱の湯と美人の湯は素質ある多くの溶質を含有しながらも、その機能を十分に発揮するまでには至っていないようである。必要以上にカルシウムの量が多く、それに見合いバランスするはずの珪素の量が、思いのほか少ないのが玉に瑕である。これをカバーするナノバブル発生の要素も少なく、硼素の開放力を得るも適宜な量に達せず、溶質機能を潜在化させたままの状態に甘んじているように見受けられる。

　珍しい素晴らしいサンプルとの出会いであった。分析者にとって、水の集団機能を見極める最も大事な3つの要素、すなわち、1つは溶液の不活性、溶質の凝集性を為す存在物の影響、2つは溶液の微細化、秩序化、リズム化を成す珪素の存在の影響、3つ目は溶液の触媒能の相乗効果を成すナノバブル発生要素の存在の影響である……。夫々の典型的な影響を受けた現実の姿に出会うことができた。またとない好事例の出会いに感嘆した。

目的別の機能水つくりの
あれこれ

水は千差万別である。生まれ故郷や出遭った経歴、よく似ているが、ヒトと同じで、この世に、"そっくり"はいない。しかし、目的別の機能水づくりには、品質の安定が求められる。全く同質のベース水を整えることが第一だ。

まず、水はいろいろなものを溶かし込んでいるので、それを除き"丸裸"にすること。つまり、水中の細菌、微粒子、無機イオン、有機イオン、そして水溶性物質等などの除去だ。広く一般的に知られているのが軟水化装置やイオン交換樹脂、あるいは逆浸透膜等の純水化装置がある。

もう一点大事なことがある。水の千差万別の主因はミネラルである。いろいろな物を除去し"丸裸"になった水はどこか求心力を失い無秩序な放任状態にある。確かなコロイダル水溶液を作るにはミネラルの補給が必要だ。特定のミネラル添加で品質の安定した記憶力のあるベース水作りが欠かせない。これまでの経験で、ベース水には珪素（構造を持った鉱石ミネラル）が、欠かせないことがわかっている。

さらに、水は情報伝達媒体としての大事な使命を負っている。水はエネルギーを含むあらゆる振動の影響を受け、相互作用の結果として独自の振動パターンを持っている。最も使い易く広く普及しているのが"電磁波"だ。もう1つ、育成光線を発するセラミックスとその撹拌システム等などが多く開発されている。いくつかの事例を紹介したい。

1.渡辺方式電極盤の応用事例

筆者が技術顧問していた会社にユニークな水の改質装置があった。今は亡き渡辺静穂社長の発明・開発だ。電極盤は材質特定で特注、電圧は数ボルトから数十ボルトでの調整、そして印加時間を設定して種々の目的別の水を作成していた。細胞などの新陳代謝を高める働きがある水（商品名：PK水）、生理活性を賦活する治癒用の水（BO水）、そして環境汚染のPCB等を分解する水（DO水）である。非売品で知り合いの方がモニターとして試飲、リピート要望も高く会社を閉じるまで提供していた。驚きだが、ダイオキシンの無害化は90％を越えていた。カナダの分析機関では、過去に水でダイオキシンの分解率が50％を超える事例がなく、繰り返し確認検査したとの報告であった。

渡辺方式機能水の微乾燥顕微鏡写真

上：健康生体用（PK水）
中：治癒用（BO水）
下：分解用（DO水）

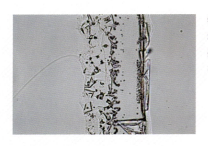

物質の拘束集合状態が、緩和されるに従いミセル状態が、細分化の方向を辿り、微細化を伸展させる。（PK水）

ミセルコロイドの微細化に伴い、液相の電気2重層範囲が縮小する。コロイドの分布性が増し、溶液の均一性が高まる。（BO水）

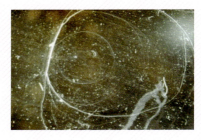

ミセルコロイドから超微細なコロイド粒子の独立性が伸展し、個々のコロイド粒子の機能が発揮されるようになる。究極はナノ粒子となり、触媒能の働きを最大限にする。（DO水）

図表8－24：電磁気力を駆使して作った生体用の水、治癒用の水、分解用の水

　微乾燥顕微鏡観察でそのミネラルの電気泳動の軌跡状態を観察した結果が図表8－24だ。写真8－5は、渡辺式水改質電極装置。また、図表8－25はカナダの検査機関で分析したダイオキシンの分解検査の分析報告書である。

　さて、PK水は自社製品の化粧品製造用に開発された水であった。皮膚への喰いつき、浸透性が良いなどの利用者の評判も上々。塩素除去された水道水に比べて沈積模様の規則的な分散が見える。また、辺縁部の凝集部分でも一定幅で広がりを見せ溶質がより鮮明に映し出され、きめ細かい分布が展開されている。これは、PK水が採水直後の水道水はもとより脱塩素後の水よりも、溶質の開放、分布・分散が伸展している。溶液の均一化が図られた結果の現れである。これまでの経験で、PK水は生理活性を賦活させる効果が見られた。

　また、BO水の特徴は、全体の模様の大きさがPK水よりも広く、含有物質が明確に広がって点在している。実体顕微鏡では線状模様が細く数が増える傾向を示し、溶質の均一分散・分布が一層進んだ様相である。線状部分に溶質が集合しているが、しっかりと夫々の含有物の所在が確立している。適宜な表面陰電荷力を有したコロイド粒子の証である。コロイダルの微小化傾向に優れている。これまでの経験で水道水や各種のナチュラルミネラルウオータではこの様な模様はあまり見受けられず、触媒能に優れているものと判断している。

写真8-5：：各種渡辺式水改質電極装置

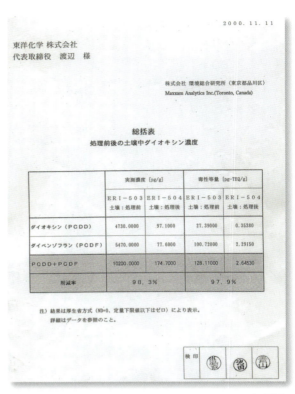

図表8-25：ダイオキシン分解成績書

　さらに、公害問題の代表格であるダイオキシン、PCB、そして放射能の無毒化を目的とした機能水（DO水）を試作、テストを重ねた。ダイオキシンの無害化のテスト結果通り確かな働きが確認された。全体の模様の大きさがPK水やBO水を凌ぎ、明確な同心円状に広がっている。全体が白っぽく、辺縁部に引き寄せられる以前に全体が同時併行で薄膜状に乾燥したものである。溶質の分布力に優れ均一化が進展している。亜臨界水機能発揮に近い水と言える。しかも、25℃でありながら純水4℃に匹敵する程の密度である。全くの驚きである。これまでに出合った自然界の水や、様々なミネラルウォーター、さらには特殊用途のベースとなる精製水や超純水など、いかなる水とも違う顔を覗かせている。辺縁部の模様も秩序性、開放性をしっかりと兼ね備えた水と見受けられる。

　もう少し詳細に、科学的な物性値との整合性を確かめてみたい。PK水、BO水、ダイオキシン等無害化機能水は図表8-26に示した通り表面張力がかなり低下している。さらに通常の水科学で予測される結果とは逆の現象である。なぜか、密度が通常の水に比べて大きい。

　顕微鏡観察のスライドガラスの上に滴下すると水道水よりも広く広がり、水のサラサラ感が感じられた。表面張力の実測値通りの結果である。この現象はBO水並びにダイオキシン等無害化機能水も同じである。水分子の巨大なネットワークに割り込んで、大小様々なコロイダルが存在していることの証である。

　これまでの科学の常識見解とは異なる事象である。水の水素結合が強いほど、つまり、水の表面張力が大きい程、比例的に水の密度が大きくなると見做されている。だが、分析結果で表面張力は大きく低下しているにも関わらず、密度は低下するどころか逆に大きくなり緻密性が伸展している。全く理論とは逆の現象である。この現象こそコロイダルの伸展により水の水素結合が減少し、逆にコロイダルの寄り集まりが密になった結果といえる。

　水の水素結合の間隔（1.77Å）は、水分子の酸素と水素の化学結合（0.96Å）の間隙の1.8

検体名称	PH	密度	表面張力
PK水	7.32　at24.0℃	0.9978　at24.7℃	64.8mN／m
BO水	7.25　at24.0℃	0.9997　at24.5℃	65.2mN／m
ダイオキシン等無毒化水	6.80　at24.0℃	0.9999　at24.6℃	64.7mN／m
水（基準水としてのデータ）	-	0.9973　at24.0℃	72.0mN／m　at25℃

図表8－26：水の物性値の分析表　分析者：東洋化学株式会社

倍強である。珪素の表面電荷力で引力され構成されている大小様々なコロイダルの存在に因り、実質的な水の素結合ネットワークが大幅に減少した状態の証といえる。水はコロイダルの表面陰電荷でサラサラ、かつ緻密化され密度も向上したものである。この変化を誘引する影響力の強いものがミネラルの表面陰電荷力であり電磁波の振動である。

このような現象は、公害物質のPCBやダイオキシンなどの無害化に使われる非常に高価で扱い難い亜臨界水の機能と極似している。亜臨界水の最も特徴的な作用の浸透力、分解力に匹敵するほどの効果が発揮できる機能を有したコロイダル水が、簡易にしかも安価にできる実証そのものである。

この現象の哲科学的な解析・理論化が筆者の水の分析手法の原点である。抽象的な概念としての「拘束力」「開放力」「分解力」さらには「秩序」等の表現を導き出しているところなのだ。微乾燥顕微鏡写真の判定で、実体顕微鏡の沈積模様が、規則性のある幾何学的模様のものを"秩序性維持"と呼び、また光学顕微鏡観察で該模様の小範囲を覗いた時、溶質の微粒子の存在が均一に分布・分散している状態を"個性の発揮力"と呼んでいる。つまり、溶質の持っている個性の発揮度合いがその溶液の活性化だ。そして、微粒子の全体への規則性のない散らばった状態を開放力の行き過ぎとして"無秩序化"と呼んでいる。

上記3種類の機能水はPK水に、さらに電磁波印加したものがBO水であり、さらにBO水に電磁波を印加したものがダイオキシン等の無害化のDO水である。3種類の水の溶質はすべて量も質も同一である。水は電磁波の印加加減で大きく機能が変遷することがわかる。たかが水ではない。生命の基本でもあり、時には薬用でもあり、取り扱いを間違えれば劇薬ともなりうる可能性さえ秘めている代物だ。機能水は、きちんと検証を重ね、安全性を丁寧に精査しなければならない。目的別に応じた取り扱い説明をも明示すべき代物なのだ。

2.澤本抗火石水の応用事例

抗火石の目的別作用について第二章4項で"抗火石"の魅力ついて述べた。原石の珪素溶出による秩序性促進の水、素焼きセラミックスの生体にやさしい酵素能発揮の水、陶磁器セラミックスの粒子微細化による触媒能発揮の水、そして急冷型セラミックボールの環境汚染物資質等の分解機能発揮の水の基本作用である。さらにそれらの組み合わせで様々な目的別水づくりを行っている。また、これらを効果的に行うようセラミックスを積層充填した容器に水を循環させ、機能を倍化させている。循環量の最適を判定した時の実験結果の資料が図表8－27と8－28である。45℃に達した時の循環量がベストであった。詳細な解説は資料に譲ります。一読願いたい。

3.澤本三十四氏の匠の感応性能が透かし見えている

コロイダル領域論の共同研究者である澤本三十四氏は超能力的感性を身につけた非凡な匠である。常日頃、微乾燥顕微鏡を撮ってもらい、

作用別分析事例1：触媒力…抗火石水の循環回数別（温度上昇をメド）変化の微乾燥顕微鏡写真

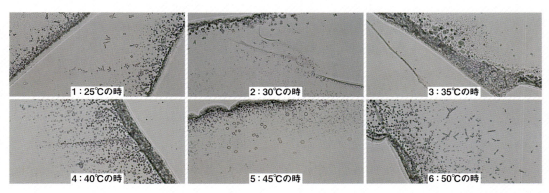

1．25℃から5℃ごとに50℃までのサンプル水は確実に変化している。30℃〜35℃の間、40℃〜45℃の間、および45℃〜50℃の間に明確な変節点がある。特に30℃〜35℃の間には触媒能が大きく変化する様子が窺える。また、45℃〜50℃の間には触媒能が最大になるポイントがあるようで、50℃の状態ではどちらかといえば、35℃〜40℃の間の触媒能力に逆戻りしている傾向が窺える。アクアアナライザではより明確に読み取れる。

2．30℃以下では、かなりおいしい水の部類に属する。溶質の性格表現が顕著になり、なおも低溶質量でしっかりと波高が維持され、触媒能が窺える。顕微鏡写真では、溶質の量の多少、コロイド粒子の拡散、分散、分布状態がしっかりと見えている。

3．水は電気的双極性であり、電解質分のイオン化の影響、コロイド粒子の電荷力の影響、外部からの電磁波の影響、微小物質振動波の影響を受け、かつ運動エネルギーの影響を受け、惹起・励起され、常に状態変化をしている。秩序正しい規則的変化は物体全体の相互作用で特殊なゆらぎを醸し出し、物質としての特有の正確を現している。アクアアナライザの波形がその特徴を現し、その秩序性は微乾燥顕微鏡写真の溶質の沈積模様が物語っているのである

4．澤本ナノ粒子水は生理活性水としての機能のみならず、触媒能を発揮できるというすごい力を見せている。生命体の秩序構築にもよし、また、非生命体の秩序構築、触媒能にも力を発揮するすばらしい万能薬水と推測される。

図表8-27：澤本抗火石造水器循環時間適正値検証試験（1）

作用別分析事例1：触媒力…抗火石水の循環回数別（温度上昇をメド）変化のAQA波形図

●ナノ粒子水旧AQA波形図

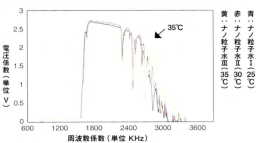
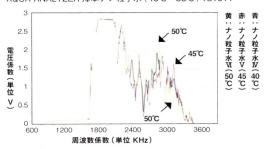

●温度階層別抗火石水AQA波形図の触媒能の特徴

温度階層別とは、造水機の循環水ポンプで造水機内を循環するほどに水の温度は上昇する。その温度に達した時点でサンプルを採水している。しかしサンプル計測時は、すべて室温になってから実施している。

AQA波形図は旧型のAQA波形図。上の波形図で青線25℃水に比べ赤線30℃水は全体に溶質機能が発揮された状態で、波高が全域でやや高くなっている。だが、35℃水の波形は最大波高で高くなっているが、平坦部の幅が狭くなり2000〜2600kHzでは波高が減退している…カルシウム等の凝縮被覆物の影響が減少した状態である。

そして2600kHz以降の高周波域では波形の存在感は増している…珪酸塩鉱物のコロイド粒子の微細・微小化の進展である。

下段の波形図でも、40℃水、45℃水になるにつれ、その傾向を強めていることがわかる。だが、50℃水になると一転して、むしろ、35℃水の波形に逆戻りの傾向をにじませている。

すなわち循環し過ぎるとコロイド粒子が微小化され過ぎ、個々の粒子の表面陰電荷力が閾値以上に小さくなり過ぎ、お互いの反発力が現象、却ってミセルコロイドの肥大化凝集気味の状態を招き、触媒能を減退させるのである。45℃水が触媒能を最も強く発揮するといえる。

図表8-28：澤本抗火石造水器循環時間適正値検証試験（2）

一緒に実験に立ち会う機会が多い。治験に入る前に、サンプル瓶を握り、エネルギーが「ある・ない」、「強い・弱い」の程度さえ口ずさむ。何といっても凄いのは抗火石の組み合わせ量、循環量は感性で一瞬に決定する。また、タップマスターなど用いての改質でも7段階ある周波数の中からベストな周波数を選択し、かつ印加時間を特定する。ある治験で、7段階の周波数毎で、しかも1分間隔での膨大なサンプルで確認テストを行った。予言通りの結果に唖然としたものだ。

澤本氏の感応性能の凄さの醍醐味は、研究開発に時間が掛からないというのが最大の魅力である。1つひとつの重ねの統計的治験手法で得る結果判定ではなく、数回程度の模擬テストで結果が得られる。結果を得る絞込みの手間隙が省けるのである。研究開発の時間とお金と手間が大幅に節減できるメリットは大きい。

そんな澤本氏の感応性能を透かし見る機会

■匠澤本氏の感応性能検証：微弱磁気エネルギー

地下水の沸騰蒸留水つくりで、思わぬ情報を得ることができた。匠の不思議な感応性能を発揮する澤本氏は、常に微乾燥顕微鏡観察前にサンプル瓶に触手し、自らの感性でエネルギー程度を予測する。今回は、蒸留水なのに、珍しくエネルギーの共鳴を凄く感じたという。いろいろ検証したが、超微細珪酸コロイドの表面陰電荷力が120％発揮され、蒸留水の活性が成されている。だが時間経過と共に、珪酸塩コロイドが寄り集い群れ合い、溶液の触媒能は基底安定状態へと向かい、活性度は低下している。
このことから匠澤本氏の共鳴エネルギーが微弱磁気振動であることが浮かび上がってくる。以前治験した超能力者のエネルギーも地磁気の10分の一程度の微弱磁気メーター（トリフィールドメーター）が作動したことが思い出された。AQA分析、ナノサイトの分析でも、明らかにその様相を顕在化している。

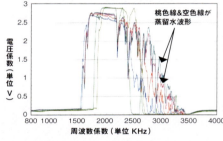

青色線：
基準抗火石水／100％
赤色線：
K1a水／75％
緑色線：
原水（別府バイナリ冷却水）／57％
桃色線：
同上水を蒸留した水1回目／71％
空色線：
同上水を蒸留した水2回め／72％
黄緑線：
蒸留後の残留水／64％

2月14日計測の微乾燥顕微鏡写真（上）と倍率400倍の光学顕微鏡写真（下）。珪酸コロイド粒子

●地下水の 100℃沸騰蒸留水

ナノサイトに見られる 凄い珪酸触媒力の発揮

2月1日計測
粒子が5mm以下で微小過ぎて計測不可能だった。

3月12日計測
平均粒子径184mmのものが6500万個も計測されている。

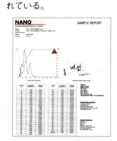

10日間位の凄い触媒力だが、その後は基底安定状態に戻りミセル集合体を形成。

澤本会長がサンプル瓶に触手するなり凄いと唸った。ただごとではない。左上アクアアナライザの波形が、溶質量が少ないにもかかわらず触媒能を120％発揮した状態を示している。だが、下図の3月7日測定の波形図では触媒能活性が減衰した様相の波形となっている。ナノサイトの計測結果と同じである。

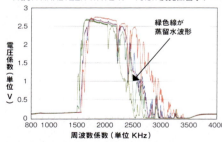

青色線：
基準抗火石水／100％
赤色線：
中島宅K1a水／75％
緑色線：
100℃蒸発蒸留水／80％
桃色線：
45℃蒸散蒸留水／98％
黄緑線：
温泉源泉蒸発蒸留水／72％

蒸留水で驚くのは、100℃沸騰蒸留水（緑色線波形）は上図の3週間前の作製直後は基準水に比べて変化率がプラス29％であるが、この度はマイナス20％と大幅に触媒能が低下している。過剰な活動エネルギーで消耗され基底安定状態になったものといえる。澤本氏は、2月15日のサンプルを手にするなりエネルギーが凄いと唸った。滅多にない出来事であった。
別件のルルドの泉の治験において、超能力者の計測時にトリフィールドメーターの計測も行った。地磁気の10分の一程度の弱い30ミリガウスの指針が振れるのを確認している。やはり超能力者や匠が感じ念ずる波形は磁気エネルギーであることが共通している。波形の変化、微乾燥顕微鏡の模様状態、さらにはナノサイトの粒度分布の様子の一致がその証といえる。

図表8-29：匠の感性エネルギーは超微弱磁気エネルギー

が、結果として訪れた。図表8−29にまとめた。結論は、アクアアナライザの分析で溶液の活性状態の経時的遷移状態から逆算的に気付き発見できたものである。それは"氣"という超微弱磁気エネルギー（30ミリガウスで地球磁場の10分の一以下程度）と見受けられた。以前、超能力者のエネルギーをトリフィールドメーターで確認したものと同じだと確信することができた。

4．岩盤浴の効果を汗で見る

最近は健康寿命が意識され、人は、例えば秋田県の玉川温泉の岩盤浴ががん治療や難病治療に効果があると耳にしたのか、多くのスーパー銭湯などにも岩盤浴が併設され賑わいを見せている。筆者は、まだ流行の走り始めの頃に岩盤浴や石の湯を体験したことがある。確かに入浴後の体の軽やかさに加えて爽快感は癒し満喫の満足感でいっぱいだったのを思い出す。なぜか、その時の最初の汗と再入浴後の汗を、微乾燥顕微鏡観察で比較検証してみた。汗の質の違いに、なるほどと満足感を覚えたものである。詳細は図表8−30を一読願いたい。

なぜミネラルが体によいのか？
岩盤浴温泉とミネラル飲用で、人体の健康効果を汗のデータで読み解く

● 岩盤浴（石の湯）

15種類もの石を組み合わせて、45℃前後に加温し、室内の温度を70％くらいにセットした「石の湯」を創った方がいた。その石の上に座ったり寝ているとおびただしい汗がでて健康にすこぶるいいという。
今、健康に一番重要なことは、サプリメント等で補うことではなく、体から不要なものをドンドン排出することである。身体に有害なもの、必要としないものは、とにかく排出すること。
体内からの排出に有効なのが汗である。普通の汗腺からではなく、もっと深いところの皮脂腺からの汗で排出することが健康維持に大切であることがわかってきた。

温熱、鉱石ミスト、飲料用力水
そして潜在エネルギーの育成光線と
微弱放射線ホルミシス効果の相乗効果

年間200ミリシーベルト程度なら健康に良いとされているが、日本での自然放射量は2ミリシーベルト程度とのこと。ラドン温泉では年間利用1500時間程度に相当する。

● 岩盤浴の汗と飲み水の関係

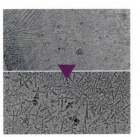

筆者が、A石の湯でミネラルウオータを飲用し石の湯に入った時の微乾燥汗顕微鏡写真の初日（左）と2日目（右）の入浴時の汗模様である。

筆者が、R石の湯でヤーコンジュースを飲用し石の湯に入った時の微乾燥顕微鏡写真の初日（左）と2日目（右）の入浴時の汗模様である。

最初に出る汗は汗腺からの汗なのか塩化ナトリウムの効いた汗である。表面張力は30ダイン／cm。
入浴回数を重ねる毎に、汗模様は皮脂腺からの汗なのかミネラルによる模様化が進行しており、油分、糖分、蛋白質等の有機物模様である。表面張力は37ダイン／cm。
飲み水で汗の模様が変化することも見えてくる。還元水を飲用し入浴した時には有機物系の模様が強力に出現した。入浴時にも不快感を感じた。そして、岩石抽出ミネラルばかりを飲用しつつ入浴すると汗模様は星型模様が多くなり、見た目はきれいだが力強さに欠ける。
やはり適度な塩化ナトリウムとミネラルのバランスが必要であると実感させられた。
激しい運動の場合など汗を多くかく場合は、スポーツドリンクが好まれるのも汗模様を見ればなるほどと納得できる。

岩盤浴はなぜ心身によいのか（拙編著水の本質発見と私たちの未来の抜粋）

何種類もの岩石を組み合わせ、それを40数℃に暖めるということは、各種の岩石の熱エネが熱波（サーマルウエーブ）とか温度波として空間中に絶えず放射されているのである。岩石という石の種類によってこの振動波の振動数も波長も、さらに波形もすべて違う。いくつもの振動波がサーマルウェーブとして放射され、その放射された超微弱なエネルギーを小さなちいさなミクロ粒子の水分子の集団に抱かせた結果が湿度60〜70％の実態なのだ。
水が各種の岩石に40数℃で触れる時、水がただ水蒸気として蒸発して湿度60〜70％を維持しているのではなく、超微量のミネラルを水に溶かし込み、岩石の振動エネルギーと共に空間中に蒸発という過程を経て放射される。自然界ではこのミネラルを水に溶かし込んだものが山から出ている岩清水で、それと同じことが「石の湯」で起こっている。岩石ならばどれでもいいのではなく、生体にとって重要な岩石を組み合わせて、その中からミネラルを水に溶かし込めるようにしていることが大事なのである。その証として、この「石の湯」に入ったとたんにいやな体臭がしない。
私たちの体は60兆個もの細胞からなっている。これらの細胞が集まって各種の器官を構成し、そして人間という固体が出来上がっている。石と同じ様に、細胞も器官も体も、夫々固有の振動波を出してお互いに情報交換をしながら、人間としての機能を無意識のうちに行っている。病気になるということは、細胞や器官が正常な固有振動を発信し続けることができずに正常時とは違った振動波を振動エネルギーとして発信していると考えることができる。
石の湯に入ると各種の疾病が著しく軽減されるのは、身体のある部分から放射された振動波をミクロな水分子の集団が石の振動波と共鳴し、その振動エネルギーでもって打ち消し、調律してくれていると考えるのが自然であろう。細胞や各器官から放射される振動波やそのエネルギーはすべて異なるのだ。そのために「石の湯」の石を何種類と組み合わせ、水に抱かせたのである。自然の複雑系のよさと同じではないか。これは病気という身体から放射されたエネルギーを受け取り、それを正常な振動波に変換して伝送したということで、この現象は現在では「気のエネルギー」として説明している。気などという程度のものではなく、遥かに「深遠なエネルギーの授受」の問題と考えた方がいい。しかし、現代科学ではこの実体を説明できるほどにはまだ成長していない。

熱ショックタンパクによる細胞の新陳代謝と解毒（デトックス）作用

図表8−30：岩盤浴効果を汗で診る

第九章 結び合う命の力「スピリチュアル健康能」

スピリチュアリティな治験・体験事例の紹介

水をして「いのちの水」に成さしめているのが、珪素（珪酸：SiO_4）の三大生命力特性"表面陰電荷力"、"常磁性"、そして"恒常性"であった。スピリチュアル健康能の見事な事例"ルルドの泉"の魅惑的な哲科学の話を第二章で述べた。"珪素"と"祈り"が成す『結び合う力の水』の神秘現象を哲学と科学を融合させ、筆者が治験の象徴として述べさせていただいた。さらに、根源エネルギー「氣」と感応する珪素の常磁性、そのミラクルパワーの本質もしっかりと述べた。

そのような筆者持論の強力なエビデンスとなり得る最先端生命科学の凄い研究論文に出会った。水によるDNA情報の交信・記憶に関する研究「遺伝子DNA相互の電磁気エネルギーの交信には、シューマン周波数が必須である」とした、生命科学の根源を見極める大発見である。ノーベル生理学・医学賞に輝いた仏国の遺伝子研究家リュック・モンタニエ博士の画期的な研究成果だ。

筆者が水の各種治験で最も興味を抱いたのは、見えない「場のエネルギー」であり、以心伝心の「意念エネルギー」であった。どのようなエネルギー形態で、いかなる働き掛けをしているのだろうか。水という素晴らしい媒体に映して見れば、きっと何かを語りかけてくれるに違いない……。その興味津々たる思いの一念から取り組んだ水の本質"情報の記憶"探しであった。

水の神秘事象の「見える化」「わかる化」した治験結果頼りの論理の体系化を図ることだった。本章では、いくつかの根拠事例を紹介し、水のスピリチュアル健康能の普遍性（すべてのものに当てはまる）を綴りたい。また、大衆化したわかり易い諺「病は気から」というスピリチュアル健康効果の極意とはどこにあるのか……。生体内で珪素に纏い付いた結び合う力の水のミラクルパワーがどこでいかように働いているかを、知見の見識も参考として中島・澤本のコロイダル領域論を根拠とした「思うところ」を述べてみたい。

1. ただぼんやりと呼吸するだけで血液がサラサラした筆者の実体験

もう6年余も前のこと。とある会社の会長さんに頼まれて、微乾燥顕微鏡観察に適した顕微鏡の品定め・選択へと出かけた。方向音痴な筆者には、初めての訪問地であり、キチンと指定時間までに目的地に辿り着けるだろうかと多少緊張気味であった。アクセス地図を携えて電車を乗り継ぎ都内にある光学機器販売会社に出掛けた。1時間半ほどで、無事目的地に到着。すぐに、小さな水槽とエアーポンプが置かれた一室に通された。

接客の方から「まず、あなたの血液を顕微鏡で観察してみませんか」と声を掛けられ、指先に針をあて、血液を一滴プレパラートに載せた。さらに、「15分間ほど、この水槽から出るエアーを吸ってみませんか」と薦められた。酸素吸入される方が鼻に装着するシリコン素材の鼻腔カニューラ管を装着して準備完了。観賞用水槽に使われる小型のエアーポンプから送り出される空気が青い光を浴びせられた水中を通り抜け、水面に到達。そこから鼻腔カニューラを通り抜け、筆者の肺へと吸い込まれた。

「綺麗な水だな、さぞ空気も綺麗に清浄されているのだろう」と、巡りくる思いのままに構えて何かを考えることもなく、ただぼんやりと15分間、時が過ぎるのを待った。我ながらのんびりとした流れの中での一時。再び、指先から血液を一滴採り、新たなプレパラートに載せた。

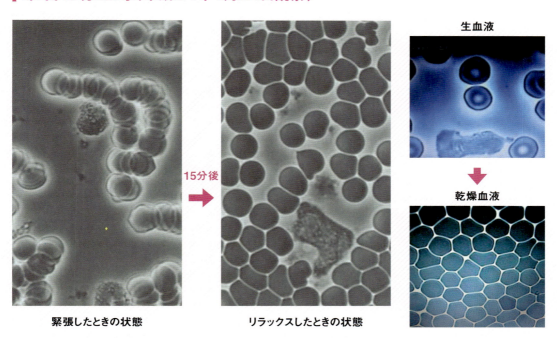

筆者の赤血球（平成24年4月24日観察）

緊張したときの状態　→15分後→　リラックスしたときの状態

生血液　→　乾燥血液

上記、位相差顕微鏡観察写真は、動画の一部である。わずか15分のリラックスで結合密集性の血液が、個々の表面陰電荷力を発揮してサラサラ状態へと変容している。交感神経と副交感神経の働き様の様相を象徴しているかのようである。しかも込み合った状態の所では赤血球は癒着状態とはならず、六角形状を成して緻密性を図っている。また、別途観察した乾燥状態の赤血球も六角形である。溶液が微密となり、密度を高め比重を高めるコツを自然が教えてくれているのではないか。

図表9−1：筆者の血液検査結果

早速、位相差光学顕微鏡の観察動画（図表9−1）を見せてもらうと、思わず「えっ」と叫んでしまうほどの驚きだった。わずか15分間程度のリラックスで、これ程までに血液がサラサラになるとは……。しかも、指の先からの採血だったのに。信じ難い光景にも、すっかり自己満足を覚えた実体験だった。

平常心とは何物にも一切拘らない姿なんだと、何となくわかりかけた気がしたものだ。身体に与える心の影響の大きさに驚いた。同時に、科学偏重に成りがちな我が思考を恥じた。その後の講演会の終わりには、必ずといっていいほど、貴重な体験談を毎回紹介させて戴いている。自らの実体験で得た貴重な"病は気から"の「見える化」のエビデンスの話だ。

2.共同研究者澤本三十四"匠"の意念エネルギー（1）

会話のわずかな間合いに数秒から数十秒間サンプル瓶を握りしめるだけ。澤本氏独特の意念の印加風景である。普段でもサンプル瓶を握りしめた瞬間にエネルギーの有無を口にする。筆者も真似てやってみる。敢えていうなら、比較

第九章　結び合う命の力「スピリチュアル健康能」

サンプル瓶の温度差の多少を感じる程度である。澤本氏は常々、草食主体の食事が"触感：感応性能"を鈍らせないという。肉食は、何故か自然との一体感を鈍らせるとのことである。

そんな澤本氏の凄い目的別の水づくりの実験データがある。図表9－2と9－3を参照し、下記内容を読み進めてほしい。

匠のエネルギー

澤本商事の微乾燥顕微鏡写真。
上は実体顕微鏡写真、下は光学顕微鏡400倍写真（撮影：澤本三十四）

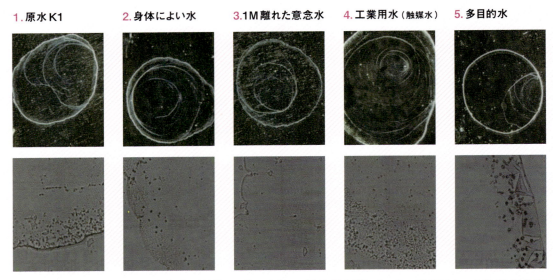

1. 原水K1　2. 身体によい水　3. 1M離れた意念水　4. 工業用水（触媒水）　5. 多目的水

K1水は水道水より溶質の分布密集が解除され均一となり、秩序性を増している。身体によい水はさらに分布性を増し、溶質機能を発揮している。意念水は大き目のコロイド集団がさらに微細化され溶質機能を発揮し易い状態である。工業用水は沈積模様が大きく表面張力が極端に低下した様相を見せており、コロイド粒子の超微細化を成し、媒体能を高めている。多目的水はコロイド粒子の小集団性を高め、使い易いエネルギー安定状態を成している。

図表9－2：澤本三十四の意念印加の微乾燥顕微鏡観察写真

　実験に用いた原水は、1.澤本氏自身が開発した澤本造水器で作った水（通称K1水）。2.手の上に30秒載せた身体に良い水、3.1M離れて意念印加した身体に良い水、4.手で1分間握りしめた工業用触媒能の水、そして、5.離れて意念印加した多目的用の水である。分析結果は図表9－2のコメント通り。原水に比べ夫々が目的別に向って変化を遂げている。筆者は自らAQA分析を行ったが、あまりの変化状態に驚き、澤本氏に同じ原水かと再々念を押し再確認した程だ。

　サンプル2と3の変容の性向性はほぼ同じである。意念を間接的に、あるいは直接的に印加するも大差は見当たらない。意念エネルギー印加の仲介役は、電磁波以外は考えられない。別実験で同様の経験をしている。自然音を水で測る実験をスピーカーで間接的に聞かせたものと音響振動盤に載せ直接体感させた実験結果が、同じ効果レベルであったことに驚いたものだ。

　また、サンプル4の工業用の水は、通常の倍の印加時間を掛け、サンプル5の多目的用の水は間接的に意念印加したとの事。目的別の意念とは、夫々が波長、波形が微妙に異なる電磁波だが、ベース波長は脳波レベルの超低周波数域のはずである。まさに匠の職人魂（信号波）の凄さを実感した。

澤本三十四氏意念エネルギー：AQUA 波形図
K1の水、手の上30秒、1M離れた意念水、手の上1分間工業用水、離れて多用途水

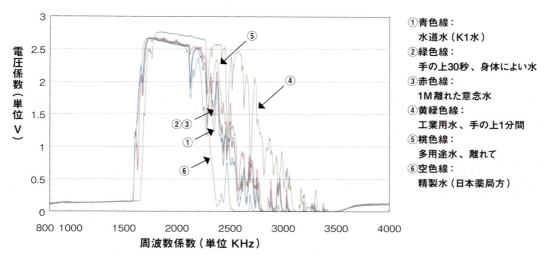

AQUA ANALYZER WAVE-W 3.25 澤本商事5種類の水分析　2013／03／25

①青色線：水道水（K1水）
②緑色線：手の上30秒、身体によい水
③赤色線：1M離れた意念水
④黄緑色線：工業用水、手の上1分間
⑤桃色線：多用途水、離れて
⑥空色線：精製水（日本薬局方）

● もの凄い話

澤本三十四会長の意念エネルギーの念じ方次第で、水が色々な変化を遂げることが波形図に表われている。
微乾燥顕微鏡写真も然り。
古来、匠といわれる職人芸が技量のみならず、魂の打ち込みであることがしっかりと見えている。

図表9－3：澤本三十四の意念印加のAQA波形図

3.共同研究者澤本三十四"匠"の意念エネルギー（2）

　隕石"シュンガイト"（ガレリア共和国産20億年前の隕石の炭素合成鉱物）の潜在放射能や屋久島産メシマコブの環境汚染放射線エネルギーのミネラル凝集の解除について、匠の意念の通用を試みた。サンプルの微乾燥顕微鏡観察（図表9－4）、AQA波形図（図表9－5）、並びにナノサイト計測データ（図表9－6、7、8）を参考に、下記溶液の改質治験の解析・考察を読み進めてほしい。

・シュンガイト浸漬した水道水のエネルギー凝集はない。だが、図表9－4のメシマコブ浸漬（写真1、2）でエネルギーの凝集性が明確になってきている。写真2にはエネルギー凝集の証である赤紫色のエネルギー凝集模様があり、塩化物系の独特のシダ状模様がはびこっている。

その外側はポリフェノールの薄膜にコロイド粒子がマスキングされ、連なり合っている。一番外側は空所を伴った淡い赤紫色の一条の線模様が走っている。この赤紫色や青紫色の紋様がセシウム同位体等の放射線独特のエネルギー凝集の紋様である。

・改質1の写真3、4は、抗火石RCセラミックスと振幅1mmのタップマスターの律動処理である。800～1000nmの中空型ミセルコロイド粒子がベースとなり寄り集って2μmの三層型ミセルコロイド粒子を構成、さらには4μmの多重層型ミセルコロイド（写真9－1）を構成している。生体に適した状態で、原液のエネルギー凝集の赤紫色の線状模様やシダ類状模様は影を潜めている。

・改質2の写真5、6の澤本意念印加したものは、シダ類模様は全く影を潜めエネルギー凝集は完全に解消されている。ポリフェノー

ルの膜状模様があり、それに付随して800〜1000nmの中空粒子に膜状模様がマスキングし、中央帯には4μmの多重層型のミセルコロイド（写真9-2）がベースを成している。紋様にキレがあり、コロイダルの表面陰電荷力が増した証である。

シュンガイト浸漬水道水にメシマコブ浸漬の微乾燥光学顕微鏡写真（撮影：平成29年4月25日）

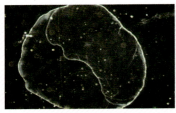
1. メシマコブ浸漬水の実体顕微鏡写真

3. メシマコブ浸漬水改質1の実体顕微鏡写真

5. メシマコブ浸漬水改質2の実体顕微鏡写真

2. 同上　光学顕微鏡写真（×400倍）

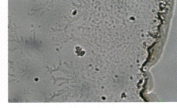
4. 同上　光学顕微鏡写真（×400倍）

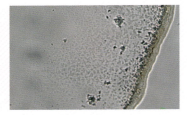
6. 同上　光学顕微鏡写真（×400倍）

上段は実体顕微鏡観察の写真であり、下段は夫々の最外殻帯線部の光学顕微鏡（倍率400倍）の写真である。原水は筆者宅水道水（埼玉県志木市水道水）に屋久島産のメシマコブを一晩浸漬したものである。改質水1とは、原水を澤本急冷RCセラミックスと共にタップマスター（垂直振幅2mm×振動数7Hz×5分間）に載せて振動を印加したものである。改質水2とは、原水に澤本意念エネルギーを数秒間印加したものである。原水はエネルギー凝集の様相で、不規則で拘束性を滲ませている。改質水1は、その拘束性を解除、開放力が発揮され、ゆるキャラの様相である。改質水は真円で同心円的様相で秩序性と活性化を物語っている。

図表9-4：シュンガイトとメシマコブとの浸漬水の微乾燥顕微鏡観察

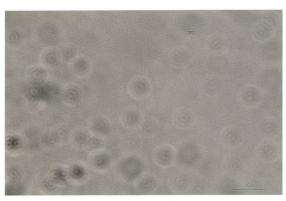
写真9-1：改質1の1000倍写真

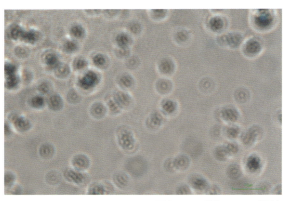
写真9-2：改質2の1000倍写真

　上記写真は微乾燥光学顕微鏡観察の倍率1000倍で撮ったもの。図表4-19：ミセルコロイドのエネルギー進化状態で解説した如く4μmの多重層型のミセルコロイドがベースで存在している。ともにエネルギー凝集を解除し、生命体に適した適宜なミセルコロイドを形成している。澤本意念印加した方が紋様に切れがあり明確性を増している。周囲の空所が明確化しており、コロイダルの表面陰電荷力が増した証といえる。

シュンガイト浸漬水道水とメシマコブ浸漬の比較 AQA波形図
（計測時：平成29年4月23日＆29日）

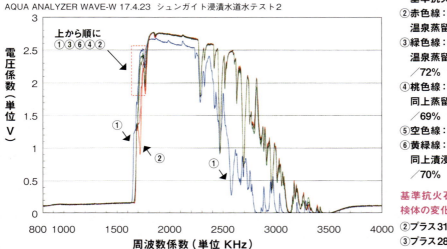

① 青色線：
基準抗火石水／100％
② 赤色線：
温泉蒸留水／69％
③ 緑色線：
温泉蒸留水＋メシマコブ／72％
④ 桃色線：
同上蒸留水＋RC＆Tap／69％
⑤ 空色線：—
⑥ 黄緑線：
同上漬浸水＋澤本意念／70％

基準抗火石水を100％とした各検体の変化の度合い
② プラス31％　④ プラス31％
③ プラス28％　⑥ プラス30％

シュンガイト浸漬水道水にメシマコブの削り片を16時間ばかり浸漬したものである。原水に比べてメシマコブからのエキスの抽出により、溶質量は増している。水コロイダルの粒度分布は、溶質と溶媒の混ざり具合で大きくもなり小さくもなるが、多様性が増すに従い大きいもの、小さいものが同時に増し、多様性が確保される。溶液の性格の幅が大きくなったといえるが、有意差がそれほど見受けられない。詳細はナノサイトと微乾燥分析データを参考に判断する。

図表9-5：シュンガイトとメシマコブとの浸漬水とその改質水のAQA波形図

さらに、我々はナノサイト分析器で、澤本意念エネルギー印加による溶液の改質状況を検証することとした。結果は、下記の通りであった。

- シュンガイトSG浸漬水は、平均粒子径位置と最大個数位置が57nmピッタリ合っている。単調で特定振動に揺さぶられ、しかも偏差値幅が3nmと極端に狭く均一化している。強力な振動エネルギー印加の様相である。だが、コロイダルの検出個数は0.2億個弱と少ない。触媒用に用いる水の様相である。
- メシマコブ浸漬で、コロイダルが確り形成され平均粒子径394nm、検出個数は抜群に多く5億個、メシマコブ溶出液はコロイダル形成に優れている。
- RCボールとタップマスターによる改質1は、コロイダルが微小化され過ぎカウント粒子個数は7億個と多いが、管内流速がゼロで表面陰電荷力は弱い。
- 澤本意念印加の改質液2は、200nm前後の大きさの活動的なコロイダルが多いが、検出個数は改質液1に較べ5億個と低下している。3Dグラフでは含水率の高いコロイダルが多く、粒子活動も活発化し平均粒子径が大きいにも関わらず管内移動速さが536nm／sとなっている。コロイダルの表面陰電荷力が増した様相といえる。

分析項目	S・G浸漬水	メシマコブ浸漬	改質水1	改質水2
平均粒子径（nm）	57	394	185	227
最大個数位置（nm）	57	178	103	152
粒子数（億個）	0.16	5.24	6.95	4.75
管内流速（nm/s）	2017	463	0	536

図表9-6：澤本意念エネルギー印加のナノサイト分析器データ（1）

●シュンガイト浸漬水道水とメシマコブ、並びに改質のナノサイト分析結果比（計測時：平成29年4月26）

シュンガイト浸漬水

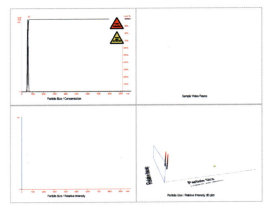

シュンガイト浸漬水道水メシマコブ

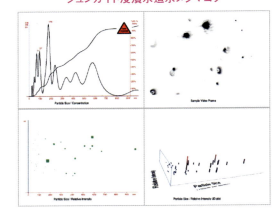

同液改質水1

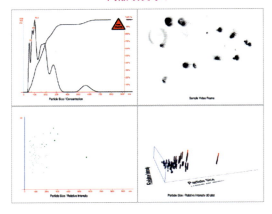

同液改質水2

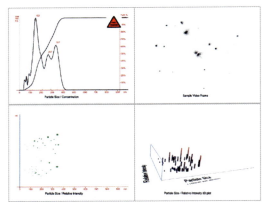

図表9-7：澤本意念エネルギー印加のナノサイト分析器データ（2）

●ナノサイト分析器のデータの読み方、見方について

粒度分布のグラフ

横軸：0～900nmの粒径
縦軸：粒度分布個数多さ
所々山の粒径表示あり
矢印線：粒度個数の総数％表示
例えば50％位置（D50）が111nmの位置である。

溶液コロイダルの動画表示

計測管内のコロイダルのブラウン運動を動画で表示している。コロイダルの数の多さ、大きさ、そして動きの速さが見える。黒っぽいもの程、密集が多く大きいもの程粒子の集合が広がっている。俗に言うソマチッドの微小体の激しい動きも見えている。

コロイダルの粒径と輝度関連

コロイダルの粒径と輝度関連
横軸：粒子径0～900nm
縦軸：光の反射輝度（強度）
光は、固体ほど反射輝度は大きく、液体ほど透過が強く反射輝度は小さくなる。コロイダルの固液気の混交状況を推察できる。

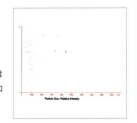

3Dグラフ

コロイダルの粒径と輝度関連
横軸：粒子径0～900nm
縦軸：粒子の数
Z軸：光の反射輝度（強度）
手前に存在するほど反射輝度が小さく液状態で、奥側に位置するほど反射輝度が大きく固体状態を表す。

ナノサイト器のデータの基本的な見方

1. ナノサイト計測器の原理は、光を当ててその物質の電荷の動き（電気泳動）を光で追いかけ、その反射輝度等を元に粒度とゼータ電位の強弱を演算的に算出し、データ化しているのである。ところが光の性質には粒子性と波動性が存在し、光の干渉や回析現象は付きものであり、ナノサイト分析器も対象物が10nm以下より小さい物は光の回析で検出不可能であると機器製造者は注意書きを添えている。
2. 数値はあくまでも計測器の限界範囲（10～1000nm）であることを念頭に判断すべきである。ナノサイトで計測できる粒子数は、全体の0.1％以下であることを念頭に置いて解析しなければならない。また、何度も対象物に赤色レーザー光線を当ててキラキラするものを視認しているが、いざ計測すると全く計測カウントが検出されていない場合もある。粒子が計測限界外の大きさと受け止めるべきであろう。
3. 平均粒径とは、検出全個数の平均値である。ゼータ電位とも連動し変動するが、表面陰電荷力が顕在的に発揮されるのは数十～数百nmレベルのミセルコロイドが主である。また、粒度分布偏差値とは、粒度径の大小の広がり状態を示し、小さい値ほど均一化状態で単調だが秩序性に優れていると云える。さらに、粒度分布50％位置（D50）とは、その数値以下の粒子径個数が50％存在する位置のこと。小さい数値ほど微小コロイドが多く、計測限界以下の粒子が多い傾向がある。逆に大きい数値ほど顕在化粒子が多い傾向にあるといえる。

図表9-8：ナノサイトデータの基本的な読み方

4. 超能力者、気功師、そして音響のエネルギーの治験データの紹介

本項データは拙著書『水と珪素の集団リズム力』(Eco・クリエイティブ)で詳細を著したものだ。ここでは、分析データの集約した図表を、参考までに掲載させていただく。

- 図表9－9は、ルルドの泉でも紹介した超能力者A師の意念エネルギーの間接的な印加の治験結果をまとめた概要。A師の意念印加で、水は酸化され難い還元水に変質していることが顕在している。
- 図表9－10は、氣導術師の間接的意念印加の報告書の概要。氣導術師のエネルギーは、化学的触媒能よりもコロイダルの小集団構成が成され、生命体に適したコロイダルの集団構成となっている。
- 図表9－11は日本サウンドヒーリング協会の協力を得て実験した結果概要である。音波は、既存の科学では空気の疎密波の縦波であるといわれているが、治験結果では、電磁波の一種であることが科学的に立証できた。音楽や自然音の響きが重要なヒーリングの手段であることの確かな証を提供することができた。大きな驚きであった。

❶ 超能力者A氏の意念エネルギー印加実験
超能力者のエネルギー…ほのかな見えない微弱(サトル)エネルギーの実験結果

● 超能力者A氏の氣、および想念

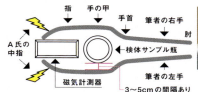

氣のエネルギー印加時の写真

上図および写真は平成22年4月に行った、超能力者A氏の"氣"の印加時の様子である。
また、想念印加時は、まったく手かざしせず、30～200cm離れて想念を送ったが、その時は、磁気計測器(トリフィールドメーター)は使用しなかった。

● A氏の氣の作用と"酸化""還元"

"氣"の作用は還元水を作る

8日経過後のサンプル瓶の様相(撮影：4月28日)

原水には底部に沈殿物はほどんど肉眼では見受けられない。セラミックス浸漬水は、茶褐色の沈殿物(鉄サビ)が多く、生体エネルギー水は若干底部に茶褐色の沈殿物確認ができる状態である。

酸化とは"老化現状"
還元とは"若返り"を意味する

超能力者A氏のバイオフォトンエネルギー(オーラ)は、間接的にも磁気計測器で計測が可能であった。フランスのルルドの泉の治験で紹介したが、左図の如く、筆者の体を通して間接的にサンプル水に「氣」を封印した。筆者の手もサンプル瓶には触れず、数cm隙間を置いての話である。
また、下図の如く、30cmと2m離れての想念印加実験を行った。波形図の変化で、水らしさと溶質らしさの双方機能が伸展している。超能力者の想念は距離に関係なく、同程度にサンプル水にエネルギーが印加されている様子が波形図から読み取れる。しかも、1週間後のサンプル水の酸化状態を比較したが、左下図の如く還元状態を維持している。
電気伝導度も向上し、電気が通り易い水に変身している。このことは水の性質がイオン性の傾向から、コロイド粒子性の傾向に変更した結果の現れである。超能力者のエネルギーは、交番磁性エネルギーであることがわかった。

● A氏の想念AQA比較

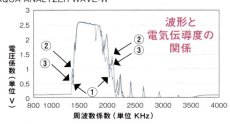

波形と電気伝導度の関係

① 青色線：想念印加原水…112μS／cm
② 緑色線：想念印加セラミックス処理水(30cm)…138μS／cm
③ 空色線：想念印加セラミックス処理水(200cm)……138μS／cm

A氏の想念は原水に印加しても若干変化する程度で、波形的には大きな変化は見られないが、顕微鏡模様ではその繊細な変化を活性化というより模様集団の構成が異なる。セラミックス処理した原水への想念印加はその波長が共鳴し相互効果が明確に現れ、1週間後でも十分その威力を維持している。電気伝導度ともしっかり符号している。**2m離れていても十分威力ある凄い想念。**

図表9－9：超能力者の意念エネルギー

❷気功師の意念エネルギー印加実験
超能力者のエネルギー…ほのかな見えない微弱（サトル）エネルギーの実験結果

● 氣と想念の実在とその本質の実証
（2011年7月 サトルエネルギー学会で論文を発表）

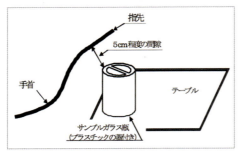

気導術学会 鈴木会長の気導力印加
3検体瓶（密閉瓶、開放瓶、アルミ箔被覆瓶）を同時にエネルギー印加中です。検体から3〜5cm程度の隙間を置いて写真のように鈴木会長が手かざしをして、1分間程度エネルギーを間接的にインプット（印加）していく。

治験用の原水は霊場高野山麓の地下200mから汲み上げられている地下水（金水）である。珪酸塩粒子を多く含み、かつかなり熟成され、粒子集合の小集団模様も見受けられるが、粒子同士の吸着マスキング現象が感じられる。会長エネルギー印加裸瓶の模様は超微細粒子、小集団模様が多く多様性と繊細性を感じさせる。粒子同士のマスキングが少なく、生体に適した模様となっている。
アルミ箔被覆瓶は原水に比べ、単純な同形態の小集団が増し、コロイド粒子のマスキングが多くなっている。凝集傾向が見える。アルミ箔の介在のエネルギー印加は適切とはいえない。アルミホイルは電子オーブン料理に利用されるが、再考を要する。
エネルギー印加裸瓶でいえることは、コロイド粒子は単純に微細化・表面陰電荷力を進展することが絶対必要条件だが、唯一生命体維持の条件とは言い難く、もう1つそこに多様な集合体構成リズムの存在の必要性が示唆される。複眼的に考察しないと、電気伝導度との整合性などとの複雑性の本質は読み解けない。

● 鈴木会長気導力印加の地下水AQA波形図

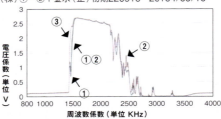

① 青色線：アルミ箔保護会長エネルギー印加金水（正接）
② 緑色線：アルミ箔保護なし会長エネルギー印加金水（正接）
③ 桃色線：金水（正接）

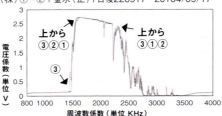

① 青色線：アルミ箔保護会長エネルギー印加金水
② 緑色線：アルミ箔保護なし会長エネルギー印加金水
③ 桃色線：金水

原水の③桃色線波形に比べ、エネルギー印加のアルミ箔被覆瓶①青色線波形、および裸瓶の②緑色線波形は、両者とも波形立ち上がり位置が高周波域に数十kHz程遷移している。溶質性の傾向が強まり、その傾向は裸瓶の方がより強い状態である。
しかし、2200kHz以降の高周波域では、アルミ箔被覆瓶①青色線波形は、所々で山の高さが原水波形を下回っている。逆に裸瓶の②緑色線波形は原水波形の山の高さが所々で若干上回っている。これは、アルミ箔被覆瓶の溶質は水との結合力（凝集性）を増し、かつ溶質の凝集密集現象を発生したといえる。
一方、裸瓶は溶質性を増し、水との結合、均一性を増しつつ存在感を示している。そして、その印加持続力は、1週間後の計測でも十分維持している。また、アルミ箔のシールド力は遮蔽ではなく、吸収であり、蓄電エネルギーで新たにアルミ箔の内在エネルギーが惹起され、鈴木会長の気導術エネルギー振動とは異なる振動波動が、別途水溶液に影響を及ぼしていることがわかる。

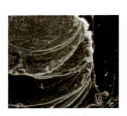
原水の写真

原水写真×400倍

会長印加の裸瓶水の写真

印加裸瓶水×400倍

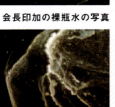
会長印加のアルミ箔瓶水の写真

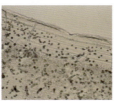
印加アルミ箔瓶水×400倍

上段写真は実体顕微鏡写真、下段は光化学顕微鏡400倍の写真。

図表9-10：気功師の意念エネルギー

音響エネルギー印加実験

音響のエネルギー…音波は空気の疎密波で縦波…電波も電磁波の一種であることがわかった。

●自然音＆音楽の音響印加実験

下図および写真は、平成22年10月サウンドヒーリング協会喜田理事長の依頼による、自然音楽の印加実験テスト風景である。空気振動印加は58分、体感音響振動印加が42分間音楽を聴かせ、水への印加実験を行った。
体感音響印加の吸収性が一番良好で、若干の差で空気振動密閉瓶が吸収性に優れていた。開放瓶、ならびにアルミ箔瓶は有意差レベルで吸収性に見劣りしていた。なぜか、3検体の差異は氣の実験と同一傾向を示している。

●自然音ならびに音響振動のエネルギー実験

氣のエネルギーとの関連性を確かめるため、サンプルは密閉瓶、開放瓶、そして密閉アルミ箔被覆瓶の3種類とした。原水はすべて現地水道水を400ccガラス瓶詰めとした。サンプル1は密閉、サンプル2は密閉容器を紙およびアルミ箔で完全被覆、サンプル3は開放瓶とし、上図左の状態で、屋久島の自然音をスピーカーにて1時間、3検体同時に聴かせた。サンプル4は上図右は密閉瓶で、体感音響振動機に設置した状態。
まずは結果のまとめ。
下段右図、AQA波形図で見えた特徴は、体感音響の印加サンプル4と自然音空気振動印加の密閉瓶サンプル1が非常酷似していること。そして、自然音空気振動印加の開放瓶サンプル3とアルミ箔被覆サンプル2は、比較原水コントロールの波形に似ている。
もう一点、大変興味深い変化が見える。原水に比べて、自然音印加の密閉瓶サンプルと体感音響印加のサンプルは、波形の立ち上がり位置が低周波方向に遷移し、最大波高部が若干高く、かつ高周波域で波形の存在感が増している。
これは、次の事柄を意味する。
自然音印加の密閉瓶サンプル1と体感音響印加のサンプル4は、エネルギー印加で「水らしさ」と「溶質らしさ」を同時に増している。水の機能改善に最適なエネルギーの1つといえる。秩序性と活性化の両機能を維持した生体に適した水になる。わかり易い表現では、「熱し難く蒸発し難く、冷め難く凍り難く、安定した媒体能を発揮する水」。スピーカーから流れる自然音は空気振動。本来なら、開放瓶サンプルのエネルギー印加が一番多く、密閉瓶および密閉アルミ箔瓶は低く、かつ同レベルエネルギー印加となるはずである。だが、何かが違う。空気振動の疎密波（空気密度の濃淡）とした既存科学の定義のみで解き明かすのは困難である。
もう一点、これまでの科学で空気振動の疎密波は縦波で、横波の電磁波とは異なるといわれている。だとすれば、アルミ箔の存在に関らず密閉瓶同士、同じ影響度で波形図も同形となるはずである。なぜか大きく異なり、むしろ電磁波並みの吸収がアルミ箔で生じている。また、体感音響伝達方式と空気振動伝達方式とでは、密閉瓶に関する限り、同等の影響力を水に及ぼしている。

●音楽を水に聴かせる実験

開封直後サンプル1、2、3（空気振動密閉瓶、アルミ箔被覆、開放瓶）の比較
AQUA ANALYZER WAVE-W
サウンドヒーリング協会②、③、④（正）初期22 2010/10/16

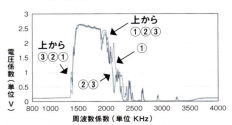

① 青色線：空気振動印加水密閉瓶
② 緑色線：空気振動印加アルミ箔被覆瓶
③ 空色線：空気振動印加水開放

1週間後サンプル1、2、3（空気振動密閉瓶、アルミ箔被覆、開放瓶）の比較
AQUA ANALYZER WAVE-W
サウンドヒーリング協会②、③、④（正）7日後2 22 2010/10/13

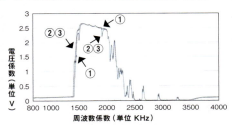

① 青色線：空気振動印加水密閉瓶
② 緑色線：空気振動印加アルミ箔被覆瓶
③ 空色線：空気振動印加水開放

▼

音楽も場のエネルギーを抱いた電磁波の一種であるといえる

屋久島の自然音をスピーカーで1時間、密閉瓶、アルミ箔被覆、開放瓶の水にリズム音を聴かせて実験した。
エネルギーは、満杯充填密閉容器が最も効率よく、開放容器はエネルギーロスが大きく、かつ圧力波的振動を受けやすく、また、密閉容器をアルミ箔で被覆するとアルミ箔の電気的コンデンサー機能でエネルギーが質転換され、エネルギーロスとなり、かつ、別形態の電気的エネルギーとして印加される。
マクロな視覚化データから判断すれば、単なる媒体の空気の振動による縦波としての通常の音波の機能の他に、その動的変化（疎密化波動振動伝播）に伴う場の渦磁場交番磁束に因る電磁気エネルギーの誘起・誘導現象を伴っているものと推測される。

図表9-11：自然音等の音響エネルギー媒体は電磁波

"氣"を抱く常磁性物質と
生体エネルギー「ローレンツの力」

「氣を抱く最も重要な物質は常磁性物質である」と第四章で詳細を著した。この宇宙のどこにあろうとも、電場・磁場という性質は電荷エネルギー発祥・伝搬の場である。どこにおいても場をゆすれば電気エネルギーが発祥する。だからこそ電磁波は、宇宙のどこにでも行き着くことが叶うのだ。電波の伝搬原理で明らかにされる宇宙の恒常性原理ともいえる摂理（人が従うべき万物の法則）によってもたらされている。なお、"宇宙の恒常性原理"とは、筆者が名付けた便宜的な造語である。電磁波発生と伝搬の仕組み（図表4－18）を、もう一度振り返り眺めてほしい。精緻な宇宙の普遍性が語りかけてくれる。

現宇宙がビッグバン後、最初に生まれた素粒子の1つが電荷（電子e^-）である。我々が利用している電気エネルギーの素を成すものであり、生命エネルギーとて例外ではなく電荷で支えられている。生体そのものがコロイドとも称される電荷そのものである。これが螺旋状に動くことで生体内に電気が誘導され電流が流れているのだ。この誘導起電力がローレンツの力（磁力によって電子が動かされる力）と呼ばれている生命エネルギーそのものだ。

「宇宙のすべては振動で構成されている」と、科学者は古来よりいい続けている。宇宙の共通の言語は電磁波の振動そのものといっても過言ではない。鋭敏に微弱エネルギー"氣"と反応できる常磁性物質こそ生命エネルギー獲得には欠かせない「生命自然の大根大本を成すモノ」である。

この常磁性で得た生体エネルギー、さらに生命惹起の育成光線との共鳴エネルギーにより、表面陰電荷力が増大して生命力を発揮しているといえる。氣を抱く常磁性物質と生体エネルギー「ローレンツの力」の図表9－12を参照し、理解を深めていただければありがたい。

常磁性を成し秩序ある水ほど"氣"を抱く
珪素塩（SiO_4）コロイド粒子の出番である

●常磁性、強磁性、反磁性とは

＊常磁性というのは、磁界のない時は磁気モーメントがランダムに配向している（磁気方向がバラバラの方向を向いている）が、磁界を印加すると平行になろうとする性質（追従する性質）をいう。

＊常磁性とは、外部磁場のない時は磁性をもたない性質である。弱く磁石に引き寄せられるような性質をいう。だが、微弱磁性エネルギーに鋭敏に感応し、かつ残磁しない生命エネルギー向きの特性である。カルシウム、ナトリウム、カリウム、珪酸塩、金属以外では酸素や一酸化炭素、ガラスなども常磁性である。水は反磁性だが電気双極子となり、常磁性の反応をするといえる。

＊強磁性とは、鉄、コバルト、ニッケルにように磁石に強烈に引き付けられ、擦り付けられればそれだけ協力に磁化する性質をいう。外部磁場を外しても磁気は残り、特定時間内では自らが磁気力を発揮する。

＊反磁性とは、磁気モーメントを持たないが、磁界を印加すると外部磁場とは反対方向の磁気モーメントを生じる。金、銀、銅、水素、窒素、珪素などがある。

●なぜ、生命体は常磁性なのか

* 宇宙はビックバン以前から、エネルギーの揺らぎの磁場・電場がある。
* すべてはその磁性エネルギー、電気エネルギーの影響を受けている。
* すなわち、電磁気エネルギーを介してすべては交信・会話している。
* 生体エネルギーもすべて電磁気エネルギーの作動でなされる。生体伝達速度は、20m/sといわれるが（？）、なぜか、瞬時に伝わる。細胞間同士の伝達も瞬時である。
* 宇宙普遍に存在する（非局在性）する「氣」に侵かっている。氣のエネルギーは磁性エネルギーである。筆者の治験結果で確認できている。詳細は「氣」の項で。
* 生命体の最小単位である細胞とて同じことである。無数の細胞が電磁気力でつながり、交信し、連携し合って秩序ある生命体の維持活動をしている。
* 当然ながら、生命体は磁性エネルギー、電気エネルギーを脈動させ生命エネルギーを発祥している。すなわち、ローレンツの力による生命の話である。
* ならば、生体を構成するものは電磁気エネルギーの変化に鋭敏に感応し、素直に順応する特性"常磁性"を有しているものでなければならない。
* よって、生命体は、常磁体であることが最も大切な条件となる。
* だが、電気工学的にはイオンが過剰であるほど電気は流れ難くなる。だから、生命体は水と珪素の表面陰電荷（イオン状態ではない）を成した常磁性のコロイド集団の場づくりが一番似合う。生命体は必然的に合理的に作られている。

●生命は微弱（サトル）エネルギー「氣」で活かされる

生命体の生理作用を営む本質的原動力は、電気である。したがって人体の健康を正常に保持するためには、人体内の電気現象をいかに正常に保てるか、いかにして活性を保てるかということである。

人体内生理において、体内電気がいずれの場所においても休みなく、電位が複雑に重畳波形を示す変動を続け、誘電的に体内全域に波及される現状が最も大事だと、楢崎皐月氏はいう。

宇宙普遍の氣というエネルギーは、極超微細な渦磁場エネルギーではないだろうか。ビックバン以前からある宇宙の根源である。宇宙インフレーションの斥力、すなわち宇宙存在の75％を占めるというダークエネルギーなのかもしれない。未確認物質であるが、その存在は筆者の治験で確かめ、かつ電磁気エネルギーの一種であり、種々の振動波に重畳して働きかけていることがわかっている。この交番磁性エネルギーと上手に感応、同調するのが水や珪酸塩鉱物コロイドなどの常磁性体が成す大事な生命特性の1つである。

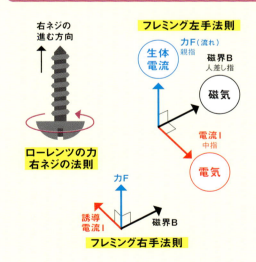

図表9−12：氣を抱く常磁性物質と生体エネルギーローレンツの力

地球の鼓動"シューマン周波数"と生命体のゆらぎ

　"氣"には、人々を幸せにする力があると、"水"はいう。筆者のシンプルなヒトの意念と水の相互作用の治験が、驚くべき事実を明かしてくれた。場のエネルギーの"氣"と生命体放射の意念エネルギーの重畳相互作用のからくりの大筋が見えてきたのだ。

　知見によれば、「"意念"は情報通信手段の"変調技術"と同様の作用機序が成されている」と多くの"氣"の研究家は論じている。筆者の治験結果に基く類推では、意念という超低周波数の信号波が、場の超微細な「氣」を抱いた生体波（テラヘルツ周波数域）を搬送エネルギー源として変調・重畳し、地表波として地球表面に沿って交信していると考えられる。もし情報の信号波の波長が3mmのテラヘルツ領域の振動数そのものであれば、地球圏外に直進し放射され地表波とは成り得ない物理則がある。当然ながらアボガドロ数（$6×10^{23}$）を越える振動域（10^{24}Hz）はいうに及ばない。だからといって信号波とてエネルギーがなければ減衰し、地球裏側の遠隔透視など叶うはずがない……。不安を抱えながらの暗中模索での一条の光明として思い、描いていたものだ。

　"氣"とは、中国の道教や中医学（漢方医学）などの用語の1つ。一般的に「氣」は不可視であり、流動的で運動し作用を起すとされている。しかし、「氣」は凝固（ビッグバン後のエネルギー凝集による素粒子の誕生）して可視的な物質となり、万物を構成する要素と定義する解釈もある。宇宙生成論や存在論でも論じられたことを思い浮かべてほしい。"氣"の確かな存在の科学的根拠をいくつか見てみよう。

1.リュック・モンタニエ博士の研究成果「水によるDNA情報の記憶」

　2015年4月、まさかと驚嘆と歓喜で小躍りするほどの凄いニュースに出会った。DNAは500～3000ヘルツの電磁波信号（EMS：Electromagnetic signal）で、地球の鼓動といわれるシューマン周波数を必須として交信しているという。EMSを水に転写すると、水はそれを記憶している。事実ならば生命科学を根底から揺るがすほどの凄い話だ。疑念を抱く余裕もなく、かじり付くように拝聴した。筆者も所属している日本サイ科学会の講演会でのことだった。

　医学・生理学ノーベル賞受賞の仏国医学者リュック・モンタニエ博士の新たな研究成果の論文紹介であった。講師を務めたIHM総合研究所所長の根本泰行博士がフランスで取材してきたビッグニュースである。あまりの衝撃的な研究成果であり、場は緊張し静まり返っていた。聞きかじったさわり（要旨）を記したい。下記、リュック・モンタニエ博士の実験「水によるDNA情報の記憶」（図表9-13）を参照し、読み進めてほしい。

　モンタニエ博士は、過去6年以上に亘って「水によるDNA情報の記憶」について研究していた。博士は、遺伝子DNAの水溶液を百万倍に希釈して、ある特有の電磁波信号の発信を先ず確認。次いでこの水溶液の入った試験管の隣に純水の入った試験管を設置。18時間後に純水の入った試験管から電磁波信号が発せられているのを確認した。

続いてこの2つの試験管全体を、磁場を遮断するミュー金属と呼ばれる素材で完全に覆うと試験管同士の電磁波交信は叶わなかった。だが、このミュー金属で完全に覆った内部に7ヘルツの磁場を出力する電子装置を入れておくと、純水試験管からの電磁波信号EMSが発せられたという。

DNAの電磁気伝搬にはシューマン波が必須
リュック・モンタニエ博士の実験

（平成27年4月：日本サイ科学会本部4月定例会の
IHM総合研究所所長 根本泰之氏の発表から抜粋）

DNAの波動エネルギー伝搬には、シューマン波が必須条件
水は反磁性体であり、シリケート四面体で常磁性を演出する

脳波（δ、θ、α、β、γ）の区分け

ヘルツ(Hz)振動数／1秒間	区分	説明
0～4	デルタ波	脳波「ゼロ0」は人の「死」である。熟睡時の脳波。隔離されたヒーリング、睡眠の状態。
4～7	シータ波	入眠時の脳波。深い瞑想状態やまどろみの状態で記憶や学習に適した状態だが、脳の深部でありノイズを拾い易く計測誤差に注意。
7～8	シューマン波（7.8前後）θ波とα波の境界域	ドイツの物理学者W.Oシューマン博士が発見した地球の鼓動でシューマン共振という。シータ波とアルファ波の境界域でアルファ波とする人もいる。人体との第一共振周波数で瞑想や気の施術時に発生する脳波で、意識下において自然と一体となるリラックス波。脳の松果体は電磁気を良く感知し、セロトニン、ドーパミンを出す。
8～14	アルファ波	覚醒と睡眠の間の状態である。精神活動が活発で意識レベルが高まっている状態。自分の持てる力を十分に出し切る自然体の状態。8～9Hzスローα波、9～11Hzミッドα波、11～14Hzファーストα波。
14～38	ベータ波	日常生活時の脳波である。警戒、集中、認識力、批判、パニック状態などストレスの多い時の脳波である。
26～70	ガンマ波	一般的には約40Hz前後で、26～70Hzの範囲の振動数。隔離的脳の認知機能に最適で極度のエネルギー集中。予知、透視の集中力。

EMSを発する溶液から隣接した純水に、18時間後同様のEMSが発せられた。ただし、試験管を磁場遮断のミュー金属で完全に覆うと伝搬/転写は起こらない。ミュー金属で覆っても、その内部に7Hzの磁場出力装置があると転写する。

●凄い知見
「生命体にはシューマン波が必須」

"氣"には、人々を幸せにする力があると、"水"はいう。筆者のシンプルな意念と水の相互作用の治験が、驚くべき事実を明かしてくれた。だが、2015年4月標記のごとく、凄いニュースを聞いた。
場のエネルギーの"氣"と生命体放射の意念エネルギー合体の"氣"との相互作用のからくりが、おぼろげながらもわかってきた。知見によれば、「情報通信手段の"変調技術"と同様の作用機序が成されている」と、多くの"氣"の研究家たちは論じている。また、れっきとした科学者であり、ノーベル賞の生理学・医学を受賞したフランスの医学者リュック・モンタニエ博士は、「遺伝子DNA同士の電磁気エネルギー情報は、地球大気の鼓動シューマン波が必須である」との新たな研究論文を発表し、注目されている。

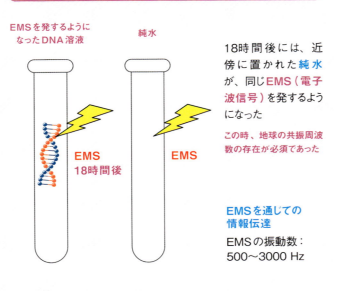

DNAの波動と水：ステップ2

EMSを発するようになったDNA溶液／純水

18時間後には、近傍に置かれた**純水**が、同じEMS（電子波信号）を発するようになった

この時、地球の共振周波数の存在が必須であった

EMSを通じての情報伝達
EMSの振動数：500～3000 Hz

図表9-13：リュック・モンタニエ博士「水によるDNA情報の記憶」

さらに、モンタニエ博士は、電磁波信号を発する試験管に遺伝子増幅液を入れ、確認したところ多くの遺伝子を発見したという。当初のDNAと同じものであることを確認している。DNAの文字位置の正確度は98％であったという。

　電磁波情報をパソコンに「録音」させ、別の場所に置かれた純水の試験管に聴かせたところ、驚くことに同様に電磁波信号の転写が確認された。さらに遺伝子増幅液を入れると、同じDNAの存在が確認できたとの研究結果である。博士は、実験レベルの「電磁波情報を水は記憶できる」ということを、現実の場で確認するため、特定のDNAに由来する電磁波信号を発する水溶液を用意して、その水溶液をヒト培養細胞の培養液の中に加えて調べたところ、ヒト培養液の中にその特有のDNAが合成されていることを発見した。

　以上の実験結果で、モンタニエ博士は「DNA情報は電磁波情報として水に転写することが可能であり、かつ水に転写されたDNA情報は、再物質化することができる。だが、場には7ヘルツのシューマン周波数の存在が必須であると結論付けている……。リュック・モンタニエ博士の実験成果は、宇宙普遍の場の媒体"氣"を介して、ヒトの意念が水に転写され、かつ記憶されるという科学的根拠そのものであるといえる。科学のロマンとも称される未解明物質"氣"の解き明しが、飛躍的に伸展することが大いに期待される。

2.振動共鳴の原理を応用した医療診断機器「メタトロン・ネオ」

　科学が発展するに従いモノやコト、そして仕方の細分化が際限なく行われるようになってきている。だが、そんな科学も全体性の意義を削ぎ落とし、本末転倒の結果や、あるいは迷路へと迷い込むこともしばしばであろう。医学・医療分野とて例外ではなく、分析機器の飛躍的な機能進化に伴い細分化・専門化が一段と普及され技量の向上が図られている。反面、西洋医学を中心とした現代医学は対症療法とも揶揄されることも耳にする。一昔前の如き、患者の容姿を通した生き様を眺めた心身の東洋医学的な統合診断は影を潜めている。だがそんな医学・生理学分野においても、「集団になることの意義」が、科学として再認識されつつある……。ヒト社会は、見事な進化の一途をたどっている。

　コンピューターを駆使しての技術革新は日進月歩、止まることを知らず、特に人工知能AI（artificial intelligence）の急速な進化が目にとまる。誰もが、まさか、ありえないと高みの見物をしていたプロ棋士を擁する碁や将棋の世界で、わずか数年の間に、AI棋士がプロの世界チャンピオンを打ち負かすまでに進化を遂げている。なぜだろうか？　人間が叶わぬ"記憶力"と"情報収集力"、さらには"仕方"ともいえる膨大なネットワークを生かした連係プレーの再構築力、すなわち「寄り集うことの意義」さえも意図したものであり、あっと言う間に追いつき追い越してしまった感がしてならない。誰もが、やがて迫り来る近未来のAIとの共存社会に、期待もそぞろに一抹の恐怖感さえ覚えるのではないだろうか。

　ちなみに「人工知能（AI）」とは、学習・推論・認識・判断などの人間の知能を持たせたコンピューターシステムのこと。通常のコンピューターは与えられたプログラム通り動作しているに過ぎないが、AIを備えたコンピューターはデータとして蓄積されたパターンを基に、相手や状況に応じた適切で柔軟な対応を選択することができる……との、インターネット情報だが、さらに、生命体に潜在する獲得性の感性領域にまで食指を伸ばしているようである。

　医療の現場で、とある診断デモ機を試したほとんどの医師が「役に立つ」と、思わず口ずさむほどの凄いマルチ型医療診断兼治療機器があ

るという。これを「試してみませんか？」と、知り合いの方から声かけられた。早速、デモ機が設置されているデモンストレーションルームを訪ねた。バイオフィードバック信号を利用したトーション診断システム（図表9−14）を参照し、読み進めてほしい。

ロシアやアメリカの最先端特許技術を駆使して開発されたという医療診断・治療器である。メタトロン・ネオと呼ばれバイオフィードバック医療に関連する診断システムである。バイオフィードバック信号は、潜在的に生成され、直感的拡張が成されたデバイスを基礎としている。振動という共通の交信手段を用いて、シビアーな認識の一致点の検出を図り、状態の正確さをキチンと捉えるシステムである。

メタトロン・ネオの生体情報搬送波（情報伝播波）
人工知能化を組み込んだ検診・処方箋・波動統合医療装置

● 振動共鳴の原理を応用した医療診断機器

メタトロン・ネオは、バイオフィードバック医療に関連する診断システムである。意念エネルギーを搬送する氣のエネルギー変調と原理が似ている。
計測器のジェネレーター発生振動数0.8〜4.9GHzの高周波数搬送波は、超低周波数の組織各固有振動（信号、情報）に変調され、交信がやり取りされるという。振動数は9桁も差異がある。また波長3mmともいわれている細胞波そのものは、テラヘルツ（THz）である。
脳波や平常心などの超低周波数が人体組織の集団振動数と同じレベルである。固形の骨ほど固有振動数が低く、精神系の器官ほどスローアルファ波からミッドアルファ波と周波数が高くなっている。

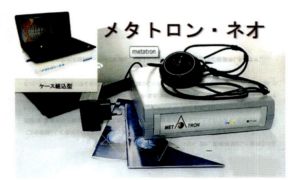
写真提供：株式会社すかい21

● メタトロン・ネオ生体情報搬送波（情報伝播波）

デルタ波	シータ波	アルファ波	ベータ波	ガンマ波
0	4	7 8	14	38 70Hz

周波数Hz	搬送波の共鳴部位
1.8	骨格系
2.6	結合組織、間接および心臓弁
2.6〜3.4	疎性組織、生体筋組織、心筋組織
3.4	平滑筋
4.2	消化管単相扁平上皮
4.9	平状層およびプリズム上皮：肝臓の実質組織および胆管組織
4.9〜5.8	腎上皮および生殖器官
5.8	咽頭リンパ組織環、気道上部、リンパ系、脾臓、卵巣および前立腺
6.6	末梢神経系、気管支上皮、副腎、甲状腺
7.4	感覚解析を行う中枢神経、視覚以外の感覚神経、下脳皮質、組織橋、小脳、大脳辺縁系、肺柔組織
8.2	網膜、視神経、脳の半球外皮

個々の細胞が有している特定の固有信号は左記周波数であり、組織とそれを取り巻く環境間の情報状態を反映した特定のグラフとして表示することができる。病理学的プロセスには、それぞれ固有の側面があります。組織からの特有の周波数を得ることで、健常時と病理学的に変化した組織、感染性病原体の類似の度合いや密接な関連があるとみられる病理学的過程、またはその発生の傾向などについて比較することができる。
分析では入力信号は赤（S）で、出力信号は青（N）で表れ、画面上にグラフで表示される。生物学的システム（臓器、器官等）の状態とそのエントロピー的ポテンシャルによる成長の活動について確認できる。完全に生物学的システムが起動しているなら、入力および出力信号はほぼ完全に一致し、生物学的システム内に情報のノイズがないことを示唆している。逆に生物学的システムが制御信号に反応していない場合には、生物学的システムが破壊され、機能していないことを示唆している。実際の測定では中間値や進行状況についての評価、病理的プロセスの進展とその優位性の活動について判断する。

図表9−14：バイオフィードバック信号を利用したトーション診断システム

交信の原理は、意念エネルギーを搬送する氣のエネルギー変調と似ている。すなわち、計測器の発信機（ジェネレーター）の発生振動数0.8〜4.9GHzの高周波数搬送波は、超低周波数の各組織固有振動（信号、情報）に変調され情報のやりとりが成されているという。伝えたい情報の信号波と搬送エネルギー源となる搬送波との振動数間には9桁もの差異がある。ジェネレーターの発生振動数であるギガヘルツ（GHz：10^9）とは、水分子が、配向分極で既知の誘電緩和を生じる周波数域である。また、一般に波長3mmともいわれる細胞波そのものは、テラヘルツ（THz：10^{12}）より一桁小さいミリ波とも呼ばれる100GHz（10^{11}）の振動波である。先に述べた人工知能AIの驚異的進化の技術力を考えれば、メタトロン・ネオの存在も「なるほど、さもありなん」と合点がいく。

　さて、トーション診断とは、正常な健康状態からいかほどズレ（歪み）が生じ、ねじれ状態（病状）にあるかをしっかりと把握し、その差異の状態に応じた適宜な処方箋を如何に見出すかであろうと筆者は受け止めている……。だとすれば、その基準となるものの設定が、医師の使命・責任の如く大変重要な重みを託されることとなる。人種別、地域別、年齢別、性別、体格別、人体の履歴別、さらに宗教別、気性・性格別等など、数え上げれば切りがないほどの様々な心身の個別要因を百人が百様に持ち合わせている。如何様に設定されるかで、診断器としての真の利用価値が大きく異なる。恐らく神の手さえも凌ぐほどの優れた人工頭脳（AI）を有し、膨大なデータ設定に基づく統計学的な最大公約数で構成されるソフトなのかも知れない。ズブの素人の筆者には、把握し切れないほどの膨大なプログラミングで構成されていることだろう。まさにブラックボックスそのものだ。

　だが、一言だけ言えることがある。
　図表に示された如く、人体各部位の信号波となる周波数が明記されている。骨格系の1.8ヘルツに始まり、最大周波数である視神経、脳の半球外皮が8.2ヘルツだと明記されている。脳波や平常心などの超低周波数リズムが、人体組織の集団振動数とかぶり合うリズムの振動域である。肉体的主柱となる固形の骨ほど固有振動数が低く、精神系の器官ほどスローアルファ波からミッドアルファ波と周波数が高くなっている。しかも、なぜか、地球大気の鼓動"シューマン周波数域"である7.8ヘルツ前後の振動域ともピタリとかぶり合っている。リュック・モンタニエ博士の実験成果「生命には7ヘルツの存在が必須」の歴史的な重みをずしりと感じる。

　さらに共同研究者の澤本氏は、自らの意念の信号波は"平常心"にあるとして、シューマン周波数域の律動器タップマスターを常磁性セラミックスとコラボさせ、自らの意念エネルギー印加の代行を実証している。まさに人工的に重畳された「AIの意念」とでもいうべき代物である……。ありがたいことに、筆者が推測する意念エネルギーの情報信号の重畳した搬送波との仕組みもさることながら、振動域までも互いに大きくかぶり合っている。心強い自然の現象・摂理である。次にその利用価値が見込める律動療法機器タップマスターの効用を見ていこう。

3. "人工の氣"を演出する律動療法機器「タップマスター」

　椅子に座り、足を載せるだけのシンプルな脈動する健康補助器具がある。何だかのんびりと心の落ち着きなのか安らぎを誘ってくれるから不思議である。改良型のバックミュージック付も、最近開発され眠気まで誘ってくれる癒し系の健康療法器具である。シルバー世代のみならず、ミドル・ヤング層にも好評を得ている。その様な律動療法機器"タップマスター"(写真9－3)については、すでに、第六章の10項で澤本抗火石セラミックスとのコラボレーションで

「人工の氣」を演出する重宝モノとして、その動作機能を紹介したものだ。

そのさわりの概要は次の通り。〔澤本氏は、自分の意念印加と同じような事象を誘導・招来させることができないだろうかと考えていた。「氣」を抱く常磁性物質の存在とシューマン周波数の平常心（意念波）が必須であることを各種治験で思い至った。抗火石セラミックスとタップマスターの律動の組み合わせを考案、実験を試みた。筆者らの溶液分析手法で、予期以上に改質された定性的な傾向性が確認できた〕。

また、次項で詳細を著すが、澤本氏らは誰も考えもしなければ思いもつかない機械工作の場で、抗火石セラミックスとタップマスターの律動の組み合わせ治験を実施している。その奇抜な様子のさわりを参考までに若干記したい。

「あり得ん実験話であり、かつあり得ん結果が突然飛び出し関係者一同、びっくり仰天というのが実感であった。機械工学関連の応用の場で『金属表面の残留応力除去』の実験を世界的なボールベアリング製造メーカーと共同で実施している。不思議なことに、タップマスターと抗化石セラミックスの組合せで金属表面の残留応力除去が実測されたとの一報が、実験に携わっているプロの計測者から知らされた。前代未聞の有り得ない話であり、何らかの放射線作用が働いたとしか考えられない治験結果だと分析担当のプロの専門家がいう」。まるで、パワースポットの低線量放射線ホルミシス作用そのものの働き様である……。まさかのゼロポイント・フィールドの創出である。人が直接関与しない重大な治験、発見でもある「人工の氣」が成す「ゼロ場」の実話だ。

いかがだろう？ 現実離れの実話はさておき、タップマスターとは、ヒトの平常心と目されている脳波（アルファ波）、シューマン周波数とかぶり合う領域の律動を成す健康療法器具なのだ。動作機能ばかりの紹介でしたが、改めて、筆者との必然的ともいうべき出会いの背景等を若干記しておく。

その前にお断りを一言。おそらく「人工の氣」という言葉は、何方も初めて耳にする言葉ではないだろうか。筆者が必要に迫られて考案した造語なのだ。確固とした上記事例の如く、ヒトが全く関与しない気功師や匠などの氣・意念と同様の「ゼロ場の働き」とも思しき働き様を得ることが叶い、しかも再現性あるパワースポットのミラクルエネルギーの人工的発祥の現実に接して、その現象を書き留めておくべき適宜な言葉が見出せず、我流ですが『人工の氣』と名付けたもの。悪しからずご了承願いたい。

話を元に戻す。

これまで筆者が追いかけていた振動は電磁波、音波などの目に見えない波の動きである。拙著『水と珪素の集団リズム力』（Eco・クリエイティブ）を読み共鳴したという御仁から電話が入った。脳波のシータ波やアルファ波に関連する健康器具の話を聞いて欲しいとの申し出である。商品名「タップマスター」という超低周波振動装置で垂直に上下2mm（振幅1mm）律動する健康療法器具である……。シューマン波周波数域とも重なり、興味を覚えた。もしかして、タップマスターの垂直振動印加実験でリュック・モンタニエ博士の電磁波信号伝搬の何らかの原理的な作用機序の類推が叶うかもしれないと、電話の向こうの声に耳を傾けながら我が直感を思い描き重ねた。新しい何かがきっと見つかるはず。せっかちな筆者の心のざわつきは隠せない。

● 5〜13Hz×1mm（振幅）全身垂直律動振動器

写真提供：有限会社ヤマナカ

写真9-3：垂直律動振動器タップマスター

「元来、気功や縄跳び運動の健康に対する効果はあまり検証されていなかったが、タップマスターという全身垂直律動振動器を上手に使えば血管や脳・神経に確立共振という、ほど良い刺激が加えられ体性感覚誘導を起こし運動の効果を得ることが簡単にできることがわかった」と（有）ヤマナカの山中雅寛社長は力説する……。広島県医療福祉イノベーション連携フィールドにて、広島県立広島大学の小池教授らの論文「低周波の全身振動はPC12m3細胞（ニューロンモデル細胞PC12細胞の変異細胞）の神経突起細胞成長因子を刺激し神経突起を誘導する」との評価がある。臨床実験等でヒトの神経細胞シナプス突起の成長、並びに毛細血管のせん断力の増強が既に確認されているという。だとすれば、脳波の活性化現象などに関して、生命体の場の自己触媒力の賦活による秩序の再構築「自己組織化」がいかように成されるかが類推できるかもしれない……。いつになく心がざわめく。これまで筆者が培ってきた動的集団リズム力の成せる業ではないだろうか。

生命体の脈動に深く関わる超低周波数である地球大気の鼓動「7.8Hzのシューマン波」とかぶり合う周波数領域のタップマスターの動的律動の働きが、如何様に有機体を含むコロイダルに働きかけるのだろうか。コロイダル領域論の深化に、もう一段の弾みがつく気がしてならない。

なお、筆者はこれまで水溶液を用いて音波、超音波、生体電磁波、電波／赤外線／可視光線／放射線などの各種電磁波の誘電分極作用、並びに電気泳動現象の治験を数多く重ねてきたが、超低周波の領域は未経験で垂直律動という動的エネルギーの印加経験も初めてである。

タップマスター紹介の山中雅寛氏との出会い以来、もう4年近い月日が過ぎた。少し振動と生命に関する概要を述べ、後段で、これまでに行ったタップマスターの幾多の治験結果に基づいて、その特徴的な傾向性を著したい。

「この宇宙は、すべては振動で成り立っている」と20世紀初頭、旧ソビエト連邦の神秘家グルジェフが唱えている。ノーベル物理学賞受賞の朝永振一郎博士はその世界的名著である「量子力学」の中で「物理現象の本質は振動数で処理するもの」と述べている。聖書に「神は命であり、光であり、輝きである」とも記されている。この光のエネルギーを特定している物理定数がプランク定数である。マックス・プランク博士の考案である。彼は「すべては振動であり、その影響である。現実には何の物質も存在しない。すべてのものは振動から構成されている」という。アインシュタインの相対性理論と併せエネルギーEは次のように定義されている。

エネルギーE＝質量m×光の速度C^2
光子エネルギーE＝プランク定数h×光の振動数ν

プランク定数とは、物理の根幹を成す既知の原初の物理定数の1つである。この世のモノの理の原点は振動である。見え隠れ交互に変化する交番エネルギーである。ダークエネルギーなのかダークマターなのか、恐らくは宇宙普遍に存在する原始重力波を生み出した宇宙の誕生前に存在していた「場のエネルギー」こと"氣"に近い一歩手前の存在と考えられる顕在エネルギーの定量化法則ではないだろうか……と、筆者は「氣」の治験結果から類推している。

すべての物質は振動波の組み合わせでできて

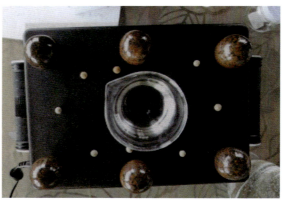

写真9-4：タップマスターで水の改質
タップマスターと澤本セラミックスのコラボ「人工の氣」での水の改質実験風景である。振動数と印加時間を選択して律動器の縦波とセラミックス放射電磁波の横波の組み合わせである。　写真提供：株式会社澤本商事

いる。よってこれらの物質はすべて、独自の固有振動波を出している。物質は絶対零度（マイナス273℃）でも固有振動をする。この振動による波を物質波という。このように人間も、動植物も、岩石も構造物も、すべてのものがそれ独自の振動波を出しており、その相互作用の結果が物質的な現象となって顕在するのである。

　生命体に関する振動は大きく分ければ、動的／圧力的な振動と超音波、電磁波（光、電波、放射線などすべての総称）に分類できる。生命体にとって大事な"氣"のエネルギーは電磁波の一種であろう。媒体となる場は電磁場（電場・磁場）で宇宙の根幹摂理ともいえる「恒常性」で作動している。

　さて、タップマスターの動的振動は垂直振幅1mmの縦波。生命体の場の水溶液はコロイダルである。呼吸している生体液コロイダルは常時螺動的な流れをしている「動」の状態である。複合の動的リズムのうなり・共鳴共振による溶媒・溶質の開放、並びに凝集の再構築の動作工程が見込まれる。幾多の治験結果に基づいたタップマスターの特徴的な傾向性を示す結果は次の通り。

①機器の振動は単純な垂直振動波であり、複雑多様な生命体振動には、長時間同一振動を印加すると、単純な紋様へと遷移し特殊な振動に収斂される。よってしっかりと治験で時間的推移の様子を見届けなければならない。すなわち生命体夫々の適宜な印加時間が存在することに意を図らねばならない。

②無機系物質に較べ有機系物質は敏感に影響し、濃度が増すにつれ影響度も増加傾向を示す。概ね、無機質や電解質への影響は濃度の濃淡とその熟成度合の構造の仕方に左右される。不安定な内部応力（拘束力、凝集力などの残留応力）を秘めたものほど影響度合いが大きい。条件により開放性や凝集性に働き、かつ改善、又は改悪の可能性すら秘めている。すなわち経験工学的に、適宜な具体的基準を見極め、マニュアル化しておく必要がある。

③概ね、無機系物質はファーストアルファ波領域（11〜14Hz）に、有機系物質はミッドアルファ波領域（9〜11Hz）の振動に影響される傾向を示している。特に密度などの物性値の異なるものの菱和混合には適している。

④変動の激しい不安定な構造化再編の印加時間域は最初の1分間と5〜6分間の時間帯であり、復元熟成安定を加速させる域は7〜10分間の時間帯である。濃度が低いもの、単純なもの程印加時間は適宜少ない方が良い。

⑤人体への応用では、幼児はシューマン波（7.8Hz）以下が脳波の活性に働き、成人、老人にはミッドアルファ波領域が適宜との医師の研究発表もある。幼児は水分が多くサラサラした体液であり、歳を重ねるに従い水分量が低下し、体液の凝集性も増すからだと類推できる。

⑥すべては水の場を介しての実験である。水と珪素のコロイド溶液（コロイダル状態）こそ素晴らしい唯一生命体の媒体である。珪酸コロイドの多い溶液ほど均一微細コロイダルが形成され、サラサラが可能になる。ただしコロイダルの構造化には適宜な印加時間が有り、限度を越えるとすべて元の木阿弥となることに留意しなければならない。ただし、固形物である塩などの改質は、タップマスター単独での働きかけではなく、磁場改善効果が見込める抗火石セラミックスとの併用で場の氣をより多く抱く「人工の氣」の方式で対処している。前段でさわりのみを述べた金属の残留応力除去の治験も好事例の1つである。

⑦場の振動、揺らぎと謂う自己触媒能の働きで成される自己組織化が、運動エネルギーとの共鳴現象にて、コロイダルの状態変化に現われる。自己組織化の様相として、例えば、現象論としてベロウソフ・ジャポンスキー反応（BZ反応と呼ばれている）もその一種と見做される……。系内に存在するいくつかの物質

の濃度・密度が周期的に変化する非線形的な振動反応「ダイナミックス」の代表的な例として知られている現象のことをいう……。経験工学的に対象物毎に秩序性誘導の適宜な振動数と印加時間を見定めることが肝心である。

⑧特に、密度が異なる二様態コロイダルの水溶液の均一化・階層構造化再編で秩序性・緻密性の向上が叶う……。実用の水の場の混合再編成に適している。

⑨単純なタップマスターのみの活用よりも抗化石セラミックスとのコラボレーションにより遥かにゼロ場もどき機能発揮効果が加速されることが確認されている……。澤本氏が自らの意念の平常心代わりに用いた治験「人工の氣」で、程度の差こそあれ再現性は100％クリアーしている。

⑩各上項を統括的に眺めると、いかにシューマン波の低周波波長が電磁波的であれ、運動的であれ生命体に大きく影響するかが明らかとなっている。なぜ、脳波は超低周波なのかも見え隠れしている。生命体は、24時間一時さえも途切れることなく地球大気の鼓動に揺り動かされながら"いのち"している自然則がある……。生命誕生以来、三十数億年も紡いできている現実である。当然だが、生命体はその条件下にあることをしっかりと受け止め、生命体の誕生当初から遺伝子に刷り込んでいる。人々が、無心で求める座禅の極みとおぼしき「平常心」そのもののリズムであろう。遺伝子研究家リュック・モンタニエ博士の貴重なＤＮＡの電磁波交信の場"シューマン周波数域"の論文ともかぶり合っているのが心強い。

注）自己組織化とは、あるシステムを構成するミクロな要素が相互作用して、自発的にマクロな秩序構造を形成する協働現象で、結果としてシステムに多様性や複雑性を導き、新しい機能を創出するといえる。特に、閉鎖系の平衡状態で安定な構造が形成される自己集合で、例えば結晶、ミセル、クラスターなどが上げられる（神宮寺守論文の自己組織化現象からの引用）。

タップマスターの初期の頃の治験を終え、報告書の「あとがき」に次のような一文を寄せた。筆者が、4年ほど前に出会ったタップマスターの治験の第一印象記である。紹介記として一読いただければありがたい。

［コロイドを中心に、水の構造化に関するマクロな独自の分析手法の観察・計測データを基に、階層構造論をはじめ特に集団の向心力と電気的極性の存在、及び界面特性演出の主役「液相の存在」に重点を置き水の新たな科学的検証を行っている。『水とは寄り集いて和し、群れて輪す―秩序創生の万能媒体である』とし、結び合う力の水の哲科学的究明に取り組んでいる。溶液リズムの存在、溶液のイオンとコロイドの作用の相違、並びにその相互作用を土台に巨視的（マクロ）な階層構造を飛躍させ、水の「階層構造群団」の結び合う集団能を追い求めた。水のコロイド粒子論の根拠となるゼータ電位と粒度分布、それに絡むナノサイト分析器の物性値の根拠データが揃いつつある。階層構造を超えた、集団の大きさがミクロンレベルの「群」や「団」ともいえる、予想外な水の電気二重層的な集団秩序の存在と仕方がわかってきた。

この度のタップマスターの超低周波数の実験で微細振動と脈動という振動域夫々の役割分担をより明確化することが叶った。しかも、水の場の電磁波伝播に、タップマスターの振動域とかぶり合っているシューマン波が絡むことをリュック・モニタニエ博士が発見し論じている。水には超低周波数と共鳴し遺伝子情報伝達機能が備わっているという世紀的な大発見である。大きな論理の繋がり合いが見えてきた。「宇宙の氣」と「ヒトの氣」の科学的な電磁波の重畳仕様が、"ほらこれだよ"と言って、声を掛けてくれているような気がする。

また、自らが集団の構成、維持恒常性を成し

遂げる自然の力『自己触媒作用』であり、『自己組織化能』の話—宇宙の大銀河、銀河団、超銀河団の秩序構成を見習っているかの様である。単純な分子レベルの水素結合の速度過程論やイオン・原子状とした均一溶液論にしがみついた既存の水溶液の科学では、パラダイムシフトを成すことは絶望的であろう。古代ギリシャ時代から「水は万物の元」といわれる広大な裾野の新たな科学の土台が見えてきた。何となく、「山が動く」予感がしてならない]

　タップマスターという不思議な脈動が、新たな結び合う力の水"コロイダル"研究の進化・深化の気付きを促してくれている。タップマスターの所業の治験結果は「人工の氣」の可能性を成し遂げた如く、今も筆者の研究の貴重な一端を担ってくれている優れものである。天与の不思議な賜物との出会いに感謝である。

第九章　結び合う命の力「スピリチュアル健康能」

氣と意念、そしてシューマン波の連係動作「ヒーリング」

　"氣"と最も鋭敏に感応するのは常磁性物質である珪酸（SiO_4）が最適であり、反磁性の水さえ常磁性に転換していることは何度も述べた。また、"氣"を抱くにはシューマン周波数域が長けているとのリュック・モンタニエ博士の素晴らしい研究がある。現実の医療の場で活躍する振動応用の診療・治療機器メタトロン・ネオの変調原理は意念（信号波）のエネルギー変調原理と同じだと特定することができた。

　さらには、超低周波律動器タップマスターの様々な角度からの治験事例ではリュック・モンタニエ理論と意念エネルギーのシンクロニシティが色濃く漂っている治験結果を紹介できた。重ねて、超能力者、気功師、そして匠の意念、"無心の平常心"の凄さについても、前項でシューマン周波数域とのかぶり合う事例「人工の氣」を掲げ詳述した。読者の皆さんは、いかに、受け止めただろうか。

　最近流行の、言葉の響きだけで癒されそうな「ヒーリング」という言葉を、瞬間、思い浮かべた方も居られるのではないでしょうか。"ヒーリング"とは、大宇宙に充満する生命エネルギーを、小宇宙である人体の生命エネルギーと共振・共鳴させる事で、心と身体の本来の健全さを取り戻すことである。すなわち、生命エネルギーの根源である宇宙エネルギー"氣"とのシクロニシティで意識波動を高め、生き甲斐ある豊かな人生を送れるようになるためのもの。言葉辞典を意訳してまとめたフレーズである……。まさに、氣と意念とシューマン波の連携動作そのものの働き様の話である。"ヒーリング"その働き様のカラクリを、筆者らの治験を根拠として哲科学的に模索してみよう。

　ところで皆さんは、前章でアクアポリンの透過量を基準とした水の"良し悪し"の判別手法で取り上げた長野県の分杭峠を覚えているだろうか？　日本でも有数のパワースポットの1つである。言葉辞典によれば、パワースポットとは癒しの場としてパワーを与えてくれるところと謂われている。浄化され、願いが叶い、元気になれるというご利益の場所とも謳われている。生命や物質の存在、活動の源となるエネルギーが集中している場所、すなわち"ゼロ場"のことだ。

　エネルギー源は、「天の氣」と「地の氣」である。霊山やそこに建てられた神社仏閣では「天の氣」が多く吸収され、ピラミッドもその為の装置であるといわれている。一方、風水では「地の氣」は地中で生成され、そのエネルギーが特定の場所で噴出するという。こうした「天の氣」や「地の氣」の多い場所をパワースポットと呼んでいる……。まさに一名"ヒーリングスポット"とも呼ばれる"氣"の集積場と見做されるところである。

　また、科学風には、地磁気が打ち消し合う場所で「ゼロ磁場」なる状態が発生し、そこに「五次元宇宙」からのエネルギー（筆者は氣と見做している）がもたらされるとの主張もあり、地磁気が強い場所ほどパワーが強いとされている。断層や岩盤の圧電効果で生み出される電磁波で放射性物質ラジュームの崩壊が引き起こされラドンとなり、低線量放射線（アルファ線）が出る。その低線量放射線ホルミシス効果で健康に良いとの説もある。いずれの説も万人が納得する科学的論理体系が成されているとは謂えず、"なるほど"と、腑に落ちるほどの作用機序は未だ見当たらないとの巷での見解である。だがしかし、世論とは一線を画すであろう筆者らの治験において、意義のある「人工の氣」の確かなエビデンスがあることだけは忘れないでいただきたい。

では、「氣」とは何だろうか？ 何ゆえ色々な種類があるのだろうか。感応し抱き易いモノの条件とは……。これらの疑問に関して、筆者らは治験でもたらされた現象から類推し体系的な理論化を試みている。

「氣」の本体は宇宙普遍に存在するビッグバンをもたらした初期の原子重力波もどきエネルギー（プラーナや氣やエーテル等）であろう。「氣」と鋭敏に感応し易い物質の性質"常磁性"や、集合し易い形状（例えば古代巨石文明のエジプトのピラミッドやアイルランドのラウンド・タワー等々）による種別の色分けであり、あるいは、人・物・場所を介しての自然との一体化、すなわちゼロポイントフィールド（ゼロ場）における、例えばシューマン周波数振動や人の"平常心"意念による共鳴エネルギーの顕在化の色分けではないだろうか。しかも、最も大事なのは実用の水という媒体を介してのエネルギーの伝達・具象化（顕在化）であるとの類推を、その都度それらしく述べてきたものだ。

読者諸賢に、"なるほど"と合点していただける具体的な治験事例として、水溶性珪素の改質事例を第六章で綴った。さらにもう一事例、同時に行った実験というよりも、たまたま分析の検証過程の作業中に気付いた"場のエネルギー"による水溶性珪素の不思議な改質事例がある。水溶性珪素の改質AQA分析波形図（図表9－15：平成29年8月30日計測）を眺めていただきたい。水溶性珪素原液は2週間ばかり㈱澤本商事の事務所に保管していたものである。抗火石、並びにセラミックス類の製品が陳列されている。澤本氏の超能力能の体質の影響も無視はできない。不思議なことに、図表6－27に掲げた平成29年8月20日計測の澤本氏の意念印加の水溶性珪素原液波形とまったく同じである。

まずは関連する余談話を少々したい。場のエネルギー集中現象に関するエピソードがある。パワースポットとも呼ばれている"氣"の集中場所とはいかなる場所かを類推できる大事な科学的根拠とも成り得る話である。もう4～5年ほど前の不思議な経験談である。

実は、㈱澤本商事の事務所でもAQA（アクアアナライザ）の分析を行うこととした。だが、数ヶ月間の分析実施にも関わらず、澤本氏が分析器の側に近寄るとAQAの波形状が不安定で一定せず正確な計測は不可能であることが度重なり、如何ともし難く現在は同事務所でのAQAの分析は断念している。

筆者はAQAを貸し出す前に、澤本氏はAQA分析施術者として不適合な方だと告げていた。なぜなら、筆者はAQAが微弱なサイエネルギー（念力などの超常現象のエネルギー）に鋭敏に感応する超能力者のトリフィールドメーターを用いた実験でその本質を掴んでいた。超能力者のエネルギーはサイエネルギーそのものである。まさか数メートル以上も離れているのに、これ程までに影響を及ぼすとは想定していなかった。なぜか予期以上の影響力に驚いたものだ。

このことは澤本氏と周囲の抗火石やその製品セラミックスが多く存在し、"氣"を抱いたサイエネルギーの集積（共鳴場）が相互的に助長されていることの証ではないだろうか。まさに、同事務所自体がパワースポットそのものの「ゼロ場」の雰囲気を醸しだしているといえる。すなわち、同事務所に2週間ばかり置いていただけの水溶性珪素原液の自然改質が成された原因そのものであるといえる。条件さえ揃えば、氣のエネルギーの集積が叶うことを物語っているのである。

もう一点、「人工の氣」の実験中、そばに置いていた塩が、なぜか改質されていた。タップマスターの改質実験中は、その周囲の広い範囲の場を含めてゼロ場の雰囲気が醸し出されていることの証であろう。"氣"の集積条件とは、常磁性物質の存在とシューマン周波数の助長の印加、例えば無心の平常心が必須と考えられる。前項で述べた「人工の氣」そのものの話である。

水溶性珪素改質の比較確認（計測時：平成29年8月30日）

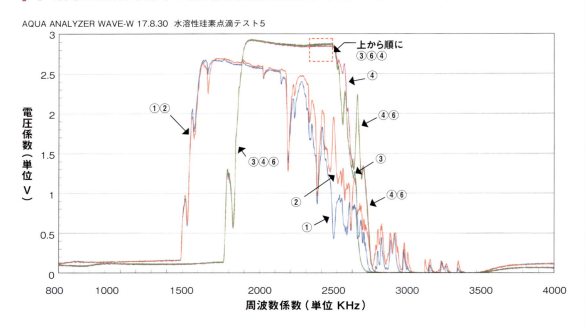

図表9−15：各種改質水溶性珪素のAQA波形

水溶性珪素の改質AQA分析波形図（図表9−15：平成29年8月30日計測）において、タップマスターの律動11Hzを4分間印加した④桃色波形は、前回（図表6−27）の濃縮水溶性珪素Rや濃縮水溶性珪素Yの改質とかなり似た波形である。そして、水溶性珪素原液改質3（タップマスター律動9Hz×5分間印加）の⑥黄緑色波形は両者の中間に位置している。いずれにしてもかなりな矩形状で溶液のコロイダルが均一で中型の大きさのものが非常に多く存在していることを示している。

澤本氏の意念エネルギー印加で、図表6−27の如く水溶性珪素の活性度が大きく伸展している。非常に濃度が濃い（溶質濃度は1.5％＝15000ppm程度）水溶性珪素ではあるが、人の意念エネルギーや大気の鼓動エネルギーを容易に抱きやすい物質といえる。「氣」を抱きやすい常磁性物質であるが、その素質のみでこれほど微弱エネルギーと感応すると思えない。やはり水溶性珪素の素質の良さはその珪酸の構成の仕方であり、本来の表面陰電荷力の発揮のシリケート四面体（SiO_4）に近い単分子型の非晶質に仕立て上げられていることとは無関係ではない。何故か海水中のオルト珪酸（H_4SiO_4）と同じ非晶質体である。オルト珪酸の水素4個の替わりに水分子4個が結び合ったのがシリケート四面体である。水溶性珪素の珪素の純度が高いことが大きな要因であろう。

加えて、抗火石という常磁性物質が放射する輻射エネルギーが大気の鼓動シュウマン周波数の律動に誘われ、"氣"を抱き水溶性珪素を改質することも明らかである。まさにリュック・モンタニエ博士が唱える「遺伝子DNA同士の電磁気的エネルギー（EMS）の交信にはシューマン周波数が必須」との理論そのものの一致である。しかも、上記した（株）澤本商事の事務所でのサイエネルギー集中作用の様相をも考慮すれば、その信憑性は一層信頼度を増していると

第九章 結び合う命の力「スピリチュアル健康能」

いえる。

　さて、もう一点、ぜひ加えておきたい話がある。第七章で本当は怖い放射線と怖くない低線量放射線ホルミシス作用について次のように述べた。

〔強い放射線も弱い放射線も、実はすべて怖い放射線であるが、その一部の弱い低線量放射線領域にのみ怖くない放射線ホルミシス作用があることを自然が教えている。NASAの医学顧問であった生命科学者トーマス・D・ラッキー博士が唱えた「低線量の放射線を体に浴びると元気になり、生殖力が高まり、長寿になる」を、現実のものとして受け止めることができた。ただし、誠におこがましいが、アルファ線という放射線種によることを条件としての筆者の納得である〕

　パワースポットでは氣の集積力で放射性物質の崩壊が引き起こされ、放射線が出るといわれるが、やはりラドンの崩壊による低線量のアルファ線との見解が科学的に支持されているようである。

　なぜ、低線量放射線の話を出したかというと、澤本氏開発のセラミックスのGOボール、さらにROボールは物質・エネルギーの分解・開放作用に働くことを第二章及び第八章で紹介している。まさに、RCボールはPCBやダイオキシンを分解する可能性を秘めている。もちろん放射線検出器ガイガーカウンターでアルファ線の低線量放射線が確認されている。しかも水に作用する働き方とその程度は、低線量放射線ホルミシス作用と極似している。水に対して同様の働きをなす東洋化学（株）の特殊電気エネルギー印加の水がPCBを分解する事実を、PCB分解試験成績書を添え第八章で紹介したものだ。

　さらに澤本氏は、機械工学関連の応用場で金属表面の残留応力除去の実験を関係者と行っている。不思議なことに、タップマスターと抗化石セラミックスの組み合わせ「人工の氣」で金属表面の残留応力除去が実測されたとの一報が、プロの計測者から知らされた。計測者の話では、有り得ない話であり、何らかの放射線の作用が働いたとしか考えられないとのことである。ちなみに、現時点で金属等の残留応力除去は、古来伝承の焼きなまし（焼鈍）、あるいは焼き戻しなどと称され数百度の温度帯で数時間掛けて行われる処方箋のみである。

　ところでプロの計測者がいう、その放射線とはいかなるものだろうか。現在知られている放射線は中性子線、エックス線、ガンマ線、ベータ線、そしてアルファ線が存在するが、まとめて放射線として取り扱われている。放射線は物質を透過し、物質の電離作用を促すものであるとする一方、広義にはすべての電磁波や上記の粒子線を含むとされている。夫々に作用形態が異なり、ラジューム温泉やラドン温泉の呼称で親しまれている温泉健康効果にはアルファ線が作用し、緩やかなほぐし効果を発揮することは、第七章で治験事実の詳細を述べたものだ。

　パワースポットの低線量放射線や澤本セラミックスの放射線は、筆者のようにエネルギーの凝集性（陽性）／非凝集性（陰性）を判定基準とした単純なアルファ線由来の低線量放射線ホルミシス作用と一括して述べている。だが、パワースポットにも様々な場所が挙げられている。果して、すべてが低線量アルファ線として学術的に適うかを確認したわけではない。大きな疑念として再考の余地を余儀なくされているのも事実である。そこには、ゼロ場の働き様"吸収（陽性）＆開放（陰性）"のカラクリの大事な謎（中庸）、すなわち、ギリシャ神話のカオスの相似象的な原理（ブラックホールの様相・作用とも似ている）なるものが潜んでいる。筆者の推論を含め再考しなければならぬ大きな課題である。

　なぜなら、シューマン周波数域のリズムに乗せられた"氣"のエネルギー、すなわちフリーエネルギーの仕業なのかもしれない。未だ学術

的に特定されない特異な放射線としか言い様がない代物の様でもある。新たな第6の放射線種と位置付けられるものの存在である。アルファ粒子線（飛距離は0.04mm）同様に自らは遠くに飛ばないが「開放」という極々近接場の物質の開放分布力の働きかけを成す。なぜか場の物理則を論じた湯川秀樹博士の「素領域域理論」の妥当性が脳裏に浮かぶ。全体的な動きは低周波数の超長波長であるが、抱かれる「氣」のエネルギーの素粒子的な運動は、いかなる放射線をも超える、例えば物質の個の存在が確認できなくなるというアボガドロ数並みの超高周波数 10^{23}Hzを遥かに超える振動域のはずである。トンデモナイ話だが、何か凄い物理則「氣の原理」のシンプルな"カラクリ"の糸口を示唆しているようである。

　まさに澤本氏のユニークな治験は、"氣"、すなわちフリーエネルギーの存在証明のエビデンスと見做せるのではないだろうか。科学のロマン"氣"の科学的根拠の治験結果になり得るものと確信を深めたものだ。まさに氣と意念とシューマン波の連係動作「ヒーリング」の本質的な作用機序の原理であり、スピリチュアル健康効果そのものの科学的な原理解明の糸口であると考えられる。次にスピリチュアル健康能と効果を著し、本章のまとめとしたい。

結び合う命の力「スピリチュアリティ」、その健康能と効果

1. スピリチュアル事例を見つめて

　サトルエネルギー(ほのかな微弱エネルギー)を水という鏡に映して見た感動と新鮮さ、そして"氣"の体験、それらは「素直に無となる」ことの大切さを誘ってくれた。遅きに失したとはいえ、筆者人生の一部として確かな存在となっている。水の分析科学の治験で覗き見た「スピリチュアル健康能と効果」について、各先章で、その都度事例に合わせて述べた。

　筆者自らのリラックス状態における、血液サラサラ状態の位相差顕微鏡観察の見事なまでの変身した赤血球の表面陰電荷力発揮の動画写真は、何方にも経験可能な処方であり、最もわかりやすくて納得できる好事例である。

　また、その穏やかな精神と水との関連性は、例えばライナス・ポーリング博士が言う麻酔状態一歩手前の状態と考えられる。この時の脳内の水は、秩序性を整えた穏やかな脈動をすることは容易に推察できる。珪素と成す結び合う力の水の効果が浮かんでくる。中田力博士らが完成させた脳の中の水分子の働き様「水性相理論」である。現実に水中毒患者を、珪素を生かしたコロイダル水のみで寛解したM精神病院の凄い関連事例を紹介したものだ。

　さらに、超秘水として難病患者が神にすがる世界的著名な"ルルドの泉"の科学的分析結果の事例も挙げた。珪酸コロイドの素晴らしい素地に、祈り続ける意念の電磁波エネルギー印加との共鳴・調律リズムで描き出された微乾燥顕微鏡写真の模様、加えて電気伝導度の物性値も付記し、そのミラクルな姿を、世界に先駆けて複合的に哲科学したものであった。

　そしてもう1つ、見逃せないのが、匠の奥深き慈愛溢れるモノづくりの業。古来、身を清め、装束を正し、姿勢を正して仕事場に臨み、対峙して一心不乱に打ち込む姿こそモノづくりの原点と学び心得させられたものだ。虚心坦懐に取り組む心意気の成せる業であろうか。本章1項で既述した共同研究者澤本三十四氏の、目的別の水作りの事例に見られる如く、"匠の誠心"ヒトの意念エネルギーの凄さに、驚嘆すると同時に、ものづくりに対する畏敬の念が心に沁みた。

2. ヨーギが語る根源エネルギー[ブリル (Vril)]

　敬愛する大正・昭和の言論界の大御所「中村天風先生」の、見事なまでの自然との一体感で謳った生命観が、我を導いてくれた。ヒマラヤの麓に位置する秘境、インドのヨーガの哲学発祥の地カンチェンジュンガで、3年間ヨーガの大酋長カリアッパ師の「生存に対する生命のバイブレーションが絶対に必要である」との秘儀に参じ、神仏よりも"宇宙の氣"を体得したという。

　「宇宙の一切を支配する根本エネルギーであるブリル(Vril：大自然のもつ神秘の力)だけである。科学でいう微粒子的存在としているが、あらゆるすべてのアトムの先祖である。自然界を支配し、宇宙に存在するものというものの一切を支配しているのである。このブリルの収受量、言い換えれば、根本エネルギーである大きな力の受入れ量をできるだけ多くすることが、生命を強く、長く、広く、深く生かす一番の大根大本になる」、「この世にありとするすべての生物は、みんなこの宇宙エネルギーの中にある生物となるべき"氣"というものが原因を成しているのである。宇宙エネルギーの中に生物となるべき要素が漂っている」(中村天風著「成功哲学三部作」より抜粋)

　まさに、中村天風先生の生命観につきるので

はないだろうか。生存に絶対に必要であるのが生命のバイブレーション"氣"であると断じている。しかも、その"氣"こそ、あらゆるアトム（原子）の先祖と位置付け、筆者が論じたビッグバンを成し得たエネルギーの存在とかぶり合う同一の根源を指している。カリアッパ師の秘儀「生存に対する生命のバイブレーションが絶対に必要である」は、リュック・モンタニエ博士が明らかにした「生命体DNAの交信には大気の鼓動シューマン周波数が必須」と大きくかぶり合っている。この真意こそ、本書の真髄を物語るものであり、勇気百倍を得て記したものだ。

3.筆者のスピリチュアル体験談

さて、拙著『水と珪素の集団リズム力』（Eco・クリエイティブ）で「スピリチュアル健康効果」と題して、筆者自身が日本氣導術学会のセミナーに参加、その体験談を述べた。さらに、脳精神科学者A・H女史の透視の超現実的な実演風景が今も脳裏に焼きつき、昨日の如く思い浮かべることができる。超常現象（サイ現象）そのものでした。この貴重な2つの体験談を取り上げ、抜粋し要約を記したい。

まずは氣導術の体験談から。

「筆者が氣導術の実体験で会得した大事な感覚がある。それは、先人たちが自然から会得した諺"病は気から"の真髄への気付きです。潜在意識（表に表れない意識）と顕在意識（見える形で表現される意識）の融合の授かり物で、深化、育成することが人となりの極意だ」として、日本氣導術学会の総本部長鈴木貴樹氏は、その本質を簡易に語りかけている。

〔氣導術とは、鈴木眞之が創始し、平成9年に公開した治療術である。氣導術の特徴として、これまで認知されている他の"氣の療法"と異なり、伝授（氣導穴開放）を受けることにより個々の素質や修行によることなく効果を得るのに十分な"氣エネルギー"を享受できることが挙げられる。得られる"氣エネルギー"氣導術では"氣導力"と名付けており、概念的には宇宙エネルギー、太陽エネルギー、大地のエネルギーが由来である。この氣導力は、自身に取り入れる際も、放出の際も、内氣的なエネルギー消費を伴わないので、自身の体調によってその量が増減することがなく、自身の疲労も伴わずコントロールすることが可能である。氣導術では、氣を使いこなすためのキーワードとして、①笑顔、②感謝、③愛、④信頼（仏語でラポール）⑤ワクワクドキドキの5つを大事にしている。これらは、人間が元来持ち得ているはずの感覚であり、氣導力を使いこなすための才能と言い換えることもできる〕

氣導術の潜在意識の同調、同期とは、氣導力と施術者の潜在意識"霊"との、また外部意識とのピュアーな波動の同調であり、その同期及び唸り作用であると理解した。無垢で畏敬の信頼"ラポール（仏語）"というリズムの波動で顕在化されるプラシーボ効果こそ氣導術の心技心で、相乗効果を演出する同位体と筆者は受け止めている。同時に感謝、プラス志向意識、利他の心、笑い、感動も無垢なピュアーと同様形態の穏やかな波動"ゆらぎ"平常心と、感じた。

その穏やかな精神と水との関連性は、例えばライナス・ポーリン博士がいう麻酔状態一歩手前の状態と考えられる。この時の脳内の水は、秩序性を整えた穏やかな動きをすることは容易に推察できる。珪素の化合物の利いた秩序ある水の効果が思い浮かぶ。確かな根拠となっているのは、M精神病院の事例である。

もう1つ、筆者の疑似体験を紹介したい。
"まさか"の経験談である。視覚を完全に遮断した若き脳精神科学者A・H女史の透視の実演を眼前、数十センチメートルで拝見した実体験談である。目隠し用のアイマスクを着用し、参加者からの思い思いの所持品20点ばかりが机上に並べられた。

本、定期券、特殊シール、キーホルダー、五千円札、パワーストーン、お守り袋、手帳、

お菓子、写真と種々雑多である。手かざしで"これが机の端ですね"と机の角を触れることなく手かざしのみで声をかける。端の方から順に、手かざししながらものの形状、色合い、材質、そしてものの名前を言い当てる。本の題名、定期券の名前、電話番号を順番通りに正確に言い当てる。目で見ているが如く。私の目の前なのでしっかりと番号の一致を追いかけた。あまりの正確さに思わず唸った。その度に重なり合って覗き込んでいる数十人の参加者からの感嘆の声があがる。

　本の表紙に描かれた模様、「何か動物の絵ですね、随分かわいいですね、それは、アッ、ワンちゃんですね」と。まるで子どもがお母さんに絵を指差し、1つひとつ、覚えたての言葉を楽しむように、言い当ててゆく姿を連想し、参加者全員、感嘆と賞賛の拍手喝采だった。あり得ん話と猜疑心をもって一挙手一投足をも見逃すまいと構えていたが、むなしい徒労に終わった。あまりにも凄い現実に圧倒されたものだ。日本サイ科学会での経験であった。なぜか、筆者にはあの世飛行士ともいわれる臨死体験者木内鶴彦氏の臨死場情景の見事な現実描写が思い浮かぶ。

4. スピリチュアル健康能は普遍

　精神性由来の健康に関し、古今東西広く人びとに自然に受け止められている身近な言葉がある。筆者の受け止め方を図表9-19にまとめた。いずれも耳慣れた言葉である。その解釈、受け止め方は、ヒト様々に数知れぬ位ある。どこの本屋さんにも宗教、哲学、精神文化のコーナーには"所狭し"と多くの書籍が並べられている。また、最近、とみにテレビのニュース報道番組、芸能番組、あるいは教育番組など幅広いジャンルで、精神性の必要性がピックアップされ放映されている。スピリチュアル健康能は普遍だが、その効果の程は、信仰哲学の普段着の諺「いわしの頭も信心から」の如く、ヒト各々の心の中の受け止め方次第である。関連する事例をいつか取り上げたい。

　筑波大学の名誉教授で世界的な遺伝子の解読研究者である村上和雄博士の「笑いがもたらす医学効果」の研究報告が広く一般市民の共感を得たのも記憶に新しいのではないだろうか。村上先生は、その気取らぬ本音の著書『アホは神の望み』(サンマーク出版)の中で次のようにわかり易く述べている。

「喜怒哀楽のうち、怒りや悲しみは人間の心身にマイナスの影響を与える陰性ストレスであり、喜びや楽しみは好ましい影響を与える陽性ストレスである。ストレスというと、悪いストレスしか考えない人が多いが、細菌に善玉菌と悪玉菌があるようにストレスにも善玉と悪玉があり、善玉ストレス＝陽気な心の代表は笑いである。笑うことがある病状を好転させたことが確かめられれば、心と遺伝子の関係 ── 心のどんな働きがどんな遺伝子のスイッチを入れるか ── を示す1つの例証となるのではないか」

　こんな仮説に基づいて吉本興業と協力して実験イベントを実施したところ、糖尿病患者の血糖値の下がりが大きいという統計的結果が得られ、笑いが血糖値を下げることについてほぼ医学的確信を得ていると著している。笑いが治療効果を大きく改善するとの医学研究が医療の実践現場で、本格的に広く始まっているとメディアが報じている。薬の代わりに、笑いが重要な処方箋とされる時代も、もう間近に迫ってきているのではないだろうか。まさに、「病は気から」の現代版"実践と理論"そのものではないだろうか。

　また、異分野の喫緊の課題解決にも、身体と心の関係が注視されている。世界各地で多発するテロを未然に防ぐことができないか。人類共通の喫緊の課題である。犯行直前犯人を事前特定すべく生体波の振動を利用した防犯装置が実用化されつつある。空港登場口の金属所持の探

第九章　結び合う命の力「スピリチュアル健康能」

スピリチュアリティと健康

1. 病気は気から──自然治癒の原点（"氣"の世界）
2. 汝問うことなかれ──宗教の原点（ひたすらの祈り）
3. プラシーボ効果──医術の原点（信頼ラポール）
4. 癒し作用──潜在意識の原点（自然との一体感）
5. ストレス・マイナス思考──反プラシーボ効果
6. 感謝と感動──至福の共鳴（同調：シンクロニシティ）

気、想念のエネルギー作用

秩序と活性化のバランス調律…血液サラサラ＆心身の脈動

人間を霊性、神経性、身体性からなる
1つの全体（身体システム）として捉えることが大事
健康とは、身体的、精神的、
そして霊的な動的バランスの「脈動」である
水は大事な3要素結合の媒体

図表9-19：スピリチュアリティの健康効果

知機ではなく、あくまでもヒトの感情による振動波の探知機である。人体が発生する生体波は、犯行前に高ぶりマイクロ波（μm）を発生するという。通常の生体波であるミリ波（mm）より波長が一桁短く、振動数は一桁高くなる現象をビデオカメラで捉えた特殊光学機器装置で検出が可能だという。不審人物「赤」、異常なし人物「青」と表示が叶うという。例えば、役者が演じても真剣度が異なるゆえ「赤」の点滅は困難だが、心の底まで役柄になりきった迫真の演技では、「赤」の点灯が叶うという。正に、感情が生体波に大きく影響することの「見える化」の好事例である。

さて、自らの治験を通して色々なことを水が語りかけてくれた。ここでいえることは、すべてが命の根柢"ゆらぎ"なる調律リズムに収斂されていることである。健康な結び合う力の水"コロイダル"への変身そのもの。個々には微細で活発に、寄り集い、我侭を抑えて力を合わせ、見える形で小集団毎の意志を顕している。他ならぬ体の大半を構成している水凝集場の働き、すなわち生体電気エネルギーの起源を掌っている……。結び合う結合群化した生体系の水"コロイダル"の成せる業であった。

中島・澤本が唱える「水のコロイダル領域論」で理論体系化した、水と珪素と氣のいのちの物語、「水が媒介するスピリチュアル健康能の普遍」の話であった。しかし、健康能は普遍だがスピリチュアリティの健康効果は、ヒト各々の受け止め方次第である。もう多くを語る必要はないだろう。前著で語った言葉をもう一度振り返り、重複するが抜粋・加筆して記したい。

"水"という魅惑的な物質を、振動、ゆらぎという概念で捉えた。驚いたことに、氣、想念を含むスピリチュアル作用も、触媒能の働きも、そして酵素能の働きも原点は振動、ゆらぎの動作にあった。水という結び合う媒体が"場

の演出効果を幾重にも連成・重畳している姿を覗き見ることができた。

　科学が目指す素粒子や原子、そして分子など量子レベルの超微細物質の単純な寄せ集めの類ではない。それは、寄り集い結び合う複雑多様な仕組みで目的別集団ユニット（例えばアミノ酸の組み合わせで様々な目的別蛋白質が生まれる姿）を構成、リズムを奏でている新しい秩序機能創出の"コロイダル粒子"が結び合い群れ集っている。"いのちの集団"そのものの有り姿であった。

　その最たるものが、生命の宿る生体、すなわち"生命体"の真の姿ではないでだろうか……。しかも、生命体のスピリチュアリティの司令塔である脳は"90％"が水でできているということを思い出していただきたい……。必要あって最も合理的に作られている。我々が水の存在意義とその特質を深く見つめる所以である。様々なものが寄り集ったマイクロ・ナノレベル集団の菱和の群・団だけが発揮できる飛躍的な特殊機能なのだ。スピリチュアリティの健康とは、結び合う菱和集団の動的なリズム共鳴作用そのもの。この自然が成す摂理の有り姿こそ、マクロな立場で捉えた吾が水治験達からのまぶし過ぎる贈り物であった。水のひとり言"結び合う命の力"を介してスピリチュアル健康能の普遍性の具体事例のいくつかを示すことができた。

5.スピリチュアル健康効果の極意『絶対服従』？

　「月とすっぽん」、なぜかこのような比喩がピタリと当てはまるスピリチュアル健康効果（同意義の言葉として医学・医療分野ではプラシーボ効果とも呼称されている）の働き様の不思議さを感じる。面と対峙する度毎に必ずといっていいほど、あの気になる言葉『絶対服従』が思い出される。心身の健康効果に於ける雲泥の差異を誘引する要因とは？　自然感の収受に今一鈍感な筆者自身の人生に当て嵌めて考えると、重い宿題を背負ったままの歩みに気付く。『絶対服従』なるものを、いくらも心身に纏っていない不安定な自分がそこにいるからだろう。自分自身の弱き心の奥に聴かせながら、本章の終わりをしたためたい。

　話は、第二章のルルドの泉に遡る。世界的な理論物理学者・合気道師範・UFO研究家・伯家神道の祝之神事の伝承・ピラミッドパワーのハトホルの秘儀施術、さらには生死をさまよう大病を、仏国ピレネー山脈の麓ルルドの泉の地にてマリア様と白鳩への祈りで乗り越えるなど、多くの奇跡を経験する保江邦夫博士が語った心底からの響き、ある方への『絶対服従』という、まさに一言に凝縮された教示が、4年間近い時が過ぎた今も耳から離れない。理論物理学という科学の分野で世界的な保江方程式を確立し、返す両刃の剣で祈りという精神世界の秘儀・奥義を極めたかに見受けられる保江邦夫博士の一言の真意がどこにあるのだろうか。なぜか、凡人たる筆者には、今も未消化のまま「人生における絶対服従とは何ぞや」と心に居座り続けている。

『ある方』とは、齢90歳を過ぎた今もお元気で、「日本人の心が失われ、地球が悲鳴を上げている」として、一千年の時を越えて今もなお多くの人の心をとらえ続ける大陰陽師「阿部晴明」のゆかりの地（岡山県鴨方の地にある阿部山）で祈り続ける天真如教苑の畑田天真如先生である。

「弘法大師はいわれた『根源に還れ』と……
心のこもった言葉には大きな力が宿る……
氣がこもった生き方には大いなる智慧が溢れる
言霊……神はからい……」

　畑田天真如が対話するものは、動物や植物はもちろんのこと、霊であり、仏であり、神である。小さな頃から不思議な力を持ち、時空間すら飛び越えて、神代からの日本の智恵に学び、今に伝える……。日本人の失いつつある日本人

第九章　結び合う命の力「スピリチュアル健康能」

としてのあるべき姿、地球の未来を救う智恵はこの国から生まれる……。畑田天真如先生唯一の著書『命をつなぐ』(桃青社)からの抜粋である。

　保江邦夫博士が喝破する畑田天真如先生への『絶対服従』その真意とは、天真如先生の"生き様の魂"、奥深くに秘めた祈りの"根源姿勢"をさしているのだろうか。それとも、絶対服従で祈る『信じ切る無の心根』なのだろうか。あるいは、保江先生自身の祈りの自覚を重ねた芯意かもしれない……。『"祈り"の"極意"』そのものであったような気がしてならない。

　たとえ祈りの先に鎮座する神々は別々でも、そばで見ている共同研究者澤本三十四氏の祈る心根とどこかかぶり合って筆者には視得る……。もしかしたら、植物達とも以心伝心が叶う程の感応性能、すなわち、地球大気の鼓動"シューマン波"と鋭敏に共鳴感応できる波動感性の知覚（感覚）が身につくのではないだろうか。そんな俗欲さが棲み付いている筆者の三次元的な先入価値感を、一気呵成にドーンと折伏してくれるかもしれない。

　万人には叶わぬ、お天道様の如くものの実体を見通す天真如先生の魔力は、別次元の神格として承知しているが……。筆者には、何んとしてでも彼岸に渡る前に解決（悟り）し、身にまとわねばならぬ大事な生き様の課題である。祈りの神髄・極意の道とは、心に秘めた生き様の智恵への『絶対服従』が具体的な第一歩の道なのかもしれない。生涯続く自問自答のゆっくり旅（スローライフ）でありたい……。

第九章　結び合う命の力「スピリチュアル健康能」

むすび

"結び合う命の力" に誘われて

　水の本質、すなわち "水の性格"、その "味" なるものの理論の体系化を成してみたいと、哲科学的なキーワード「寄り集い群れて和す─存在の意義」が、脳裏をかすめたその時からもう20年近い歳月が過ぎました。目新しいいくつかの課題を抱え水の分析・考察を重ねていました。間近に見た治験の結果を理論体系化し、論文として取りまとめ学会等で発表したものです。

- 水の相状態の振動場概念の顕在化と外乱相互作用の実体について（2007年）
- 焼成牛骨粉の水溶解の不思議な事象について（2008年）
- 水の自律リズムに働くコロイドの表面陰電荷について（2009年）
- 水溶液の秩序と活性を育む放射線ホルミシス効果（2009年）
- ソマチッドと極微小コロイド粒子その無機物的な極似性に関する―私見（2009年）
- 氣、及び想念のエネルギー作用を水で測る（2011年）

　"現象" という神がかりな事実の根柢を求めて、「顕在するもの、潜在するもの併せ持つ科学的表現とはいかにあるべきか」との一念で取り組みました。唯物的な科学の枠を超えて、素材としての物質、科学の還元論の方向とは全く逆方向の寄り集う意義 "結び" "絆" の精神的な哲学論を統合・融合し、体系化という秩序を図るにはどうすれば解り易い存在の本質なるものの表現が叶うのか？　論文では表現し難く書きえない研究途上の赤裸々な事象を事実としてまとめておきたい……。世界の科学が見過ごしていた「水の第二の誘電緩和現象」の発見を通して立証した「水はコロイダル」の存在を、科学という場で始めて突き止めた旬な事実を書きとめておくこと……。それが、筆者の人生の大事な使命なのです。

　文筆家でもない筆者が、自らの治験瑞相をまとめて本にできないかと思い始めていました。そんな矢先、稲田芳弘著『ガン呪縛を解く』（Eco・クリエイティブ）で千島学説との鮮烈な出会いに痺れた……。千島喜久男博士は、科学のみでは説明しきれない生命現象『生命エネルギーの氣・血・動の調和』、その生命の神髄を徹底的な現象観察から帰納しわかり易く説いています。哲科学（philosophy―Science）という千島博士独自の発見事実に裏打ちされた見事な論述。体感・体得し易い、自然科学の解き明かし手法に魅了され、多大な刺激を受けたものです。

　2012年の年明け早々に『水と珪素の集団リズム力』（Eco・クリエイティブ）を刊行。さらに、2015年の春、同著英訳版『The Creative Power of Water and Silicon Rhythms』（Eco・クリエイティブ）を刊行することができました。

　機会は再び筆者の治験に訪れた……。いのちの水は「コロイダルだ」と断言できる具体的な水の有り姿を見究めることができました。まえがきに代えて、本著の冒頭に実証から帰納した生命科学の基本原理の一端を記しました。

＊生命場とは、水と珪素のコロイダル表面陰電荷力が働く自己組織化の場
＊結び合う命の力の水とは、珪素に司られる結合群化した自己触媒の水
＊命の力とは、物質と精神を統合・中庸・菱和する結び合う力の水の触媒能

　一見、フィクション（虚構世界）とも見紛う如き結論でありました。ですが、"現象"（顕在化）という"実在"の神様から学び・考え・帰納した、一市井の徒の体験随筆（ノンフィクション）としてまとめることができました。
『水の第二の誘電緩和域』、『コロイダル』、『菱和』、『ゼロ場触媒能』、『微乾燥顕微鏡観察』、『人工の氣』さらには大それた『宇宙の恒常性原理』などの私的造語を駆使しての哲科学的な表現を多用しながら理論体系化した実用の水の働き様（作用機序）の原理論でした。水は、単純な三次元物体ではなく、変化自在に揺れ動く脈動体であり、かつ見えない電磁波が幾重にも重なり、重畳し合いながら調律リズムで秩序を維持している凄い触媒体である。そんな実体の水のミラクルの解き明しでありました。

　水の中のコロイダル、それは、湯川秀樹博士の素領域理論の相似象がシンクロするほどの様相である。水の場にひしめき合いながら点在するコロイダルの小紋模様がまぶしく輝いて見え隠れしている。統制された完全調和ではなく、皆で作り上げる集団の菱和体制が生きいきと息づいている。水と珪素が"氣"という場で互いに活かし合って動的生命体という"いのち"を支えている。細胞の生体系の水を補完している珪素に纏い付いた水の集団"コロイダル"自らが生体系の水となり、コラーゲンやエラスチン、ムコ多糖類を結び合わせ秩序求心力を維持しつつ体内を駆け巡っている。全体に張り巡らされた水素結合のネットワークではなく、大小様々なコロイダルユニットが水に浮かび自由自在に菱和し合いながら存在し合っている。非常に柔軟な非晶質型の菱和混在の液、すなわち物理学70の謎といわれる「溶液二様態論」のあり姿"共棲"そのものの解き明かしでもあった。このコロイダルユニットに水の電離した陰陽イオンの吸着が見られる。水素イオンは水分子と抱き合いオキソニウムイオンとして、水酸イオンは水分子と抱き合いヒドロキシルイオンとして進んでコロイダルに仲間入りし、刺々しいイメージの電離イオン性を払拭している。「いざ鎌倉」、必要に応じて何時でも解離できる状態を整えている優れものである。生命体は電解質の化学反応ではなく、コロイダルの電荷の働きで"いのち"していることが治験でわかってきた。

　例えば、脳内の水は素晴らしい緩衝材で、かつキメ細やかな情報伝達能が求められる。さらに情報処理に伴う発生熱を速やかに運ぶためにサラサラと流れるモノが良いと脳科学者はいう。コロイダルユニットの水は表面張力が適宜に低下、被膜形成の少ない脳細胞対応の最適な水の様相・特性であると見受けられる。
　だが、もう1つ脳内の水に求められる機能がある。鋭敏過ぎる働きを抑制する『鈍感力』とのバランスが必要である。ライナス・ポーリング博士がいう「水和性微細クリスタル説」である。すなわち全身麻酔には脳の脂肪溶解度効果が求められる。その作用機序の原点である水のクラスター形成を安定化し、小さな結晶水和物を作り出すことをポーリング博士は発見したのである。
　しかも、この「水和性微細クリスタル」すなわち"コロイダル水"が、熱伝達・熱放射に抜群に優れている事実を機械加工の場のクーラント工作液の熱伝達倍増という驚きの実験結果を第六章で既述したものです。脳は、まさにコンピューター同様に多大な熱発生を伴う情報処理器官である。脳内での発生熱の速やかな除去こそ脳を正常に維持する初歩的な基幹動作であることを忘れてはならない

……。まさにコロイダルの機能 "低誘電率""熱伝達効果" そのものが、脳科学者中田力氏が［水性相理論＝水和性微細クリスタル説］で唱える脳内の水の大事な機能なのである。

　脳は自らの情報処理機能に伴う発生熱を効果的に放出するための特異的な形態、すなわち、熱対流に従う "きのこ雲" のような形態を成し、プリューム型（羽毛の様相）の熱対流パターンを成していると中田氏はいう。コロイダル様態の水こそ、中田氏が唱える「脳の渦理論」そのものに応え得る最適な水の有り姿といえる……。生命体中枢器官に最もシビアーに対応できる瞬発力と鈍感力、さらに沈着冷静さを兼ね備えた多能性を有した生体系の水、コロイダル領域論のユニット型の水そのものの実践と理論の確立でした。

　もう一度、脳内の水に関する実例として序章で既述した、富山県のM精神科病院の水中毒患者の事例を思い起こしていただきたい。抗火石水のお陰で、十数年間の水中毒患者発生皆無の実績と符合していることは明々白々である。密度「1超」、表面張力「65〜68ダイン」を維持し、サラサラと流れ放熱作用には最も適している。しかも自在に水素結合という巨大ネットワークを小集団化し、生命体のバランス機能を最も発揮し易い形態を整えるコロイダルユニット型の水（シュテルンの電気二重層型）の寄り集いこそ、生命体に最も適っていることの解き明かしでした。

　生体系の水の最適な話とは、ヒトだけが対象ではない。生命体すべてに適用される実用の論理である。結び合う力の水 "コロイダル" が多い食料品ほど鮮度保持が良く保存に適し加熱、凍結、乾燥に対して変容し難く健康優良食料品として五つ星の市場評価を得る可能性を秘めている。生体水の良し悪しが細胞液の集団六角形状（ヘキサゴン：溶液の緻密性の見える化指標である）の出来不出来を左右する。水分子6個が環状で結合していて密度が9％も低下する空隙の大きい氷状六員環様の観念論ではない。細胞レベルの緻密な構成を図る集合体ユニットの六芒星ヘキサゴンの現象論である。もう一度コラム3－2（六員環の水の正体とは）を振り返り眺めていただきたい。最も簡易で一目瞭然の、生命体に最適な食料品の本質判定法が見えている。

　科学するための水理論としてではなく、"いのち" するための水の哲科学が大事なのである。珪素を無二の友として初めて問えた「いのちの水」であり、「いのちの力」である。超能力者や気功師や匠の意念エネルギーを水という鏡に写して覗き見た。確かに記憶する。しかも自然音まで同様に電磁波として記憶し変容することが治験でわかってきた。電磁波とおぼしき精神性の微弱エネルギーを水が振動という姿形で記憶しているのである。物質と精神の融合を介在しているのが、唯一水のリズムの働き様、すなわち触媒能であることがわかってきた。

　さらに、そんな水が、低エネルギー原子転換の場に必須であることも治験でわかってきた。幾重もの現象が、珪素に纏い付いた結合群化した水、すなわち "結び合う力" が生体系の水の万能性、神秘性の大元を成していることの根拠を固めてくれている。確信と責任を持って治験の結果・考察を、外に向って語ることができるようになった。

　科学として支えてくれた主体は、3つの科学分析器である。まずは、コロイダルの様相を指し示す誘電分極・誘電緩和の原理応用のアクアアナライザの波形図である。溶液理論の原理や論理展開の基本設計図を画き語りかけてくれる凄い計測器である。水溶液の「第二の誘電緩和域」の発見者である。

　続いて、コロイダル電気泳動の原理と解離平衡現象をアナログ的に指し示す微乾燥顕微鏡観察写真の沈積模様である。美的感覚のファッション的形体波の感性であろう。電気的表現しかできないアク

アアナライザの欠点を補うには最適なアナログ的な溶液の電気的実相を語りかけてくれる優れモノである。

そしてもう1つは現代人が絶対真実と仰ぐ数値表現のコロイダルの定量分析器ナノサイトである。全体の傾向性をつかんでいる。だが、いかんせん光学分析であり、大事な物質の領域10nm以下の微小体の計測が叶わぬ領域もあり、完全とは言いがたい観察であることも事実である。観測範囲外の類推拡大解釈を要するが、アクアアナライザの波形図と同意義の電気的事象の"見える化"である。両者を対峙させ相補的にグレーゾーンをかばい合わせ、観察眼を凝らしてデータの精査を高めている。

これら三位一体で成し得た水の奥義の実相に直結する、世間に先駆けた溶液の真の性格分析手法である。水と珪素と氣が成すコロイダルの実践と理論の謳いあげだった。素晴らしい三者の分析器との出会いが、中島・澤本のコロイダル領域論を確かなものへと誘ってくれた。モノとコトとその仕組みが、必然か偶然かは定かではないが、その出会いのお陰であることだけは確かである。まるでAIロボットの如き、カール・ユング博士の集合的無意識、すなわち以心伝心し合える仲間である。感謝を捧げたい。

人との出会いは、いかなるものにも代え難い人生の王道の賜物である。飛躍的に研究が進化し深化できた"さわり"を若干記しておきたい。

超能力者の心理カウンセラーA師との運命的な出会いである。心理効果や暗示効果の影響力を完全に払拭した方法で、超能力者のエネルギーを水に映して測ってみた。衝撃的な科学的根拠となる結果との出会いである。超微弱磁気計測器トリフィールドメーターで超能力者の磁気エネルギー作用が確認できた。何んと、空間を隔てて間接的に伝搬している。宇宙普遍の氣とヒトの氣の実在である。その瞬間に、自分が水に求めていたものとは、まさしく「これだ！」と直感できた。水とは「いのちそのもの」であると、強く意識することができた。もう迷う必要はまったくないと自分に言い聞かせたものだ。

水は、いのちを成すために寄り集っているのだから、その集い方を探ればよいはずである。自然な形で得心することができた。集い方を科学し、集いが成し遂げた一個の全体の魂を洞察すればよいだけのことではないか……。そう、自分に言い聞かせた。もう、水分子の物性値のみにこだわる必要は毛頭ない。分厚い既存科学の法則呪縛が解け、視野が大きく広がった。

既存科学が説く「純水のみの物性値」に頼るのではなく、視点を180度変え、水全体が醸し出す「水の性格」、すなわち、人でいえば"味"の洞察的探究である。自然界に純水はない。水と一番に結び合っているものは何か。水分子同士以上に強く水分子と結び合う不可分の一体"珪素"以外には考えられない。

生命とは切っても切れない珪素は、大陸という場で酸素と共に結び合った鉱石（ミネラル）として多く存在する。しかも、それは常時、水と接し溶出している。さらに大気とも接し、自然が成す風化作用で生体が吸収可能な非晶質（アモルファス状態）の水溶性と化しているアロフェンさえ存在する。生命誕生の場と目されている海底の熱水噴出口にはナノシリカが多く存在する。すべてが生命体誕生の一点に向かって補完し合い、必然的につながり合っている。しかも、それらすべてが、水の生命場の本質／根柢に根差している。キーワード「いのちの水」、すなわち「いのちの力」の模索が、筆者の研究の基点であった。

水と珪素と氣が成すコロイダルの生命場は、すべてのものが生りいずる場である。触媒能、酵素能を成している培地・媒体として、生命体地球に必然的に具わっている。生命場の基盤となる溶液の液相状態（コロイダルユニット）を述べ、それらが珪酸コロイドの表面陰電荷力で生命エネルギーを発祥している事実を明らかにした。しかも、低エネルギー原子転換さえも成し遂げる振動リズム「触媒能」を発揮する事実さえも例示した。その大元を成しているのが、水と珪素が成す常磁性のコロイダル集合体であった。

　常磁性であるがゆえに、宇宙普遍のフリーエネルギー（西洋ではエーテル＝東洋ではアーカーシャ）とも目される"氣"を抱き、秩序と活性を成し遂げている。筆者の論旨の夫々は、水という媒体が宇宙の"氣"を抱いて働く様の原理を共有し、繋がり合っている。未解明な氣の世界に一石を投じた澤本氏の「人工の氣」の治験結果が何よりの頼もしい根拠である。水の本意が一個の全体として連携し語りかけている様を、統合的に体系化して語ることができた。

　水の神秘作用の科学的見極めが飛躍的に深化し、芯化できたのは、宇宙の「氣」がすべてのベースであるとの気付きであった。必然的な「縁結び」であった。さらに、音波が電磁波であるとの治験結果を、世界に先駆け確信を持って披瀝することもできた。この宇宙に「氣」の影響を受けない存在・事象は皆無である。

　それらすべての実証事実が、重々しい既存の水の科学にひるむことなく新たな"いのちの水"の扉を開いてくれた。運命的な出会いが熟し、筆者をして知識と叡智と、そして統合的な思考力を育んでくれた。科学技術一辺倒の発想に哲学的思考を加味させ、視野を拡げることが叶った。感謝あるのみである。

　本書の出版を決心させる感激的な出来事があった。コロイダル領域論の共同研究者の澤本三十四氏から、突然電話が入った。共同研究先で、誘電率14〜20（25℃）の異常なデータが計測されたという。2016年5月11日のことである。

　通常の水の誘電率は80（20℃）である。また、氷の誘電率は3（0℃）である。水の誘電率は温度依存性が大きく、0℃の水で102、100℃の湯で56である。また誘電緩和の誘電率とされる周波数90GHz（波長3.3mm）で計測した蒸留水の誘電率は11.5との研究報告がある。上記データに較べれば、この度の計測された水の誘電率が、一般概念の80に比べ如何に異常であるかがわかる。

　アクアアナライザの計測周波数域（500〜5000kHz）は、科学者が無視した周波数域である。だが、その位置こそ溶液コロイダル論の存在を証する「第二の誘電緩和」の周波数域だと断じ、新たな誘電率の存在を仮説として謳ったものでした。すなわち、この度の異常な誘電率こそ、筆者のコロイダル領域論の仮説の最も大事なエビデンス（根拠）となる誘電率そのものでした。

　我が耳を疑った。筆者の研究の中で最も自己確信できた「瞬間」であった。間違いない。責任もって筆者の持論を、堂々と世に問うことができる。人生、最大で最良の生き甲斐を実感できた。何とか、一人でも多くの人に伝え、遺しておきたい。是が非でも、出版にこぎ着けたいと強く心に誓い、新たな使命感を自覚したものだ。

「主体的であれ、客観的であれ、すべての起点は感謝する素直な心に宿る」そう自分に言い聞かせ、原点に立ち返り「寄り集うことの意義」を、改めて自問自答した。自分にしか語ることのできない治験結果を擁し、自分らしい統合的な哲科学として自然との一体感で「命する」ことの大切さを、世に

問い、遺しておきたいと強く心に誓った。

　実際に"結果"が存在するのだから、新分析手法の科学的な根拠と自分の哲学的な主観「集団になることの意義」、その結合地点の真意の探究を目指して、どこに、何を見つけたのか、それを、どう考えたのか。先哲先達に、客観的に学び「水と珪素の集団リズム力」をして、命の健康「水の生命場：コロイダル」なるものを著しておきたい……。

　水と珪素と氣の触媒力が成す命の場のリズム「結び合う力」にフォーカスした。宇宙普遍の「氣」をいっぱいに浴び"命の健康場"を探究した。「寄り集うことで生まれる新機能」の大事な自然の「場」の働き、科学では"触媒能"の話、生命体では"酵素能"の話、そして人の現世では"絆"の話である。「すべての存在はつながっている」とする包括的な万物の理論を哲科学しているアーヴィン・ラズロ（1932年ハンガリー生まれの哲学者・物理学者・音楽家、世界賢人会議ブタペストクラブ主宰）が唱える「結びの力」のつながりこそ、人の道の大事な歩みの術ではないだろうか。つながること、すなわち、結び合うことで存在が生かされ新たなモノ・コト・仕組みが生まれる。「寄り集いて和し、群れて輪す」筆者の瑞相の頂は、宇宙深淵の奥深くにまで導かれている「道」でした。虹の架け橋が深淵な谷間をひとまたぎしている。美しく光り輝いて見えている。希望の架け橋となってくれることを願いつつ筆を置きたい。

人とモノ、結び合う出会いの縁への謝意

　筆を置くにあたり、人とモノとの縁を掲げ感謝の意を表したいと思います。
　超能力者A師との出会い、日本氣導術学会の鈴木眞之会長はじめ、指導施術師の方々、そして日本サウンドヒーリング協会の諸先生方との必然的なご縁と実験の賜物でした。これらを論文にまとめることができたのは、著名な氣の研究家で、日本サイ科学会会長（当時）の佐々木茂美先生の手厳しい査読と忍耐強い慈味な指導のお陰でした。第二の人生の門出に当たり、異分野研究活動の指針を一から学ぶことが叶い、血となり肉となりました。
　さて、実践の場において、わざわざフランスにまで出かけて貴重な『ルルドの泉』のサンプルを採水されたグループダイナミックス研究所の柳平彬所長を始め、貴重な数々のサンプルの提供をいただいた関係者の皆さんのご協力に支えられました。
　生き方の術「自分らしさ」の気付きを親身に促していただいたのはコロイダル領域論の共同研究者である澤本三十四氏のお陰でした。澤本氏の類まれな感応性能と誠のお陰で「中和的な力の場」をキーワードとして、本書にオンリーワンの魂を入れることができました。この度は心強い巻頭言まで寄稿していただき、本誌に花を添えていただきました。深謝あるのみです。
　また、定量的根拠といえる物性値「溶液のゼータ電位とその粒度分布」、「誘電緩和の誘電率」、そして、「ナノサイト装置のコロイダル状態の輝度3Dデータ」が、筆者の溶液のコロイダル論の、動かし得ない根拠データとすることができました。科学的な溶液の階層構造論を超える実体的で哲科学的な新溶液論なるものを思い描くことができました。京都オゾン応用工学研究所長の廣見勉工学博士のナノサイト分析協力のお陰でした。コロイダル領域論のベース（基本原理）となったのは川田薫理学博士の「水の階層構造論」です。川田先生の滋味ながらも科学者魂の筋論の指導のお陰でした。
　遅くなりましたが、著者の今があるのは、パルス分光器アクアアナライザ開発の提唱者であり、著

者の水分析治験の場を支え続け、溶液振動論の良き相談相手でもあった、今は天国に回帰された元東洋化学株式会社社長の渡辺静穂氏の一途な物心両面の思いやりのお陰でした。衷心より感謝申し上げます。

　本書が出版の日の目を見ることができたのは、「珪素で世直し貢献」との使命感一筋に活動する日本珪素医科学学会や日本珪素医療研究会の発起人である金子昭伯氏の絶大な協力とご厚意でした。金子氏は、自らが肺がんに罹患し余命3ヶ月の命と宣告されてから水溶性珪素に出会い、まさに『絶対服従』それ一筋を信じ、頼り切り命を繋ぎとめたとのことです。驚くほどの丹力と言うか信じ切る無心の生命観、感性の素晴らしさ、包容力が金子氏の今を支えているのではないでしょうか。

　珪素の医療応用の貴重な実証実例は、筆者のまたとない疑似体験の源泉として自信を支えてくれました。日本珪素医科学学会並びに日本珪素医療研究会の諸先生方の多大な実践活動に基づいた「結果エビデンス」のお陰でした。

　さらに該学会等の指導を賜っている愛知医科大学教授・ミュンヘン大学客員教授医学博士の福沢嘉孝先生、大阪大学名誉教授医学博士の大山良徳先生、そして医学、歯学、薬学博士の堀泰典先生の過分なご推薦までいただきまして、誠にありがとうございました。

　導きとなった多くの方々や、協力者の皆さん、たくさんの疑似体験をさせていただいた貴重な知見の先哲・先賢の方々、多くの参考文献、そして出版に際し、真摯に編集に取り組んでくださりアドバイスをいただいた株式会社ビオ・マガジンの西宏祐社長はじめ、関係者の皆様に敬意を示し、この場を借りて感謝して結びの言葉をしたいと思います、

　素晴らしいご縁を結んでいただいた読者の皆様、最後までお読みくださり、ありがとうございました。

　小春日和の陽光の中で……。
　合掌

中島 敏樹

用語解説

コロイダル領域論：物理学の溶液二元様態論（水と水の液晶的塊の混在）に対する筆者の具体的な溶液二元様態論。すなわち、自由水とコロイダルの共棲菱和状態を指す。領域論とは湯川秀樹博士の素領域論と相似象の様相をイメージして名付けたもの。

コロイド＆コロイダル：コロイドとは、溶液内に存在する1nm（ナノメートルと呼び百万分の1ミリメートルの長さ単位）から1μm（マイクロメートルと呼び、千分の1ミリメートルの長さ単位）の大きさのモノを指す。本書で語る「コロイダル」とは、水の既存の理論科学の根幹を成すクラスター論に対峙する実用の水の実相「結合群化した水の"液—液相"が成す液晶的階層構造群・団」を表現するために筆者が便宜的に名付けた造語。

ミセルコロイド：超微小コロイドの寄り集った集団をいう。固液混交の集合体であり、固体に比べ光の吸収等もあり、反射輝度（透過率）でその状態の把握が可能。

コロイド粒子の表面陰電荷：自然界のコロイドは珪酸主体のものが多く存在し、表面にマイナス電荷を帯びている。コロイドは電気的に中性だが、表面にマイナス電荷が現れ内側にプラス電荷が対峙した状態をいう。電気的に周囲に存在するプラス電荷を引き付ける。若返りを支え、活性酸素をも抑制する最も大事な生命エネルギーの基である。

コロイド粒子の電荷と等電点：コロイド粒子、金属酸化物、水酸化物の表面では水素イオン（H^+）と水酸イオン（OH^-）が電位決定イオンとなり、系のpH値によって表面電位が大きく変化する。従って、ある特定のpH（pH_0）で表面電位がゼロとなり、電気泳動などの界面動電現象を全く示さなくなる。この点を等電点という。

親水コロイドと疎水コロイド：分散相（コロイド）と分散媒（水）の間の相互作用が強いか、または親密であるものを親水コロイド、反対に相互作用が弱いか、親密でないものを疎水コロイドと呼んでいる。両者ともその安定性はその電荷によって保たれている。疎水コロイドは反対電荷が加えられると粒子の電荷が中和されて電気を失い不安定となり凝析する。親水コロイドは反対電荷が加えられても水との親和性が強く安定だが、多量の電解質では親和性が減少し沈殿する。塩析と呼んでいる。

コロイドの運動学的性質：水中で微粒子が絶えず不規則な運動をしている状態をブラウン運動という。アインシュタインらは、動きは外部的なものではなく、また粒子自身が動くのでもなく、微粒子を囲んでいる溶媒の水分子の熱運動によって動かされるとした。粒子が小さいほどブラウン運動は激しい。しかし、コロイド粒子は原子や分子、イオンに較べれば著しく大きく拡散速度はずっと小さいことになる。

ブラウン運動：ブラウン博士が水の中で見つけた不規則に動き回る花粉の超微粒子物体の主、超微細な浮遊物質をいう。筆者は自らの治験で「ブラウン運動する粒子は単なる浮遊物ではなく、珪素のコロイド粒子主体の電荷を持った浮遊物」だとしている。場も超微細コロイドで陰電荷であり、クーロンの法則の電気的反発力で動いている。

哲科学（philosophy—Science）：細分化による観察事実に基づいて述べたものは「科学＝部

分的学問」に過ぎないが、それらを統合する形で、見えざるつながり合う縁も含めて述べたものは哲科学である。科学という言葉の真意は細分化、専門化、単純法則化が元々の意義であるが、細胞の可逆分化説を唱えた千島喜久男医学博士は、すべてをつなぎ合わせる「氣」の生命弁証法を説く適宜な言葉として「哲科学」という造語を編み出している。哲学と科学の融合を成す新たな科学文化の意義の総称。

形而上学：現象を超越し、またはその背後にあるものの真の本質の根本原理、絶対存在を純粋思惟により、あるいは直感によって探究しようとする学問。

氣（き, Qi）：中国思想や道教や中医学（漢方医学）などの用語の1つ。一般的に氣は不可視であり、流動的で運動し、作用を起こすとされている。しかし、氣は凝固して可視的な物質となり、万物を構成する要素と定義する解釈もある。宇宙生成論や存在論でも論じられた。また、氣は、物に宿り、それを動かすエネルギー的原理であると同時に、その物を構成し、素材となっている普遍的物質でもある。

帰納：個々の具体的事実から一般的な命題ないし、法則を導き出すこと。

瑞相：めでたいしるし、吉兆、兆しのこと。

実相：真実の姿、現象界のありのままの真実の姿。

脳幹作用：生命活動の根幹作用を司り、意識体をはっきりさせておく生命作用。

感応性能：感応性能という言葉は広辞苑には見当たらない。大正・昭和の言論界の大御所中村天風師が、全身全霊で生きる奥深き感性の重要性に鑑み編み出された造語です。心身一如の奥深き働き様、すなわち、感じ（感受性）、応ずる（反応性）全身全霊の働き様と筆者は受け止めている。

自己生成・自己組織化（オート・ボイエーシス）：自発的自己形成ともいう。外から細かい制御を加えていない状態で、系そのものが持つ機構によって一定の秩序を持つ組織が生まれることをいう。

群知能（swarm intelligence）：例えば鳥や昆虫、魚の群れに見られるように、個体間の局所的な簡単なやり取りを通じて、集団として高度な動きを見せる現象（創発）をいう。個体間の局所相互作用はしばしば全体の行動の創発（emergence）をもたらす。また、場の粒子群最適化はn次元空間での解が点や面で表される問題の最適解を探索する汎用的な極小化技術である。自己組織化の原理ともいえる。

未確認物質「氣」："氣のエネルギー" とは、宇宙創造の根本要素として、ギリシャ時代にイーサー、東洋ではアカシャとも呼ばれていた。霊的な生命エネルギーの存在に、人々は "神" の存在を重ね、畏敬の念を抱いていたのではないだろうか。志向の角度は夫々だが、プラーナ、タキオン、オルゴンエネルギー、スカラー波等などの "気らしき媒体" の名称を見聞きする。現代科学も然り、"ゼロポイント・フィールド"、"超微細渦磁場"、"ゼロ場" さらには "ダークエネルギー" などの関連諸説が賑わっているが、今なお正体不明の "未確認物質" の範疇を彷徨っている。

大言壮語：その人に相応しくない大気焔を吐くこと。

獲得遺伝：生命体が環境に順応できるよう、新たに遺伝子に組み込み記憶すること。

場という概念：身近な例で考えれば、人の集まりの場も場である。「場の空気を読む」との言葉もある。場のエネルギーとは「場の雰囲気」といえるのではないだろうか。物理学の場の量子論というのは、電場や磁場で知られる"場"とは、「様々な性質を帯びた空間」とのこと。ある粒子と別の粒子間に力が働くことを、2つの粒子間に「力」が直接働くのではなく、「場」が介在すると考える。電荷を持った粒子（陽子や電子）はその粒子の周りに電場を作り、その電場がもう1つの粒子の所まで伝播していき、その粒子に作用することによって力が働いたと考える。

モノの根柢を見極める：モノの根柢とは個々の物質性と一個の全体が成す精神性"魂"の不可分の一体をいう。

同定：同一であることを見究めること。

基底安定状態：すべてのものは、できるだけエネルギーを消費せず、安定した状態でいるよう周囲環境とバランスし存在している。この状態を基底安定状態という。

霊：未確認物質「氣」のことを東大医学部教授の矢作直樹博士が「霊」と呼んでいる。本書は同じ意義で使っている。大正・昭和の言論界の大御所中村天風氏は"ヴリル（Uril）"と呼んでいる。ビッグバン以前の無のエネルギーであり、筆者が"氣"と見做しているものである。

調和と菱和：調和とはいくつかのものが矛盾や衝突なく互いに程よく和合すること。そのような素粒子並みに混ざり合う姿の調和に対峙して、もう一歩踏み込み個性が溢れ混ざり合い、和み合う姿を表現するために考案した造語。

動的な平衡：私達の体は常時変わりつつ、かろうじて一定の状態を保っている。その流れ自体が「生きている」ということなのである。シェーンハイマーは、この生命の特異的なありように「動的な平衡」という素敵な名前を付けたとのこと。

恒常性：定まっていて変わらぬこと。ホメオスタシスとも呼ばれている。

摂理：すべ治めること。ここでは宇宙の成り立ちの物理則の意味合いを込めている

性質、性格、味：物質的に発揮される資質は性質、感情や意志の精神的に発揮される傾向性、そして味とは、性質・性格の顕在・潜在性を含めた総合的特性とし区別している。

閾値（しきいち）：広辞苑には見当たらないが、理化学辞典に載っている科学用語である。「一般に反応その他の現象を起させるために加えなければならない物理量の最小値をいう。普通はエネルギーについていう」と掲載されている。例えば特殊な事例だが、水の構造化は温度依存性というより特定温度の15℃、30℃、45℃、60℃の各ピンポイントで強くなされる実験結果があるが、科学的解明は一切不可能な様子である。現象が存在しているのに、科学できないからといって、エセ科学、とかあり得ない非常識と決め付けるわけにはいかないことが多々ある。

作用機序：働き方の仕方、仕組みやメカニズムをいう。

生命現象の還元論：生命現象も意識や思考もすべて物質、すなわち原子や分子のレベルで解明できるという考え方を還元論という。生命現象も物質レベルに還元して説明できるし、思考も脳内の物質の化学変化として還元して解明できるという。簡単にいえば唯物論とは、結局は還元論を意味するのである。

自己組織化：あるシステムを構成するミクロな要素が相互作用して、自発的にマクロな秩序構造を形成する協同現象で、結果としてシステムに多様性や複雑性を導き新しい機能を創出することといえる。自己組織化には、結晶、ミセル、クラスターなどの閉鎖系の平衡状態で安定な構造形成の自己集合と、もう1つは非平衡系で秩序構造が形成される化学振動、ベナール対流などの自己組織化がある。

人工の氣：筆者の造語である。ヒトの関与しない状態で、例えば気功師などの氣のエネルギーが人工的に発祥できないかを治験で確かめ、その事実を表現する言葉が必要となり、その装置の発するエネルギーを詠んで『人工の氣』と名付けたものである。

BZ反応（ベロウソフ・ジャボチンスキー反応）：非平衡系の自己組織化の1つである振動化学反応で散逸構造の反応拡散モデルともいわれるロシアの科学者Belousov－Zhabotinsky反応がある。化学反応で物質の濃度が周期的に変動する現象は化学振動と呼ばれている。クレプス回路の研究で、ある硫酸水溶液にクエン酸を溶かした時、溶液の色が1分の周期で変化することが見出された。この現象を様々な物質に置き換えるなどして系統的に振動現象を調べている。溶液集団同士の練り合い的な混合仕様といえる。

無双原理：並ぶもののない、2つとない原理。

アウフヘーベン：思考の違い、モノゴトの現象の違いを相補的に捉え、あれもあり、これもありとして次元上昇させることを意味している哲学的な用語。

アクアポリン：細胞の内外に水を通す通路のことである。現在、自ら移動できる哺乳類では13種類が特定され、自ら移動が不可能な植物では30種類以上が発見されている。アクアポリンにはアスパラギンというアミノ酸があり、水分子の水素結合を切断し、分子1個ずつを通すようになっているといわれている。だが、専門家は、水の2倍も大きいグリセロール（三価のアルコール脂肪酸：$C_3H_8O_3$）も同じアクアポリンを通過可能だという。

アルカリイオン水：電気分解によってできる水には陽極側の強酸性電解水のほかに、陰極側のアルカリイオン水がある。通称「電解水」と呼ばれるアルカリイオン水には、物を溶かす溶解能力や素材の味を引き出す抽出力があるという。膨潤作用により、モノを柔らかくし、素材の中へ染み込む浸透力があり、酸化を防止する効果、すなわち還元作用があるという。

アモルファス：結晶していない非晶質性のものの一般的総称。

アロフェン：風化された非晶質の粘土鉱物。

イオン：物質内の電子の過不足の状態のこと。元素には原子番号に見合った陽子が存在しそれと同じだけの電子が外殻軌道を回っている。例えば、食塩NaClのイオン結合しているものが水の誘電力で結合が弱くなり、夫々が別々に水で被覆され安定して存在していることをいう。空気中で原子と電子が分離している状態はプラズマと呼んでいる。

イオン化列：「水の中、イオン化列の大きいものほど電離し溶解し易い」とある。イオン化列の大きなものから順：カリウムK⇒カルシウムCa⇒ナトリウムNa⇒マグネシウムMg⇒アルミニウムAl⇒亜鉛Zn⇒鉄Fe⇒ニッケルNi⇒錫Sn⇒鉛Pb⇒水素(H_2)⇒銅Cu⇒水銀Hg⇒銀Ag⇒白金Pt⇒金Auの順である。シリコンSiは安定していて自然界ではイオンにならない。

エントロピー：無秩序性を表す物理量。エントロピーの増大とは無秩序が増大すること、つまりは、秩序が乱れることを意味する。マイナスエントロピーとは無報酬でエネルギーが供与される、例えばフリーエネルギーのようなもの。あるいは植物が作り上げてくれた栄養源酵素などをいう。

マイナスエントロピー（量子物理学者エルヴィン・シュレーディンガーの造語）：生物が自分の体を常に一定のかなり高い水準の秩序状態（かなり低いエントロピーの水準）に維持している仕掛けの本質は、実はその環境から秩序というものを絶えず吸い取ることにある。多かれ少なかれ複雑な有機化合物の形をしている極めて秩序の整った状態の物質が高等動物の食料として役立っている。もちろん植物はマイナスエントロピーを与える最大の供給源を太陽の光に求めている。

エマルション：液体微粒子が他の液体中に安定に分散した物であり、乳濁液が良い事例である。また、機械加工用の切削油クーラントは水96〜98％、油4〜2％のエマルションで均一に、安定した状態であるものほど優れた効果を発揮する。最近自動車燃料等に水を混ぜた物が研究されているが、エマルションの良いモノ程安定した機能が発揮される。水の誘電率を大きく低下させることのできる珪酸水がベストである。

オートファジー：真核生物に共通する細胞が自分自身の蛋白質、ミトコンドリアを分解して再利用（リサイクル）する仕組み。珪素の細分化・微小化機能と同じである。ギリシャ語のオート（自分）とファジー（食べる）から命名された。オートファジーの研究で大隅良典教授がノーベル医学・生理学賞を受賞した。

オステオパシー療法：ロバート・C・フルフォードやウイリアム・サザランド博士らがアメリカで行っている、身体に備わる自然治癒力を活かす手技をいう。日本の気導術など同じく心、身体、生命の治療と重なり合うところが多々ある。

ウイリアム・サザランド博士：「全体というものの特性はその構成要素の個々の総和だけでなく、構成要素同士の相互作用からも作られていると信ずる。いかなるものも、それが存在し、相互作用している環境から取り出して、そのものだけを個別的に理解することはできないと考える」。

ロバート・C・フルフォード博士：「ニュートン学説は素粒子レベルでは通用しない。素粒子レベルに見出されるのは他から分離した個々の物体ではなく、振動する場であり、波動のリズムである。あらゆるものは、その本質において、純粋なリズムに溶け込んでいく。あらゆるものが生命力とともに振動しているのである」。

カタカムナ「相似象学」：カタカムナ神社のご神体として伝えられたものである。静電三法の著者でもある物理学者楢崎皐月氏が、二十数年の歳月を費やし解読した古代の電磁気科学書ともいえる相似象学である。特に宇宙観や原始エネルギーの磁性的現象を紐解いた、万年を超える日本上古代民族の記号48文字の文献といわれている。

ガイア：ギルシャ語で大地の女神

キレート化合物とは：キレートとはギリシャ語でカニのハサミという意味で、1つの分子が金属イオンをカニのハサミのように囲んで挟む化合物（錯体）をキレート。またはキレート化合物という。

クラスター：水は正四面体の中心にH_2Oの分子があり、各頂点にH_2Oが存在する。すなわち水分子1個の周りに4個の水分子が存在する。$(H_2O) \times n$のnが5の塊―クラスターが基本構造

になり、氷ができている。この氷が融解したのが液体の水である。常温近辺では4.4〜4.5個くらいであり、全体で5.4〜5.5個になる。

クラーク数： クラーク数とは地球の表面近くに存在する元素の組成を％で産出した物である。O（49.5）、Si（25.8）、Al（7.56）、Fe（4.70）、Ca（3.39）、Na（2.63）。

コアセルベート： 旧ソ連の生化学者オパーリンは物質進化論の提唱者である。彼は、タンパク質などの高分子を溶質とする溶液にアルコールや塩を加え、水とは濃度の異なる「液滴」を作った。コアセルベートと呼ばれ、彼はコアセルベートこそが生命発生の重要な要素であるとした。

サムシンググレート： 宇宙創造を成し遂げた意志、すなわち神様的存在の事を指している。生命誕生に関するDNAのあまりにも多い情報の保有は物理的サイズでは考えられないとして村上和雄博士は、生命誕生に関して何か人間の知りえない存在としてサムシンググレートと名付けている。最近は生命体の自然発生説の支持者が多くなっている。

サトルエネルギー（Subtle Energy）： ほのかな、かすかな見えないエネルギーで気功、アロマセラピー、レイキ、オーラなど、心の充電や癒しのエネルギーを指している。

サイエネルギー（Psi Energy）： 超能力、念力、遠隔透視などの特異効能の五感で感じえないエネルギーのことで超常現象を指す。

シューマン周波数： 地球大気の鼓動のことで7.8ヘルツの振動をしている。現在は10ヘルツを越えているとの情報も多くある。

シンクロニシティ： シンクロとは同時のことで、シンクロナイズドスイミングの一致した水中ダンスが良い事例である。シンクロニシティとは『意味ある偶然の一致』人間の意識同士は集合的無意識によって交流していることの概念として心理学者カール・ユングが考案した言葉である。共時性同調化の事象、理論、思考の合致を表現している。

スペクトル： 分光学では光の強度または量を波長の順に並べたものをいう。広い意味には、物質の示す様々な現象または性質を特徴付ける物理量または化学種、あるいは他の量で示し、その量の大きさの順に並べたものに使用されている。

スペクトル波形： 電磁波を表すのに、横軸に周波数をとり、縦軸に電気エネルギー現象（電圧、電流、電力）をとって表現される波形をスペクトルと呼んでいる。周波数と電気力の関連性から様々な現象の解析が行われている。例えば誘電分極・緩和の波形図、アクアアナライザの波形などがある。

セレンディピティ： 偶然なる触発。

ゼータ電位： 液体の中に分散している粒子（コロイド）の多くは、プラスまたはマイナスに帯電している。粒子表面近郊では反対荷電の濃度が分布している。粒子から十分に離れた領域ではプラスイオンの荷電とマイナスイオンの荷電が相殺し、電気的中性が保たれている。粒子はイオン吸着層を伴って移動する。この移動が起こる境界面を滑り面と呼んでいる。そして、この滑り面（ずり面）と電気的中性面の電位差を"ゼータ電位"と呼んでいる。微粒子の場合、ゼータ電位の絶対値が増加すれば、粒子間の反発力が強くなり粒子の安定性は高くなる。逆に、ゼータ電位がゼロに近くなると、粒子は凝集しやすくなる。そこで、ゼータ電位は分散された粒子の分散安定性の指標として用いられて

いる。

「ゼロ磁場」、「ゼロ場」、「ゼロ磁場分裂」：同質エネルギーの対峙接点を人々は「ゼロ場」と呼んでいる。最近パワースポットとして、人気を集める断層局所のゼロ磁場や神社仏閣の霊場、自然木、霊山など、様々なゼロ場が存在している。あらゆる集合体が、その拘束力の一部または全部を開放し、元の構成要素個々に分散、分布、分解すること。

理化学辞典には、「ゼロ磁場分裂」としての解説がある。「磁場が存在しない状態において多重項の縮退がとれてエネルギー準位の分裂が観測されることをいう。主に有機化合物の3重項状態、および錯体において、磁気共鳴吸収およびその微細構造から間接的に観察されており、有機化合物の3重項状態においては主としてスピン間の相互作用、錯体においてはスピン－軌道相互作用によって説明される」。意味深な化学的解説である。わかり易くいえば、あらゆる集合体が、その拘束力の一部または全部を開放し、元の構成要素個々に分散、分布、分解する現象をいう。

ゼロエミッション：リサイクルの徹底で最終的に廃棄物をゼロにすること。「何も無駄にしない。すべての廃棄物に付加価値を見出して利用すること。

ダイナミズム（力本説）：自然界の根源を力とし、これを物質・運動・存在・空間など一切の原理であると主張する立場。

テラヘルツ：テラヘルツ波は、0.1～10テラヘルツ（THz）の周波数を指し、電波と光の中間帯に位置する。テラ波は、X線がもつ物質をすり抜ける「透過」の力と、赤外線が有する「透視」の力を合わせもつ。X線にはできない紙プラスチックを見分ける透視力が赤外線より強い。下限の0.1 THz（波長3mm）は生体細胞波長ともいわれ、上限の10 THzの波長は30μmである。生体惹起に役立つ遠赤外線の波長域は4～14μm（大気の窓）である。遠赤外線は共鳴体の同化作用、非共鳴体の異化作用を司る。

ドップラー効果：光が観測者あるいは光源が動くことにより、観測される光の振動数は変化する。宇宙背景放射の赤色変更もその1つである。例えば救急車が近づく場合と遠ざかる場合では音色の振動数が変化することを多くの人は経験している。

パワースポット：大地の力（氣）がみなぎる場所と考えればよい。人を癒すとされる水があったり、人に語りかけるとされる岩があったり、あるいは磁力を発する断層があったりする所で、地磁気が打ち消し合う場所「ゼロ磁場」なる状態が発生し、そこに「五次元宇宙」からのエネルギーがもたらされる。

ピエゾ電気（圧電気）：圧電効果によって生ずる電気をいう。鉱石は宇宙線や放射線紫外線の電磁波エネルギーによって、断層や岩盤の圧電効果で生み出される電磁波である。圧電効果とはイオン結晶が外力による応力に対応して誘電分極を生ずる現象。

フンザの氷河乳：パキスタン北部の山間にある地上最後の楽園と呼ばれるフンザでは、峡谷から流れいずる水は峡谷の氷河が山肌の岩石を削り流れ下った物である。健康長寿のモトを成す水と重宝され、世界的にその名が知られている。

ファンデルワールス力：分子間に働く引力で分子性結晶または液体の凝集力の原因となり、分散力、双極子相互作用などを含めた物をいう。活性炭の吸着力はファンデルワールス力によるものである。

フイードバック：結果に含まれた情報を元に戻

して、原因に反映させること。

ベクトル：長さ、方向、向きを持った量。三次元空間における位置ベクトル、速度、加速度、力などはベクトルの例である。当然だが、電気、磁気も作用する方向性を有するものである。

ホメオスタシス：恒常性のことをいう。例えば人体に於ける恒常性とは体が変化した時に、また元の最も望ましい安定状態に戻るような作用・働きのことをいう。

ホメオパシー療法：ワクチン医療法の希釈倍率をさらに天文学的倍率とした物質痕跡のない同種療法をいう。西欧やインドでは古くから根強く人々に受け入れられている。

マイクロバブル、ナノバブル：一般に10〜数十μm程度の直径の微細な気泡をマイクロバブルと呼び、直径が数百nm以下の気泡はナノバブルと呼んでいる。ナノバブルは長時間（数週間）水の中に存在できる。気泡の特性として表面はマイナスに帯電している。

マクロビオティック（Macrobiotics）：石坂左玄や桜沢如一らが唱えた、食の陰陽を考えて生命を見つめる長寿法。単なる自然食（穀物菜食）ではなく、宇宙の秩序、自然界の法則としての根本原理（公理）に基いた、人間の真の幸福に至る道の入口の1つである。根本原理（公理）に基いた養生法をより全人的な人間の医学に発展させて「正食」マクロビオティックとしたものである。

ミネラルとエレメント：シリケート（珪素）四面体を骨格とした珪酸の構造をもった鉱石のことであり、カルシウム、マグネシウム、リンなどは元素であり、海外ではエレメントと呼ばれている。ミネラルの構造の基本骨格はシリケート正四面体で、頂点の共有の仕方によって、どんなミネラルになるかが決定される。また、シリケート正四面体が纏う元素は、触媒として働く能力が単体の元素に較べて1万〜10万倍も高い。ミネラルが生命体誕生に欠かせない理由は、その構造と触媒作用にある。

モンモリナイト：非晶質粘土鉱物アロフェンのことである。非晶質（アモルファス）とは結晶を作らずに集合した固体状態。アロフェンは多孔質で表面が珪酸4面体で中空の球状態。

ライナス・ポーリング博士：ノーベル賞を2回受賞した生命科学者である。彼は水の最も大事な"いのち"を成す機能「水素結合」の発見者であり、炭素や珪素が成す特殊結合「正四面体構造」のSP^{3}混成軌道の発見者である。「脳の中の水が精神や想念に深く関与している」と洞察した。すなわち、哲科学の基点を成す「水の生命科学」の先駆者でもある。「脳の中の水が秩序とリズムを成す」として、偉大な麻酔論を成した。

異化作用：植物の作用とは逆に不要になった有機物、死滅した有機物を水と炭酸ガスに分解する微生物の作用を異化作用と呼んでいる。しかし、微生物が実際に分解するのは単分子レベルであり、植物が再利用可能な大きさにまで分解すれば十分であり、生命体の循環ではエコ的であり効果的といえる。

宇宙インフレーション論：NASAの人工衛星ダブルマップやコービーの素晴らしい観測結果が、「宇宙が光速を越えるスピードで膨張（インフレーション）している」という宇宙マイクロ波背景放射の赤色偏光という揺るぎない事実を、宇宙からの電波でキャッチしている。1980年代に東京大学の佐藤勝彦教授や米国のアラン・グース博士が提唱し、予言していたインフレーション理論の根拠である。さらに、つい最近「原始重力波」の発見ニュースがマスコ

ミを通じ、大きく報じられた。宇宙開闢、ビッグバンによるインフレーション波の痕跡の証といわれる貴重な情報である。

宇宙の恒常性：すべてのものは一番少ないエネルギーで自らを維持したいとするのが物理則のバランス（基底安定状態）である。電波も場の変化に対して変化を抑える逆動作が働き電場と磁場の変化が鎖状となって伝わり無線交信を可能としているのである。宇宙の第一法則と著者は見做している。

宇宙マイクロ波背景放射の赤色偏光：マイクロ波とは極超短波ともいう。波長約1M以下の電波、遠赤外線に接する1mm以下のサブミリ波まで含まれる。宇宙観測用のハップル電波望遠鏡で原始宇宙の様々な様相を探っている。宇宙が光速以上の速さで膨張しており、光は間延びして赤色に変更する。この宇宙に残存する光を背景放射と呼んでいる。宇宙の年齢は137億2000万歳と測定した計算根拠にもなっている。

液-液層＆液-液相界面：筆者が、2007年日本サイ科学会に投稿した論文「水の相状態の振動場概念の顕在化と外乱相互作用の実体について」の溶液コロイダル論に対する液状態の界面存在の呼び方として、新たに提案した呼称である。

可逆分化現象：STAP現象の如く多能化した組織細胞がもとの母細胞に戻る現象をいう。例えば、血液の赤血球は筋肉ともなり、筋肉は、例えば断食等により必要に応じて赤血球に逆戻りする現象が知られている。

加水分解：水解ともいい一分子の化合物に一分子の水が作用し2分子の化合物を生成する分解反応。塩を水に溶かすと酸と塩基に分解する反応があり、加水解離ともいう。有機化合物ではエステルや蛋白質などが水と反応して、酸とアルコールやアミノ酸などができる反応がある。例えば、脱水結合で作られた結合に水分子を添加して解裂し、元の酸とアルコールやアミドなどに分解する反応の総称で、エステル（カルボキシル基－C＝O－OH）の加水分解、酸アミドの加水分解、ペプチドの加水分解、グリコシド結合の加水分解などがある。

化学反応：物質を構成する原子の結合の組み換えを伴う変化との解説が広辞苑にある。リン・マクダガードは、電荷（e^-）の物理反応に対峙する、イオン反応のことを指している。例えば西洋医学の薬剤は化学反応系が多く、東洋医学の薬剤漢方は物理系の振動酵素反応系が多い。

間質液、組織液：細胞外液の間質液や組織液はいろいろな組織の間、細胞間にある体液のこと。血液中の血漿が毛細血管の壁を通ってにじみ出た物であり、酸素や栄養素を中継して細胞内に運び入れ、逆に二酸化炭素や老廃物を細胞から受け取り毛細血管に送り返す働きをしている。

界面特性：物質は固体、液体、気体のうちのどれかの状態で存在し、それぞれ固相、液相、気相を持っている。界面とは、2つの相が接触している境の面をさしており、この界面を境にしてその両側の内部性質は異なり、かつ表面だけにいろいろな特異現象が起こったりする。よって界面において最も重要なことは界面の面積総和であるといえる。物質系において界面の面積総和が非常に大きい場合には、その界面の性質が物質系全体の性質を支配してしまうことがある。

界面動電現象：電気二重層と密接な関係があるものとして界面動電現象がある。分散系に電場をかけると分散媒と分散相の相対運動がおきる。また逆に分散媒と分散相の相対運動によっ

て電場が生ずることがある。まとめて界面動電現象と呼んでいる。その中の1つに電気泳動がある。大多数のコロイド粒子は負に帯電している。U字管に直流電流をかけると負電荷のコロイドはプラス極に移動する現象をいう。

拮抗作用：物質のある作用が他の物質によって弱められ、または打ち消される場合、この2つの物質間には拮抗作用があるという。例えば複数の有害金属が体内に入った時、互いに作用し合って極性の効果が低下することをいう。水銀中毒に対するセレン、亜鉛およびカドミウムの拮抗作用がある。カリウムとカルシウム、カルシウムとマグネシウム、マグネシウムとリン、リンと鉄、などである。

機能水：機能（＝働き）の名前の通り、水に何らかのエネルギーが加えられ、新たな機能＝働きが引き出されたり、その機能＝働きがより大きなものになっていたりする水のことをいう。電気分解であったり、磁化作用であったり、機械的撹拌作用であったり様々な手段が講じられている。水に明確な物理化学的変化があり、その変化が科学的な方法で測定可能であることが大事である。

基底安定状態：電子が光のエネルギーなどを吸収して励起する前は、低いエネルギー状態にある。この低いエネルギー状態をいう。

逆浸透膜法：半透膜で仕切られた容器に濃厚溶液と希薄溶液を入れると、希薄溶液側の溶媒（水）が濃厚溶液側に移行し、両溶液に水位差が生じる。これを浸透といい、その水位差の圧力を浸透圧という。半透膜は、水を通過させるが溶質は浸透させない幕である。逆浸透幕は濃厚溶液に圧力を掛けると、濃厚溶液中の溶媒が希薄側に移行する。これを利用した物が逆浸透膜法である。

原核生物と真核生物、および単細胞生物と多細胞生物：細胞の中に核膜をもたない原核細胞生物（原核生物）と、染色体を囲む核膜をもつ真核細胞生物（真核生物）に分類される。原核生物の仲間には大腸菌などのバクテリアやラン藻があり、一個体が一細胞の単細胞生物である。真核細胞の中には核、ミトコンドリア、葉緑体、リポゾーム、小胞体、ゴルジ体が含まれ多細胞生物の細胞となっている。

現代科学の4大エネルギー矛盾：作用機序が明確化されていない現象⇒触媒作用、酵素作用、火事場の馬鹿力、低エネルギー原子転換の4つである。

血液は心臓のポンプ作用のみで抹消血管まで届けられるのか：人体の血管の長さは10万kmにも及び、その99％が内径5μm程度の毛細血管である。水はどのような形にでも変わることができる液体で、しかも細い管や隙間に浸み込んで行く特質、つまり浸透力を持っている。この浸透力の源が表面張力である。水の表面張力は、ミクロの世界の水分子同士が水素結合によって互いに引き合うことから起こる。一滴の水が球状になる力であり、凝集力である。この力が毛細現象をもたらし、心臓のポンプ力を補佐している。人体の血液循環量は1日当たり7000〜8000Lといわれている。

縮合重合とは：複数の化合物が、特に有機化合物が、互いの分子内から水などの小分子を取り外しながら結合（縮合）し、それらが連続的につながって高分子を生成（重合）すること。

集団になる意義とは：見えないエネルギーが寄り集い物質化して、この世に姿を初めて表す。小さな素粒子から原子、分子、集合体へと寄り集って大きさを増し、それが1つの集団として働いている。集団でなければ果たせない働き方がそこにある。存在するものすべてに意義があ

る。その代表が"生命体"の誕生である。集合体は個の寄せ集めに非ず。新たな機能で個を制御する新機能集団である。シュレジンガー博士の"量が質を変える"そのものである。

親水性とは： 水に馴染み易い性質をいう。親水性のものは水にぬれやすい。水はイオン性が強いのでイオン性の強いものは一般に親水性がある。

親水性のアミノ酸とは： 蛋白質やDNAを構成するペプチドのもととなるアミノ酸は分子内にアミノ基（－NH_2）とカルボキシ基（－COOH）を持ち水分子と水素結合を成すことができる。

触媒、触媒能と酵素、酵素能： 化学反応の前後でそのもの自体は変化しないが反応の速度を大きく変える物質のことを触媒といい、その働きを触媒作用という。同様の働く力を触媒能という。反応速度を増加させる正触媒と、減少させる負触媒の2つがある。また、酵素（エンザイム）は生物の細胞内で作られる蛋白質性の触媒の総称であり生体内触媒とも呼ばれている。酵素がなければ、生物は生命の維持ができない。その作用は蛋白エネルギー作用が10％、残りの90％は生命エネルギー作用であるとのこと。自らは変化しないが有機物の解体、合成の働きを促進したり遅延したりする物質とその働きのことをいう。

水和性微細クリスタル説： ライナス・ポーリング博士の全身麻酔の原理で、脳内の水が液晶性の集団塊となる状態を指し、筆者のコロイダルと同様の様相である。

水和： 水中に分散した粒子、水溶液中の分子またはイオンと溶媒の水分子が相互作用してその一部が結合し溶質粒子と集団を作る現象をいう。例えば塩の結晶は水の中では、ナトリウムイオンは水分子の酸素側と引き合い、塩素イオンは水分子の水素側と引き合い、ナトリウムと塩素のイオン結合が切れて電離する。塩は水和によって水に溶けるのである。水に溶ける物質は、この様に電離したイオンが水分子に取り囲まれる状態になる、つまり水和されるのである。

水素結合： 水分子同士の結合が代表的事例だが、一般的には電子を引き付ける力の強い（電気陰性度が大きい）窒素、酸素、フッ素との間に生ずる負電荷に偏った原子と正電荷に偏った水素の間で起こる現象をいう。しかし、電気陰制度の強い塩素はなぜ水素結合が弱いのかと言うと、原子半径が非常に大きく負電荷の密度が弱くなっているからである。水素結合のような距離のある結合では、この密度の小さいことが結合の強度に大きく影響する。

水溶性： 水に違和感無く溶け込む事象をいう。水溶性珪素（シリケート4面体SiO_4）を例に説明。自然界で珪素は酸素以外とは結合しない。よって水分子同士以上に強く水分子と水素結合する。水の集団内に無重力的に浮遊状態となれる大きさになること、少なくとも水の3次粒子と同等の大きさ200nm以下であるべきであり、できれば水の2次粒子の大きさ20nm程度以下が良い。このレベル状態の親水性のものを「水溶性珪素」と呼んでいる。さらに、触媒機能を発揮するには5nm以下の大きさとする必要があり、1nmでは触媒機能は最大となる。水の1次粒子の大きさ2nmと同等程度であればベターである。

水溶性珪素： 珪素は自然界で酸素とのみ結合した状態で存在している。2nm程度の大きさで水分子と同等に混ざり合える非晶質（結晶していないアモルファス状の珪酸をいう）状態で生命体に吸収される状態の珪素のことである。

生命体を支える水： 人体の組成物質は70％が

水であり赤ちゃんは80%、お年よりは60%程度が水で占められている。特に血液や脳は83〜90%が水分といわれている。意外と筋肉にも多く75%あり、脂肪組織には10%程度の存在である。水は細胞内液に人体の40%、細胞外液に20%（間質液15%、血液5%）程度を占めている。細胞内の水は核やミトコンドリアなどの小器官や栄養素などを浮かべているだけでなく、体や臓器を構成する成分や、それらを動かすエネルギーを生成するための生化学反応の媒質となっている。

生体系の水＆結合水：人体の組成物質は70%が水であり、特に血液や脳は83〜90%が水分である。筋肉には多く75%、脂肪組織には10%程度の存在である。これらの水のうち約15%は細胞や赤血球の周囲に付着する結合水や接続水でマイナス80℃、マイナス10℃でも凍らない水であり、他は0℃で凍る自由水である。これらを総称して生体系の水という。

生命誕生の化学進化説：生命のおおもとは非生物的に合成された化学物質が自発的に組織立てられ、秩序を持った系として存在するようになったと考えられる。物質と生命の橋渡しの過程をいう。

体内の水の循環とその働き：胃で消化された栄養素は水溶液として腸の毛細血管から吸収され、血液中の血漿に溶け込み動脈から抹消血管に運ばれてそこからにじみ出て組織間液を中継して細胞内に吸収される。組織間液はほとんどが水で、水が持っているものを溶かす力、つまり溶解力が働いているのである。水の大きな溶解力を借りて、酸素や栄養素、さらには二酸化炭素や老廃物を運んでいる。この水の循環が無ければ、消化⇒吸収⇒代謝⇒排泄の生命活動は行われないのである。

千島学説：生物学専攻の岐阜大学教授 千島喜久男医学博士（1899〜1978年）が活きた生物顕微鏡観察の生命事実から帰納した革新的な生物学的細胞の可逆分化の理論である。生命誕生のコアセルベート論を唱えたオパーリン博士、低エネルギー原子転換を唱えたルイ・ケルブラン博士とも対談し、「生命誕生と細胞分化」の必然性を意見した。「集団は個性の集合ではない」「真理は限界領域の中に宿る」との言葉を遺している。

超微細渦磁場の磁性エネルギー：最近存在が確認された宇宙インフレーション理論の根拠となる原始重力波はマイクロ波の渦巻き模様として観測されたという。超微細なるがゆえに宇宙膨張の斥力として存在できるのではないだろうか。心理効果や暗示効果の及ばない氣の実験で得た磁性エネルギー効果を、筆者は「超微細渦磁場の磁性エネルギー」との仮称造語で取り扱っている。

中和的な力：20世紀初頭の旧ソ連の神秘家グルジェフは宇宙には能動的な力、受動的な力のほかに、第三の力として中和的な力があると説いている。エネルギー物質の遷移域＆限界域がある。科学では「場の触媒」、仏教では「空」、釈迦は「縁起」と呼び、神道では「結び」、人は「絆」と呼んでいる。目には映らない「氣の力」の存在の関与ではないだろうか。

低エネルギー原子転換：元素は太陽を遥かに超える超大型の恒星の超高温・超高圧下の状況でしか誕生しないとの物理学の見解がある。だが、フランスのルイ・ケルブラン博士は鶏や人体の実証実験で珪素からカルシウムが作られると、バクテリアまたは酵素によって低エネルギーの原子転換が可能との説を1975年発表している。

2N（28.015）⇒
C＋O（CとOの質量の和28.0038）⇒ Si（27.9858）

同化作用：植物が無機物の水と炭酸ガスを用いて太陽の光エネルギーを得て有機物（炭素2個以上を含む物質の総称）である糖分を合成する作用を同化作用と呼んでいる。

"場"：量子物理学では、"場"とは、「様々な性質を帯びた空間」とのこと。2つの粒子間に「力」が直接働くのではなく、「場」が介在するという。核力の説明など理論構成されている。湯川秀樹博士の素領域論も代表的な場の話である。私たちのいる宇宙。私たちと密接不可分の関係にあるこの宇宙は「法則」と「秩序」の場なのである。それは偶然に生じたものではなく、混沌でもない。宇宙は、すべての荷電粒子の位置と動きを決定できる「動電場（エレクトロ・ダイナミックス・フィールド）」によって組織され維持されているのであると、サクストン・バー博士は説いている。

未確認物質「氣」："氣のエネルギー"とは、宇宙創造の根本要素として、ギリシャ時代にイーサー、東洋ではアカシャとも呼ばれていた。霊的な生命エネルギーの存在に、人々は"神"の存在を重ね、畏敬の念を抱いていたのではないだろうか。志向の角度は夫々だが、プラーナ、タキオン、オルゴンエネルギー、スカラー波等などの"氣らしき媒体"の名称を見聞きする。現代科学も然り、"ゼロポイント・フィールド"、"超微細渦磁場"、"ゼロ場"さらには"ダークエネルギー"などの関連諸説が賑わっているが、今尚正体不明の"未確認物質"の範疇を彷徨っている。

水中毒：過剰の水分摂取により生じる低ナトリウム血症を基盤とした病態。ほとんどが統合失調症に合併する。珪酸水で完全予防を成し遂げている実例がある。ライナス・ポーリング博士の麻酔論が原理となっている。

水分解酵素：加水分解の際に触媒として働く酵素の総称。生体内で、デンプンや蛋白質の加水分解を促進する。エステラーゼ、アミラーゼ、プロテアーゼなどがある。

水の階層構造：水の階層構造とは2nmの1次集団が集合し20nmの2次集団を構成、さらにそれらが集まって100nmレベルの大きさとなって3次粒子となる。それらが群がって液体の水として存在している。このような集団構成のあり方を階層構造と呼んでいる。

水の生命エネルギー水素結合と電磁気双極子（双極子能率）：水分子は酸素1個に水素2個が結合し、ミッキーマウスの顔のような形になっている。顔の部分が酸素で、耳の部分が水素である。水素側の電子が酸素側に引き付けられ、電子不足気味でプラス状態となり、酸素側はマイナス雰囲気の状態となる。分子にはプラス極とマイナス極が対で存在し双極子となっている。酸素側はマイナス雰囲気なので、別の2個の水分子の水素側を引き付けることができる。これを水素結合と呼んでいる。

水の体温調整機能：水の比熱は他の物質に比べて非常に大きく「熱し難く、冷め難い」物質で外部変化に対する体温変動を防御している。大小便の排泄の他、呼気や汗にて一晩に200ccもの大量の水を体外に排出している。水が蒸発する時には540cal/gの気化熱を奪っていく。体温の調節である。比熱が大きいから、体温が変わり難く、夫々の組織、細胞が一定の温度の下で安定的な生化学反応を行うことができるのである。

臨界水＆亜臨界水：水は圧力218気圧、温度374℃で気体・固体・液体の相が一致し区分けがつかなくなる。臨界点（臨界水）といい、それよりやや低い領域にある液体の水を亜臨界水という。モノの溶解力、浸透力に優れた特性を持つ水である。

電荷：すべての電気現象の根源となる実体。その性質は電気量によって規定される。正電気と負電気に分けられる。

交流＆交流磁気：電気にはプラスからマイナスへ流れの向きを変えない直流と一定の周期で流れの向きを変える交流がある。磁気は通常N極からS極に磁束が流れる直流磁気と、例えば磁極が交互に変化すると中間の磁束はN⇒S⇒N⇒Sと交互に変化する。これを交流磁気あるいは交番磁気という。

電解物質：水に溶解して電気を通す物質、すなわち水に溶けるとプラスあるいはマイナスに荷電する物質を電解質と呼んでいる。

非電解質：水その他の極性液体に溶かした時、その溶液中でイオンに解離（電離）しない物質をいう。元来はその物質を溶かした時、溶液が電気伝導性を持つようになるか否かにより電解質と非電解質を区別している。

電解水：水を電気分解すると、
陽極側では：$2H_2O \Leftrightarrow 4H + O_2 + 4e^-$
陰極側では：$2H_2O + 2e^- \Leftrightarrow 2OH^- + H_2$
プラス極で生成された水は陽極側電解水、マイナス極で生成された水は陰極側電解水といい、両者の性質は全く異なる。また一般的には電解し易いように、すなわち電気が通り易くなるように食塩を添加して電気分解しているのが実用である。その場合は、プラス極では塩素イオンと水素イオンで塩酸が生じ酸性となり、一方マイナス極では、ナトリウムイオンと水酸イオンが結びついて水酸化ナトリウムとなりアルカリ性を示す。

電荷と表面陰電荷：電荷とはすべての電気現象の根源となる実体。その性質は電気量によって規定される。正電気（e^+）と負電気（e^-）に分けられる。また、表面陰電荷とは、自然界のコロイドは珪酸主体のものが多く存在し、マイナス電荷を帯びている。コロイドは電気的に中性だが、表面にマイナス電荷が現れ内側にプラス電荷が対峙した状態をいう。電気的に周囲に存在するプラス電荷をクーロンの法則により引き付ける。若返りを支え、活性酸素を抑制し、命の健康を成す最も大事な生命エネルギーの基である。

電気二重層：シュテルンの電気二重層はコロイド粒子のゼータ電位やファンデルワールス力のことをいう。コロイド粒子の表面陰電荷力が周囲に電気的影響を及ぼす電気的±ゼロボルトの電位差をいう。溶液中に分散している粒子の多くは正または負の電荷を持っている。溶液中の反対イオンの一部は粒子表面に吸着し（固定層）残りの反対イオンは溶液中にある厚みをもって広がっている（拡散層という）。固定層と拡散層間の電位をゼータ電位という。コロイド粒子が電荷を帯びるのは、①溶液中から正または負のイオンを吸着するか、②コロイド自身が電離するか、または、③分散媒と分散相の誘電率が異なるとき、誘電率の大きい方が正に、小さい方が負に帯電するとされる。コロイド溶液に電解質を加えるとイオンの価数のみならず性質によって強い影響を受け電気二重層の厚さは薄くなる。イオンのマスキング現象である。

常磁性：常磁性というのは、磁界のない時は磁気モーメントがランダムに配向している（磁気方向がバラバラの方向を向いている）が、磁界を印加すると平行になろうとする性質（追従する性質）をいう。微弱磁性エネルギーに鋭敏に感応し、かつ磁性を残さない生命エネルギー向きの特性である。カルシウム、ナトリウム、カリウム、珪酸塩、金属以外では、酸素や、一酸化炭素、ガラスなども常磁性である。水は反磁性ですが珪酸コロイドに纏い付き常磁性の反応を示すのである。

強磁性：鉄、コバルト、ニッケルのように磁石に強烈に引きけられ、こすり付けられればそれだけ強力に磁化する性質をいう。外部磁場を外しても、磁気は残り、特定時間内では自らが磁気力を発揮する性質のことである。

反磁性：物質自体は磁気モーメントを持っていないが磁界を印加すると外部磁場とは反対方向の磁気モーメントを生じる。金、銀、銅、鉛、マンガン、水素、窒素などである。

誘電分極：AQA分光器の作動原理である。電場を印加すると、内部に持つ電子やイオンなどの荷電体の移動による分極（電気双極子）を生じ、電場の方向に向きを揃えようとする性質をいう。これを誘電分極と呼び、電子分極、イオン分極、配向分極、空間電荷分極に分類される。

誘電率：電場の方向に向きを揃えようとする性質を誘電分極といい、そのし易さを表すことを誘電率という。水は優れた誘電率（78.54）を有し、電解質を電離させ、その周囲を水で取り囲み（水和）イオン状態の安定維持を図っている。

誘電緩和：水の誘電緩和とは主として10GHz～1THz振動域において誘電分極の外部電界への追従に遅れを生じエネルギーが消耗され急激に誘電率が低下する。この現象を誘電緩和という。また、筆者は、実用の水の誘電緩和域として500kHz～5000KHZ振動域が存在することをアクアアナライザで立証し提唱している。

NMR（核磁気共鳴）の緩和時間：水分子の回転運動の尺度となるある刺激に対して、元に戻る時間をNMR（核磁気共鳴）の緩和時間といい、遅いもの程、それだけ結合水として構造化されていると表現されている。サクストンバーはじめ筆者らがいうコロイダルの全体力は、個々の分子の回転運動のみでは語り尽せないものがある。

電波の変調技術：電波（搬送波）の振幅・周波数などに信号で変化を与えることをいう。テレビラジオ、電話はすべて変調され情報を確実に遠くまで搬送している。

電気泳動現象：イオン物質は最後まで水と存在しようとする性質があり、逆に珪酸等のコロイド粒子は、表面にマイナスの電荷が寄り集まり（表面陰電荷）、気液界面に集合する性質がある。このような水の中を移動する物質の電気的状況を電気泳動と呼んでいる。

交番磁性エネルギー：繰り返し同一磁気が交互に反対方向に作用する磁性エネルギーである。電気でいえば交流電気を指す。

SP^3混成軌道：原子番号6番の炭素は原子の電子軌道L殻のS軌道と3つのP軌道を別々に使うのではなく、すべてを合体させたエネルギー準位のまったく等しい新しい軌道を作ることで、きれいな、バランスの取れた立体系を作り出すことができる。SP^3混成軌道と呼ばれる正四面体構造である。炭素の作る、完全に等方性で、まったく偏りのない、バランスの取れた、シンプルな立体形は、有機化合物が誕生する基本要素なのである。同様に、原子番号14番の珪素はM殻でエネルギー順位の等しいSP^3混成軌道を作る。無機物のまとめ役であり、この原子特性が、電子工学から医療まで、シリコンが重宝がられる要因でもある。SP^3混成軌道の発見もライナスポーリング博士である。

誘導起磁力／起電力：発電機で電気が発生し、モーターが電気で回る様の原理である。フレーミングの法則といわれ、磁気が変化すると周囲にはこの運動を阻止するような電気（電流）が発生し、また逆に、電気が変化すると周囲にはこれを阻止するような磁気が発生する。この磁気が起ったり、電気が起こる現象のことをいう。

有機質と無機質：化学の言葉で機は炭素のことを指し、炭素を含有するものが有機質であり、炭素を全く含まないものを無機と呼んでいる。炭素を2個以上含有するものを有機物と呼んでいる。

動的リズム：すべてのものは絶対0度（マイナス273℃）においても振動している。見えない感じない集団の動的平衡のゆらぎ、ゆすりを指している。

調律リズム："振動" というエネルギーの寄り集いで物質が生まれ、すべての物質はいつでもどこでも固有振動している。物理学で明確な振動区分の呼称はない。各人が自らの感触で使い分けしている。集団が律動しつつ、必要最小限のエネルギーで秩序安定維持を成す振動を調律リズムと呼んでいる。

うなり：周波数のわずかに違うもの同士は、互いに「ウォーン、ウォーン」とうなりながらも共鳴現象を起すことをいう。程度の差はあるが、相互作用して両者にはまったく見られない性質を醸し出す。たとえ水素と酸素がうなり合い結合し、水という物質が生まれる。また、モーターが負荷が多い場合は回転にずれが生じ唸る現象も「ウナリ」と称している。

パルス分光器AQA：分光法は光（光も電磁波の一種）と物質との相互作用によって生じる光の強度やエネルギー変化を調べる分析法である。核磁気共鳴（NMR）も分光法の一種であり、使用電磁波振動数等により区分されている。一般的にスペクトルと呼ばれ、横軸に光の振動数、縦軸に光の強度（吸光度、散乱強度）で現している。筆者が用いているパルス分光器アクアアナライザは他の分光器と波長域を全く異にしている。新たな誘電緩和の周波数域500～5000kHzの発見である。

微乾燥顕微鏡観察：グラム染色の顕微鏡観察と同じ要領でプレパラートを作っている。スライドガラスにサンプルを1滴落し、弱火で乾燥させる。その溶質が成した沈積模様の電気泳動現象の軌跡を検証している。埼玉種畜牧場の特許となっているが、筆者が三浦信義氏と共に特許取得の原案作成、段取りを行った。

水のイオン積PH：水はわずかながら、水素イオン（H^+）と水酸イオン（OH^-）に電離している。水中で水素イオンは10^{-7}mol（モル）、同じく水酸イオン10^{-7}mol（モル）が存在している。この水素イオン濃度と水酸化イオン濃度は一定であり掛け合わせた積、つまり10^{-14}mol^{2}を水のイオン積としている。

$[H^+][OH^-] = 10^{-7} \times 10^{-7} = 10^{-14}$ (mol/L)^2

例えば一方の水素イオン濃度が10^{-12}ならばもう一方の水酸イオン濃度は10^{-2}である。その指数を使うのが不便なので、対数表示で表すようにしたのがpH（ピー・エッチ）である。pHは0から14までとなり0～7の間が酸性、7が中性、7～14の間をアルカリ性と称している。水の解離が増し、例えば$[H^+][OH^-]=10^{-6}\times10^{-6}=10^{-12}$(mol/L)^{2}となった場合は、イオン積の対数表現でpH=12であり、水素イオン濃度pHのレンジが0～12と幅が狭くなったことを意味する。

粒度分布：溶液コロイダルのゼータ電位を計測すると同時に、その集団粒子の大きさを計測している。光学的分析なので10nm以下の大きさは光の回折特性により計測は不可だが、それ以上の大きさは計測可能である。そのときの集団径の広がり範囲をいう。

表面張力：液体の表面張力とは、水滴が丸くなろうとする作用のこと。すなわち、界面の外側表面に作用し、それを縮めようとする力の作用である。水分子同士の引っ張り合いである。分子間引力の大きい物質ほど表面張力が大きくな

る。水分子同士の引力の代表は水素結合とファンデル・ワールス力である。

密度：物質の一定の体積あたりの重量のこと。また比重とは4℃の水の密度を「1」とした時の物質の密度の比較をいう。一般的物質は温度が低いほど密度は大きくなり、液体よりも固体の方が、密度が大きくなる。だが水は、4℃で最も密度が大きくなり固体である氷になると密度が10%も低下する。逆にいうと容積が10%増すことである。密度が1を越え、かつ温度変化の影響され難い水ほど熱し難く、冷め難く、凍り難く沸騰し難い生体系の水」といえる。珪酸水の話である。

硬度：硬度は水に含まれるカルシウムとマグネシウムの量を数値化したものである。硬度は、カルシウム量×2.5＋マグネシウム量×4.1で計算する（アメリカ硬度）。世界保健機構（WHO）の基準によると軟水は0～60、中程度の軟水は60～120、硬水は120～180、非常な硬水は180mg/L以上となっている。日本の基準では、178未満が軟水、178～357が中硬水、357mg/L以上が硬水である。

電気伝導率：電気の伝わり易さの指標である。総蒸発残留物量（mg/L）÷電気伝導度（μS/cm）の目安基準値は0.7とされている。しかし、実際にはこの比率がかなり大きく変化する事実はあまり知られていない。目安とされた基準値0.7以下で、数値が低いほど溶質が活性化、触媒能的な機能を発揮する水であることもわかってきた……。珪素水の働きである。ナノバブルの働きでも同様の溶質の活性化が見受けられる。

電磁波パルス：物質を構成する原子や分子が電磁波を吸収し、放出できる電磁波の波長は、その種類によって異なる。したがって特定の原子や分子は特定の波長電磁波としか相互作用しない。そして相互作用しない物質に対して、『電磁波は"素通り"するだけである』との作用原理がある。

遠赤外線の吸収：波長が赤色より少し長い0.8～1.4μmを近赤外線と呼び、それより長い波長の4～20μmを遠赤外線と呼んでいる。赤外線とは波長が0.8～1000μm域の電磁波をいう。太陽光線に含まれる遠赤外線の大気透過率状況特に水（H_2O）と二酸化炭素（CO_2）の存在に影響されることなく遠赤外線は大気を透過してくる。育成光線（電磁波）と呼ばれる4～14μmの波長域では細胞合成の同化作用の働きをしている。非共鳴のものには異化（分解）作用に働く。プランクの法則による理想曲線（黒体放射）に近い放射曲線を得ることができるものほど良しとされる。特に珪酸セラミックの良好なモノ程放射率が高い。

実態顕微鏡写真：光学顕微鏡で4～40倍の倍率で観る顕微鏡で、また、倍率100～400倍で覗いたものが光学顕微鏡写真。

微乾燥顕微鏡写真：スライドガラス（通常はプレパラート）に被検体を1滴滴下して、弱火または低温ヒーターで微乾燥（グラム染色観察の初期工程）し、溶質の乾燥沈積模様を観察したもの。

構造形成イオン（結合水化）と構造破壊イオン（自由水化）：生体水の3/4は細胞内液で、陽イオンの65%が構造破壊イオンK^+、また構造形成イオンNa^+も数%存在する。残りの1/4は細胞外液で構造形成イオンNa^+が最も多く、陽イオンの90%を占めている。NaClやKClの電解質水溶液では、イオンの廻りの束縛された第一水和殻とイオンの電場の影響が及ばないバルク層との間に構造破壊効果を成す領域がある。イオンへの配向効果が大きいものを「構造形成イオン」、破壊効果が勝るものを「構造破壊イオン」と呼んでいる。イオン半径の大きいものほど構

造破壊イオンとなる。構造形成イオン：F^-、Li^+、Na^+、Mg^{2+}…正の水和（収縮容積減となる）構造破壊イオン：Cl^-、Br^-、I^-、K^+、Rb^+、Cs^+…負の水和（膨張容積増となる）

酸化還元電位ORP： 酸化還元電位ORP（oxidation-reduction potential）とは、水が還元的な雰囲気（電位が低い）にあるか、酸化的雰囲気（電位が高い）にあるかの指標である。簡単にいえば、物質が酸化され易いか（電子を奪い易いか）逆に還元され易いか（電子を与え易いか）を示す指標である。水の酸化還元電位は健康管理上重要視される。酸化はエネルギー放出であり、還元はエネルギー蓄積である。よって、酸化還元電位の高い水は、水のエネルギーが放出し易い不安定な水といえる。酸化還元電位が適切でない水は、肌を荒れさせ、食品の腐敗を早めさせ、人体では体内酵素や抗酸化物質の働きを低下させ、活性酸素を多く発生させるとされている。

量子サイズ効果： 流れが大きい穴（マクロボア径が50nm以上）から、径が絞られ（メソボア径が2nm～50nm）小さな穴に流れる時「軌道間エネルギーギャップ」が生じ、小さい粒子ほど0点エネルギーの維持により大きく移動できるエネルギーがあるにも関わらず軌道間がより小さくなるため、そのエネルギーが蓄えられる形になり増大していく、熱エネルギーとなり温度も必然的に高くなる。殺菌効果あり。

量子ふるい効果： 大きな穴から小さな穴（ミクロボア径が2n以下）に物質が入っていく時、重いほうの分子を好み、軽いほうの分子を細孔から排除する特性。軽い分子は0点エネルギーがより高いので、その吸着がエネルギー的に不利だからである。水素ガス（H_2）はトリチウムガス（三重水素）より0点エネルギーが高い（エネルギーの振幅が大きい）ので、穴より排除される。気化（ナノバブル）の可能性あり。

活性酸素： 通常の酸素に比べて著しく化学反応を起しやすい酸素。スーパーオキシドアニオン（O_2^-）、過酸化水素（H_2O_2）、ヒドロキシルラジカル（$OH・H_2O$）、オゾン（O_3）などの活性酸素は、人間の体内物質を手当たり次第に酸化させ正常な働きを妨げてしまう。例えば、遺伝子内の核酸に作用して、がん細胞の発生の原因となる。悪玉コレステロールと結び付くと、動脈硬化の原因となる。ヒドロキシルラジカルがコラーゲンに取り付くと、シワ、たるみなど皮膚の老化を招くこともある。

コロイドに使用される物理量（長さ、比率など等）の単位、呼称について

長さの単位					
オングストローム Å	ナノメートル nm	マイクロメートル μm	ミリメートル mm	センチメートル cm	メートル m
1	0.1	10^{-4}	10^{-7}	10^{-8}	10^{-10}
10	1	10^{-3}	10^{-6}	10^{-7}	10^{-9}
10^4	10^3	1	10^{-3}	10^{-4}	10^{-6}
10^7	10^6	10^3	1	0.1	0.001
10^8	10^7	10^4	10	1	0.01
10^{10}	10^9	10^6	1000	100	1

Å：オングストロームと読み、10分の一ナノメートルの大きさ
nm：ナノメートルと読み、10億分一メートルの大きさ
pc：％百分の1の量を表す単位

ppm：ピーピーエムと読み、量は百万分の1の量を表す単位
ppb：ピーピービと読み、ppmの1000分の1の量です
1MHz（メガヘルツ）＝1000kHz（キロヘルツ）＝波長は300m

水の水素結合

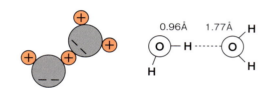

10Å（オングストローム）＝1nm（ナノメートル）
　　　　　　　　＝1千分の1μm（マイクロメートル）
1μm（マイクロメートル）＝1千分の1mm（ミリメートル）

指数の大きさの呼称について

10^{-1}＝デシ	d	:	10^1＝デカ	da
10^{-2}＝センチ	c	:	10^2＝ヘクト	h
10^{-3}＝ミリ	m	:	10^3＝キロ	K
10^{-6}＝マイクロ	μ	:	10^6＝メガ	M
10^{-9}＝ナノ	n	:	10^9＝ギガ	G
10^{-12}＝ピコ	p	:	10^{12}＝テラ	T
10^{-15}＝フェムト	f	:	10^{15}＝ペタ	P
10^{-18}＝アト	a	:	10^{18}＝エクサ	E
10^{-21}＝ゼプト	z	:	10^{21}＝ゼタ	Z

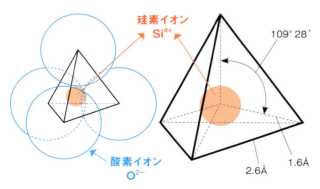

水溶性珪素で使う単位は
Å、nm、μmが主体です

ソマチッドのサイズ

ソマチッド　　DNAヌクレオチド
●　　　　　　—— T,C
　　　　　　　　0.5nm
約0.5nm（最小サイズ）　A,G
　　　　　　　　1nm

遺伝子の有機塩基記号
A：アデニン　G：グアニン
T：チミン　　C：シトシン

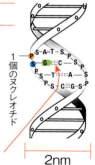

電磁波の波長区分

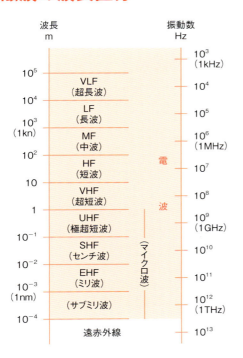
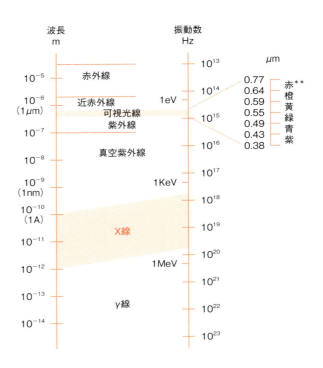

注1） 電波の周波数帯の英字による呼び方は国際電気通信条約無線規則による
注2） 可視光線の限界ならびに色の境界には個人差がある

出典：『理科年表 平成30年』国立天文台 編／丸善出版

参考文献

『ガン呪縛を解く』稲田芳弘 著／Eco・クリエイティブ
『ソマチッドと714Xの真実』稲田芳弘 著／Eco・クリエイティブ
『血液と健康の智慧』千島喜久男 著／地湧社
『隠された造血の秘密』酒向猛 著／Eco・クリエイティブ
『千島学説入門』忰山紀一 著／地湧社
『生命とは何か』E.シュレーディンガー 著／岩波書店
『無双原理・易』桜沢如一 著／サンマーク出版
『物質は生きている』好村滋洋、岡野正義、星野公三 編／共立出版
『脳と心の量子論』堀江邦夫、治部眞里 著／講談社
『ついに愛の宇宙方程式が解けた』保江邦夫 著／徳間書店
『予定調和から連鎖調和へ』保江邦夫 著／風雲舎
『命をつなぐ』畑田天真如 著／桃青社
『人生に愛と奇跡をもたらす神様ののぞき穴』保江邦夫 著／ビオ・マガジン
『生体系の水』上平恒、逢坂昭 著／講談社サイエンティフィック
『再生医療を変革する珪素の力』細井睦敬 著／コスモ21
『自然の中の原子転換』ルイ・ケルヴラン 著、桜沢如一訳 著／日本CI協会
『生体による原子転換』ルイ・ケルヴラン 著、桜沢如一 訳／日本CI協会
『水の神秘』ウエスト・マリン 著／河出書房新社
『土壌の神秘』ピーター・トムキンズ、クリストファー・バード 共著／春秋社
『生命の中の海と陸』高橋英一 著／研成社
『珪酸植物と石灰植物』高橋英一 著／農文協
『脳の中の水分子』中田力 著／紀伊国屋書店
『入門コロイドと界面の科学』鈴木四朗、近藤保 共著／三共出版
『ガストン・ネサンのソマチッド生態学完全なる治癒』クリストファー・バード 著／徳間書店
『電磁波と食品』大森豊明編 著／光琳
『立命の書「陰隲録」を読む』安岡正篤 著／致知出版社
『成功哲学三部作』中村天風 著／日本経営合理化協会
『アホは神の望み』村上和雄 著／サンマーク出版
『これでわかる水の基礎知識』久保田昌治、西本右子 共著／丸善株式会社
『生命場の科学』ハロルド・サクストンバー 著／日本教文社
『フィールド響き合う生命・意識・宇宙』リン・マクタガード 著／インターシフト
『暗視野顕微鏡による血液観察』マリア・M・ブリーカMD 著／創英社
『磁気と人間』中川恭一 著／サン・エンタープライズ
『叡智の海・宇宙』アーヴィン・ラズロ 著／日本教文社
『言霊設計学』七沢賢治 著／ヒカルランド
『粘土食自然強健法の超ススメ』ケイ・ミズモリ 著／ヒカルランド
『宇宙が始まる前に何があったのか』ローレンス・クラウス 著／文藝春秋
『生命誌の世界』中村桂子 著／NHK出版
『遠赤外線療法の科学』山崎敏子 編／人間と歴史社
『水のエネルギー』大坪良一 著／リム出版新社
『新しい水の力の発見』花岡孝吉 著／イースト・プレス
『アクアポリン革命』北川良親 著／梓書院
『病気にならない健康生活』珪素療法研究会
『水の本質の発見と私たちの未来』川田薫、中島敏樹 編著／文芸社
『水と珪素の集団リズム力』中島敏樹著／Eco・クリエイティブ

中島敏樹（なかしま　としき）
理学博士

■著者プロフィール

昭和16年生まれ、石川県出身。水産大学校機関学科専攻科卒、1級海技士（機関）。昭和40年日本水産入社。昭和63年ニッスイマリンサービス株式会社代表取締役に就任。また、平成7年ニッスイエンジニアリング株式会社取締役、平成12～23年東洋化学株式会社技術顧問を務める。

水の分析器「アクアアナライザ」と出会い、スペクトルの解析に取り組む。誘電分極の原理を用いて、水集団の新たな振動領域（500～4000kHz）を世界に先駆けて明らかにし、水の内在リズムの存在や触媒能的な溶解力、コロイド表面陰電荷について論じた。また、氣、想念、音響など微弱エネルギーを水を介して測り、その本質解明の道筋をつけた。水と珪素（シリケートSiO_4）の集団を一体と見做し、その隠れた機能「波動特性」を追いかけている。ライフワーク「水のコロイダル領域論」を究め、「物理学70の不思議」の1つ「溶液二様態論」の解明道筋を世に問うている。

著書に『水と珪素の集団リズム力』（Eco・クリエイティブ）、編著書に『水の本質発見と私たちの未来』（文芸社）がある。

■取材協力
一般社団法人　日本珪素医科学学会
http://jmsis.jp/

結び合う命の力 水と珪素と氣
コロイダル領域論

2019年2月9日初版発行

著　　者	中島敏樹（なかしまとしき）
総合監修	日本珪素応用開発研究所 所長 金子昭伯
発 行 人	西 宏祐
発 行 所	株式会社 ビオ・マガジン
	〒141-0031　東京都品川区西五反田8-11-21 五反田TRビル1F
	電話 03-5436-9204　FAX 03-5436-9209
	http://biomagazine.co.jp/
印刷・製本	株式会社 シナノパブリッシングプレス

万一、落丁または乱丁の場合はお取り替えいたします。
本書の無断複写複製（コピー、スキャン、デジタル化等）並びに無断複製物の譲渡および配信は、著作権法上での例外を除き、禁じられています。
また、購入者以外の第三者による本書のいかなる電子複製も一切認められておりません。

ISBN978-4-86588-039-7 C0077
©TOSHIKI NAKASHIMA 2019 Printed in Japan